인류세 책

행성적 위기의 다면적 시선

The Anthropocene:
A Multidisciplinary
Approach

줄리아 애드니 토머스 Julia Adeney Thomas
마크 윌리엄스 Mark Williams
얀 잘라시에비치 Jan Zalasiewicz

박범순·김용진 옮김

인류세 책
행성적 위기의 다면적 시선
The Anthropocene:
A Multidisciplinary
Approach

줄리아 애드니 토머스 Julia Adeney Thomas
마크 윌리엄스 Mark Williams
얀 잘라시에비치 Jan Zalasiewicz

박범순·김용진 옮김

옮긴이

박범순

서울대에서 화학을 공부하고 존스홉킨스대학교에서 과학사로 박사학위를 받았으며 미국국립보건원NIH에서 생명의료정책의 역사를 연구했다. 현재 카이스트 과학기술정책대학원 교수로 재직하면서 인류세연구센터CAS: Center for Anthropocene Studies의 센터장도 맡고 있다. 주요 관심 연구 분야는 생명과학과 사회, 동아시아 인류세, 한국 환경사 등이며, 특히 여러 학문 분야 사이에서 새로운 지식과 기술이 등장할 때 그것들이 사회에서 수용되는 과정에 큰 관심을 두고 있다. 최근에는 인류세 개념을 활용하여 동아시아 국가의 근대화 과정을 바라보는 연구를 진행하고 있다.

김용진

서울대 인류학과에서 학사와 석사학위를 받았으며 시카고대학교 인류학과 박사과정을 수료했다. 현재 카이스트 인류세연구센터의 전임연구원이다. 관광 맥락에서 문화가 재현되는 현상에 관심을 가지고 인도네시아 발리 지방정부의 문화관광 진흥 프로그램에 대해 현지 조사를 수행한 바 있다. 역서로 클리퍼드 기어츠의 『극장국가 느가라: 19세기 발리의 정치체제를 통해서 본 권력의 본질』(2017), 얼 C. 엘리스의 『인류세』(박범순과 공역, 2021)가 있다.

인류세와 대가속을 처음으로 포착해 내고, 다른 사람들을 위해
길을 열어 준 파울 크뤼천, 존 맥닐, 윌 스테판에게 바칩니다.

차례

일러두기

— 인명, 단체명, 전문어 등의 원어는 본문에서 바로
  확인이 필요한 경우가 아니라면 모두 '찾아보기'에
  정리해 두었다.
— 인용문 안의 대괄호[ ]만 지은이가 덧붙인 것이고,
  나머지 대괄호는 옮긴이가 덧붙인 것이다.
— 이 책의 번역은 대한민국
  정부(과학기술정보통신부)의 재원으로
  한국연구재단의 지원을 받아 수행된 연구
  (NRF-2018R1A5A7025409)의 일환이다.

옮긴이의 말

인류세란 용어가 널리 퍼지기 시작한 지 20여 년이 지났다. 자연과학의 한 분야에서 최초로 제안된 이 개념은 다른 분야에서도 연구되고 있고, 과학계의 테두리를 넘어 인문학, 사회과학의 여러 분야에서도 논의되고 있으며, 학계를 벗어나 문화예술계의 작품과 전시에 새로운 영감을 주고 있다. 최근에는 정책 수립에 영향을 주는 유네스코UNESCO, 유엔개발계획UNDP, 기후변화에 관한 정부 간 협의체IPCC와 같은 국제기구의 보고서에도 인류세가 주제어로 등장하기 시작했다. 핸드폰처럼 손으로 만지고 활용하는 기술이 아니라 하나의 관념이 이토록 빠른 시간에 분야 사이의 경계를 넘어 사회 각계에 퍼진 경우를 인류 역사에서 찾아볼 수 있을까? 이 자체가 흥미롭고 독특한 현상이다.

『인류세 책: 행성적 위기의 다면적 시선』은 이 현상을 만드는 데 기여한 학자들의 다양한 관점과 방법론을 소개하고 다루고 있다. 따라서 이 책은 학자들 사이에서, 그리고 분야 안과 밖에서 치열한 논쟁과 이견과 충돌이 있었음을 숨기지 않는다. 책이 처음부터 끝까지 일관되게 밝히려고 하는 것은 이러한 긴장 관계 속에서 어떻게 소통이 가능했고 왜 협업이 필요했는지이다. 그 답은 인류세라는 용어 자체에서 찾을 수 있다. 인간의 활동으로 지구가 바뀌었고 그 변화의 정도가 매우 커서 인류의 생존을 위협하는 지경까지 왔다는 인식이 이 용어에 축약되어 있다면, 인류세를 연구하기 위해서는 여러 학문 분야에서 쌓아 온 지식을 총동원해야 한다. 책의 저자들은 이를 '다학문적 접근'이라고 표현했다. 지구시스템과학자들은 각각의 전문 분야에서 지구 행성의 변화를 감지하고 기록하고 분석해 패턴을 찾아내는 일을 해 왔고, 지질학자들은 인류세의 층서학적 증거의 기준을 확립하고 이를 가장 잘 보여 주는 대표적 지층을 찾아 그 특성을 밝히는 작업을 해 왔다. 인문학자들은 인류의 역사와 지구의 역사가 만나 서로 영향을 주는 상황에 이르게 된 원인, 과정, 그리고 인간과 행성에 대한 새로운 실존적 의미를 고민하게 되었다. 사회과학자들은 인류세에서 살아갈 방법을 찾기 위해 어떤 정치·경제 시스템이 도입되어야 하는지, 사회·문화는 어떻게 바뀌는 것이 좋을지 논의하기 시작했다.

이렇듯 인류세 연구는 발산적發散的이다. 하나로 수렴하지 않는다. 하지만 공통의 토대는 인류세가 과학에 기반을 둔 개념이라는 사실이다. 저자들이 줄곧 강조하려는 점도 바로 이 사실이다. 인류세를 각자의 관심에 따라 자본세, 탄소세, 툴루세 등 다양한 방식으로 부를 수 있겠지만, 17세기 말 산업혁명 이후, 특히 20세기 후반부터 급속도로 변한 행성의 모습을 과학적으로 가장 적확하게 나타낼 방법을 찾다가 인류세의 개념이 제안되었기 때문이다. 인류세에는 강렬한 위기의식이 내포되어 있다.

이런 점에서 2023년 7월 인류세실무단이 14년의 실증 작업 끝에 캐나다 크로퍼드 호수의 지층을 인류세 대표지층으로 선정해 국제층서위원회 산하 제4기층서소위원회에 제출했을 때 전 세계의 관심을 끌었다. 2024년 3월 여러 논란 끝에 이 제안은 소위원회에서 부결되었고 최종적으로 국제지질과학연맹이 투표 결과를 승인함으로써, 인류세를 새로운 지질시대의 공식 명칭으로 사용하는 것은 받아들여지지 않았다. 하지만 국제지질과학연맹이 이런 결정을 내리면서 언급했듯이, 앞으로 인류세 개념은 다학문적으로 더 많은 연구를 촉발할 것이고, 새로운 증거를 쌓을 것이며, 인간 활동에 대한 다양한 성찰을 가능하게 할 것이다. 이 책의 저자들은 최근 논란에 대한 독자의 이해를 돕기 위해 한국어판 서문과 함께 특별 기고문을 추가로 전해 주었다.

첨단 과학을 과학 지식의 새로운 지평을 열어 주는 것으로 정의한다면, 인류세 연구는 첨단 과학에 속한다. 나노과학, 합성생물학, 양자컴퓨팅, 인공지능 연구 등과 같은 범주로 분류하는 것이 마땅하다. 차이가 있다면 인류세 연구는 인간 활동에 대한 깊은 성찰을 요구하고 있다는 점이다. 끝없는 경제 성장, 무한한 자원, 전 지구적 문제에 대한 손쉬운 기술적 해법technological fixes은 거의 환상이나 신화에 가까운 이야기라는 것이 인류세가 주는 가장 큰 메시지다. 기술 개발의 노력이 필요 없다는 이야기가 아니라, 인간 삶과 자연환경에 대한 관점 변화와 합리적인 정책 개발이 수반되어야 함을 말한다. 바로 이런 점 때문에, 인류세 연구는 외면하고 싶은 불편한 진실을 드러내 왔고 앞으로도 계속 수많은 도전을 받을 것이다. 이 책은 그런 도전을 이해하는 데 좋은 길잡이가 될 것이다. 이 책에는 여러 분야의 전문 용어가 많이 나오지만, 저자들이 비전문가도 이해할 수 있도록 쉽게 풀어 쓴 것이 큰 장점이다. 하지만 몇몇 용어는 우리말로 번역할 때 적절한 표현을 찾는 데 고심했고, 그중에는 핵심 주제어도 있다. 예를 들면 다음과 같은 것들이다.

interdisciplinary '**학제간**學際間'으로 번역하는 것을 종종 볼 수 있는데, 이는 바른 표현이 아니다. 사이를 뜻하는 '제'와 마찬가지로 사이를 의미하는 '간'이 중복되어 있기 때문이다. 따라서 '학제적學際的'은 가능할 수 있으나 '학제간'은 매우 어색한 표현이다. 이 책에서는 '**간학문적**間學問的'이라고 번역했다.

multidisciplinary '**다학문적**多學問的'으로 번역했다. 본문에 자세한 설명이 있는데, 인류세는 간학문적이 아닌 다학문적 접근 방법이 필요하다는 것이 이 책의 핵심 주장이다. 분야와 분야 사이에서 새로운 주제를 발굴해 연구하기보다는 개별 분야에서 각자의 방법론을 가지고 공통의 주제를 연구하는 것을 의미한다.

tipping point '**급전환점**急轉換點'으로 번역했다. 상황이 갑자기 돌이킬 수 없는 방향으로 전개될 가능성이 있는 순간을 뜻하기 때문에, 단순히 빠른 변화를 뜻하는 '급변점急變點'이나 물리나 화학에서 다른 상태로 들어감을 뜻하는 '임계점臨界點'보다 정확한 표현이라고 판단했다.

scale 지구 시스템이나 사회 시스템을 연구할 때, 시간과 공간상의 특정 관심 영역을 뜻한다. 따라서 번역하기 꽤 까다로운데, '스케일'이라고 음차하기보다는 문맥에 맞게 '**규모**', '**차원**', '**단위**' 등으로 번역했다.

forcing, force 각각 '**작동**作動', '**동력**動力'으로 번역했다. 사물의 움직임이나 변화를 일으키는 힘으로서의 '작동'에는 주관적인 의미를 부여하지 않는다. 이에 비해 사회 혁신의 동력이나 역사 발전의 원동력과 같은 표현에 쓰이는 '동력'에는 가치 판단이 개입할 여지가 있다. 이 구분은 본문에서 인용된 이언 보컴의 책에 자세히 나오는데, 보컴은 행성과 같은 비인간의 작동에 인간의 활동이 영향을 미쳐 인간과 행성의 실존적 의미를 새롭게 해석하게 하는 것을 '유물론 II'의 인식론이라고 부르고, 마르크스가 역사 발전 동력을 설명할 때 사용한 역사적 유물론, 즉 '유물론 I'과 개념적으로 구분하였다. '유물론 II'는 최근 학자들이 이야기하는 '신유물론'과 크게 다르지 않다. 다만 보컴은 인류세에서는 '유물론 II'가 '유물론 I'과 공존한다고 본다.

인류세를 연구하면서 이 책의 저자들을 비롯하여 다양한 배경의 연구자들을 만나 교류할 수 있었음을 큰 행운으로 생각한다. 이들의 연구로 기후변화, 생물다양성 감소, 불평등 심화 등의 위기 상황을 인간 중심적 사고에서 벗어나 새롭게 이해할 수 있는 틀이 마련되었다.

인류세가 간단히 해결될 '문제'가 아니라면, 우리는 적어도 이 어려운 '곤경'을 헤쳐 나갈 방법을 이 책에서 배울 수 있을 것이다. 책에는 충분히 드러나지 않을 수 있는데, 인류세 연구자들의 사명감, 치열함, 넉넉함, 상호 존중의 자세는 인상적이었다. 특히 줄리아 애드니 토머스는 여러 단계에서 풍부한 지식과 지혜로 인류세연구센터의 활동에 큰 도움을 주었다. 그리고 이 책에도 여러 번 언급된 바 있는 고故 윌 스테판의 미소와 진지함도 기억에 남는다.

2024년 5월 대전에서
박범순, 김용진

한국어판 특별 기고문:
인류세에 대한 10가지 오해

2024년 3월, 제4기층서소위원회는 인류세를 새로운 지질시대로
공식화하자는 인류세실무단의 제안을 12 대 4로 부결시켰다. 절차
진행 속도, 제안에 대한 검토 부족, 그리고 위원들의 임기가 규정된
12년을 넘긴 상태였다는 점에 대한 항의가 있었음에도 불구하고, 약
3주 후인 3월 20일, 이 사안의 최종 결정 기관인 국제지질과학연맹은
제4기층서소위원회의 투표 결과를 인정했다. 그런데 국제지질과학연맹은
홈페이지(https://stratigraphy.org/news/152)를 통해 인류세가
여전히 살아 숨 쉬고 있는 유용한 개념임을 인정했다. "지질연대표의
공식 단위로서 인류세 승인이 거부되기는 했지만, 인류세는 지구과학
및 환경과학자뿐만 아니라 사회과학자, 정치가, 경제학자, 일반 대중에
의해서도 계속 사용될 것이다." 요컨대, 다학문적 참여와 일반 대중의
이해에 유용하도록 인류세 개념을 정확하게 정의하는 작업을 계속하는
것은 이제 우리 모두의 몫이다. 이 글에서 우리는 인류세 개념이 무엇을
의미하는지, 특히 이 개념이 무엇을 의미하지 않는지 살펴봄으로써, 그런
노력을 계속해 나가고자 한다.

    2000년 멕시코 쿠에르나바카에서 열린 국제지권생물권연구계획
회의에서 파울 크뤼천이 제안한 이래, 인류세 개념은 20년 넘게 과학,
예술, 인문학, 대중문화 전반에 걸쳐 폭발적으로 확산되었다. 그 과정에서

'인류세'라는 단어에 다양한 의미가 부여되었고, 많은 함의가 접목되었다. 그중 상당수는 크뤼천이 개념화한 인류세와는 거의 관련이 없거나 심지어 직접적으로 모순되기도 했다. 크뤼천이 속한 지구시스템과학계가 사용하는 개념이나 인류세실무단이 지질학적으로 분석하는 개념과는 달랐던 것이다.

그런 인류세 개념들은 신화, 더 정확히 말하면 오해에 불과한데, 놀라울 정도로 끈질기게 지속되어 왔다. 인류세실무단이 과학 논문을 통해 체계적으로 검토하고 반박하여 증거에 기반한 과학 절차에 부합하지 않음을 입증했음에도 불구하고, 오해는 여전히 남아 있고, 신념 혹은 믿음에 기반한 반응을 반영하는 경우가 더 많다. 인류세실무단이 축적한 증거와 직접적으로 모순됨에도 불구하고, 정확하지 않은 개념의 사용은 최근 인류세가 공식적으로 거부된 근거로 작용하기도 했다. 여기서는 그런 오해 10가지를 다루고자 한다. 물론 몇 가지가 더 있기는 하지만, 기존 문헌을 통해 충분히 설명되고 반박되었다고 본다.

우선 크뤼천이 통찰력 있게 도입한 개념을 설명할 필요가 있다. 이는 터무니없이 간단하다. 바로 11,700년 동안 지속되어 온 홀로세의 상대적인 안정 상태에서 지구가 벗어났다는 것이다. 따라서 인류세의 의미는 홀로세에 **상대적**이다. 변형된 것은 기후를 포함한 대기권의 구성, 해수면 수준을 포함한 수권의 구성, 생물권의 구성, 그리고 지구 표면을 구성하는 물질 및 그 이동 방식 등 기본적인 조건들이다. 이런 조건들은 우리를 포함한 모든 유기체가 지구에서 거주할 수 있는 가능성을 결정하므로 매우 중요하다.

홀로세에서 인류세로의 변화는 말 그대로 상전벽해라고 할 정도다. 그 변화를 보여 주는 많은 도식에서 수평에 가깝던 선이 수직에 가까운 선으로 바뀌는 것을 볼 수 있다. 〈그림 1〉은 그런 도식의 몇 가지 예다.

1. 인간의 영향은 20세기 중반 이전으로 훨씬 더 거슬러 올라간다

물론 맞는 말이지만 요점을 놓친 말이다. 크뤼천도 인간이

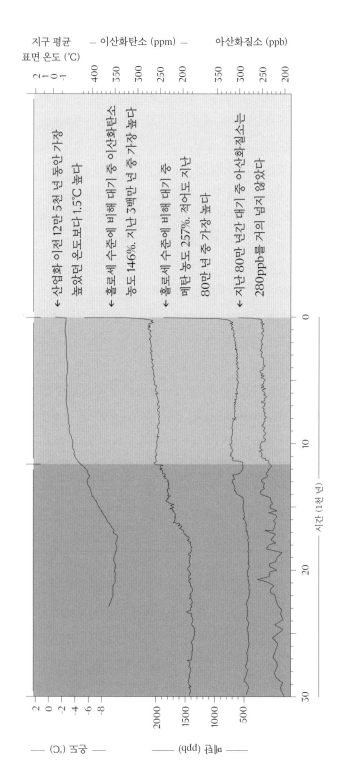

<**그림 1**> 수평에서 수직으로의 변화는 **매우** 급격하다. <그림 2>처럼 수백 넌에서 수십 넌 단위로 줄여서, 지난 274넌 정도를 봐도 변화는 급격하다(가로축을 3만 넌으로 늘이면 거의 수평에 가깝게 유지되기는 한다).

지구 평균
표면 온도 (°C)   — 이산화탄소 (ppm) —   아산화질소 (ppb)

← 산업화 이전 12만 5천 넌 동안 가장 높았던 온도보다 1.5°C 높다

← 홀로세 수준에 비해 대기 중 이산화탄소 농도 146%. 지난 넌만 넌 중 가장 높다

← 홀로세 수준에 비해 대기 중 메탄 농도 257%. 적어도 지난 80만 넌 중 가장 높다

← 지난 80만 넌간 대기 중 아산화질소는 280ppb를 거의 넘지 않았다

인류세 책: 행성적 위기의 다면적 시선

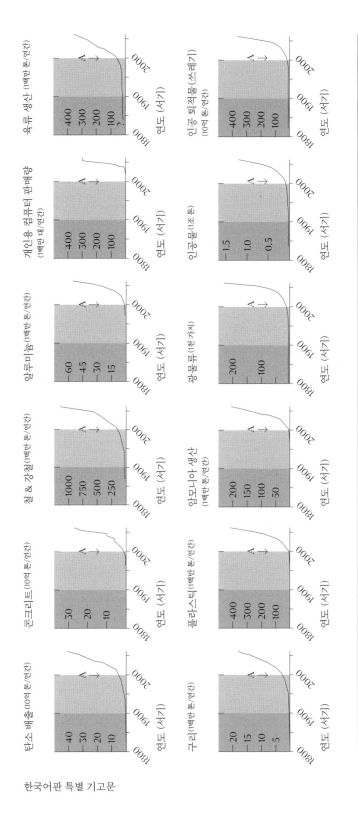

〈그림 2〉 가장 가파른 상승, 혹은 그런 가파른 상승의 시작은 대부분 20세기 중반이며, 바로 그 지점이 경제를 그리기에 가장 적당하다. 이제 배경을 설명했으니, 인류세에 대한 여러 오해를 하나씩 검토해 보겠다.

수천 년 동안 지구를 바꿔 왔다는 사실을 알고 있었다. 그렇지만 크뤼천이 의도했던 바는 그것이 아니다. 중요한 것은 홀로세 이후의 변화다. 지구는 누가 혹은 무엇이 지구를 교란했는지의 문제에는 관심이 없으며, 변화의 사실 자체에만 관심을 가진다. 반복해서 강조하건대, 인류세가 '인간에 의해 발생한 모든 것'을 의미하지는 않는다.

2. 인류세는 너무 짧다. 한 인간의 생애 정도 길이라니!

현재까지의 인류세가 짧은 것은 맞다. 그렇지만 홀로세도 이전의 다른 '세'와 비교하면 세 자릿수에 달할 정도로 지속 기간의 차이가 크게 난다(1.17만 년 대 258만 년). 홀로세와 인류세의 지속 기간 차이는 비례적으로 볼 때 더 작다. 그리고 인류세는 홀로세보다 지구에 더 중대한 영향을 미쳤다. 이는 아래 항목에서 다시 언급하겠다.

3. 인류세는 지구 역사에서 아주 짧은 순간에 불과하다

지질연대표의 상위 범주에 있는 시대를 기준으로 보면 인류세가 '찰나의 찰나'로 보일 수도 있다. 그러나 실은 그렇지 않다. **강조하건대**, 아니다. 지난 70년 동안 지구는 근본적으로 변화했고, 이미 새로운 궤적에 들어섰다. 짧은 순간에 아주 큰 운석이 떨어져 지구를 헤집어 놓는다면 어떤 결과가 나타날지 생각해 보라. 기후에 미칠 영향만이라도 생각해 보라. 그런 영향은 적어도 수천 혹은 수만 년 동안 지구 전체에 반향을 일으킬 수밖에 없다. 그 과정에서 지구는 최소한 지난 3백만 년보다 더 뜨거워질 것이다. 그리고 생물학적 영향은 **영구적**일 것이다. 수천 가지에 달하는 침입종의 범람, 멸종으로 인한 감소, 지구 온난화로 인해 심각해지는 과열 때문에 생물권과 그 화석 기록은 새로운 궤도에 진입하고 있다. 심지어 플라스틱도 수천 년 동안 지구를 떠돌아 다닐 것이고, 일부는 영원히 화석화될 것이다. 이런 일들은 찰나의 현상이 아니다.

4. 인류세 지층은 '미미'하거나 '무시할 수 있는' 수준이다

지질학적 반론이 이런 식인데, 틀린 말이다. 20세기 중반 이래로 인간은 대규모로 지형을 재편하고 암석 및 퇴적물을 이동시키는 역할을 해 왔다(현재는 퇴적물이 해변이나 강을 따라 자연적으로 이동하는 것보다 훨씬 더 큰 규모로 이동시키고 있다). 인류세 지층은 많다(전 세계의 대형 댐 안에 쌓여 있는 양만 해도 스페인 전역을 5미터 두께로 덮을 수 있다). 그리고 이 인류세 지층은 인공 방사성 핵종, 비산회 입자, 잔류 농약, 미세 플라스틱 등 독특한 인류세 표식으로 가득 차 있다. 지질학적으로 인류세는 현실이다.

5. 역사는 너무 복잡하고 점진적이어서 인류세의 경계를 하나로 정하기 어렵다

전혀 그렇지 않다. (지구의 역사나 인간의 역사나) 거의 모든 역사는 복잡하고 점진적이며, 시간과 공간에 따라 변한다. 그럼에도 불구하고 경계가 그어지는 이유는 잘 정의된 시간 단위가 유용하기 때문이다. 지질학에서 시간 단위는 '황금못'으로 정확하게 정의되지만, 황금못이 나타내는 행성적 전환은 대개 단순하지 않다. 약 13,000년 전부터 플라이스토세의 마지막 빙하기가 홀로세의 간빙기 조건으로 전환하기 시작했으며, 전환 경로는 남반구와 북반구에서 각각 달랐다. 그렇지만 그 전환 과정 중 약 11,700년 지점이 홀로세의 경계로 정의되어 받아들여졌고, 별다른 불만 없이 사용되고 있다. 홀로세에서 인류세로의 전환은 **훨씬** 더 명확하고 전 지구적으로 공시적이어서, 정의하고 인식하기가 쉽다.

6. 다른 동물들도 환경에 영향을 미쳐 지질학적 변화를 일으켰다

맞다. 그런 식의 변화가 지질학적 경계로 이어지기도 한다. 이동 능력과 근육을 갖춘 동물이 등장하여 퇴적물을 파고 들어간 흔적이 캄브리아기를 정의하는 기초가 된 것처럼 말이다. 그렇다고 인류세가 무의미해지는 것은 아니다.

7. 인류세는 우리가 처한 혼란의 책임을 두고 모든 인간을 싸잡아 똑같이 비난한다

그렇지 않다. 왜 그래야만 하는가? 특정 인간(사회, 국가, 기관)이 더 많은 탄소를 배출하고 더 많은 오염을 일으킨다는 것은 명백한 사실이다. 그 규모와 원인을 알아내는 작업은 인류세를 파악하기 위해 중요하다. 그러나 지질학자들은 대체로 이런 종류의 분석에 능숙하지 않다. 그렇기에 다학문적 연구가 필요한 것이다.

8. 인류세는 패배주의적 행위를 대변한다

이런 말은 암 진단이 의학적 패배주의라고 선언하는 것과 같다. 대부분의 의사는 동의하지 않을 것이며, 정확한 진단이 최적의 치료를 가능하게 만든다고 말할 것이다.

9. 우리의 이름을 따서 지질시대를 명명하는 것은 오만이다

문제의 본질과 상관없는 평가다. 영국 슈롭셔Shropshire주의 한 마을 이름을 따서 [고생대 실루리아기 웬록세] 호머절Homerian Age이라는 명칭을 만든다고 해서, 그 주민들이 모두 오만한 뚱보는 아니다. 크뤼천은 인류세라는 명칭을 즉흥적으로 만들었고, 그 명칭이 굳어졌을 뿐이다. 그때 다른 이름, 예를 들어 하이든세(크뤼천은 어렸을 때부터 스케이트를 즐겨 탔고, 에릭 하이든은 유명한 스케이트 선수다)나 쿠에르나바카세(실제로 많은 지질시대 용어가 지명을 따라서 명명된다)가 떠올랐다 하더라도 그가 의도했던 의미는 정확히 같았을 것이다. 단어 앞부분인 '인류'에 집착하지 말고 뒷부분인 '세'에 주목해야 한다.

10. 인류세는 그저 공공의 관심을 끌기 위한 선전물이다

그 말이 차라리 사실이었으면 좋겠다. 우리가 더 이상 홀로세에 살고 있지 않음을 받아들이는 것이 곧 다가올 미래에 인간과 비인간이 직면할 여러 문제와 씨름하기 위한 첫걸음이다.

인류세는 왜 이런 오해들을 불러 일으켰을까? 아마 여러가지 이유로 인류세 개념이 많은 사람을 매우 불편하게 만들기 때문일 것이다. 인류세는 분명히 불편한 개념이기는 하다. 그러나 현재 지구가 처한 곤경에 대한 현실적인 전망을 제공하고, 우리가 대처할 수 있는 가능성과 희망을 주는 유일한 개념이기도 하다.

2024년 4월
얀 잘라시에비치, 줄리아 애드니 토머스, 마크 윌리엄스

한국어판 서문:
인류세 증거의 축적과 아시아

이 책의 영문판이 나온 2020년 이후 인류세에 대한 증거는 점점 더
많아졌다. 격변하는 날씨, 죽지 않고 되살아나는 '좀비' 화재, 계속
증가하는 이산화탄소 농도, 곤충 개체수 감소, 취약한 식량 공급,
태반에서까지 발견되는 미세 플라스틱, 사막화, 코로나19와 같은
인수공통전염병, 멕시코 만류의 둔화, 그리고 글로벌 부채, 이주,
반민주주의 세력, 폭력의 급격한 증가에 관한 뉴스가 머리기사를
장식하고 있다. 많은 노력에도 불구하고 상황은 점점 악화되고 있다.
2020년 12월, 유엔 사무총장 안토니우 구테흐스는 '지구의 상태'라는
제목의 연설에서 다음과 같이 선언했다. "인류는 자연과 전쟁을 벌이고
있습니다. 이것은 자살 행위입니다. 자연은 항상 반격하며, 이미 더
강력하고 격렬하게 반격하고 있습니다. 생물다양성은 무너지고 있습니다.
백만 종의 생물이 멸종 위기에 처해 있습니다. 생태계는 우리 눈앞에서
사라지고 있습니다. (…) 이렇게 혼돈으로 치닫는 근본 원인은 인간의
활동입니다. 하지만 이는 문제를 해결하는 데 인간의 행동이 도움이 될 수
있음을 의미하기도 합니다".1 2022년에 이르러서는 구테흐스 사무총장의

---

1   António Guterres, "The State of the Planet," United Nations website, accessed August
     22, 2022, https://www.un.org/en/climatechange/un-secretary-general-speaks-state-
     planet.

발언이 더 절박해진다. "지연은 곧 죽음입니다".2 인류세의 위험은
실존적이다. 우리는 집단적으로 어둠 속으로 돌진하고 있다. 이제 우리가
누구이고 무엇을 희망할 수 있는지 다시 생각해야 하며, 구테흐스 총장의
말처럼 신속히 그렇게 해야만 한다.

　　이 실존의 어둠 속에서도 다행히 몇몇 빛이 있다. 가장 밝은 빛
중 하나는 한국의 대전 카이스트에 있는 인류세연구센터다. 이 센터는
물질적·유기적·사회적 차원을 포함한 모든 차원에서 인류세의 복잡성을
다루기 위해 2018년 설립되었다. 과학사학자이자 인류세연구센터의
설립자인 박범순 교수는 누구보다도 일찍이 세 가지 필요성을 인식했다.
첫째는 지적인 필요성이다. 인류세라는 심오한 도전에 대응하기
위해서는 총체적으로 사고하는 것이 필요하다. 과학과 기술에 대한
이해도 중요하지만, 정치, 경제, 역사, 문화에 대한 이해도 중요하다.
위기를 완화하려는 노력에는 이 모든 영역 사이의 협력이 필요하다.
여러 측면에서 인류세는 기존의 분석 범주를 근본적으로 뒤집어 놓기
때문이다. 박범순 교수는 다음과 같이 말한다. "우리는 더 이상 우리가
알던 인간 존재가 아닙니다. 우리의 몸은 다양한 종, 화학물, 장치의
협력체입니다. 마치 우리 사회가 다양한 종족, 물질, 그리고 기계의
집합체인 것처럼 말입니다. 이로써 자연의 역사와 인간의 역사라는
오래된 구분은 붕괴해 버립니다. 우리는 우리를 문화로부터 떼어
놓을 수 없는 것처럼, 자연으로부터도 분리해 낼 수 없습니다. 우리는
혼종물입니다. 우리는 '자연문화natureculture'의 일부입니다. 지구도
마찬가지입니다".3

　　둘째는 이러한 총체적인 지적 접근을 구체적으로 제도화할

2　　Jake Spring, Andrea Januta, and Gloria Dickie, "Delay Means Death - UN Climate
　　Report Urges Immediate, Drastic Action," February 28, 2022, https://www.reuters.
　　com/business/cop/delay-means-death-un-climate-report-urges-immediate-drastic-
　　action-2022-02-28.

3　　Jake Spring, Andrea Januta, and Gloria Dickie, "Delay Means Death - UN Climate
　　Report Urges Immediate, Drastic Action," February 28, 2022, https://www.reuters.
　　com/business/cop/delay-means-death-un-climate-report-urges-immediate-drastic-
　　action-2022-02-28.

필요성이다. 대부분의 교육 기관은 지식을 각각 고유한 스타일과 표준을 가진 개별 단위로 나눈다. 대부분의 연구는 이렇게 확립된 학문 분과의 규범을 충실히 따르고 있다. 정책도 대부분 그렇다. 에너지 정책은 농업 정책과 분리되고, 보건 정책은 국제 무역 계획과 구분되어 입안된다. [벽으로 구분된 저장고에 비유하여 자기 조직 내부 안에서만 생각하는] '저장고식 사고siloed thinking'는 안정적이고 예측 가능한 시스템의 한 가지 측면을 다룰 때는 효과적이다. 그렇지만 시스템에 문제가 발생하면, 특히 우리의 경우처럼 지구 시스템에 문제가 발생하면 시스템의 어느 한 측면이 아니라 시스템 자체를 조사해야 한다. 인류세연구센터는 저장고식 사고를 탈피하기 위해 설립되었다. 인류세연구센터는 과학에서 예술까지, 인류학에서 행동주의까지, 고생태학에서 정치에 이르기까지 인간의 모든 노력을 한군데로 모으기 위해 분투하고 있다.

셋째는 아시아에 초점을 맞출 필요성이다. 전 세계 인구의 절반 이상이 거주하고, 가장 부유하고 강력한 여러 국가의 본거지가 위치해 있다는 점에서 인류세를 개념화할 때 아시아는 핵심적인 위치를 차지한다. 동일한 이유로, 위기를 완화하려는 노력에 있어서도 아시아는 매우 중요하다. 인류세연구센터는 인류세적 사고에서 한국, 더 나아가 아시아를 조명해 줄 것이다. 인류세연구센터의 설립자이자 센터장인 박범순 교수가 이 책을 번역하게 되어 큰 영광이다. 박범순 교수는 인류세의 다면적이고 상호 연결된 도전에 대응하려는 더 큰 노력에 긴밀히 협력하고 있다.

그렇다면 인류세란 무엇인가? 지구시스템과학은 1950년경 인간의 우위 쪽으로 기울어지기 시작한 지구 힘의 균형을 측정함으로써 이 개념을 정의한다. 점점 더 조밀해진 장거리 네트워크를 통해 수천 년 동안 구축되어 오던 인간의 집단적 영향력은 20세기 중반 마침내 '자연의 거대한 힘'을 압도했다.4 인류는 처음으로 특정 지역이나 생태계뿐

---

4   Will Steffen, Paul J. Crutzen, and John R. McNeill, "The Anthropocene: Are Humans Now Overwhelming the Great Forces of Nature?" *Ambio* 36, No. 8 (2007): 614~621, http://www.jstor.org/stable/25547826.

아니라 행성 전체를 지배하는 지구 시스템 행위자가 되었다. 인류세는 상대적으로 예측 가능했던 홀로세의 리듬에도 종지부를 찍었다. 약 12,000년 전에 시작된 홀로세 '최적기'는 농업, 문자 체계, 도시, 정교한 철학, 노동력 절감 기술, 의학 발전, 위생 시스템, 예술적 경이, 고도로 복잡한 사회 등 인류의 놀라운 진전을 뒷받침했다. 홀로세에서 인류의 성공은 홀로세의 종말이라는 비극을 불러왔다. 안정적인 지구 시스템의 상대적 평온은 산산조각이 났다. 마치 요가 수업에 들어온 황소처럼 토지, 식량, 물, 광물, 에너지에 대한 인간의 수요 증가는 행성 시스템을 혼란에 빠뜨렸다.

인간의 지배domination는 '통제control'와는 다르다. 사실 지배와 통제는 거리가 멀다. 지구 시스템을 예측하기가 더 어려워졌기 때문에 이제 통제력은 더 떨어졌다. 우리 앞에 도사리고 있는 예상치 못한 급전환점과 전이의 문턱들은 현재의 과학 수준으로는 파악하기 어려우며, 가장 능숙한 국가나 조직의 관리 기술로도 대처하기 어렵다. 현존하는 대부분의 정치 및 윤리 시스템은 풍요롭고 인구 밀도가 낮은 지구를 염두에 두고 설계되었다. 이 경우 대부분의 문제 해결과 병목 현상 해소는 이주, 고립, 성장으로 가능하다고 여겨졌다. 홀로세 초기 수천 년과 그 이전 시기 동안 인간은 기후변화나 희소성이라는 문제에 직면했을 때 새로운 환경(심지어 새로운 대륙)으로 손쉽게 이동했다. 이후 국가가 발전하면서 이런 전략을 실행하기는 어려워졌다. 티베트나 근대 초 일본과 같은 일부 국가에서는 분쟁과 문화적 오염을 피하면서 자원을 보호하기 위해 고립 정책을 채택했다. 얼마 전까지만 해도 성장이 거의 모든 사회적·정치적 문제에 대한 해답처럼 보였다. 특히 제2차 세계 대전 이후 정치인들은 인프라, 경제 네트워크, 위생 시스템, 개선된 주택, 교육, 의료, 다양한 형태의 민주주의를 구축하여 전 세계 25억 인구에게 안정과 번영을 가져다주려고 노력했다. 이 목표 달성을 위해 지구의 지각은 불도저로 파헤쳐지고 폭파되기도 했다. 1950년부터 2010년까지 저인망 어업, 채굴, 건설로 인해 이동된 퇴적물의 양은 인류가 존재한 약

30만 년 동안 이동된 양보다 거의 5배나 많았다.[5] 1950년에서 2000년
사이 세계 경제는 6배 성장했고,[6] 전 세계 인구는 60억 이상으로
급증했다. 오늘날 세계 인구는 80억이 넘으며, 이들은 모두 최근에
건설된 인프라에 다양한 방식으로 의존하며 살아간다. 우리가 살고
있는 이 인공적인 고치artificial cocoon는 '기술권technosphere'으로도
불리는데, 기술권은 이제 생물권보다 비중이 클 뿐 아니라 나날이
생물권을 파괴하고 있다.[7] 유한한 지구 안에서 인간은 성장의 한계에
도달했고, 지구가 작동하는 방식을 불안정하게 만들었다. 이렇게 새로운
상황에서는 기존의 정치적·윤리적 해결책을 재고할 필요가 있다. 이
수수께끼와 같은 상황을 요약하는 말이 바로 '인류세'다. 인류세는
물리적·유기적·사회적 시스템이 상호 작용한 결과이며, 우리는 이 책을
통해 다양한 형태의 지식이 협력해야 인류세를 가장 잘 이해할 수 있다고
주장한다. 바로 그래서 이 책은 다학문적 접근을 취한다.

그래도 인류세를 이해할 때 특히 중요한 학문 분야가 하나 있는데,
그것은 바로 지질학이다. '인류세'라는 용어 자체가 지질학의 중요성을

---

5   Jaia Syvitski et al., "Earth's Sediment Cycle during the Anthropocene," *Nature Reviews Earth & Environment* 3 (2022): 179–196 (2022), https://doi.org/10.1038/s43017-021-00253-w.

6   M. J. Webber and D. L. Rigby, "Growth and Change in the World Economy Since 1950," In: R. Albritton, M. Itoh, R. Westra, and A. Zuege (eds), *Phases of Capitalist Development*. London: Palgrave Macmillan (2001), https://doi.org/10.1057/9781403900081_15.

7   Emily Elhacham et al., "Global Human-made Mass Exceeds All Living Biomass," *Nature* 588 (2020): 442–444, https://doi.org/10.1038/s41586-020-3010-5. 피터 해프가 만든 '기술권'이라는 용어는 "인류세를 추진하는 자동적인 글로벌 시스템으로, 전 인류뿐 아니라 운송, 통신, 전력 수송, 금융 네트워크, 정부 및 그와 연계된 관료제, 군사 조직, 교육 기관, 과학 기관, 종교 제도, 정당, 예술, 정치, 환경, 문화를 비롯한 여타 사회 운동을 포함한 인간의 기술 시스템"으로 정의된다. Peter K. Haff, "The Technosphere and Its Relation to the Anthropocene," In: Jan Zalasiewicz et al. (eds), *The Anthropocene as a Geological Time Unit: A Guide to the Scientific Evidence and Current Debate*, Cambridge: Cambridge University Press (2019): 138–143. Peter K. Haff, "Technology as a Geological Phenomenon: Implications for Human Wellbeing," In: Colin N. Waters et al. (eds), *A Stratigraphical Basis for the Anthropocene*. Geological Society London, Special Publication, 395, (2014): 301~309 참고.

시사한다. '세'는 신생대의 하위 시대 명칭에 붙는 접미사다. 각 '세'의
길이는 다르지만 6,600만 년이라는 신생대의 긴 기간 안에서 독특한
국면들을 나타낸다. 신생대 자체는 약 45억 년에 달하는 지구의
전체 역사 중 일부에 불과하다. 지구 전체의 역사를 이해하기 위해서
지질학자들은 암석, 진흙, 얼음의 지층을 분석하여 지구의 과거를
지질연대표에 표시한다. 인류세 혹은 어떤 새로운 시대 단위를
지질연대표에 추가하려면 지난한 과정을 거쳐야 한다. 물론 지질연대표는
안정적인 표준을 제시하는 것이 핵심이므로 당연히 그래야만 한다.
지질연대표라는 도구가 없으면 지질학자들은 지구 역사에서 특정
위치를 쉽게 찾거나 그에 관한 의사소통을 하기가 어렵다. 인류세를
새로운 지질시대로 고려하기 시작한 것은 2009년 국제층서위원회가
인류세실무단을 구성하면서부터다. 국제층서위원회는 인류세실무단에게
인간이 지구의 지각에 흔적을 남겼는지를 조사하는 임무를 맡겼다.
2019년, 인류세실무단원의 절대 다수는 인류세에 관한 증거가
결정적이라고 결론을 내렸다. 20세기 중반 이후에 형성된 독특한 지층을
전 세계에서 발견할 수 있기 때문이었다.

　　　이 책의 원서가 출간된 이후에도 논의의 발전이 있었다.
2023년 7월 11일, 세 차례에 걸친 투표 끝에 인류세실무단은 인류세를
지질연대표에 포함하기 위한 국제층서위원회의 기준을 충족할 만큼
진전을 거두었다고 발표했다. 이후에 필요한 것은 통상 '황금못'으로
알려진 국제표준층서구역을 선정해서 전 세계 지질학자들에게
준거점을 제공하는 일이었다. 인류세실무단은 여러 유력한 후보지
중에서 인류세의 지질학적 표식을 가장 명확하게 제공해 주는
장소로 캐나다 온타리오주의 크로퍼드 호수를 선정했다. 인류세의
국제표준층서구역으로 크로퍼드 호수를 제시한 공로는 브록대학교의
고미생물학자 프랜신 매카시와 그녀의 연구팀에게 돌아갔다. 연구팀은
크로퍼드 호수의 교란되지 않은 깊은 지층에서 진흙 코어를 채취하였고,
이전 지층과 구분되는 새로운 물질로 가득 찬 층을 발견했다. 이 새로운

지층에는 고에너지 전력 생산으로 인한 탄소 입자, 화학 비료의 대량 사용으로 인한 질산염, 방사성 플루토늄을 비롯한 여러 증거가 들어 있었다.8 매카시의 지질학적 발견은 1950년경부터 인간의 영향이 지구를 결정적으로 변화시켰다는 지구시스템과학의 증거와 일치한다.9

인류세실무단의 다음 단계 과업은 세 가지 제안을 공식화하여 제4기층서소위원회에 보내 검토를 요청하는 것이다. 첫째는 크로퍼드 호수의 코어 샘플을 인류세의 '황금못'으로 지정하는 것이다. 둘째는 중국 시하이룽완 호수와 일본 벳푸만을 포함한 다른 지역의 증거를 보조 증거로 추가하는 것이다. 셋째는 인류세를 지질연대표에 들어가는 공식 시간 단위로 인정하도록 권고하는 것이다.10 이 제안은 제4기층서소위원회의 표결과 국체층서위원회의 표결을 거쳐 국제지질과학연맹에 상정될 것이다. 국제지질과학연맹 총회가 2024년 8월 25일부터 31일까지 부산에서 열리기 때문에, 최종 결정이 내려지는 곳은 한국이 될 가능성이 매우 높다.

인류세의 공식화가 당연하게 보장되는 것은 결코 아니다. 실제로 2024년 인류세가 공식적으로 비준되지 않을 가능성도 있으며, 그럴 경우 최소한 10년이 더 지나야 다시 제안을 할 수 있다. 지질학계에서 인류세에 대한 저항이 있는 이유는 무엇일까? 여러 가지를 꼽을 수 있다. 국제지질과학연맹의 회장인 스탠 피니는 오래전부터 인류세 개념에 반대해 왔다. 피니는 2016년 한 기자에게 "인류세실무단을 주도하는 사람들이 출판과 홍보에 너무 재미를 붙이고 있어서, 제안서를 빨리

·

---

8   Ian Angus, "Scientists Choose Site to Mark the Start of the Anthropocene," *Climate and Capitalism*, July 11, 2023, https://climateandcapitalism.com/2023/07/11/scientists-choose-marker-for-the-start-of-the-anthropocene.

9   Will Steffen et al., "Stratigraphic and Earth System Approaches to Defining the Anthropocene," *Earth's Future* 4, No. 8 (2016): 324~345, https://doi.org/10.1002/2016EF000379.

10   Paul Voosen, "Anthropocene's Emblem May Be Canadian Pond," *Science* 381, Issue 6654 (July 14, 2023): 114~115, doi: 10.1126/science.adj7016.

작성하지는 못할 것"이라고 조롱하기도 했다.[11] 또 다른 유력 인사이자 국제층서학회의 사무총장인 필립 기버드는 인류세라는 새로운 지질시대 설정이 불필요하며, 약 5만 년 전부터 시작된 통시적이고 확산적인 대규모 인간 활동을 인류세 '사건event'이라고 부르자고 최근 제안했다. 기버드가 말하는 인류세 사건은 인류세 개념과는 의미가 매우 다르며, 지질연대표에서 공식적으로 자리를 차지하는 범주가 아니다.[12] 생태학자 얼 엘리스는 표결 결과가 자신이 지지한 바와 다르게 나오자 "관점을 편협하게 만드는" 결정을 내리는 것은 잘못되었다고 말하면서 인류세실무단을 탈퇴했다.[13] 그렇지만 애초부터 인류세실무단은 토론 모임이 아니라 심의 기구이며, 증거를 고려하여 결정을 내리려는 목적으로 구성되었다. 엘리스는 인류세 경계를 20세기 중반으로 설정하면 그 이전 시기 인류가 환경에 미친 오랜 역사를 논의할 수 없게 된다고 불평하기도 했다. 하지만 이런 추론에도 결함이 있다. 1776년의 「독립선언문」을 미국의 건국 문서로 인정한다고 해서 식민주의와 반식민주의를 불러온 장기적 추세에 대한 질문이나, 영국과의 단절이 왜 일어났는지에 대한 질문을 배제하는 것은 아니다. 지질학에서도 마찬가지다. 5억 3,880만 년 전을 원생누대와 현생누대의 경계로 표시한다고 해서 그 이전에 일어났던 느린 산소 축적 현상을 논의에서 배제하는 것은 아니다. 인류세는 '블루 마블'의 땅, 물, 공기와 약 30만 년 전 아프리카에서 출현한 영장류 종 사이의 관계가 전 세계적으로 거의 동시에 새로운 단계로 진입했음을 알리는 신호다.

　　일부 인류세 부정론자에 대해서 공감이 가지 않는 것은 아니다. 인간이 현재 지구에 미치는 영향의 규모를 파악하는 일은 심리적으로

11　　John Carey, "Are We in the 'Anthropocene'?" *PNAS* 113, No. 15 (April 12, 2016): 3908~3909.

12　　P. Gibbard, M. Walker, A. Bauer, M. Edgeworth, L. Edwards, E. Ellis, S. Finney, J. L. Gill, M. Maslin, D. Merritts, W. Ruddiman, "The Anthropocene as an Event, not an Epoch," *Journal of Quaternary Science*, 37 (2022): 395~399, https://doi.org/10.1002/jqs.3416.

13　　Erle Ellis, "Why I Resigned from the Anthropocene Working Group," July 13, 2023, https://anthroecology.org/why-i-resigned-from-the-anthropocene-working-group.

매우 어렵다. 우리 행성 시스템의 한 측면에 미치는 영향을 상상하는 일조차도 꽤 어렵다. 지구에서 서식 가능한 공간의 96퍼센트를 차지하는 바다를 예로 들어 보자. 정치학자 크리스 앤더슨이 말하듯, 최근 인간이 미치는 영향의 규모는 '놀라울 정도'다. "산업화된 어업이 시작되자 카리브해에서 헤엄치던 푸른바다거북은 300분의 1 수준으로 개체수가 줄었다. 전 세계 대형 어류와 굴 서식지의 90퍼센트가 사라졌다. 해초 목초지는 매년 7퍼센트 비율로 사라지고 있다. 대왕고래는 20마리 중 1마리꼴로 남았다".14 바닷속 생명체의 경우만 언급한 것이 이 정도다. 인류세 개념은 해양의 변화뿐 아니라 수권 전체와 지구 시스템의 다른 모든 권역의 변화도 포괄한다. 아주 최근까지도 인간의 영향이 미치는 규모가 이 정도는 아니었다. 얼마 전까지만 해도 자연 시스템이 인간 시스템을 지배했다. 노년층 과학자나 많은 일반인에게 인류세는 세계가 작동하는 방식에 대한 그들의 기본 개념을 위협하는 이상한 개념이다.

기존 신념과 모순되는 개념을 거부하는 그들의 반응은 제멜바이스 반사작용Semmelweis reflex의 한 사례다. 이 반사작용은 질병 확산 방지를 위해 손 씻기가 중요하다는 점을 발견한 헝가리의 의사 이그나즈 제멜바이스의 이름을 따서 명명되었다. 1846년 제멜바이스는 의사의 동선이 해부실에서 분만실로 직접 연결된 비엔나의 한 자선 의료원에서 사망률이 끔찍하게 높다는 사실을 발견했다. "그곳에서 출산한 산모 10명 중 거의 1명이 산욕열로 사망했다".15 제멜바이스는 염소 성분으로 처리된 석회질 용액으로 손을 씻으면 산모들의 사망을 막을 수 있다고 생각했다. 이 방법으로 사망률을 90퍼센트까지 낮출 수 있다는 임상시험 결과가 나왔음에도 불구하고, 제멜바이스는 의사직에서 쫓겨나 정신병원에서 교도관에게 구타를 당해 고통스럽게 숨졌다. 당시의 엘리트 의료인들은

---

14 Chris Anderson, "Short Cuts," *London Review of Books* (May 18, 2023): 22. Chris Anderson, *A Blue New Deal: Why We Need a New Politics for the Ocean*, New Haven: Yale University Press (2023) 참고.

15 Eric Winsberg, Eric, "We Need Scientific Dissidents Now more than Ever," *Chronicle of Higher Education* (August 10, 2023), https://www.chronicle.com/article/we-need-scientific-dissidents-now-more-than-ever.

자신들의 치유의 손이 죽음을 가져온다는 생각을 터무니없는 것으로 여겼다. 어떤 사람들에게는 자신의 세계관을 뒤흔드는 증거가 아무리 많아도 충분치 않은 것이다.

인류세는 깊이 뿌리내린 기존 세계관을 흔들 뿐 아니라 홀로세의 규범에 기반한 제도적 구조, 자금 조달 기제, 경제 시스템, 정치적 희망까지 침식한다. 앞서 지적했듯이 대학은 저장고식 사고방식을 통해 조직되어 있다. 풍족하고 예측 가능한 지구에서 경제가 영원히 성장하고, 그 경제에 기반한 기부금, 국가 기금, 기업 협찬에서 연구비가 나온다는 생각이 여전히 지배적이다. 민주주의와 더 많은 자유에 대한 정치적 희망 역시 경제가 확장된다는 가정에 의존하고 있다. 실제로 디페시 차크라바르티는 "근대적 자유라는 저택은 끊임없이 확장되는 화석 연료 사용의 기반 위에 서 있다"고 주장한다.[16] 이와 대조적으로, 인류세는 기존 구조가 단기적으로는 풍요를 가능케 하지만 결국 파괴를 부추기며, 이제는 우리가 처한 곤경을 이해할 수 있게 해 준다는 점에서 기껏해야 양날의 검이라고 주장한다. 인류세를 진지하게 받아들이려면 경제와 정치에 대한 새로운 토대가 필요하며, 대학의 경우도 마찬가지다. 박범순 교수의 주장처럼 우리는 인간을 더 이상 자연과 분리되어 움직이는 존재로 상상할 수 없으며, 자연문화의 요소를 제어까지는 아니더라도 압도하는 존재인 인간의 함의를 파악해야 한다.

『인류세 책: 행성적 위기의 다면적 시선』 한국어 번역본이 출간되는 이때, 전 세계는 전례 없는 상황을 맞아 괴로워하고 있다. 인류세의 현실은 증거를 가장 잘 아는 사람들에게는 더 이상 의문의 여지가 없다. 최근 얀 잘라시에비치가 인터뷰에서 지적했듯이, 인류세의 증거는 '압도적'이다.[17] 프랜신 매카시도 마찬가지로 확신에 차 있다.

---

16   Dipesh Chakrabarty, "The Climate of History: Four Theses," *Critical Inquiry* 35, No. 2 (2009): 197~222. 여기서 인용한 부분은 208쪽.

17   Marlowe Hood, "How the Weight of the World Fell on one Geologist's Shoulders," *Phys Org* (July 10, 2023) https://phys.org/news/2023-07-weight-world-fell-geologist-shoulders.html.

매카시는 "지구가 이전과는 다른 규칙에 따라 작동하고 있다는 사실을 확인하기 위해 [복잡하고 어려운] 로켓 과학까지 필요하지는 않다"고 말한다.[18] 많은 사회과학자, 예술가, 역사학자, 문화비평가, 심지어 경제학자가 새로운 형태의 지식과 새로운 사회적 토대가 필요하다는 주장을 펼치기 시작했다. 그러나 증거에 가장 근접해 있고 혁신적인 사고를 할 수 있는 사람들을 제외하면 이해 과정이 더디게 진행되고 있다. 정책 분야에서는 기존 방식대로 해 나가는 모델에서 '해답'을 찾을 수 있으리라는 낡은 합의가 여전히 강고하다. 산업계는 우리가 대량으로 사용하고 있는 목재, 석탄, 석유를 특정한 자원(예컨대 리튬, 수소, 우라늄)으로 대체하면 문제가 적절히 해결되리라 믿고 싶어 한다. 어떤 사람들은 이렇게 새로운 자원을 개발하면 인간이 지구에 대한 지배력을 계속 확장하기 위해 '필요한 돌파구'를 마련할 수 있다고 생각한다.[19] 일부 인류세 부정론자들은 인류세를 확정하는 일이 '정치적'이라고 주장하는데, 그들은 '정치적'이라는 말을 혐오스러운 용어로 사용한다. 어떤 사람들은 인류세를 확정하기 전에 새로운 시대가 어떻게 전개될지 수천 년을 기다려 보자고 제안하기도 한다. 그렇지만 인류세를 확정하지 않는 행위 자체도 모종의 정치적 결과를 초래할 것이다. 그런 행위는 옛 규칙이 여전히 유효하고 옛 해결책이 여전히 적절하다는 견해를 묵인하기 때문이다. 누군가에게는 안타깝겠지만, 그런 견해는 옳지 않다. 연구자들은 사실을 그대로 직시할 책임이 있으며, 특히 정치 지도자들을 돕기 위해서는 더더욱 그래야만 한다. 이 책이 주장하듯 지구의 물리적·유기적·사회적 변형을 솔직하게 직시하지 않으면, 모든 인간이 인간답게 살기 위한 조건을 구축하겠다는 희망을 더 이상 품을 수가 없다. 국제층서위원회가 2024년 새로운 '세'를 공인하든 그렇지 않든, 우리는 변화된 지구와 직면하기 위해 전진해야 한다. 인류세는 이미

---

18   Paul Voosen, *ibid.*, 114.

19   Bill Gates, *How to Avoid a Climate Disaster: The Solutions We Have and the Breakthroughs We Need*, New York: Knopf (2021).

시작되었다. 지질학자 마틴 J. 헤드의 말처럼, "우리는 홀로세라는 보호막 속으로 돌아가지 않을 것이다. 지금의 상황은 일시적인 현상이 아니다".[20]

2023년 8월
줄리아 애드니 토머스

---

20   Paul Voosen, *ibid.*, 114.

서문

'인류세'라는 용어는 '기후변화', '지구 온난화', '환경 문제', '오염', 혹은
우리 행성의 여러 변화를 지칭하는 일군의 용어들과는 차이가 있다.
인류세라는 용어 자체는 지질학에 중심을 둔 개념이다. 인류세는 최근
지구에 발생한 갑작스러운 변화를 보여 주기 위해서, 방금 위에서 제시한
용어들을 포함한 여러 현상을 지구의 오랜 시간적 맥락 안에 위치시킨다.
인류세는 인간 활동이 촉발하여 만들어 낸 새로운 지질시대를 가리킨다.
노벨 화학상을 받은 대기화학자 파울 크뤼천이 2000년에 인류세를
비공식적으로 제안했으며, 그와는 독립적으로 생물학자 유진 스토머가
인류세 용어를 사용한 바 있다. 이 책에서도 많이 등장하겠지만,
지구의 45억 4천만 년 역사 속에서 20세기 중반이 뚜렷하게 구분되는
새로운 시대가 되었음을 보여 주는 압도적 증거들이 있다. 복잡하고
통합적인 지구 시스템은 11,700년 전부터 시작된, 그리고 상대적으로
안정적이었던 홀로세를 지나, 이제 더 불안정하고 지속적으로 진화하는
단계로 들어섰다. 다양한 측면에서 이 새로운 단계는 지구의 긴 역사
가운데 비교해 볼 만한 전례가 없다. 또한 이 단계는 홀로세만큼 인간의
삶을 넉넉하게 해 주지도 않는다. 사실 우리 인간이 지난 만 년 동안
경험했던 삶의 방식은 매우 빠르게 변할 것이며, 그것도 대체로 더 나쁜

쪽으로 변하리라는 증거가 많다. 해수면은 상승하고 있으며 대기에는 이산화탄소와 미세먼지가 증가하고 있다. 전 지구적 생물다양성은 급속도로 감소하고 있으며 호모 사피엔스의 역사상 그 어느 때보다도 기후는 무더워질 것이 거의 확실하다. 우리에게 의식주와 연료를 제공하는 체계에 가해지는 압력은 앞으로 더욱 강해질 것이다.

현재 지질학계는 인류세를 지질연대표에 공식으로 포함하자는 제안을 뒷받침하기 위해 증거를 수집하는 중이다. 인류세 제안을 긍정적으로 검토해 보자는 안건에 대해서, 2016년 인류세실무단의 압도적 다수는 찬성표를 던졌다. 2019년에 있었던 의결 투표에서도 인류세실무단의 88퍼센트는 기존 합의를 재확인했다. 거의 보편적으로 나타나는 특징적 지층을 통해 구분할 수 있을 정도로 이제는 지구가 새로운 단계로 진입했다는 것이다. 이렇게 최근 우리 행성이 변형된 원인은 지난 70년 혹은 80년에 걸쳐 진행된 급격한 인구 증가와 전 지구화globalization, 그리고 산업화다. 만약 인류세가 공식적으로 채택된다면, 인류세는 에오세, 플라이스토세 등 여타의 시간 단위들과 함께 공식 지질연대표라는 거대한 캔버스에 합류하게 된다.

공식 지질연대표는 지질학자들이 지구의 오랜 과거를 시각화하는 방법이다. 긴 시간에 따른 변화를 이해하기 위한 이 방법은 상대적으로 짧은 시간 단위인 '절節, age'에서부터 시작하여, 더 긴 시간 단위인 '세世, epoch'와 '기紀, period'를 지나, 엄청나게 긴 시간 단위인 '대代, era', 그리고 최종적으로 10억 년이 넘기도 하는 '누대累代, eon'에까지 이르는 시간 단위의 위계를 설정한다. 현재 제안된 인류세는 잠재적으로 '세'에 해당하므로 '절'보다는 큰 변화를 표시하지만 '기'보다는 작은 변화를 표시한다. 만약 국제층서위원회가 공인한다면, 인류세는 〈그림 3〉 상단 '홀로세'의 바로 위에 위치하게 된다. 만약 지구상의 특정 장소가 아닌 특정 시간대를 수신처로 해서 우편물을 보내고 싶다면, 그 주소는 '현생누대 신생대 제4기 (새로 제안된) 인류세 초엽'이 될 것이다. 이런 시간상의 주소가 번거롭게 들릴 수도 있겠지만 지구의 현 상황을 이해하는 데는 명확한 지침을 줄 수 있을 것이다.

인류세는 지구 역사에서 매우 새로운 부분이기는 하다. 그렇지만 인류세를 제대로 이해하려면 45억 4천만 년 전 시작된 지구의 과거라는 맥락에 인류세를 위치시키고, 수백만 년에 걸친 다양한 생명체 형태의 출현을 추적할 필요가 있다. 인류세 이야기의 주인공인 호모 사피엔스는 겨우 30만 년 전에야 진화하여 서서히 지배적인 힘으로 부상했으며, 궁극적으로는 20세기 중반에 이르러서야 지구를 바꿀 정도의 힘을 갖춘 생물종이 되었다. 우리가 목도하고 있는 지구 시스템의 기이한 전환은 사실 한 인간의 인생에 해당하는 만큼의 시간 사이에 발생했다. 이런 전환은 문화적·정치적·사회경제적 요인들에 의해 추진되었고 기술 변화로 탄력을 받았는데, 바로 이런 전환이 지구 시스템을 전례 없이 급속하게 홀로세 경계 밖으로 나가도록 계속 압박하고 있다. 인간이 최근 지니게 된 영향력을 이해하려면 지구의 역사보다 짧기는 하지만 인간의 역사, 즉 인간이 오랜 시간 동안 어떻게 강력한 힘으로 부상하게 되었는지도 살펴볼 필요가 있다. 지구의 변화를 가속하는 아이디어, 발명, 정치 및 경제 체제, 그리고 그런 파괴적 궤적에 대한 저항도 모두 인류세의 이야기에 해당한다. 즉, 인류세를 이해하기 위해서는 지질학적 시간과 변화 과정을 포괄하는 동시에, 우리에게 더 친숙한 시간 단위 안에서 인간의 행동 및 제도가 지닌 복잡성과 기묘한 특성에 천착하는 작업이 필요하다. 그래서 우리는 다학문적 이해가 필요하다고 호소하는 것이다.

우리가 이 책에서 시도하는 작업에 '간학문적interdisciplinary'이라는 용어보다 '다학문적multidisciplinary'이라는 투박한 용어를 붙이는 것이 왜 더 정확한지를 우선 설명하도록 하겠다(Jensenius 2012). 간학문적이라는 말은 여러 접근 방식을 종합하고 조화시키는 것을 의미한다. 그 결과 궁극적으로 다양한 분야의 연구자가 모두 동일한 질문을 제기하고, 동일하게 조율되며 일관적인 지식 형성 방식을 제시하게 된다. 예를 들어 개미 연구자였던 에드워드 윌슨은 그가 '통섭consilience'이라고 불렀던 간학문적 지식 통합을 주창했다(Wilson 1998). 한편 '다학문적'이라는 말은 서로 다른 학문 분야의 연구자들이 동일한 주제를 함께 다루되, 각자의 방식으로 접근하는 것을 의미한다. 이

누대(累代, Eon)	대(代, Era)	기(紀, Period)	세(世, Epoch)	
				← 현재
현생누대 Phanerozoic	신생대 Cenozoic	제4기 Quaternary	홀로세 Holocene	
			플라이스토세 Pleistocene	← 11,700년 전
		네오기[신진기] Neogene	플라이오세 Pliocene	
			마이오세 Miocene	
		팔레오기[고진기] Paleogene	올리고세 Oligocene	← 6,600만 년 전
			에오세 Eocene	
			팔레오세 Paleocene	
	중생대 Mesozoic	백악기 Cretaceous		← 2억 5,200만 년 전
		쥐라기 Jurassic		
		트라이아스기 Triassic		
	고생대 Paleozoic	페름기 Permian		
		석탄기 Carboni- ferous	펜실베이니아기 Pennsylvanian	
			미시시피기 Mississippian	
		데본기 Devonian		
		실루리아기 Silurian		
		오르도비스기 Ordovician		
		캄브리아기 Cambrian		
원생누대 Proterozoic				← 5억 4,100만 년 전
시생누대 Archean				← 25억 년 전
				← 40억 년 전
명왕누대 Hadean				← 45억 4,000만 년 전

〈 **그림 3** 〉 간략한 지질시대 구분. 홀로세 시작점은 11,700년 전이다. '세' 단위는 신생대 안에만 표시하였다.

책의 주제는 인류세라는 지질학적 현상이다. 다학문적 대화에 참여하는 사람들은 언제나 각자의 시각 사이에서 나타나는 긴장에 직면하게 된다. 왜냐하면 다양한 사람이 상이한 시공간 규모에서 나오는 고유한 방법론, 연구 질문, 문서 자료 등을 한군데로 가져오기 때문이다. 단일한 서사로는 복잡한 전체를 절대로 포착할 수가 없다. 인류세 자체가 다면적이고 그 규모도 다중적인 데다가, 최근 인간의 활동들이 결합하며 만들어 낸 현상이기 때문에 우리에게 있어서는 다학문적 접근이 적절하다. 인류세를 만들어 낸 인간 활동 중에는 우리 조상들이 이룩한 불의 통제와 같이 기원이 매우 오래된 것도 있고, 대중 관광의 확산과 같이 매우 최근에 나타난 것도 있다. 지구 시스템과 인간 시스템이 별개로 작동한다고 가정하면 현재 일어나고 있는 일을 제대로 이해할 수 없다. 물론 그렇다고 해서 지질학자, 사회과학자, 인문학자가 다루는 문제의 규모, 방법론, 연구 질문에 차이가 없다고 말하는 것은 상황을 지나치게 단순화하는 일이자, 단일한 이해(심지어는 문제에 대한 단일한 정답)가 눈앞에 있다고 성급히 단정하는 일이 될 것이다.

　이 책은 전체적인 접근 방식을 설명하고 나서, 인류세의 근본적 맥락인 지구의 오랜 역사를 다루기 시작할 것이다. 2장과 3장에서는 지질학적 맥락 안에서의 인류세, 그리고 지질연대 단위로서의 인류세를 논의할 것이며, 인류세 개념이 어떻게 부상하였고 그 배후에 있는 증거의 무게는 어느 정도인지도 설명할 것이다. 4장과 5장에서는 지구 시스템의 두 가지 중요한 측면인 기후와 생물권을 각각 탐구할 것이다. 기후와 생물권 모두 인간 활동에 쌍방향으로 영향을 주고받는다. 지구시스템과학에 따르면 실제로 지구는 대기권, 수권, 빙권, 암석권, 토양권, (당연히 인간을 포함하는) 생물권이 서로 복잡하게 상호 영향을 미치는 하나의 통합된 시스템이다. 이런 총체적인 관점에서 볼 때, 당신이 지난 토요일에 먹었을지도 모르는 토마토는 수십억 년 동안 계속된 토양, 암석, 얼음, 물, 공기의 형성 및 이동과 분리될 수 없다. 지구시스템과학자인 팀 렌턴은 통합된 지구 시스템이라는 현대적 개념이 1960년대와 1970년대 초반 과학자 제임스 러브록과 미생물학자 린 마굴리스의 가이아

가설Gaia hypothesis로부터 나온 것으로 보고 있다. 물론 그전 시기의 여러 선구자가 있기는 하지만 말이다(Lenton 2016: 5). 한편 1980년대 미국 항공우주국이 "인간이 촉발한 오존 고갈 및 기후변화"에 관심을 가지게 되면서 시스템 과학을 지구에 적용해 '지구시스템과학'이라는 이름을 붙였다(Steffen et al. 2020: 56). 1986년, 미국 항공·우주국은 인간 활동이 지구의 물리적이고 생물학적인 과정에서 핵심적인 역할을 한다는 것을 보여 주는 브레서튼 도식Bretherton Diagram을 제시했다(National Research Council 1986). 이 개략적 도식은 "향후 지구 시스템 연구 프로그램을 개념화하는 중요한 원동력"이 되었다(Mooney et al. 2013: 3666). 1990년대부터는 성능이 향상된 컴퓨터 덕분에 과학자들이 지구의 복잡성을 더 정교하게 모델화하기 시작할 수 있었다. 물론 아직도 더 정교해질 여지가 많이 남아 있기는 하다. 증거가 쌓여 갈수록, 몇몇 지구시스템과학자는 지구가 더 이상 홀로세의 규범 안에서 작동하지 않는다는 사실을 점점 깨닫기 시작했다. 의미심장하게도 파울 크뤼천이 '인류세'라는 용어를 즉석에서 만들었던 2000년 멕시코시티의 학회는 지질학회가 아니라 지구시스템과학회였다.

몇 년 후 지질학계도 논의에 참여하였고, 초기 분석을 통해 인류세라는 아이디어가 타당성이 있음을 인정했다. 인류세라는 아이디어에 관심이 커지면서 2009년에는 인류세실무단이 결성되어 활동을 시작했다. 인류세실무단에는 한 무리의 지질학 전문가에 더해 지구시스템과학자도 여럿 포함되었으며, 전례 없이 중요해진 인간이라는 요소를 다루어야 했기 때문에 고고학자, 역사학자, 법학자도 포함되었다. 보수도 받지 않으면서 증거를 수집하고 열띤 논쟁을 마다하지 않은 끝에, 인간 활동이 실제로 지구 시스템의 궤적을 갑작스럽게 바꾸었으며, 지구의 지각地殼에도 영구적인 흔적을 남겼다는 명제가 합의를 얻기 시작했다. 인류세실무단은 2019년에 낸 보도자료에서 다음과 같이 지적했다. "이러한 변화들 대부분은 앞으로 수천 년 혹은 그 이상 지속될 것이며, 지구 시스템의 궤적도 바꾸고 있다. 그중 어떤 것들은 영구적인 영향을 미칠 것이다. 이런 영향들은 현재 축적되고 있는 지질학적 지층에도 뚜렷하게 반영되고 있으며, 먼 미래에도 보존될 잠재성이 있다". 그리고 인류세의 시작점은 "20세기 중반으로 보는 것이 적절하다. 인구 증가, 산업화, 세계화라는 '대가속Great Acceleration'의 결과, 최근 지층 내에 축적된 보존 지표의 배열과 20세기 중반 시점이 일치하고 있다"(Anthropocene Working Group 2019; Zalasiewicz et al. 2019b 참고).

이 모든 것이 보여 주듯이, 인류세가 근본적으로 지질학 개념이기는 하지만 맥락, 기원, 영향을 이해하기 위해서는 지질학이라는 분과 학문만으로는, 심지어 자연과학만으로는 충분치 않다. 브레스튼 도식에서 '인간 활동'이라고 표시된 상자를 실제로 열어서 그 내용을 분석해야만 한다. 이 책의 6장에서 바로 그런 도전을 다룰 것이다. 즉, 고인류학, 고고학, 인류학, 역사학의 관점에서 인류세가 말하는 인간인 '안트로포스Anthropos'를 탐구할 것이다. 이어지는 7장에서는 행성의 한계와 관련된 경제학과 정치학을 논의할 것이다. 그다음 인류가 현재 직면한 전례 없는 실존적 위기를 다룰 때 다양한 방식의 지식이 도움이 된다는 점을 보여 주면서 책을 마무리하고자 한다. 간단히 말해 우리의 다학문적 접근이 제시하는 핵심적 주장은 어떤 현실도, 심지어 인류세라는 포괄적인 현실이라면 더욱, 지구에 대한 하나의 단일하고 종합적인 이야기를 요구하지는 않는다는 점이다. 뒤돌아 성찰하는 방법에는 오히려 여러 가지가 있다. 또한 앞으로 나아가는 방법도 하나가 아닐 것이라 믿는다.

우리들이 나름대로 최선을 다하기는 했지만, 그렇다고 해서 이 책이 인류세에 관한 모든 이해 방식을 다 포괄하는 것은 아니다. 예를 들어 이 책은 시각예술, 음악, 종교, 윤리, 심리학, 그리고 시에 대해서는 거의 다루지 않는다. 퇴적학, 공학, 지구물리학에 대해서도 마찬가지다. 그런 분야들이 모두 참여하면 인류세 논의를 더 풍성하게 만들 수 있음에도 불구하고 말이다. 그런 분야들을 제외한 것은 부정적 거부라기보다는 일종의 초대라고 간주해 주었으면 좋겠다. 언제나 대화는 열려 있으며 앞으로도 늘 그럴 것이다. 우리가 여기서 함께 모으려고 시도한 과학적·인문학적 지식의 그물망이 보여 준 바에 따르면, 인류세는 수백 년 동안, 심지어는 수천 년 동안 단일하고 명백한 요인이 아닌 여러 가지 요소의 복잡한 배열을 통해 잉태되었다. 인구 증가, 세계화, 경제 발전 및 그에 동반된 부와 권력의 격차 심화라는 20세기의 힘이 결합하여 지구 시스템을 홀로세 경계 밖으로 밀어내자, 마치 오랫동안 쟁여 놓은 화약통에 성냥으로 불을 붙인 것 같은 상황이 벌어졌다. 인류세를 발생시킨 인간의 힘이나 물리적인 힘과 마찬가지로, 인류세에 대한 우리의 이해도 환원적이기보다는 다양하고 복합적이며 긴장으로 가득 차 있기를 희망한다.

다학문적으로 인류세를 다루는 작업은 무척이나 흥미롭고 보람찬 모험이었다. 영국 지질학자 두 명과 일본 지성사를 전공한 미국 학자 한 명을 하나로 모으는 것은 완전히 실패할 가능성도 있는 실험이었다. 섞이지 않는 물과 기름처럼 상호 몰이해로 끝날 수도 있었으며, (성격 차이 때문에) 불꽃 튀는 폭발이 일어날 수도 있었지만, 그런 일은 일어나지 않았다. 각자 받았던 학문적 훈련이나 관심이 다름에도 불구하고, 우리 셋은 오늘날의 지구가 직면한 중심적 과제에 대해 매우 일치하는 이해를 공유하게 되었다. 지구와 인간의 상황을 이해하려는 열망, 증거에 대한 존중, 인류세의 의미를 전달하는 일이 지닌 시급성과 중요성 앞에서 우리 셋은 공통점을 가지고 있다. 폴리티 출판사가 어떻게 이 모든 것을 알고 우리 세 명의 협업을 조율했는지는 여전히 행복한 미스터리다.

책의 본문에서 볼 수 있듯이, 여러 분야의 언어로 말하는 것은 매끄럽고 평탄하며 완벽한 번역일 수 없고, 사실 그래서도 안 된다. 각 분야는 용어를 다른 방식으로 사용한다. '지구'라는 단어를 예로 들어 보자. 자연과학자들에게 지구는 태양계의 한 행성이며 항상 대문자로 시작해야 한다. 인문학자와 사회과학자들에게 지구는 인간이 살아가는 세상, 사회들, 우리가 움직이는 공간, 생물체가 점유하는 경관 등을 지칭할 수 있다. 햄릿이 자기 친구에게 "호레이쇼, 하늘과 땅 사이에는 우리의 철학으로 상상도 할 수 없는 일이 수없이 많아"라고 말했을 때, 그가 태양계 세 번째 행성의 대기권 상층부에 대한 관찰을 염두에 둔 것은 아니었다. 또 다른 예를 들어 보자. 역사학자와 지질학자 모두 시간을 단위로 나누고 특정 순간이 다음 순간과 어떻게 연관되는지를 고민한다. 그러나 '혁명/폭발revolution', '시대/절age', '시기/세epoch'라는 용어는 역사학과 지질학에서 각기 완전히 다른 의미를 지닌다. 지질학자들에 따르면 에디아카라기와 캄브리아기 사이에 '대폭발' 사건이 있었다. 그러나 3천만 년은 고사하고 한 세기 넘게 지속된 사건에 대해서 '혁명'이라는 용어를 사용할 역사학자는 많지 않다. 시간적 지평을 고려할 때, '사건'이라는 용어를 철학자 한스게오르크 가다머를 따라 사용한다고 하더라도 문제가 있기는 마찬가지다. 학술적 주장도 분야에 따라 다르게 구성된다. 인류학, 역사학, 그리고 여타 사회과학이나 인문학에서 논쟁을 벌일 때 우리는 보통 다른 사람의 언어를 인용한다. 왜냐하면 의미라는 것은 사용된 언어의 특정성, 그리고 문구와 문구가 공명하는 지점에 놓여 있기 때문이다. 인문학적 작업의 핵심에는 가치의 문제가 놓여 있어서, 설득력 있는 주장은 종종 물리적 증거나 실험보다는 강렬하고 적확한 단어 선택에 의존한다. 보통 자연과학에서는 다른 학자가 했던 연구 작업을 본문에 자세하게 인용하기보다는 각주나 참고 문헌을 통해 간략하게 표시한다.

그렇지만 아마도 가장 눈에 띄는 것은 우리 세 사람 사이에 나타났던 수렴일 것이다. 우리 세 사람 모두 특정한 문제에 답할 때 범주나 개념을 증거 조직화의 잠정적 수단으로 보면서 접근한다. 예를 들어, 현재 제안된 인류세를 포함한 공식 지질연대표의 각 단위는 지구가 어떻게 그리고 왜 변화하는지를 사고할 수 있게 해 주는 도구다. 사회과학이나 인문학에서도 마찬가지다. '기원', '문화', '경제 체제' 등의 개념은 인간 사회의 연속성과 변화를 이해하기 위한 수단으로 사용된다. 암석, 유물, 기록물 등 형태가 어떻든 간에 증거는 매우 중요하지만, 증거를 조직화하는 범주와 개념은 증거 자체에 내재하는 것이 아니다. 범주와 개념은 각 분과 학문 내에서, 다수의 분과 학문 사이에서, 넓게 보아 사회 안에서, 그리고 세대를 넘나들며 대화와 토론이 진행되는 가운데 만들어진다. 때로는 소수의 운 좋은 사람들이 번뜩이는 통찰력을 가지고

'인류세'와 같은 새로운 개념적 도구를 통해 증거를 이해할 수 있게 만들 것이다. 변화하고 있는 현재의 세계는 인류가 집합적으로 밀어낸 결과, 상당히 우연하게도 새로운 경로로 들어섰다. 이 세계를 더 잘 이해하는 데 있어 분야가 다른 우리 세 사람이 예상치 못하게 협력한 결과물이 도움이 되기를 바란다.

다학문적
인류세

The
Multidisciplinary
Anthropocene

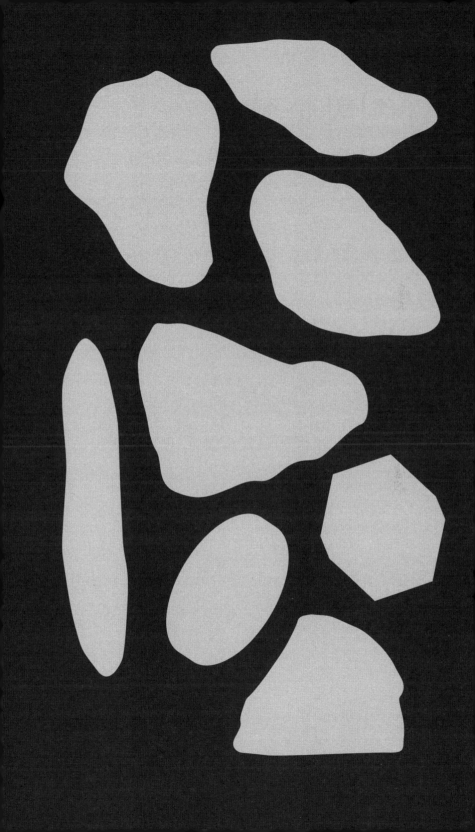

1

다학문적
인류세

여러 분야에 걸쳐 위대한 업적을 남긴 프로이센의 알렉산더 폰 훔볼트는
인류세의 복잡한 특성을 이해하기 위해서 과학적 지식과 인문학적 지식의
겸비가 왜 필요한지를 잘 보여 준다. 훔볼트는 두려움 없이 시베리아를
횡단하고 남미를 종단하면서 생물종 발생, 기온, 해양 염도 등에 대한
정보를 수집한 탐험가였다. 그의 목표는 이러한 정보를 전 지구적인
패턴으로 통합하는 것이었다. 기후, 해양 순환, 지진, 화산, 지자기와 같은
현상은 이러한 큰 패턴의 발견을 통해서만 이해될 수 있다는 것이 그의
지론이었다. 이 같은 글로벌 관점을 얻기 위해 여행자들의 구술 발굴,
원주민들과의 인터뷰, 선원들의 일화 수집에 애를 썼고, 궁극적으로
데이터를 제공하는 전 세계 협력자들의 네트워크를 조직할 수 있었다.
하지만 그는 인문학적이고 정치적인 주제에도 관심을 가졌다. 동식물의
다양성에 흥미를 느낀 것과 마찬가지로, 문화적 차이 및 관념과 관습의
다양성에도 매료되었다. 심지어 훔볼트는 세계의 다양한 민족은 모두
하나의 종이며, 선험적으로 다른 민족이나 문화보다 우월하거나 지배적인
민족, 문화는 존재하지 않는다는 주장을 펼치기도 했다. 그는 시대를 앞서
"제국주의, 식민주의, 노예 제도에 대해 열정적으로 소리 높여 반대한
사람이었다"(Jackson 2019: 1075). 그는 자연현상에 대해 정확하고

상호 연관적 가치가 있는 관측치와 서술 자료를 모아 편찬하는 한편, 인간의 삶에 의미를 부여하는 사회와 신과 시간에 대한 풍부하고 종종 상응하지 않는 관념들의 진가도 알아보았다. 한마디로 훔볼트는 데이터와 이야기, 두 가지 모두를 원했다. 그가 보여 준 진솔하고 광범위하며 관대한 다학문적 접근 모델은 오늘날 인류세에 대한 최적의 길잡이로 손꼽힌다.

　　인류세는 태생부터 다학문적이었다. 일찍이 사회과학자, 인문학자, 예술비평가, 예술인, 기자, 활동가 등은 무언가 기이한 일이 일어나고 있음을 감지했으며, 다양한 분야의 과학자들은 각자의 방법으로 행성이 어떻게, 왜 변하고 있는지 알아보기 시작했다. 무한하고 풍요로워 보였던 지구가 이들에게는 속박되고, 오염되고, 심지어는 이상하게 보이기 시작했다. 다음 장에서 더 자세히 다루겠지만, 인간 활동이 행성 시스템에 급격한 변화를 가져왔다는 생각의 선구자 중에는 서로 다른 시기에 서로 다른 학문적 배경에서 활동한 사람이 많다. 18세기 프랑스의 박물학자이자 뷔퐁 백작으로 알려진 조르주루이 르클레르, 19세기 예술평론가인 존 러스킨, 러시아 과학자인 블라디미르 베르나츠키가 그런 사람들이다. 최근에는 과학 기자 앤드루 레브킨, 고고학자 매트 에지워스, 과학사학자 나오미 오레스케스, 활동가 그레타 툰베리, 역사학자 존 맥닐 등이 지구의 급격한 변형에 주목했다. 기자인 빌 맥키번은 우리가 살고 있는 행성이 예전에 우리가 알던 지구Earth와 너무 달라져서, '지이구Eaarth'와 같은 다른 이름을 붙여야 한다고 말하기도 했다. 지질학적으로 새롭고 중요한 지층과 지구 시스템의 변화에 대한 물리적인 증거를 평가하는 일은 지질학자들, 더 넓게는 지구시스템과학자들이 할 일이겠지만, 인간 활동이 행성을 위험한 지경으로 몰고 간 방법과 이유에 대해서는 모든 사람이 관심을 가져야 한다. 마찬가지로 지질학적 시대 구분에 인류세를 추가할 것인가는 지구과학 학계 안에서 결정되겠지만, 이토록 가혹하고 낯선 환경에서 어떻게 살아갈지에 관한 결정은 우리 모두의 몫이다. 이 새로운 '지이구'는 가능한 한 광범위한 곳에서 얻은 새로운 형태의 지식을 요구한다.

　　우리 대부분은 변형된 행성에서 인류가 직면하고 있는 전례 없는 상황에 대해 어느 정도는 알고 있다. 미국 항공우주국에 따르면, 현재의 대기 중 이산화탄소의 농도는 인류가 진화하기 한참 전인 80만 년 전 이래 가장 높으며, 이는 대기를 더 따뜻하게 만들고 있다. 이상하리만치 낯선 이 행성에는 현재 인간이 만든 193,000개 이상의 '무기 결정 화합물inorganic crystalline compounds'이 존재하며, 이는 약 5천 개에 이르는 자연 광물보다 훨씬 많다. 이뿐만 아니라, 83억 톤 이상의 플라스틱, 60년 전에 비해 거의 두 배 가까이 증가한 고정 질소 때문에 지난 25억 년 동안 가장 큰 영향을 받은 질소 순환, 핵실험과 핵발전으로 생성된 새로운 종류의 방사성 물질로 인해 생물권 자체가 급격한 변화를 겪고 있다. 인간 사회도 마찬가지로 급격히 변화하고 있다. 통신, 교통, 제조의 시스템은 유례 없이 글로벌화되었다. 지구가 지금처럼 사람으로 붐볐던 적은 없었다. 1900년에 인구는 15억 정도였고, 1960년대에는 약 30억이었는데, 현재는 78억이 넘는다. (바츨라프 스밀의 용어인) '인류의 생물량anthropomass'과 가축의 생물량을 합하면 전체 육지 포유동물 생물량의 97퍼센트를 차지하며, 야생 포유동물은 전체의 3퍼센트 정도에 불과하다(Smil 2011: 617). 지금처럼 인구가 도시에 집중된 적도 없었다. 특히 중국 광저우와 같은 메가시티에는 2,500만의 사람이 살고 있다. 욕구는 배가하고 욕망은 증가하는데 지구의 자원 재생 능력은 줄어들고 있다. 인류세라는 개념은 이 모든 요소와 그 밖의 요소들을 하나로 통합한다. 또한 지구를 흔들고 있는 하나의 시스템으로, 즉 아직 예측할 수 없는 되먹임 고리feedback loop와 급전환점tipping point, 그리고 넘어서는 안 될 위험의 문턱이 도사리고 있는 시스템으로 보는 데 도움을 준다.

문제가 아니라 곤경

20세기 중반 어떤 인간 활동이 무슨 이유에서 인류세를 초래했는지 이해하는 데 단일하고 독점적인 방법은 존재하지 않는다. 이토록 전례 없고 예측할 수 없는 상황에 대한 최선의 대응법이 무엇인지 이해하는 데도 역시 단일하고 독점적인 방법이 있는 것은 아니다. 왜 그럴까? 그 이유는 우리에게 인류세는 **문제**problem가 아니라 **곤경**predicament이기 때문이다. 이 차이는 다학문적 프로젝트를 이해하는 데 중요하다. 문제는 해당 분야의 전문가가 만든 물리적 방법이나 개념적 도구를 사용해 해결할 수 있지만, 곤경은 여러 종류의 자원이 필요한 도전적인 상황을 말한다. 다시 말해 곤경은 해결해야 할 문제라기보다는 어느 정도의 품위를 유지하며 견뎌 내야 하는 상황이다.

점점 더 살기 어렵게 변형된 행성에서 품위 있게 인내할 수 있기를 희망한다면, 인류의 위대한 지혜의 보고에서 유용하게 보이는 것은 모두 끌어다 써야 할 것이다. 역사학자 리비 로빈이 지적한 대로 "문제는 사람들이 변화된 세계에 어떤 책임을 지고 어떻게 대응할 수 있는가"이고, "그 답은 단순히 과학적이거나 기술적이지 않고 사회적, 문화적, 정치적, 생태적이기도 하다"(Robbin 2008: 291). 같은 맥락에서 역사학자 스베르케르 쇠를린은 "여기에 관련된 모든 지식이 충분히 전문 지식으로 여겨지지 않는다는 점"이 큰 문제라고 주장한다. "인문학 및 사회과학의 전문 영역은 가치관 형성, 윤리, 개념, 의사 결정 및 기타 문제에 관한 것이기 때문에" 엄청난 지구적 변화에 대처하는 데 필수적인 "지속가능성을 위한 노력의 중심"이 되어야 함에도 인문학 및 사회과학의 기여는 여전히 제대로 인정받지 못하고 있다(Sörlin 2013: 22). 행성적 변화에 대응하기 위해서는 과학적·기술적 이해 이상의 것이 필요하다고 주장하는 사람은 사회과학자와 인문학자만이 아니다. 지구시스템과학자인 윌 스테판과 그의 동료들은 "세계 경제의 급속한 탈탄소화, 생물권 탄소 흡수원의 강화, 행동 변화, 기술 혁신, 새로운 거버넌스 체계, 사회적 가치의 변화" 등 광범위한 변화가 필요하다고 지적한다(Steffen et al. 2016: 324). 새로운 경제, 정치, 가치는 적어도 과학과 기술만큼이나 중요하다.

2009년 새로운 지질시대의 가능성을 타진하기 위해 설립된 인류세실무단에는 처음부터 지질학 전공자가 아닌 사람들도 위원으로 포함됐다. 인류세실무단이 국제층서위원회의 하위 조직임을 감안할 때 이는 이례적인 결정이었다. 유엔의 생물다양성과학기구와 같은 국제기관들 역시 다학문적 접근 방식을 채택하고 있다(Vadrot et al. 2018). 최근 전 세계적으로 지질학자, 지구시스템과학자, 역사학자, 인류학자, 엔지니어, 예술가, 문학비평가 등이 서로 대화하고 협력하는 학술 이니셔티브가 활발히 진행되고 있다. 베를린의 세계 문화의 집과 막스 플랑크 과학사연구소의 협업으로 진행된 인류세 프로젝트, 텍사스 라이스대학교 인간과학 에너지 및 환경 연구센터, 스웨덴의 통합 역사와 지구 인류의 미래 프로젝트, 덴마크의 오르후스대학교 인류세 연구 프로젝트, 오스트리아 비엔나대학교의 비엔나 인류세 네트워크, 일상의 인류세 프로젝트, 일본 교토의 종합지구환경학연구소, 한국 카이스트의 인류세연구센터 등도 다학문적 접근을 하고 있다.

이 책은 또한 과학을 넘어 인류와 관련된 여러 학문, 즉 인류세의 '인간'에 대해서도 다루고 있다. 지식의 경계를 넘나들며 경청하고 배우기는 결코 쉬운 일이 아니다. 각 분야는 그 자체의 정합성, 고유한 질문, 프로토콜, 토론의 계보, 논쟁 방식이 있다. 심지어는 인용 형식마저 다를 수 있다. 고생물학자 노먼 매클라우드가 말한 대로, 이상적으로 이러한 차이의 탐색은 "상호 보완적인 기술과 데이터 및 지식을 보유하고 있고, 자신의 견해에 대한 건설적인 도전에 열린 자세를 유지하며, 본인의 지적 능력에 대한 자신감을 가지고 치열한 토의에 참여할 수 있는 동등한 개인들의" 대화가 될 수 있다(MacLoed 2014: 1618). 이런 대화의 장을 만드는 것이 우리의 목표이기도 한데, 무엇보다도 어느 한 분야가 모든 관점에서 모든 질문을 다룰 수 없는 상황이기 때문이다. 지질학자, 인류학자, 지구공학자 등 어느 한 집단이 모든 정답을 갖고 있지는 않다.

다학문적 대화의 목적은 학문의 경계를 허무는 데 있다고 주장하는 사람들도 있다. 에드워드 윌슨은 이를 '통섭'이라 부르며, 통섭은 실제로 가능할 뿐만 아니라 다양한 관점을 민주적으로 통합하려는 노력보다 본질적으로 더 낫다고 가정한다(Wilson 1998). 이 책은 통섭에 반대한다. 물론 간학문적 접근 방식은 일부 질문을 다룰 때 효과적일 수 있지만, 정답이 하나뿐인 경우에만 해당한다. 정치, 윤리, 미학에 관한 가장 어려운 질문에는 보통 여러 개의 정답이 있다. 모든 접근 방식이 호환되는 것은 아니다. 실제로 어떤 방식은 대상의 규모나 범위의 차이로 아예 적용이 불가능하고, 근본적으로 다른 형태의 지식을 나타내 적용하기 어려운 경우도 있다. 어떤 분야는 검증 가능한 정보를 생산하는 반면, 어떤 분야는 판단하는 일을 한다(Thomas 2014; Kramnick 2017). 학문 사이의 통섭이 가진 단점은 궁극적으로는 하나의 관점과 단일한 분석 방식에 우선순위를 부여하고 허용 가능한 증거의 범주를 제한한다는 점에 있다. 하나의 통일된 이야기를 추구하는 사람들은 자신이 선택한 지식의 형태가 왜 다른 형태보다 더 가치 있는지, 예를 들자면 왜 정령론자보다 합리주의자의 세계관을 선호해야 하는지, 혹은 왜 시보다 숫자를 선호해야 하는지 이유를 설명하는 경우가 거의 없다. 전례 없는 도전에 직면한 지금, 전문성을 확보하고 증거를 검토하기 위해 기존 학문의 엄격함이 필요하지만, 동시에 이러한 학문이 자기 성찰을 통해 인접 분야뿐 아니라 먼 분야와의 협업에도 참여할 수 있어야 한다. 인류세의 현실에 초점을 맞추되 각자의 렌즈를 사용하여 지식의 네트워크를 만드는 것이 목표다. 이러한 다학문적 협업이 더 많이 이루어질수록 우리가 어떻게 이런 위기에 봉착하게 되었는지, 그리고 앞으로의 험난한 선택을 어떻게 헤쳐 나갈지에 대한 유익한 논의를 할 수 있을 것이다.

장애물: 규모, 인과, 의미

하지만 아무리 강인한 의지가 있어도 인류세에 관한 여러 학문의 경계를 넘는 대화는 유독 어려워 보인다. 왜 그럴까? 규모scale의 문제와 인과관계causality의 이슈, 이 두 가지가 가장 핵심적인 장애물이다. 규모와 인과관계는 모든 학문의 연구와 실천에서 중요한데, 각 분야마다 접근 방식이 다르기 때문에 이에 대해 먼저 언급해 두는 것이 필요하다. 규모의 문제부터 이야기해 보자. 인류세는 필연적으로 거대한 속성을 띠고 있다. 문학평론가 티머시 모턴의 신선한 표현을 빌리자면, 인류세는

"인간의 활동에 비례하여 시간과 공간상에 광범위하게 흩어져 있는 초객체hyperobject다"(Morton 2013: 1). 현재 지구 시스템에 작용하는 인간의 힘은 지난 1백만 년 이상 지속된 빙하기-간빙기의 행성 주기에서 지구를 벗어나게 만들고 있다. 잠재적으로 이러한 힘은 제4기(지난 260만 년)에서의 주기도 넘어설 정도로 시스템 변화를 일으킬 수 있다. 멸종했거나 개체수 감소를 겪는 생물종이 많아짐에 따라 진화의 경로가 급격히 변화하고 있다. 온실가스 배출로 인한 기후변화는 그저 다음 몇백 년에 그치는 것이 아니라 앞으로 찾아올 수천 년의 세월에 걸쳐 지속될 것이다. 대기권에서 일어난 변화는 지금으로부터 5만 년 이후로 예측되던 다음 빙하기의 도래를 늦췄으며, 심지어는 13만 년 후에 일어날 것으로 '예정'되어 있던 빙하기 역시 지연시킬 가능성이 있어 보인다(Stager 2012: 11). 인류세를 이해한다는 것은 과거 깊숙이, 그리고 먼 미래로 떠나는 '초시간적hyper-time' 여행을 하는 동시에 단절된 현재와 직면하여 싸우는 것을 의미한다.

마찬가지로 인류세의 공간적 규모 역시 행성적이다. 인류세가 이스트덜위치East Dulwich에서만 발견되는 현상이라면 그것은 아예 일어나지 않는 것이나 다름없다. 인류세는 어느 특정 지점에서 일어나는 변화가 아니라 지구 시스템 전체의 전환을 의미한다. 그 중요성은 '우리 종이 남긴 첫 번째 흔적'의 발견이 아니라 지구 시스템 변화의 규모, 강도, 지속성에 있다(Zalasiewicz et al. 2015b: 201). 인류는 수천 년 전부터 지구 시스템에 지역적이면서도 시간을 관통하는 매우 통시적인 영향력을 미치기 시작했다. 19세기 초 유럽 산업혁명과 함께 일부 사회가 다른 지역보다 더욱 두드러진 지질학적 요인으로 등장했지만, 인구 증가와 산업화의 영향이 가속화되어 전 지구적으로 동시에 나타난 것은 20세기 중반부터였다(Zalasiewicz et al. 2015b).

인류세는 거대한 시공간적 규모에서뿐만 아니라, 지구 시스템의 인식을 위해 동원되는 엄청난 양의 데이터 수집과 컴퓨터 모델링의 측면에서도 초객체다(Edwards 2010). 이러한 도구가 없었다면, 인류세의 규모, 대가속, 행성적 [위험] 경계의 초월 등을 파악할 수 없었을 것이다.

지난 몇 년 동안에는 이 엄청난 양의 데이터를 관리하는 것 자체마저도 규모의 문제가 되었다. 인류세를 구성하는 수많은 요소 중 단 하나를 다루는 데도 수천 명의 과학자와 최고 성능의 컴퓨터가 투입되어야 한다. 예를 들어, 2018년에 얀 밍크스는 기후변화에 관한 정부 간 협의체IPCC 위원들이 방대한 과학 데이터로 인해 2021년에 예정된 제6차 평가보고서 준비에 어려움을 겪고 있으며, 2018년 당시만 해도 검토 대상이 된 2016년까지의 출판물이 27만에서 33만 건에 달했다고 보고했다. 그는 이 모든 새로운 정보를 수집하고 소화할 수 있는 유일한 방법으로 기계 판독machine reading이나 다른 기술의 도입을 요구했다(Minx 2018). 더 놀라운 것은 밍크스의 추정치에는 토지 경관 변화나 생물다양성에 관한 논문은 없고 오로지 기후변화에 관한 것만 포함되어 있었다는 점이다. 빅 데이터는 계속 커지고 있다. 정보가 너무 많아서 이를 단일한 행성 모델에 통합하는 일이 매우 어려운 과제가 되고 있다. 인류세는 인간이 다룰 수 있는 시공간의 규모와 인간의 정보 흡수 능력의 한계를 넘어서고 있다. 그렇기에 인류세라는 초객체를 어떻게 인간의 가치, 정치, 경제 안에서 '생각할 수 있는 것'으로 만들 수 있을지 알아내는 일은 더욱 어려운 도전 과제다.

바로 여기에 핵심 이슈가 있다. 지질학적으로 중요한 규모와 사회적으로 중요한 규모는 같지 않다. 지구시스템과학자는 드넓은 시공간의 캔버스 위에서 작업한다. 사회 공동체는 지역 생태와 문화 시스템 안에서 인간의 삶을 시간, 일, 년 단위로 측정하면서 지구의 변화를 경험하고 기념한다. 오늘 저녁으로 먹은 아보카도 샐러드, 페루의 투표권, 다음 달 월급, 원주민 예술품 등을 지구 시스템과 연관 지어 생각한다는 것은 서로 다른 크기의 시간, 공간, 증거를 횡단함을 의미한다. 하지만 앞으로 10년 이내에 위험스러운 결정적 전환점을 넘어 지구를 '찜통 상태hothouse state'(Steffen et al. 2018)로 몰아가지 않으려면, 지구 시스템과 사회 시스템의 규모 문제를 함께 고려하는 방법을 고안해야만 한다.

두 가지 유형의 규모

혼동을 피하기 위해서는 두 가지 유형의 규모를 구분할 필요가 있다. 서로 다른 단위가 체계적으로 잘 통합된 유형과 그렇지 않고 제각각 뻗어 나가는 산개散開 유형을 비교해 보자. 먼저 통합형에서는 '작은' 단위에서 '큰' 단위까지 쉽게 이동할 수 있다. 이런 유형에서는 각 단위 사이의 유사성이 잘 드러난다. 이것을 러시아 인형 모델이라고 부를 수 있을 텐데, 그 이유는 작은 인형들이 그보다 더 큰 인형 안에 딱 맞게 들어가고 이 과정의 마지막에는 괴물처럼 모든 것을 안에 포함하는 바부슈카babushka가 있기 때문이다. 이와는 달리 산개형에서는 하나의 단위가 다른 것에 쏙 들어가지 않고, 연관성과 대조의 망이 얽히고설킨 형태로 나타난다. 이 접근 방식은 단위들 사이의 유사성뿐만 아니라 차이점도 고려하고, 각 단위는 인접한 단위와 전부가 아니라 일부 특성만을 공유한다. 단위 사이의 이동은 쉽지 않고, 전혀 예상치 못한 새로운 관계가 다른 단계에서 드러날 수 있다. 이런 산개형에서는 다른 차원의 규모 사이에 존재하는 갈등과 조화를 포착할 수 있는데, 이는 세계의 복잡한 특징을 더욱 잘 드러내는 대신 모든 것을 망라하는 바부슈카 식의 명료함은 놓치게 된다. 중요한 것은 두 가지 유형 모두 지구 시스템 변화와 인간 활동 사이의 얽힘을 이해하는 데 도움을 준다는 점이다. 통합형은 지구 시스템에 통합된 인간의 구성 요소를 잘 드러내고, 산개형은 이 통합 현상을 경험하고 바라보는 관점에 다양성이 있음을 강조한다.

첫 번째 유형인 통합형은 비례 등가성에 기반을 둔다. 예를 들어 일상적으로 시간은 초 단위로 측정되는데, 이는 분, 시간, 일, 주로 변환될 수 있다. 모든 작은 단위는 큰 단위의 부분집합이다. 인류학자 애나 칭은 이를 "정밀하게 중첩된 구조의 규모화scaling"라고 부른다(Tsing 2012). 하지만 과학사학자 데버라 코언이 합스부르크 제국 말기 성장한 기후 과학에 관한 연구에서 보여 준 것처럼, 이런 일관성을 만드는 것은 결코 쉬운 일이 아니다. 코언은 규모화의 목적을 "비례성proportionality에 대한 공통의 기준을 얻기 위해 세상의 여러 현상에 적용하도록 고안된 공식·비공식 측정 시스템들을 중재하는 작업"으로 정의한다(Coen 2018: 16). '비례성에 대한 공통의 기준'을 만들면 차이점은 가려지고 유사성은 강조되어, 지역에서 발생한 현상에서부터 거대 단위까지의 규모를 매끄럽게 조정하는 효과를 얻을 수 있다. 예를 들어 지질학자들은 이 책의 서문에서 언급한 바 있는 지질연대를 이런 종류의 척도로 사용하고 있다. 지질연대를 제작하기 위해서는 화석이나 빙하 시추에서 얻은 증거들을 '절', '세', '기', '대', '누대'라는 범주에 따라 분류하는 작업이 필요했다. 물론 '세'는 (다른 단위와 마찬가지로) 제각각 그 기간과 변화의 정도에 따라 다르지만, 적어도 대략적이고 실용적으로 시간의 단위를 정렬할 방법을 제공한다. 이런 노력으로 세상의 많은 현상은 중첩된 단위 구조에 맞아 들어갈 수 있다.

인류세에 대한 다학문적 연구에서도 이런 중첩 방식의 접근이 가능할까? 과학 전문기자 크리스티안 슈베게를은 가능하다고 생각한다. 그는 "인류세 개념은 돌멩이부터 인간의 사고에 이르기까지, 가장 구체적이고 지속적인 현상에서 가장 추상적이고 순간적인 현상에 이르기까지 하나의 연속체를 형성한다"고 말하면서, 지질학적으로 중요한 단위와 사회적으로 의미 있는 단위의 문제는 함께 다뤄질 수 있고 그래야만 한다고 주장한다. 그는 인류세가 온갖 종류의 이원론을 뛰어넘어 "인간 두뇌에서 아주 단기적이고 일시적으로 보이는 과정과 지질학에서 가장 장기적으로 작용하는 힘"을 결합해 '신경지질학적neurogeological' 특성을 보일 수 있다고 강조한다(Schwägerl 2013: 30). 슈베게를은 인류세가 자연과 인간 모두를 하나의 통합된 척도 위에서 다룰 수 있다고 본다. 그에 따르면, 인류세를 연구하는 사람들은 근본적으로 모두 '같은 일'을 하고 있기에, 여러 분야에 걸쳐 통용될 기준이 마련된다면 서로 손쉽게 대화할 수 있다. 위협은 각 단계와 지역마다 비슷할 것이고, 해결책의 수준도 확대하거나 축소할 수 있으리라는 것이다.

이러한 접근 방식은 일부 물리적 요인을 다룰 때 매우

잘 맞아 들어갈 수 있다. 예컨대 지구의 역사라는 거대한 그림을 해석하려면 광범위한 분야의 '간접지표 데이터proxy data'(화학적·자기적·생물학적·천문학적·물리학적 성질을 가진 대표적인 데이터)를 지질학의 한 분야인 층서학에서 시공간적으로 상호 연결된 연대기에 위치시키는 작업이 핵심이다. 이는 패턴과 관계를 찾아내고 인과관계 가설을 검증하는 데 매우 효과적인 방법으로, 수십 년간 진행된 다양한 연구 결과를 종합해 인류세의 패턴을 한눈에 파악할 수 있게 한다(Waters et al. 2016). 그러나 가치와 정치, 예술과 경제, 패션과 의례가 포함되면 이 방식의 적용은 까다로워진다. [쿠키를 만들 때 사용하는 반죽을 뜻하는] 마지팬에 대한 취향이나 민주주의에 대한 신념, 유일신 종교에 대한 투신 등을 위에 언급된 '간접지표 데이터'를 사용하는 방식으로 다루기 위해서는 공통의 측정 기준과 공유된 지식을 개발해야 한다. 이런 기준을 고안하는 일은 인식론의 오래된 난제로, 인류세와 함께 다시금 새롭게 대두되고 있다.

일부 논평가들, 특히 인문학과 사회과학 분야의 비평가들은 그런 공통의 기준을 마련하는 작업이 아예 불가능하다고 생각한다. 세상에 관한 어떤 설명도, 지식에 대한 어떤 비전도, 단일 척도의 어떤 접근 방식도 세계의 복잡성과 관점의 다양성을 모두 포괄해서 다루기에는 적합하지 않다는 것이다. 애나 칭과 같은 학자들이 보기에는, 현실을 가장 잘 이해하려면 객체, 경험, 의미, 영향을 일관된 방식으로만 엮어 내려고 하지 말고, 서로 느슨하게 연결된 군도와 같이 받아들이는 것이 중요하다. 이는 단지 규모가 다를 뿐만 아니라 서로 공통점이 거의 없어 보이는 유형의 다양한 분석체계framework 사이를 넘나드는 일을 말한다. 자연과 인간 사이의 비확장성non-scalability을 강조하면, 어느 한 관점에서의 현실이 다른 관점에서의 현실과 상충하게 될 가능성이 생긴다. 러시아 인형을 열었는데 그 안에 작은 황금 개구리가 있고, 그 개구리가 우리 눈앞에 헬리콥터를 뱉어 내는 것과 같은 [예상 밖의] 상황 말이다.

어떤 분야에서는 두 번째 유형의 규모화 모델이 탐구되기 시작했다. 예를 들어 물리학에서는 우주의 모든 힘과 현상을 하나의 법칙으로 설명할 수 있는 궁극의 이론, 즉 '모든 것에 관한 이론theory of everything'을 찾는 작업을 포기하는 사람이 생겨났다. 한때 보편적으로 적용이 가능한 범례였던 뉴턴 물리학은 암흑 에너지와 같은 최근 발견에 직면해 힘을 잃었다. 중력의 영향으로 우주의 팽창은 일정해야 하는데, 암흑 에너지가 팽창을 가속화하고 있는 것처럼 보이기 때문이다(Powell 2013). [빅뱅이론의 파생 또는 확장으로 떠오르는] '영구적 급팽창eternal inflation' 우주 모델이나 [양자역학과 일반상대성이론의 충돌을 설명하기 위해 나온] '끈 이론string theory'은 시간, 차원, 원자핵 인력 등의 속성이 매우 다른 다중 우주의 존재 가능성을 제시한다. 이런 우주 중 일부에서는 밀도가 높은 물질 덩어리가 만들어질 수 있을 만큼 원자핵 인력이 매우 강할 수도 있고, 다른 우주에서는 극도로 약할 수도 있다. 우리 우주는 3차원의 공간으로 이루어져 있지만, 다른 곳에서는 10차원 또는 그 이상 차원의 공간도 가능하다(Lightman 2013: 4~7). 이렇게 다른 형태로 자체 일관성이 유지되는 세계가 수백만 개 있을 수도 있다. 스티븐 호킹과 레너드 믈로디노프가 설명하듯, "수십 년 동안 우리 물리학자들은 모든 것에 대한 궁극의 이론을, 즉 현실의 모든 측면을 설명하는 하나의 완전하고 일관된 자연의 기본 법칙을 제시하기 위해 노력해 왔다. 이제 그 결실은 단 하나의 이론이 아니라 서로 연관된 이론의 군집으로 보인다"(Hawking and Mlodinow 2013: 91).

인류학자들도 단일 규모 방식으로 여러 현상을 통합해 설명할 수 있을지에 대해 회의적이다. 오히려 사회현상과 자연현상이 서로 매우 느슨하게 연결된 다양한 실천을 통해 나타난다고 주장한다. 예컨대 성인이 되는 '시작 혹은 입문'을 기념하는 의례 행위가 보편적인 문화로 묘사되는 경우가 있다. 하지만 파푸아뉴기니를 연구한 인류학자 메릴린 스트래선은 성인식이 "일원화된 현상이 아니며, 성인식 거행의 여부만큼이나 큰 차이가 여러 의례 방식 사이에 존재한다"고 말한다(Strathern 1991: xiv). 다시 말해, 실제로 이런 중요한 사회적 관습은 일련의 현상으로 [또는 군집으로] 더욱 잘 이해될 수 있으며, '입문 의례'라는 범주 자체의 일관성이 도전받을 정도로 서로 다른 이질적 행위로 이루어져 있다는 것이다. 성인식 관행의 중요성이나 확산 질문에 대한 답, 즉 규모의 확장성 문제에 대한 답은 부분적일 수밖에 없고, 의미 구성을 위한 절실한 노력에 따라 달라질 수밖에 없다.

'자연' 현상 역시 규모나 구체화 수준에 따라 여러 개의 다양한 관행을 통해 드러난다. 『다중적 신체The Body Multiple』(2002)의 저자 아네마리 몰은 네덜란드의 한 병원에서 동맥 질환인 '죽상동맥경화증'을 관찰했다. 몰은 이것이 단일한 질병이 아니라 느슨하게 연결된 일련의 장애이기 때문에, 같은 이름으로 불러도 실제로는 다른 것일 수 있다고 주장한다. 여러 다른 전문가가 다양한 치료 기법을 가지고 접근하는 죽상동맥경화증은 하나의 질병이라기보다는 실제로 다양한 방식으로 경험되고 치유되는 일련의 질환으로 나타난다. 성인식과 같은 관례와 죽상동맥경화증과 같은 질병은 스트래선과 몰이 주장하듯 "하나보다 많고 여럿보다 적으며" 오직 '부분적 연결partial connections'을 통해서만 일체성을 지니기에, 러시아 인형 모델을 단번에 부숴 버린다. 나아가 이런 관점을 공유하는 사람들은 다른 규모의 상황으로 이동할 때 무언가를 더 많이 혹은 더 적게 알게 되는 것이 아니라 획득하는 지식 자체가 **달라진다**고 주장한다. 우리의 이해에는 손실과 이득이 모두 생긴다. 스트래선이 제시한 것처럼, "규모의 전환은 상승효과를 일으킬 뿐만 아니라 정보 손실도 발생시킬 수 있고", 더 큰 규모의 관점은 "더 많이 만들어 내도 덜 얻을 수도 있다"(Strathern 1991: xv). 규모화에 대한 이런 방식의 이해에 근거해서 인류세를 바라보면, 인류세가 분석의 수준에 따라 전혀 다른 색조와 가치체계를 보이는 현상임을 알 수 있다.

규모의 척도는 자연계와 사회 세계의 질서와 패턴을 만드는 (그리고 발견하는) 데 중요한 도구다. 이것은 지식 생산에 도움을 주기는 하지만 다른 형태의 표상과 마찬가지로 항상 잠정적이며, 특정한 질문과 관계를 맺고 있다. 예컨대 전체적으로 잘 정립된 지질학 내에서조차, '세'는 시간의 길이를 나타냄에 있어서 일관되거나 같지 않으며, 단지 지질학자들이 자신들의 공용어로 인식하는 유용한 하위 구분일 뿐이다. 중첩된 규모의 척도는 지구를 인간 활동의 영향을 받는 단일하고 통합된 시스템으로 보는 데 도움을 주며, 넓게 펼쳐진 산개형은 각종 경험, 관점, 가치 사이의 마찰을 잘 드러낸다. 당면한 문제에 따라 어느 쪽이든 도움이 될 수 있지만, 특정 학문 분야에서는 어느 한쪽을 선호하는 경향이 있다. 규모의 문제가 다학문적 대화에 걸림돌이 되는 이유가 바로 여기에 있다. 통합형이든 산개형이든, 규모의 문제에 대한 해결책 마련은 인류세 논의에서 시급한 과제다.

인류 생존의 규모

많은 이에게 인류세의 절박한 질문은 우리가 과연 살아남을 수 있을 것인가라는 인류 생존에 관한 것이다. 이 질문은 단순해 보이지만 중요하게 보는 규모의 차원에 따라 꽤 복잡하기도 하다(Thomas 2015). 아마도 '예'와 '아니오'라는 두 가지 대답 모두 가능할 것이다. 가장 큰 차원의 규모에서 보면 인류세는 거의 위협적이지 않다. 다른 생물종과 마찬가지로 인류는 언젠가는 멸종될 운명이기 때문이다. 우리로 인해 여섯 번째 대멸종이 빨리 일어난다면 생물다양성이 회복되는 데 3천만 년 가까이 걸리긴 하겠지만 결국은 회복될 것이다. 지구 행성 자체는 인류의 활동으로 인한 혼란과는 상관없이 50억 년 이후 태양이 적색거성으로 변하고 폭발을 일으킬 때까지 궤도를 유지할 것이다. 이런 차원에서는 인류가 영원히 존재할 운명은 아니다.

　　조금 더 작은 규모로 앞으로 수천 년을 바라볼 때, 인류세의 혼란이 충분히 예상되기는 하지만 종으로서 호모 사피엔스가 곧바로 멸종될 것 같지는 않다. 고생태학자인 커트 스테이저의 주장에 따르면, 이 정도 시간의 규모에서는 이산화탄소 농도가 2천 피피엠ppm에 이르고 지구 평균 기온이 5도에서 9도 정도 오르는 극단적인 상황이 벌어지더라도 인간종은 살아남아 '괜찮을 것'이다(Stager 2012: 41). 닉 보스트롬이 실시한 비공식 설문조사에서 학계의 재난 전문가들은 이 중간 규모에서 "지구에서 기원한 지적 생명체의 조기 멸종 또는 이들이 원하는 미래를 개척할 잠재력의 영구적이고 급격한 손상"으로 정의되는 파멸을 피할 확률이 80~90퍼센트는 될 것으로 밝혔다(Bostrom 2002). 가장 암울한 예측을 한 우주학자 마틴 리스에 따르면, 테러에서 환경 파괴까지 여러 위협을 고려할 때 2100년까지 인류가 생존할 확률은 50퍼센트에 불과하다(Rees 2003). 그렇게 된다면 호모 사피엔스로서 우리는 현재 살아 있는 이들의 수명을 넘어 더 오래 살아남을 가능성은 크지만, 아마도 변화된 지구에서 물에 잠기지 않고 서늘한 기후의 중위도 및 고위도 지역으로만 거주지가 제한될지도 모른다.

하지만 우리를 단순히 '생물종'으로 보는 게 옳을까? 이 질문에 대해 많은 이가 부정적으로 답할 것이다. 우리에게 친숙한 개인과 공동체의 차원에서 보면, 인류는 호모 사피엔스라는 종으로서가 아니라 복잡한 사회의 창의적이고 논쟁적인 구성원으로서 위협 속에서 산다. 어떤 이는 상당한 자유를 누리면서 살고, 어떤 이는 공동체 활동에 적극적으로 참여하면서 살고, 또 다른 이는 권위주의적인 정부 통치 아래에서 살아간다. 유엔의 추산에 따르면, 해수면 상승과 사막화로 인해 2050년까지 1억 5천만에서 3억 명의 난민이 생길 것이다. 인간 생존을 위한 적정 기후에 관한 최신 연구에 따르면 이런 전망은 오히려 낙관적으로 보인다. 현재와 같은 상태를 유지하는 시나리오에 기반해서 앞으로 예상되는 인구 증가를 고려했을 때, 2070년에 이르면 인류가 번성하기에 적당한 기온 조건을 갖춘 곳의 지리적 위치는 변해 있을 것이다. 실제로 그 위치 변화는 "1950년까지 6천 년간 있었던 것보다 향후 50년 동안에 더 클 것"(Xu et al. 2020)이기 때문에, 약 35억 명의 사람이 위험할 정도로 더운 환경에 처하게 되고 생물권은 치명적인 타격을 입게 될 것이다. 기후변화 완화를 위해 강력한 노력을 전개한다면 이주에 생사를 걸어야만 하는 사람의 이론적 수치를 15억 명으로 줄일 수는 있을 것이다. 나오미 오레스케스와 에릭 콘웨이가 『서구 문명의 붕괴The Collapse of Western Civilization』(2014)[국내에 『다가올 역사, 서양 문명의 몰락』(2015)으로 출간]에서 말한 것처럼, 이러한 인구 이동이 극단적인 민족주의와 잔혹한 전쟁으로 이어질 수 있다는 것은 충분히 가능한 전망이다.

이러한 시간 규모에서 [생존의] 위험은 균등하게 나누어져 있지 않아서 책임, 정의, 가치의 이슈가 시급하게 대두된다. 방파제 건설과 같은 단기적 해결책 마련에 집중할 것인가, 아니면 해안가 인구를 내륙으로 이주시키기 위한 장기적인 노력을 실행해야 할 것인가? 글로벌 자본주의에 맞서기 위한 정치 운동을 펼칠 것인가, 아니면 유기농 농업의 지역 할당 문제 해결에 나설 것인가? 미래 인류의 빈곤화와 다른 생물종의 서식지 파괴를 감수하더라도, 현세대 기아 퇴치를 위해 우간다의 자연보호구역 같은 곳에서 석유 채굴을 허용해야 할 것인가? 원자력을 사용해서 즉각적으로 이산화탄소 배출량 감소 효과를 노리는 것이 방사능 폐기물, 암 발병률 증가, 원자로 붕괴와 같은 장기적 문제보다 더 중대할 것인가? 이 글을 쓰고 있는 지금, 인류세의 새로운 상황에 기인하고 그 영향 때문에 증폭된 코로나19COVID-19는 많은 이의 목숨을 앗아 가고 세계 경제 체제의 축을 뒤흔들며, 정치적 충격파를 일으키고 가치 및 우선순위에 관한 더 광범위한 질문을 던지고 있다.

인문학자와 사회과학자, 정책 입안자와 기술 전문가, 예술가와 철학자 모두 인류세의 다양한 측면을 다루는데, 이들은 서로 다른 규모에서 다른 척도로 일한다. 물론 지구시스템과학자가 일하는 규모 및 척도와도 다르다. 역사학자인 개브리엘 헥트가 주장하듯이, 각각의 규모에는 "인식론적·정치적·윤리적 결과의 함의"(Hecht 2018: 115)가 있다. 다시 말해, '인류'를 어떻게 정의하는가에 따라 인류세는 위협이 될 수도 있고 아닐 수도 있다. 인류세의 규모 사이를 오르내리는 것은 울퉁불퉁하고 혼란스럽기에 다학문적 대화를 어렵게 할 수 있다. 우리가 항상 같은 것에 대해 말하고 있거나 같은 방식으로 말하는 것은 아니다.

작동 대 동력

다학문적 대화의 두 번째 걸림돌은 인과관계에 대한 문제이다. 거의 모든 분야에서 과거가 현재에 미치는 영향에 관심을 두지만, 그 인과관계에 대해서는 서로 다른 방식으로 이야기한다. 혼동을 피하고자 문학평론가 이언 보컴은 이 차이를 '작동forcing'과 '동력force'의 개념 구분을 통해 설명했다. 과학에서 '작동'은 [교란을 통해 발생하는] 시스템의 섭동을 의미한다. 이 단어는 교란의 배후에 어떤 의지나 의도가 있음을 암시하지 않는다. 영향은 선과 악으로 평가되지 않는다. 다시 말해, 이산화탄소를 기후에 영향을 미치는 주요 원인으로 지목한다고 해서, 이 온실가스가 심각한 악의를 가졌다며 의심하고 비난하지는 않는다. 반면, '역사의 동력'에는 카이사르가 루비콘강을 건넌 사건부터 흑사병까지, 아시리아 제국의 위세부터 1815년 탐보라 화산의 폭발까지, 다국적 기업의 부상부터 계절별 장마의 패턴에 이르기까지 모든 것이 포함된다. 개인의 운명과 거대한 제국을 조각하는 역사의 동력에는 우연, 필연, **그리고** 의도가 뒤섞여 있다. 인문학자와 사회과학자는 어떤 사건이나 시스템을 분석할 때 누가 또는 무엇이 공로를 인정받거나 비난받을 자격이 있는지 살펴본다. 마찬가지로, 단순히 과거에 일어난 일을 서술하는 데 그치지 않고 그런 서술의 가치를 판단하는 데 목적을 둔다. 이러한 판단은 현재의 가치와 제도에 대한 비판적 성찰의 밑거름이 되어 변혁을 일으킬 수 있다. 보컴이 보았듯이, 비판적 사고의 전통에서는 "서술적이며 동시에 변혁적인 분석 방법이 오랫동안 소명처럼 전해졌으며, 이 방법으로 우리가 처한 상황을 이해하고 해방하기 위한 일을 모색할 수 있었다"(Baucom 2020: 12).

인문학자들과 사회과학자들은 중립적이면서도 결정론적인 함의를 지닌 '작동'이란 단어를 거의 사용하지 않는다. 인과관계를 다룰 때 '동력'이란 말이 더 편하기 때문이다. 이들에게 인류세가 던진 가장 큰 당혹감은, 보컴이 주장한 것처럼 "**동력**의 역동성과 **작동**의 전개"를 함께 고려해야 하는 부담에서 기인한다(Baucom 2020: 14). 이 작업은 매우 어렵다. 역사학자 디페시 차크라바르티가 지적했듯이, 인류세는 "인문학에서 오랫동안 견지해 온 자연의 역사와 인류의 역사의 구분이 붕괴함"을 의미한다(Chakrabarty 2009: 201). 하지만 다른 면에서 이 구분은 여전히 중대한데, 그 이유는 개인이나 공동체 사회가 자신을 '생물종'으로서가 아니라 도덕적·정치적 행위자로 경험하기 때문이다(Chakrabarty 2018: 3). 서술과 변혁, 이 두 가지 목적을 함께 추구한다면 작동과 동력 사이의 긴장은 쉽게 해소되지 않을 것이다. 지구시스템과학자들에게는 정확한 서술이 최우선의 목표이기에 이러한 구분은 큰 문제가 되지 않는다. 또한 자연적 요인과 인위적 요인은 '작동'이나 '동인driver'으로 함께 고려될 수 있다. 예컨대 미국 국립해양대기청의 웹사이트에서 자연과 인간 활동에 '동인'의 개념을 적용한 사례를 볼 수 있다.

> 기후에 영향을 미치는 자연적 요인으로는 태양 에너지 공급
> 변화, 지구 궤도의 주기적 변화, 대규모 화산 폭발로 인해
> 방출된 입자가 대기 상층부에서 빛을 반사하는 현상 등을
> 들 수 있다. 인간이 초래한 인위적 기후변화 요인으로는
> 열이 지구에서 빠져나가지 못하게 만드는 (온실가스라는
> 이름으로도 알려진) 가스 배출, 태양 에너지의 반사량에
> 영향을 주는 토지 용도의 변화 등이 있다. 1750년부터
> 인위적 기후변화 요인은 증가하고 있으며 그 효과는 지구에
> 있는 다른 모든 자연적 요인을 압도한다. (NOAA n.d.)

이 구절은 '인간이 초래한 기후변화 동인'이 왜 더 강력해졌고 누가 혜택을 받았는지와 같은 인문사회과학의 핵심 질문을 던지려는 시도조차 하지 않으며, 우리가 어떻게 이 상황에서 벗어날 수 있을지에 관한 대답도 구하지 않는다. 인과관계에 대한 이해 방식이 이렇게 다르기에, 인류세 이해에 필요한 다학문적 논의는 쉽지 않다.

인류세에서 인과관계가 왜 이슈인지는 다른 두 지질학적 대전환인 홀로세(약 11,700년 전부터 최근까지)와 산소 대폭발 사건Great Oxygenation Event(24억에서 21억 년 전 사이에 발생)을 비교해 보면 잘 이해된다. 플라이스토세 말 빙하기가 끝나고 홀로세의 따뜻한 환경으로 바뀌었을 때, 호모 사피엔스는 이미 약 30만 년 동안 지구상에 존재했다. 인류가 온난화된 홀로세에서 덕을 본 것은 사실이지만 지질학적

전환기에서 인간의 역할은 '동인'도 '작동'도 아니었다. 새로운 시대를 주조했던 천문학적 기하학과 비교하면 우리 인간종과 여타 유기체들은 방관자에 불과했다. 고생물학자 앤서니 버노스키와 생물학자 엘리자베스 해들리가 설명한 대로, 홀로세는 "지구 공전 궤도의 세 가지 특성 사이의 복잡한 상호 작용"으로 인해 발생했다(Barnosky and Hadly 2016: 17). 지구 공전 궤도는 규칙적으로 변하는데, 이를 세 가지 측면에서 가늠할 수 있다. 공전 궤도가 얼마나 타원형에 가까운지, 지구의 자전축이 얼마나 기울어져 있는지, 그 축을 중심으로 자전할 때 얼마나 흔들리는지[즉 자전축의 각도가 어떤 식으로 변화하는지]. 이 세 가지 운동의 조합으로 지구가 [공전 궤도상에서] 특정 계절에 빙하를 비추는 태양열이 최대가 되는 위치에 점차 놓이게 되었다. 그 결과 지구는 온난화의 경계치를 넘어섰고, 빙하는 빠르게 녹기 시작했으며, 남쪽 위도에 정착한 동물과 식물이 북쪽으로 이동하면서 "새로운 생태계가 거의 모든 곳에 형성되었다". 그리고 11,000년 전에 "전 지구적 생태계는 간빙기의 새로운 정상 상태로 안정화되었고, 이것이 최근 몇 세기 전까지 유지되어 온 것이다"(Barnosky and Hadly 2016: 17).

홀로세의 출현에 관한 이야기는 실제로는 조금 더 복잡하지만(4장 참고), 분야 간 이견은 거의 없다. 인류학자들과 역사학자들은 이 시기의 지구 시스템 변화에서 수천 년 이후에 나타날 농업과 도시화를 위한 조건 형성의 의미를 찾을 뿐, 지질학적 단위 자체에 이의를 제기하지는 않는다. 홀로세는 작동의 결과였지 동력의 결과는 아니었다.

대략 24억에서 21억 년 전 사이에 일어난 산소 대폭발 사건은 다소 복잡한 사례다. 이 사건이 일어나기 수억 년 전에 해양 남조류oceanic cyanobacteria(남조류로 알려진 종의 한 그룹)는 산소를 만들어 내는 광합성 요령을 습득했다(Smit and Mezger 2017). 처음에는 해양 남조류가 지구 표면 환경으로 내뿜는 기체 대부분이 산소의 흡수원에 포집되어서 큰 변화는 없었다. 하지만 결국 산소가 지표면에 축적되기 시작했다. 지구 표면의 혐기성 생물체들은 이 치명적인 기체를 피해서 지하나 심해로 물러날 수밖에 없었다. 린 마굴리스와 도리온 세이건은 이 사건을 극적으로 '산소 대학살oxygen holocaust'이라고 부른다(Margulis and Sagan 1986). 인간을 제외하면 해양 남조류는 지구 시스템을 아예 다른 상태로 만든 몇 안 되는 생명체 중 하나다. 큰 차이점이 있다면 속도다. 인간은 번개처럼 **빠른** 속도로 이 일을 했지만, 해양 남조류는 수십억 년에 걸쳐 지구 환경을 바꾸어, 궁극적으로 지렁이, 거미, 포유류 및 기타 생물권의 다세포 종처럼 산소로 호흡하는 생명체를 출현시켰다.

산소 대폭발 사건은 '작동'과 '동력'의 구분과 관련해 어떤 시사점을 주는가? 인간을 자신도 모르는 사이에 행성을 바꾼 남조류에 비견할 수 있을까? 호모 사피엔스나 남조류 모두 지구 시스템을 새로운 상태로 바꿀 의도는 없었더라도 집단적으로는 그렇게 했다는 측면에서 가능하다고 대답할 수도 있다. 남조류에 의한 행성 변화를 연구하는 사람들은 산소 생성 신진대사의 진화를 두고 남조류를 비난하지 않는다. 마찬가지로 호모 사피엔스의 긴 역사deep history를 탐구하는 연구자들은 우리의 먼 조상이 인지적 유연성과 각종 질병에 대한 면역력을 키운 덕분에 사회 조직이 성장했고 인구가 급증할 수 있었다고 말하지 않는다(Mithen 1996, 2007; Smail 2008). 그러나 남조류처럼 산소 생성 신진대사를 진화시키는 것이나 인간종처럼 추상적 사고와 홍역에 대한 저항력을 키우는 것은, 의도적으로 증기기관, [질소 고정을 위한] 하버-보슈법, 항생제, 핵분열을 발명하는 것과는 완전히 다르며, 도시 국가, 금융 자본, 주말과 같은 개념을 상상해 내는 것과도 다르다. 남조류 각 개체는 산소를 생산하는 작은 공장이 되었지만, 개별 인간이 갑자기 플루토늄 낙진, 탄분 입자, 플라스틱을 생산하게 된 것은 아니다. 우리 각자가 숨 쉬며 배출하는 소량의 이산화탄소는 문제가 되지 않는다. 우리는 남조류와 비슷하면서도 또 다르다.

인류세를 가능케 한 인간, 즉 '안트로포스'는 [생물종으로서] 우리가 살아온 전체 생태 역사의 총합이자, **또한** 최근 대부분 소수의 이익을 위해 조직된 정치적·경제적·기술적·사회적 연결망들의 총합이기도 하다. 산소 대폭발 사건이 생물학적 작동의 결과였다면, 인류세에서의 인과관계는 시스템에 영향을 주는 작동과 동력이 다양한 차원의 규모에서 함께 작용하는 복잡한 결과다. 바로 이 어색한 조합이 다학문적 대화를 어렵게 하면서도 꼭 필요한 것으로 만든다.

결론

지금 인류세에 대한 우리의 이해는 중요한 시점에 와 있다. 행성에서 무슨 일이 일어나고 있는지 이해하기 위해서는, 훔볼트처럼 과학적이든 문화적이든 간에 가능한 모든 관점을 모색해야 한다. 지금 우리의 대화 방식이 미래의 선택지를 결정할 것이다. 지질학자들과 지구시스템과학자들은 데이터에서 드러나는 현상의 실체에 대해 예전보다 더 강하게 확신하고 있다. 마찬가지로 인문학자들과 사회과학자들도 이 새로운 현실을 우리 시대의 주요한 정치적·경제적·실존적 도전으로 받아들이기 시작했다. 그리고 두 학문 공동체는 시급성을 공유하고 상대방에 대한 호기심을 키워 자신의 분야에서 제공하지 않는 관점도 배우고 있다. 과학자들이 호모 사피엔스가 행성을 변화시킨 것이 정치적·경제적·문화적으로 무엇을 **의미**하는지에 관한 질문 앞에서 그들이 가진 전문성의 한계를 인식하는 것처럼, 인문사회과학자들도 **지질학적 단위**로서 인류세를 정의하고 측정하며 시대를 구분하는 일은 지질학자들의 몫이라고 이해한다. 인류세에 대한 우리의 접근 방식을 과학적 발견과 기술적 선택지만으로 구성한다면 적절치 않을 것이다. 과학적 이해에 뿌리를 두지 않고 오로지 문화적으로만 인류세를 이해하는 것도 마찬가지로 부적절하다.

『대혼란의 시대The Great Derangement』(2016)의 저자 아미타브 고시는 분야를 세밀하게 나누고, 지식을 고립시키며, 인간의 선택이 행성적 한계라는 제약에서 자유롭다고 믿는 근대성의 지적 토대 위에서는 인류세가 '상상할 수 없는 것'이 되리라고 말한다. 고시가 보기에는 이미 지난 과거의 일이 되어 버렸지만, 지금이야말로 상상할 수 없는 것을 상상할 때다. 규모의 이슈와 인과관계의 문제는 협업을 위한 우리의 노력에 계속해서 걸림돌로 작용할 것이다. 하지만 넉넉한 다학문적 노력만이 다음과 같은 사실의 의미를 찾게 해 줄 것이다. 안트로포스가 공기와 물의 화학적 구성을 바꾸었고, 극지의 만년설을 녹였고, 다음 빙하기를 늦추었고, 전 지구적 생태계를 재구성했고, 비옥한 토지 표층을 대부분 제거했고, 거주 가능한 행성 지표면의 95퍼센트에 영향을 미쳤다는 사실 말이다. 다학문적 접근 방식만이 지구 자원에 대한 수요를 제한하고 실제로 지구 시스템을 안정화하여, 더 깨끗한 공기와 물을 누리며 생물다양성을 향상하는 정의롭고 공생적인 사회를 건설할 방법을 찾게끔 해 줄 것이다. 우리의 공동 노력으로 모든 학문과 세계관이 '거대한 통합'을 이룰 가능성은 크지 않지만, 훔볼트가 한때 그랬던 것처럼 데이터와 이야기에 대한 글로벌 네트워크 구축을 기대해 볼 수는 있다. 인류세를 마주하는 것은 과학적이면서 인문학적인 과업이다.

2

인류세의
지질학적 맥락

The
Geological
Context of
the Anthropocene

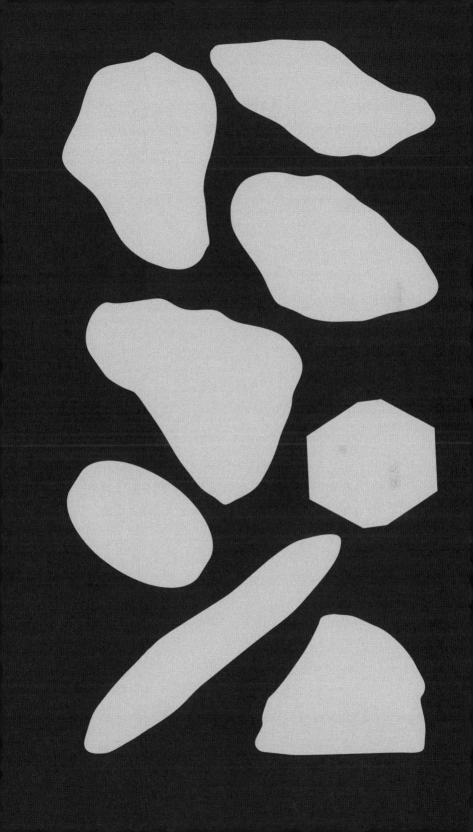

2

인류세의
지질학적 맥락

우리 행성인 지구의 나이는 우주 역사의 3분의 1 정도인 45억 4천만 년이다. 이런 규모의 시간을 가늠해 보기는 쉽지 않다. 거의 영겁에 가까운 시간을 늘 다루는 지질학자들은 공식적인 (그리고 매우 관료적인) 구성물인 지질연대표라는 시간 구분표의 도움을 받는다. 캄브리아기, 석탄기, 페름기, 플라이스토세 등으로 이름이 붙여진 지질연대 단위는 일반적으로 수백만 년의 시간 범위를 아우른다. 그렇다면 한 인간의 평균 수명 정도밖에 안 되는 시간 단위인 인류세가 어떻게 공식 지질연대 단위로 제안될 수 있었을까? 인류와 지구의 상태에 관해 많은 것을 드러내 주는 이 질문이 바로 이 책의 핵심이다. 이 질문의 중요성을 온전히 이해하려면 인류와 지구의 역사를 살펴보고, 양자가 서로 어떻게 얽혀 있는지 알아볼 필요가 있다.

　　인간(호모속Genus Homo에 속하는 종들)의 혈통이 이어져 내려온 기간은 3백만 년 미만이며(Villmoare et al. 2015), 이는 기나긴 지구 역사의 1천분의 1도 되지 않는 시간이다. 그 짧은 시간 안에서 우리 종인 호모 사피엔스가 존재해 온 기간은 약 30만 년 정도다(Richter et al. 2017). 그렇지만 호모 사피엔스는 약 5만 년 전 숲을 불태우고 수렵을 통해 대형 포유류를 멸종으로 몰아넣으면서 (다소 모호하기는 하지만 현생 인류와 가까운 친척 관계인 여러 호미닌hominin종보다) 더 큰 영향력을 갖기 시작했다. 가장 최근에, 즉 빙하가 녹고 기후가 온난해진 1만 년 전에 이르러서야 인간은 정착하고 경작하며 마을을 건설하기 시작했다. 마을은 점차 도시, 민족국가, 제국으로 성장했으며, 제국은 전쟁을 하고 동맹을 맺으면서 부상하고 쇠락했다. 한편 그런 흥망성쇠의 배경에는 상대적으로 안정적인 지구 환경이 마련해 준 여건이 있었다. 안정적인 지구 환경이 뒷받침되었기 때문에 인류는 전쟁의 상처나 폐허에서 회복하고, 다음 세대나 다음 제국에 대한 꿈과 야망을 펼칠 수 있었다. 홀로세로 불리는 지난 1만 년은 인류에게 최고의 시절이었다. 문자, 주요 세계종교, 그리고 소위 '문명'이라고 하는 것의 대부분이 홀로세 동안 생겨났다.

그러나 지난 몇 세기 동안 새로운 현상이 나타났다. 처음에는 점진적이었지만 나중에는 급작스러워졌다. 특히 지난 70년 동안, 기후, 해수면, 생물학적 생산성, 그리고 지구상의 생명체를 떠받치는 주요한 기저 토대가 새로운 궤도에 진입하고 말았다. 이렇게 중요한 토대는 이제 예전 상태로 회귀하지 않을 것이며, 안정적이고 예측 가능한 방식으로 미래 인간 세대의 삶을 지탱해 주지도 못할 것이다. 지구 역사의 이 새로운 국면에 바로 인류세라는 이름이 부여되었다. 인류세는 인간, 인간 사회, 그리고 인간이 만든 구조에 영향을 미치고 동시에 그것들에 의해 영향을 받는 행성적 차원의 현상이다.

지질학 속 인류의 시대

2장에서는 지질학의 유형과 전통을 탐구할 것이다. 지질학적 관점은 인간 행동의 매우 장기적인 결과를 강조한다. 2000년에 인류세 개념을 제기한 파울 크뤼천 역시 인류세를 명시적으로 지질학 용어로 취급했는데, 이런 점을 고려해 봐도 인류세를 논의할 때 지질학을 검토하는 것은 타당하다(그렇지만 크뤼천 자신은 지질학자가 아닌 대기화학자였으며, 인간이 촉발한 요인에 의해 오존층이 파괴되는 기제를 규명한 공로로 노벨상을 받았다)(Crutzen and Stoermer 2000).

지질학적 관점을 적용하는 데에는 확고한 기술적 근거도 있다. 거대 도시, 비행기, 석유 굴착 장치 등 인류세를 특징짓는 구조들을 건설하는 데 인간이 사용하는 물질 대부분은 지구의 암석 구조에서 유래했으므로 지질학의 영역에 해당한다고 할 수 있다. 게다가 인류세의 중요성을 이해하려면 우리 행성인 지구의 역사를 살펴볼 필요가 있다. 최근 수십 년 동안 지층에 대한 지질학적 분석이 발전함에 따라, 지질학은 더 정교하고 세밀하게, 그리고 복합적으로 지구 역사의 시간 단위를 보정할 수 있었다. (과거 온실가스 수준에 대한 추정치가 수반된) 원시 기후 변화율과 변화 규모, 해수면의 상승과 하강, 장기간에 걸친 생물학적 멸종 패턴 등 여러 요인을 복원함으로써, 기나긴 지구 역사의 큰 그림을 그릴 수 있게 된 것이다. 인간이 일관적으로 관찰하거나 기록하기 전에 발생했던 사건을 복원한다는 것은 필요한 정보 대부분을 암석 지층으로부터 도출해야 함을 의미한다. 그렇게 해서 묘사된 수백만 년 지구 역사의 화폭은 현재까지 이어지며, 오늘날의 과학자들은 (예컨대 인공위성을 활용해) 광범위한 행성적 과정을 자세하게 실시간으로 관찰할 수 있다. 지질학적으로 최근에 일어난 과정을 원시의 기록과 연결하는 작업은 호수 바닥이나 해저에 현재 축적되고 있는 퇴적층처럼 최근 형성된 지층과 그 안에 있는 단서들을 검토하면 가능하다. 두 가지 연구 형태를 중첩함으로써, 즉 한편으로는 현재 활발하게 일어나는 과정을 관찰하고 다른 한편으로는 오래된 지층을 기반으로 추론한 후 그 둘을 융합함으로써, 인류세 개념에 상당한 정도의 진실성과 힘을 부여할 수 있을 것이다.

우리는 인류세의 개념이 등장한 과학 분야인 지구시스템과학의 틀 안에서도 논의를 전개할 것이다. 지구시스템과학은 지구라는 행성 전체를 하나의 시스템으로 보는데, 이 시스템의 주요 구성 요소는 암석권과 맨틀(본질적으로 외핵과 내핵까지 내려가는 고체 형태의 지구), 수권(그리고 얼어붙은 수권인 빙권), 대기권, 생물권, 기술권(5장 참고)이다(Lenton 2016). 지구시스템과학의 관점에서 지구의 속성이나 행태는 단순히 구성 요소들의 합이 아니라 요소들의 상호 작용으로

발생한 결과다. 그렇게 해서 기후와 같은 지구 시스템의 근본적 속성의
조건이 형성된다는 것이다. 지구시스템과학은 상대적으로 새롭고 고도로
간학문적인 접근 방식을 취하며, 그 기원은 1960년대 후반과 1970년대
초반, 제임스 러브록과 린 마굴리스가 제안한 가이아 가설로 거슬러
올라갈 수 있다. 가이아 가설은 생물권이 거주 가능성을 유지하기 위해
다양한 되먹임 기제를 통해 지구의 여러 조건을 조절한다고 본다. 행성적
되먹임 기제에는 비생물학적인 것도 있으므로 가이아 가설에도 논쟁의
여지는 있다. 그럼에도 불구하고 지질학과 지구시스템과학은 행성적
관점에서 인류세를 분석하는 데 있어 고도로 상호 보완적이다.

　　　지구 시스템에는 몇 년에서 수십억 년에 이르기까지 상이한
시간 척도 안에서 작동하는 여러 종류의 변화가 있다. 행성적 변화에는
대기권, 수권, 암석권, 생물권의 진화 과정에서 나타나는 단발적이고
본질적으로는 불가역적인 단계 변화도 있으며, 빙하 및 간빙기 주기
사이 고정된 한계 안의 반복적 진동처럼 거의 규칙적이고 일정한 변화도
있다. 또한 오랜 시간 동안 거의 변화가 없으면서 정체 상태에 근접한
시기들도 있었는데, (비록 짧은 사례이기는 하지만) 산업혁명 이전의 약
1만 년 정도가 바로 그런 경우에 해당한다. 이런 과거 상태에 대한 이해를
발전시키면, 인간이 현재 지구 시스템에 끼친 영향을 가늠하는 데도
도움이 된다.

중년의 지구

인간의 생애로 비유했을 때 중년에 접어든 지구는 수십억 년 동안
생명체들을 지속적으로 지탱해 왔으며, 이는 복잡한 상호 작용 및
되먹임을 미세하게 조정하는 자연적 과정을 통해서 이루어졌다. 인간은
지구의 이 엄청난 역사를 최근에 와서야 깨닫게 되었다.

　　　지구의 나이가 많다는 것을 이해하는 데 있어 1787년은 획기적인
해였다. 그해 제임스 허턴은 스코틀랜드 남부의 제드버러에서 암석 천이를

관찰했다. 허턴은 회색 지층이 수직으로 세워져 있고, 그 위에 뚜렷하게 붉은 지층이 수평 방향으로 놓여 있는 것을 발견했다. 허턴에게는 해당 지층의 연대를 측정할 방법이 없었지만, 훗날 지질학자들이 부정합unconformity이라고 부르는 천이의 단절을 관찰하고서는 그것이 엄청난 시간 차이를 나타낸다고 추측했다. 제드버러의 지층은 우선 하부에 회색 암석이 형성된 다음 산맥 안으로 허물어지고 침식되다가, 깎여서 남은 부분 위에 붉은 지층이 퇴적된 것이다. 현재의 우리는 이 과정이 6천만 년 이상 걸렸다는 사실을 알고 있다. 허턴은 이 수치를 알아낼 방법이 없었지만, 추론을 통해서 지구의 시간이 광대하다는 점을 직감하기는 했다.

이후 19세기 중반, 또 다른 스코틀랜드인이자 나중에 기사 작위를 받아 켈빈 경이 된 윌리엄 톰슨은 지구의 실제 나이를 계산하려고 시도했다. 톰슨은 지구가 원래 녹아 있는 상태였다고 전제하고, 그것이 식어서 굳는 데 걸리는 시간을 계산했다. 톰슨의 계산에 따르면 지구의 나이는 2천만 년에서 4억 년 사이였다. 톰슨은 그 범위 안에서도 짧은 쪽을 선호했는데, 이 추정치는 지질학자들이 보기에 문제가 있었다. 허턴과 같은 지질학자들의 입장에서는 지구의 역사가 지층에 쌓여 보존되기에는 수천만 년 정도의 시간도 너무 촘촘하고 짧게 느껴졌다. 톰슨은 지구의 내부가 방사성 물질에 의해 뜨겁게 유지되고 있다는 사실을 몰랐으며, 19세기 말과 20세기에 방사성 붕괴 현상이 발견된 이후에야 지구의 나이가 훨씬 더 많다는 사실이 확고해질 수 있었다.

현재 우리가 지구의 나이라고 알고 있는 45억 4천만 년(오차 범위 약 5천만 년)은 지구에서 발견된 가장 오래된 물질의 자연 발생 방사성 동위원소를 정밀하게 연대측정하여 산출한 것이다. 역설적으로 이 물질은 운석 형태로 가장 늦게 지구에 도착한 물질이며, 태양계의 행성들이 형성되던 시기에 남겨진 전형적인 잔해다. 지구는 너무 역동적이고 변화무쌍한 행성이라서, 수십억 년 전의 물질이 온전히 남기 어렵다. 지금까지 발견된 지구의 파편 중 가장 오래된 것은 호주에서 발견된 지르콘 결정체로, 지름이 0.1밀리미터에 불과하며 나이는 약 44억 4백만 년이다. 지구의 실제 나이와 태양이 수소 연료를 다 태울 때까지 남은 시간에 대한 천문학적 계산을 조합해 보면, 지구와 태양 모두 100억 년의 수명에서 약 절반을 지낸 것으로 보인다. 그러므로 지구는 중년의 행성이라고 할 수 있다. 지구는 태양 주위의 '골디락스 존Goldilocks zone'에 위치한 암석 행성이다. 골디락스 존은 액체 상태의 물이 수십억 년 동안 표면에 존재하도록 해 주는 영역이자 복잡한 생물권이 발달하고 지속되게끔 하는 환경을 의미한다. 오늘날 생물권은 햇빛을 주 에너지원으로 삼아 작동하며, 그 부산물로 산소가 풍부한 대기를 형성해 낸다. 암석, 공기, 물, 생명과 같이 지구 시스템을 구성하는 여러 요소는 서로 밀접하게 연관되어 있으며, 같이 발전해 오면서 현재 우리가 살고 있는 지구를 만들어 낸 것이다.

지구는 긴 역사 동안 엄청나게 변화해 왔다. 그래서 마치 매우 다른 행성으로부터 천이된 것처럼 보이기도 한다. 각 상태에 따라 지구 대기의 구성, 대륙과 해양의 구성, 생물권의 구조, 해양의 화학적 성질은 크게 다르다. 이러한 변화는 물리적·화학적·생물학적 요인에 의해 발생하며, 종종 요인들이 상호 작용하여 추가적 변화를 연달아 일으키기도 한다. 때로는 안정화 기제가 나타나 작동하는 경우도 있다. 인류세가 시작됨에 따라 이러한 상태의 천이들을 검토할 필요가 생겼다. 무엇보다도, 가까운 미래에 지구가 처하게 될 상황이 아주 오래전 우리 행성이 처했던 상황과 유사할 가능성이 있기 때문이다.

지구의 유동적 해부

현재 지구의 대기는 질소 78퍼센트, 산소 약 21퍼센트, 아르곤 0.9퍼센트로 구성되어 있으며, 이산화탄소, 메탄, 수증기, 오존과 같은 다른 기체들도 미량 포함하고 있다. 지표면 위 약 480킬로미터까지 대기권이 뻗어 있기는 하지만 대부분의 기체는 지표면에서 16킬로미터 이내에 집중적으로 분포한다. 지구의 대기권은 자매 행성인 금성과는 근본적으로 다른데, 금성의 대기 밀도는 지구보다 90배나 높고 대부분 이산화탄소로 구성되어 있다. 금성의 대기는 온실가스인 이산화탄소로 가득 차 있어서,

표면 온도가 약 400도인 지옥과도 같다. 금성과는 대조적으로, 지구의 대기 속에 존재하는 대량의 자유 산소free oxygen(혹은 유리遊離 산소)는 수십 광년 떨어진 외계 문명이 분광 망원경으로 감지할 수 있을 정도로 특징적이다. 이는 지구 표면에 광범위한 액체 상태의 물, 생명을 유지하게 해 주는 영양분의 풍화 순환, 광합성에 적합한 지표 환경, 그리고 살아 있는 몸이나 골격, 심해 퇴적물, 토양 등에 탄소를 저장하는 유기체가 존재한다는 사실을 외계인에게도 알려 줄 것이다. 이런 조합이 나타나는 행성은 매우 드물기 때문에 외계인들도 분명히 지구에 흥미를 느낄 것이다.

지구 표면의 약 70퍼센트는 바다로 뒤덮여 있으며, 우주에서 보면 지구가 물로 가득 찬 푸른 행성처럼 보인다. 그러나 바다의 평균 깊이는 4킬로미터에 불과하며, 지구의 지름인 6371킬로미터와 비교하면 매우 얇다. 지구를 사과에 비유하자면, 바다는 사과 껍질보다도 얇다. 물은 모든 생명체를 지탱하는 역할을 하지만, 그 비율은 지구 질량의 0.05퍼센트에 불과하다. 바다는 화산 폭발과 소행성 충돌의 결합에 의해 지구 표면에 생성된 이후 지난 40억 년 동안 존재해 왔다. 산소를 생성한다는 점에서 바다의 허파라고 할 수 있는 유기체들, 예컨대 작은 해양 조류藻類들이 생존하고 제대로 기능하려면, 이산화규소, 칼슘, 탄산염 등 바닷물에 용해된 상태로 있는 화학 물질이 필수적이다.

바닷물의 용존 물질은 해저의 온천과 화산을 통해 직접 유입되며, 육지의 암석이 공기나 물에 의해 풍화될 때도 강을 통해 유입된다. 가장 높이 솟은 산이라 할지라도 풍화작용을 피해갈 수 없다는 점을 고려해 보면, 육지에서 형성된 모든 암석이 왜 바다로 완전히 유입되지 않는지 의문을 제기할 수도 있겠다. 그에 대한 답은 물과 암석의 순환 관계에서 찾을 수 있다. 이 순환은 지구 내부 깊숙한 곳에도 영향을 미쳐서, 대륙판과 해양판의 이동 과정을 유지시키는 데에도 도움을 준다. 지구의 지질구조판tectonic plate은 두께가 100킬로미터를 넘고 너비가 최대 수천 킬로미터에 달하는데, 인간의 손톱이 자라는 것과 같은 속도로 지표면을 가로질러 서로를 향해 이동한다. 이때 바다에서 지각으로 스며든 물이 윤활유 역할을 하며, 암석권 하부에 있는 고온의 유연한 맨틀 속 암석 흐름이 추진력을 제공한다. 우리가 아는 한 이것은 지구에서만 독특하게 나타나는 지질학적 현상이며, 지질구조판이 충돌하는 곳에서는 지층이 뭉개지고 두꺼워지면서 산맥이 형성된다. 이렇게 형성된 산지에서 생명에 필요한 필수 화학 물질이 씻겨 나가 바다에 지속적으로 유입된다. 달이나 화성처럼 내부의 열이 오래전 모두 발산된 곳에서는 판의 이동과 물의 순환 과정이 일어나지 않는다. 지난 30억 년 동안 지구에서 판의 이동은 현재와 같은 패턴으로 이루어져 왔다. 그 이전의 지구는 열을 방출(이것이 판 구조의 주요 '기능'이다)하는 또 다른 종류의 기본 기제를 가지고 있었을 것이다. 아마도 당시의 지각 구조는 지금과는 달리 대륙과 해양 분지 구분이 명확하지 않았을 것이다.

　　지구의 핵 안에서도 지표면의 생명, 물, 대기를 유지하는 데 필수적인 과정이 일어난다. 지구의 핵은 주로 철로 구성되어 있는데, 2,890킬로미터에서 5,150킬로미터까지의 깊이에서는 액체 상태로, 더 깊은 곳에서는 고체 상태로 존재하며, 점차 응고화가 이루어지고 있다. 초기 지구의 핵은 완전히 액체 상태였을 것으로 추정된다. 외핵에 있는 조밀한 용융 금속의 흐름은 지구의 자기장을 생성한다. 이 자기권은 바다와 대기를 날려 버릴 수도 있는 태양풍으로부터 지구를 보호한다. 자력선의 보호막이 없다면 지구 표면에는 생명체가 존재할 수 없을 것이다.

　　생명이 존재할 수 있는 조건은 전 지구의 화학적 주기에 의해서도 좌우된다. 칼슘과 탄산염은 빗물로 인해 육지의 암석에서 풍화되어, 강을 거쳐 바다로 흘러 들어간다. 이러한 화학 물질이 바닷물에 과포화되면 석회암 형태로 해저에 침전된다. 탄산칼슘으로 외골격을 만드는 조류藻類, 산호, 달팽이 등 다양한 유기체는 지난 5억 년 동안 이런 과정에서 매개체 역할을 했다. 유기물(유기체가 죽고 남은 잔해물)이 지층에 매장되는 현상과 함께, 석회암이 형성되는 현상은 탄소가 이산화탄소 형태로 대기 중에 대량으로 축적되는 것을 방지한다. 이런 과정 때문에 지구는 금성처럼 다량의 온실가스로 인한 지속적인 온난화로 뜨거운 지옥 상태가 되는 것을 피할 수 있다. 다른 화학 원소의 복잡한 순환으로는 인산염, 황, 포타슘[칼륨], 질소, 이산화규소 등이 있는데, 이런 순환은 모두 물, 대기,

암석, 그리고 생명체와의 상호 작용 없이는 제대로 작동하지 않을 것이다. 지질구조판 이동에 의한 암석의 순환이 없다면 퇴적물 형성도 거의 또는 전혀 일어나지 않을 것이며, 지표면 형태를 지속적으로 재형성하는 막대한 두께의 지층 구축도 일어나지 않을 것이다. 이와 대조적으로 달의 북반구 표면에서 관측되는 '달나라 사람'의 눈 모양 지형('비의 바다'와 '고요의 바다')은 30억 년보다도 더 전에 식어 버린 거대한 용암류가 거의 침식되지 않고 고스란히 보존된 것이다.

장기간에 걸친 지구 상태의 변화

지구 시스템의 변화는 일시적일 수도 있다. 예컨대 비정상적으로 강력한 화산 폭발로 이산화탄소가 다량 배출되어 기후 온난화가 나타날 수 있다. 이 경우, 초과로 방출된 여분의 온실가스가 수천 년 동안 지구 표면의 암석과 반응하면서 제거된 다음에야 기후가 다시 안정화된다. 이때의 온난화 현상은 일시적일지라도 그 영향력이 영구적일 수 있다. 만약 온난화의 특정 단계에서 멸종이 일어나면, 생물학적 진화가 다른 경로로 진행될 수도 있다. 여타의 지구 시스템의 변화 역시 우리 행성을 거의 영구적으로 상이한 상태로 만들 수 있으며, 생물권에는 더 심대한 결과를 초래할 수도 있다. 곧 살펴보겠지만, 시작한 지 오래되지 않은 인류세는 벌써 지구의 생물학적 진화 경로를 재설정해 버렸다. 그리고 아마도 인류세는 지구 시스템에 오래 지속될 새로운 상태를 불러올 것이다. 행성 표면이 얼마나 많이 변화할 수 있는지 알아보기 위해서 20억 년에서 30억 년 전 사이에 지구의 산소가 어떻게 급증했는지 검토해 보자.

　　현재 산소는 지구 대기의 주요 구성 성분이다. 산소는 대부분의 유기체가 신진대사를 할 때도 중요한 역할을 한다(유황 박테리아의 경우처럼 자유 산소O_2를 사용하지 않는 신진대사와 비교했을 때, 산소를 사용하는 유기체들은 산소를 이용함으로써 신진대사가 강화된다). 질량을 기준으로 했을 때도 산소는 생물권의 주요한 구성 요소다. 또한 산소는 지구의 지각과 맨틀의 주요 성분이며, 이산화규소SiO_2, 규산염 광물, 그리고 물H_2O로 이루어진 물질의 대부분을 구성한다. 그러나 지구 대기 속 자유 산소는 미량인데, 이는 암석(산화 반응, 즉 녹이 스는 과정) 및 유기물(이산화탄소를 생성하며 산화)과 반응하며 자유 산소가 곧바로 소모되기 때문이다. 자유 산소가 대기에 지속적으로 보충되지 않는다면 지구에는 산소가 충분하지 않을 것이다. 오늘날 대기 중 산소의 양은 광합성을 통해 매일 생산되는 양에서 호기성 호흡에 사용되는 산소를 제외한 양으로 조절된다. 그리고 장기간의 생지화학적 순환은 탄소를 퇴적암 속에 가두어 놓아서 대기 중 산소와 반응할 수 없게 만든다.

산소를 대기로 배출하는 광합성이 발달하기 전, 초기 지구의 대기에는 산소가 부족했다. 지구 내부의 가스를 배출해 내던 화산 활동을 통해 지구의 원초적 대기 대부분이 형성되었을 것이다. 아마도 당시의 대기에는 이산화탄소와 수증기가 많았을 것이며, 화산 활동으로 방출된 가스인 이산화항, 황화수소, 질소, 아르곤, 메탄, 헬륨, 수소도 함께 섞여 있었을 것이다. 지구 대기에 산소가 함유되기 시작하자, 본질적으로 되돌릴 수 없는 과정이 수십 억 년에 걸쳐 일어났으며, 이는 지구 시스템을 전환시켰다.

산소 전환

원시 지구에 대륙이 생겨나자마자 풍화가 일어나 지표에 토양과 대기권이 형성되었으며 지표면으로 물이 널리 퍼져 나갔다. 최초 토양의 흔적은 미생물 매트microbial mat가 화석화된 흔적으로, 약 32억 2천만 년 전의 것이다(Homann et al. 2018). 약 30억 년 전부터 육지에 물이 흐르고 강이 생겼으며 미생물이 풍부했다는 광범위한 증거가 있다(미생물은 당시 해저에 존재했음이 분명하다). 오래전인 당시(시생누대로 알려진 시기)의 강에는 오늘날 강의 모래에서는 발견되지 않는 '바보의 금'(황철석, FeS_2), 역청이나 우란광(우라늄광, UO_2)과 같은 종류의 퇴적물 입자가 포함되어 있었다. 이 두 광물 모두 자유 산소가 존재하는 곳에서는 불안정하며, 곧바로 다른 광물로 산화된다. 옛날 강의 퇴적물 안에 이러한 광물이 존재했다는 사실은 원시 지구의 대기에 자유 산소가 없었음을 의미한다. 이 시기의 암석에 보존된 화석화된 토양은 '고토양층paleosol'이라고 불리며, 육지 생명체가 존재했음을 시사하는 증거가 되기도 한다(Crowe et al. 2013). 당시의 육지 생명체는 전부 미생물이었으며, 미생물은 무산소 세계에 맞게 적응하고 진화했다.

약 29억 6천만 년 전에 형성된 것으로 추정되는 남아프리카의 은수제 고토양층Nsuze paleosol은 지구가 현재의 상태로 전환되기 시작한 지점을 잘 담고 있다. 은수제 고토양층은 원시 화산 용암류 위에 형성된 후, 강과 바다에서 형성된 퇴적물 아래에 묻혔다. 이 원시 토양의 대부분은 침식되어 사라졌지만, 남은 부분에는 자유 산소를 이용하는 미생물의 활동, 그리고 산소가 함유된 대기 아래 용암류의 풍화작용을 보여 주는 화학적 패턴이 포함되어 있다. 은수제 토양층의 화학적 성질 변화에 필요한 산소는 비생물학적 과정에 의해 생성될 수 있는 수준을 넘어서며, 이는 광합성을 통해 산소를 생성하는 박테리아가 존재했음을 시사한다.

25억 년 이전, 산소는 초기에 아주 소량으로 천천히 축적되어 국지적인 '산소 오아시스'를 이루었다. 이후 산소가 대기 중에도 축적되기 시작하였고, 지표면의 황철석이나 역청과 같은 광물질에 산화작용으로 흡수되기도 했다. 이와 같은 산소 '개수대'가 포화 상태에 이르고 나서야 대기와 해양에 자유 산소가 축적되기 시작했다. 약 24억 년 전의 암석 지층을 통해 당시 많은 양의 산소가 존재했음을 추론할 수 있다. 당시의 대기 중 산소량은 현재의 10분의 1 수준에 달했던 것으로 추정된다(그렇지만 당시의 산소량에 대한 견해는 다양하다: Och and Shields-Zhou 2012). 상당한 양의 자유 산소가 최초로 대기 중에 축적된 이 시기(24억 년 전부터 21억 년 전)가 1장에서 처음 소개했던 '산소 대폭발 사건'이다. 이 사건이 가져온 최초의 부작용 중 하나는 대기에 있던 강력한 온실가스인 메탄CH4이 산화되어 상대적으로 약한 온실가스인 이산화탄소로 전환되면서 지구 기후가 변화해 냉실 지구가 생성된 것이다.

산소성 광합성은 불가역적인 현상임이 판명되었다. 광합성 과정은 전 지구적으로 이용 가능한 햇빛, 물, 이산화탄소를 사용하여 화학 에너지의 저장고인 탄수화물을 생성한다. 광합성 능력을 발달시킨 유기체는 그 이전 시기에 존재하던 유기체에 비해 큰 강점을 지녔다. 그리고 산소 광합성이 시작된 이후, 여타의 박테리아들은 광합성의 부산물인 산소를 사용하여 더욱 효율적인 호기성好氣性, aerobic 호흡, 즉 유산소 호흡을 시작했다(Soo et al. 2017). 따라서 산소는 전 지구의 표면에서 얻을 수 있고 점점 더 생물학적 방식으로 활용되는 원자재처럼 되었다. 산소를 사용하는 신진대사 방식은 일반적으로 혐기성嫌氣性, anaerobic, 즉 무산소 방식보다 더 많은 에너지를 생성하므로, 생물권 내에 가용한 에너지의 양도 증대시킨다. 동물의 복잡한 신체 구조는 호기성 호흡 방식 없이는 진화할 수 없었을 것이므로, 산소 대폭발 사건은 발생한 지 수십억 년이 지난 후까지도 생물권의 진화에 장기적인 영향을 끼쳤다. 그렇다고 해서 혐기성 호흡 기제가 완전히 사라진 것은 아니다. 혐기성 호흡 방식은 계속 존재하면서 진화해, 일부 생물체는 호기성과 혐기성 신진대사가 모두 가능한 형태가 되었다. 혐기성 기제는 생물권을 통한 질소, 철, 황, 탄소 순환에 여전히 매우 중요하다.

예를 들어 질소는 표면의 화학적 성질이 인류세 동안 크게 변화한 원소로(3장 참고), 산소 대폭발 사건으로 확립되었던 패턴이 달라졌을 정도다(Canfield et al. 2010). 토양 안에서 식물은 질산염NO_3의 형태로 질소를 동화시키는데, 이때 질산염은 토양으로부터 흡수되거나 박테리아의 질산화 작용에 의해 고정된다. 질소가 풍부한 식물 조직이 (박테리아 및 균류에 의해) 분해되면 암모니아NH_3를 산출하는데, 박테리아의 질산화 과정은 이를 다시 질산염NO_3으로 전환시키며, 탈질소 박테리아의 혐기성 호흡은 이를 다시 질소 기체N_2로 되돌려 놓아 대기로 순환시킨다. 오늘날 인간은 무차별적인 대규모 화학 공정으로 식물에 질산염을 투여해서 이 과정에 개입한다. 전형적인 인류세 개입의 한 형태로서, 인간은 20억 년 이상 된 주기를 교란하면서 지구 인구의 약 50퍼센트에 식량을 공급하는 동시에 특정 식물종을 멸종시키고 토양의 영양소를 고갈시키며, 들판에 유출된 물질로 식수를 오염시키고 어류 및 여타 수생 생물을 죽이고 있다(Galloway et al. 2013). (긍정적이건 부정적이건) 이렇게 질산염을 대량으로 투입한 결과를 두고, 기업, 지역 사회, 개별 농민 및 국제기구가 어떤 방식으로 대응하느냐에 따라 경제적·사회적·정치적 파장도 크다. 이 사례를 통해 알 수 있듯이, 지구 시스템은 복잡하기 때문에 한 요소의 변화가 반향을 일으켜 다른 거의 모든 것에 영향을 끼칠 수 있다.

　　탈질소 박테리아 등이 하는 혐기성 신진대사의 형태가 계속 번성하고 진화하기는 했지만, 산소 대폭발 사건으로 인해 완전 혐기성 생물들, 즉 산소에 중독 반응을 보이는 미생물의 영역은 축소되었다. 지구의 첫 10억 년 동안 생물권을 지배했던 생물종들은 산소 대폭발 이후 서식지가 크게 제한되어 퇴적층 안에 깊숙이 묻히기도 했다. 완전 혐기성 생물에게는 산소가 증가하는 방향으로의 대기 진화가 재앙으로 다가왔을 것이다. 당시의 생명체는 대부분 완전 혐기성 생물이었으므로, 처음 산소 대폭발이 시작되었을 때 총 생물량의 적어도 80퍼센트, 어쩌면 99.5퍼센트까지 타격을 입었을 것이다(Hodgskiss et al. 2019). 이는 은수제 고토양층 시대 이후 10억 년의 대부분, 그리고 처음으로 산소의 기미가 보였던 시점의 대부분에 해당하는 양이다.

　　산소 대폭발 이후 약 10억 년 동안 대기 중 산소 수준은 현재의 약 10분의 1을 넘지 않았을 것으로 보인다. 바다에서는 표층수에 용존 산소가 존재하기는 했지만, 심해는 기본적으로 무산소 상태였을 것이다. 지질학자들은 산소 대폭발 이후의 시기를 종종 '지루한 10억 년'이라고 부르기도 한다. 이 시기에는 주요한 기후변화 혹은 생물학적 혁신의 징후가 거의 나타나지 않는다. 이는 해양에 많이 있었던 황화물의 화학 작용 때문에 생명체가 이용할 수 있는 영양소가 제한되었기 때문일 수도 있다. 광범위한 결핍 상태에도 불구하고, 이 10억 년 전 화석 기록은 아마도 진핵생물eukaryote로 분류할 수 있는 유기체가 출현했음을 보여 준다(아래 참고). 다시 말해서, 복잡하게 막으로 구분된 세포소기관과 핵이 있는 세포들을 가진 생물이 출현한 것이다. 이들은 모든 동물과 균류, 그리고 관속管束, vascular식물의 몸을 구성하는 세포의 유형이기도 하다.

진핵생물의 진화는 아마도 자유 산소가 이용 가능해짐에 따라 발생한 연쇄 효과 중 하나였을 것이다.

8억 5천만 년에서 5억 년 전 사이에는 산소가 더 증가했는데, 이를 신원생대 산소 대폭발 사건Neoproterozoic Oxygenation Event이라고 부른다. 이 사건은 5억 5천만 년에서 5억 4천만 년 전 사이, 즉 화석 기록에 동물이 광범위하게 나타나기 직전에 발생했다. 전체 대기의 20퍼센트 수준으로 산소량이 증가함에 따라 동물의 복잡한 신진대사가 가능해졌을 것이다. 그렇게 산소량이 증가하지 않았다면 약 4억 7천만 년 전부터 시작된 육지 관속식물의 진화도 불가능했을 것이다. 이후 지구에서 산소량은 계속 높은 수준으로 유지되었는데, 이는 3억 5천만 년 전의 대규모 삼림 형성 시작 전까지 나타난 산불 화석 기록으로도 분명히 알 수 있다. 이 긴 기간 동안 식생이 불탄 후 화석화된 기록은 대기 중 산소 농도가 결코 17퍼센트 아래로 떨어지지 않았음을 보여 준다.

따라서 지표의 (대체로) 점진적인 산소화는 지구 역사의 절반 이상에 걸쳐 일어난, 놀라울 만큼 오래 지속된 과정이었다. 이 과정에는 몇몇 주요한 기점도 있었으며, 그런 기점들이 시대마다 각기 다른 정도로 육지 및 해양 영역에 영향을 끼쳤다. 예를 들어 산소 대폭발 사건은 24억 년 전부터 21억 년 전까지 대기와 지표면에서 일어났던 현상이었으며, 지질학자들은 이를 원생누대와 시생누대를 구분하는 특징으로 사용한다. 그 이후에도 바다의 대부분은 10억 년 이상 무산소 상태로 남아 있었다. 각종 기술로 지나치게 발전한 생물공학이 오늘날의 인류세적 상황을 초래했고, 이 상황이 앞으로도 지속된다면 지구의 에너지와 물질 흐름이 변형되어 산소 대폭발 사건과 마찬가지로 심각하고 광범위한 영향이 나타날 것이다(Frank et al. 2018). 물론 이런 변화의 잠재력은 산소 대폭발 사건처럼 수억 년에 걸쳐 일어나지 않고 수 세기만에 일어났다는 점에서 다르기는 하다. 인류세의 변화는 (아직) 산소 대폭발만큼 근본적이지는 않지만 육지 및 해양 영역에 동시에 영향을 미치며, 지질학적 잣대로 볼 때 훨씬 더 급격하게 발생했다. 그런데 인류세의 충격과 비견될 수 있는, 그리고 생물 유기체에 의해 촉발된 오래된 지질학적 시대의 변화들이 더 존재한다.

변화하는 기후, 그리고 지구 시스템 혁명의 서곡

원생누대의 후반기는 '지루한 10억 년'이라고 불리지만, 원생누대를 종결시킨 사건은 지루함과는 거리가 있었다. 전문 용어로 크라이오제니아기Cryogenian Period, 속칭 '눈덩이 지구Snowball Earth'로 알려진 결정적 시기가 도래하면서 끝났기 때문이다. 7억 2천만 년 전에서 6억 3,500만 년 전, 주요한 두 단계에 걸쳐 지구 표면의 극지에서 적도까지, 육지에서 바다까지 대부분 혹은 전체를 덮는 얼음층이 형성되었다('대부분'이라는 주장과 '전체'라는 주장이 오래도록 논쟁을 벌여 왔다). 동결 상태가 절정이었을 때 지구의 모습은 현재의 우리에게 익숙하듯 육지와 물로 가득하기보다는 목성 혹은 토성의 얼음 위성 중 하나와 더 비슷했을 것이다. 분명 생명체에게 극단적으로 적대적인 환경이라고 생각할 것이다. 그러나 그런 직관과는 반대로, 복잡한 다세포 생명체가 발달하는 데 있어 크라이오제니아기는 방해물로 작용하기보다 오히려 추진력을 제공했음을 보여 주는 지표들이 있다.

두 차례의 전 지구적 빙하기 사이에 1천만 년 남짓 기후가 온난한 시기가 있었고, 이 시기의 지층은 화석화된 유기화학적 생물 지표를 포함하고 있다. 이 지표에 따르면 그 짧은 간빙기 시기에 해조류가 나타났는데, 해조류는 기존에 수십억 년 동안 지구 생태계를 지배해 왔던 박테리아의 '지위를 무너뜨린' 존재가 되었다(Brocks et al. 2017). 아마도 크라이오제니아기의 첫 번째 단계 때 빙하에 의해 긁혀 내려온 육지 영양분이 바다로 유입되면서 해조류의 성장을 자극했을 것으로 보인다. 단순한 동물인 해면海綿도 이때 등장했을 것이다. 이 가설이 옳다면, 행성 표면의 극단적인 물리화학적 조건이 혁명적 변화를 촉발하고 더 복잡한 생태계를 생성했으며, 이어서 그 생태계가 누대 수준의 지질시대를 바꾸는 혁명적 변화를 다시 촉발하였다고 볼 수 있다.

지질학자들은 누대가 바뀌는 수준의 큰 변화가 일어나기 전, 크라이오제니아기 다음 에디아카라기Ediacaran Period(6억 3,500만 년 전부터 5억 4,100만 년 전)가 곧바로 뒤따른다고 공인했다. 빙하 환경을 나타내는 암석 지층, 그리고 더 따뜻한 환경을 나타내는 석회암 지층 사이의 경계는 여러 지역에서 칼날처럼 얇은 형태로 나타나는데, 이는 빙하가 매우 빠르고 파국적으로 붕괴했음을 시사한다. 이것은 지구 역사에서 급전환점을 넘은 여러 사례 중 하나다. (아마도 화산의 분출 활동에서 나온 이산화탄소 온실가스가 대기 중에 쌓임에 따라 빙하가 녹기 시작한) 초기의 변화가 증폭되고 강화 되먹임positive feedback에 의해 불가역적 상태로 변했을 것이다(열 반사율이 높은 빙하가 손실되기 시작하면서 더 많은 태양열이 흡수되고, 흡수된 열이 다시 해빙을 가속화하여 결과적으로 해수면에 더 많은 열이 흡수되는 식이다). 이런 식으로 한 행성이 다른 행성으로 빠르게 변화할 수 있다. 이 변화 과정은 확실히 인류세와 비슷한 측면이 있다.

　　지질학계가 2004년에서야 에디아카라기를 공인했을 때, 위에서 설명했던 변화 과정이 그 근거로 사용되었다(Knoll et al. 2006). 이렇게 극단적인 변화마저 학계에서 공인받는 데 시간이 오래 걸린다는 점에 비추어 보면, 지구 역사를 복원하는 작업은 매우 까다로움을 알 수 있다. 특히 선캄브리아 시대의 암석(5억 4,100만 년 이전에 형성)에는 (통상 지질학적 층서의 시대 지표로 사용할 수 있는) 화석 증거가 희박하다. 이런 원시의 역사를 해독하려면 화석으로부터 도출하는 증거가 아닌 다른 종류의 증거를 사용해야 한다. 예컨대 암석의 지구화학적 패턴, 자연 방사선 분석을 통해 도출된 암석 지층의 ('절대') 연대 수치 등이 그런 증거다. 그렇지만 심지어 그런 증거에 기반하는 경우에도 새로운 지질시대를 정의하는 결정은 어떤 의미에서 믿음의 도약이다. 에디아카라기 경계면은 선캄브리아 시대의 원시 암석을 가지고 층서 안에서 신중하게 선택된 지표의 수준을 통해 정의된 최초의 지질학적 경계면이었다. 이렇게 지질시대를 정의할 때 사용되는 지층은 학술적으로 국제표준층서구역GSSP이라는 장황한 이름으로 불리며, 보다 일상적인 용어로는 '황금못golden spike'이라고 불린다. 한편 호주의 에디아카라 구릉에서 선정된 경계면은 빙하 퇴적층으로부터 온수 환경에서 퇴적된 석회암 지층으로의 급격한 변화를 잘 보여 주기는 했지만, 그런 전환이 전 세계에서 동시적으로 발생했는지에 관해서는 확답을 주지 못한다. 이후에 수집된 증거를 통해 (현재 확실하게 말할 수 있는 한에서) 판단하자면, 빙하 상태의 붕괴는 지구 전역에서 거의 동시에 일어났고, 따라서 에디아카라 구릉의 '황금못'은 전 세계 지층에서 추적 가능한 전 지구적 변화의 표식이다. 그래서 이는 에디아카라기를 공식 지질시대인 '기'로 확증해 주는 유용한 증거가 된다. 크라이오제니아기와 에디아카라기 사이에 있었던 명백하고 급격한 환경 변화를 알아내는 작업은 지질학자들이 왜 동시적 사건들을 식별하고 그것들의 상관관계를 찾는지를 보여 주는 좋은 사례다. 그런 작업은 지구 시스템의 상이한 구성 요소들 사이에서 인과 관계를 파악하고 지구 진화를 더 정확하게 이해하는 데 도움을 준다. 인류세를 지질학적으로 정의할 때도 유사한 논리가 적용될 수 있겠다.

에디아카라기는 중간에 있었던 한 번의 빙하기를 제외하면 비교적 안정적인 시기였다. 에디아카라기 지층은 산발적으로 '에디아카라 생물군'을 나타내는 수수께끼와 같은 화석들을 포함하고 있다. 일부는 엽상체이고, 다른 일부는 기존에 알려진 동식물과 적절하게 연관을 짓기 어려운 다양한 형태의 유기체다. 그중 하나인 디킨소니아Dickinsonia는 암석 안에서 특이하게 분절된 타원형 인상화석으로 발견되는데, 최근에 와서야 학자들은 디킨소니아가 콜레스테롤 흔적으로 남은 동물일 것으로 추정하고 있다(이것만으로도 우리의 이해가 크게 진전된 것이다). 5억 년의 시간이 지난 후에도 흔적이 감지되는 디킨소니아는 예외적으로 잘 보존된 표본에서나 발견된다. 대부분의 에디아카라기 유기체 흔적이 인상화석이라는 점을 감안할 때, 당시의 유기체는 해저에 붙어서 생활하면서 주변 바닷물로부터 영양분을 섭취했을 것으로 추정된다. 어쨌든 에디아카라기의 유기체들은 곧 다가올 혁명의 서곡이었다.

동물 혁명

약 5억 5천만 년 전부터 시작해서 3천만 년 동안, 세계(적어도 바다)는 우리가 거의 인지할 수 없는 선캄브리아 상태에서 우리에게 익숙한 상태로, 즉 복잡하고 매우 활동적이며 동물이 많은 생태계로 변화했다. 이는 생물권의 발달에서 주요한 진화의 단계적 변화를 나타내며, 때로는 생명체의 '캄브리아기 대폭발Cambrian Explosion'이라고도 불린다. 캄브리아기 대폭발은 좌우 대칭 형태에 구분 가능한 머리, 그리고 내장과 항문을 갖춘 동물이 화석 기록으로 나타나는 현상과도 관련이 있다. 캄브리아기 대폭발은 생물권에 중대한 영향을 미쳤다. 대규모의 해양 동물 생물량이 지속적으로 형성되고, 신체 유형이 전반적으로 다양해지며, 유기체 자체의 크기가 상당히 증가한 것을 그 예로 들 수 있다. 끔찍하게 생긴 아노말로카리스Anomalocaris와 같은 캄브리아기의 일부 무서운 포식자들은 분절 구조 몸체가 1미터에 달했으며, 몸 앞쪽에는 움켜쥐는 동작이 가능한 긴 부속지 한 쌍을 지니고 있었다. 캄브리아기 동물들은 해수의 질감과 화학적 성질을 변화시키고(해면과 같은 많은 여과섭식 동물이 산소를 소비하는 유기물 찌꺼기들을 제거해 해수를 정화했다), 퇴적층 바닥을 파고 들어가기도 하면서(해저의 미생물 매트를 뚫고 해수와 해저 사이의 화학 원소 순환에 변화를 초래했다), 지구 시스템에 광범위한 영향을 미쳤다. 공격과 방어 기능을 하는 골격도 캄브리아기에 출현하였으며, 이는 오늘날까지도 진화를 초래하는 생물학적 군비 경쟁의 촉매가 되었다.

3천만 년에 걸친 이 혁명(이 기간은 폭발로 묘사하기보다는 지질학자 프레스턴 클라우드가 말하는 '캄브리아기 분출eruption'로 묘사하는 것이 더 적절하다)에는 여러 단계가 있었는데, 이는 에디아카라기와 그 이후 뒤따른 캄브리아기 사이의 지질학적 경계를 정의하는 일이 간단치 않음을 뜻한다. 약 5억 5천만 년 전의 퇴적물에서 나타나기 시작하는 굴착 흔적은 머리 끝과 꼬리 끝이 있는 근육 동물이 진화했음을 보여 준다. 수백만 년 후, 부분적으로는 포식자로부터 자신을 보호하기 위해 광물성 골격을 가진 유기체가 나타났다. 트렙티크누스 페둠Treptichnus pedum이라고 불리는 독특한 '나선형' 굴을 판 흔적은 약 5억 4,100만 년 전에 살던 기동성 있는 벌레의 움직임을 보여 준다. 한편 약 5억 2,600만 년 전의 것으로 보이는 작은 껍질 화석 무더기는 아직 정체가 밝혀지지 않은 또 다른 동물의 골격 파편이다. 약 5백만 년이 더 지난 다음에는 캄브리아기의 대표 화석이 된 삼엽충이 우세해지기 시작했고, 오랫동안 그 세를 유지했다.

　　오랜 기간에 걸쳐 발생한 수많은 사건 중에서(Williams et al. 2014), 어떤 사건을 지질시대 경계면을 나타내는 데 이용해야 할까? 국제층서위원회의 실무단은 이러한 사건 중 어느 것이 지질시대 경계로서 지질학자에게 가장 실용적이고 효과적인가를 핵심적인 질문으로 두고 심사숙고한다. 관건은 특정 사건이 지구 역사에서 얼마나 중요한가보다는 그 사건이 얼마나 동시적으로 나타나는가에 있다(물론 앞에서 언급한 사건들은 지구 역사에 있어서 모두 중요했다). 특정 지질학적 지표가 세계적으로 동시성을 보여 준다면 정확한 상관성을 보증할 것이고, 이는 시간 체제를 구성하는 작업에 있어 핵심적이다. 바로 이 기준을 적용해, 당시(1992년) 캄브리아기 지질시대 경계로 독특한 동물의 굴착 흔적인 트렙티크누스 페둠이 처음으로 지층에 나타나는 시점이 선택된 것이다. 그 결과 캐나다 뉴펀들랜드의 포춘헤드의 암벽 안에 GSSP, 즉 '황금못'이 설정되었다. 이 경계는 매우 중요하다. 캄브리아기의 시작을 나타낼 뿐만 아니라 캄브리아기를 비롯한 다섯 개의 다른 '기'를 포함하는 고생대의 시작과, 현재의 우리가 살고 있는 현생누대의 시작도 나타내기 때문이다.

　　20여 년이 지나면서, 일부 지질학자들은 이 중요한 경계가 그동안 새롭게 밝혀진 사항들을 반영하지 못한다는 비판을 제기했다. 트렙티크누스 페둠은 세계 여러 지역에서 서로 다른 시대의 지층에 걸쳐 나타나는 것으로 밝혀졌으며, 나중에는 뉴펀들랜드의 GSSP 구간 내에서도 지질시대 경계를 정의하기 위해 가장 오래된 경계로 설정되었던 곳보다 수 미터 아래(즉, 더 오래된 지층)에서 발견되기도 했다(그렇지만 국제층서위원회의 규정에 따라 경계 표지는 원래 정의된 곳에 그대로 남아 있다). 에디아카라기와 캄브리아기의 경계에 관한 질문 전체가 다시 제기되었고, 잠재적으로는 경계 수준을 기존의 3천만 년 범위 내 다른 지점으로 이동해야 한다는 가능성도 제기되었다(공식 지질시대 경계라 하더라도 절대 바꿀 수 없는 대상은 아니기에 변경이 가능하기는 하지만, 공인된 경계는 최소한 10년간 안정적으로 유지되어야 한다)(Babcock et al. 2014). 에디아카라기와 캄브리아기 경계가 변경된다고 해서 지구 역사의 각 지질시대를 근본적으로 재해석해야 한다거나 어떻게든 다른 관점을 취해야 하는 것은 아니다. 단지 더 효과적인 분석이나 내용 전달을 위해 지질학적으로 지구 역사를 가늠하는 시간표의 구분을 상이한 수준에 놓을 수 있음을 의미할 뿐이다. 더 많은 발견이 이루어짐에 따라 기존에 선택되었던 경계면의 변경 가능성이나 실효성은 모든 지질시대에 다 적용되며, 이는 인류세의 경우도 마찬가지다. 지질연대표가 안정적으로 유지될 필요는 있지만, 그렇다고 해서 점점 부적합한 것으로 판명되는 해법에 집착할 필요는 없다.

현생누대: 생물학적 양상들

현생누대는 약 5억 4,100만 년 전에 시작되어 현재에도 지속되고 있다. 현생누대가 지구의 역사에서 차지하는 비중은 12퍼센트에 채 못 미치지만, (대부분의 지질학자를 포함하여) 많은 사람에게는 현생누대야말로 삼엽충, 산호, 연체동물, (가끔은) 공룡 화석이 가득한 친숙한 지층을 다루는 '일반적인' 지질학을 대변해 준다. 물론 화석이라는 존재 자체가 생명의 풍부함이나 진화를 웅변적으로 보여 주는 것은 아니다. 남겨진 화석이 적다는 의미에서 고생물학적으로 척박한 선캄브리아 시대의 지층과 비교해 볼 때, 현생누대의 층서는 화석이 표준적 시간 측정기 역할을 하기 때문에 지구 역사를 훨씬 더 자세하게 복원할 수 있도록 해 준다. 화석을 증거로 사용하여 지구 역사의 개요를 정리하는 작업은 이미 19세기 말, 각 지질시대를 구분하여 지질연대를 확립하기 훨씬 전에 완성되었다. 현재 지구의 지질학적 역사는 예전보다 더욱 세밀한 방식으로 제시된다. 현생누대와 그 아래 세분화되어 있는 공식 지질시대들은 인류세가 지질학적 단위로서 위치하게 될 실제적 맥락을 제공한다. 지질시대는 색상으로 깔끔하게 구분된 열 안에 모든 주요 시간 단위가 표시되는 국제층서위원회의 국제지질연대층서표로 공식적으로 대표된다(서문 〈그림 3〉 참고). 현생누대는 지구 역사 전체의 약 8분의 1에 불과하지만, 지질시대를 나타내는 연대표의 열에서는 약 5분의 4를 차지한다. 왜냐하면 현생누대가 훨씬 더 세밀하게 구분되기 때문이다. 즉, 단순히 '기'만으로 구분되는 데 그치지 않으며, '기'는 다시금 '세'와 '절'로 구분된다. 이는 우리가 선캄브리아 시대에 대해서는 하지 못하는 수준의 이해가 현생누대에 대해서는 가능하다는 점을 의미한다. 그렇다면 현생누대는 어떤 종류의 역사를 나타내는 것일까? 그리고 앞서 다루었던 변화들은 공식 지질시대 구분에 어떤 방식으로 반영되어 있을까?

현생누대 동안 조직이나 구조가 복잡한 동물이 더 많은 생태계로 발달한 것은 생물권 발전에 있어 주요한 진화적 단계 변화였다. 캄브리아기부터 현재에 이르기까지, 이렇게 동물이 풍부한 생태계는 종의 전환이 빠르다는 특징을 보였으며, 이는 때때로 대멸종 사건으로 나타나기도 했다. 대멸종은 종의 다채성, 기능적 다양성 및 중복성처럼 생태계에 회복력을 부여했었던 특질이 특정 종류의 환경적 압력에 대응하지 못할 때 발생했다. 그 결과는 생태계의 붕괴, 그리고 막대한 종의 상실이었다.

캄브리아기의 생명 대폭발 이후 지구에는 다섯 번의 대멸종이 있었으며, 각각 약 70퍼센트 이상의 생물종이 다소 갑작스럽게 사라진 것이 특징이다. 그러나 대멸종으로 인한 손실에도 불구하고 (분류체계상 상당히 큰 집단인) 하나의 동물'문門, phylum' 전체가 사라진 적은 없었다. 이 사실은 중요한데, 멸종 사건이 파국적이기는 하지만 어떤 측면에서는 회복이 가능하다는 것을 의미하기 때문이다. 생물다양성과 생태계는 시간이 지남에 따라 스스로를 복구하며, 산호초처럼 대멸종 때 대량으로 파괴된 생태계도 시간이 지나면 스스로를 재생할 수 있다. 그러나 기존에

매우 다양한 종이 존재했던 생태계라 할지라도, 복잡한 동식물종이
다양한 생태계가 다시 출현하려면 일반적으로 수백만 혹은 수천만 년의
복구 시간이 필요하다.

지질학자들은 현생누대에 있었던 다섯 번의 대멸종 중 네 개를
지질연대표의 주요한 '대'나 '기'의 경계를 나누는 근거로 사용한다.
오르도비스기, 페름기, 트라이아스기, 백악기가 끝나는 시점이 그에
해당한다(페름기와 백악기가 끝나는 사건은 각각 고생대와 중생대가
끝나는 사건이기도 하다). 데본기 후기의 대멸종 사건은 2,500만
년에 걸쳐 일어난 복잡하고 다단계적인 사건이었다. 데본기의 대멸종
사건 중 마지막 단계는 데본기와 다음 시대인 석탄기의 경계점쯤에서
발생했다. 지질시대를 구분할 때 이렇게 파국적인 사건을 이용하는
이유는 그 사건이 전 지구적으로 주요한 변화를 나타내서라기보다는
실용적이기 때문이다. 한 형태의 생물학적 지배가 끝나고 다른 형태의
생물학적 지배가 시작되면 지층에 화석 흔적이 명확하게 남기 때문이다.
예를 들어 중생대 해양 지층은 암모나이트와 벨렘나이트 화석이 많기
때문에 초심자도 쉽게 알아볼 수 있다. 독특한 연체동물인 암모나이트와
벨렘나이트(그리고 크기가 다양한 여타 화석종들)는 6,600만 년 전
소행성 충돌이 가져온 극심한 여파 때문에 갑작스럽게 사라졌다. 그렇게
백악기(그리고 중생대)가 끝났으며, 암모나이트와 벨렘나이트는 우리가
살고 있는 신생대의 첫 번째 시기였던 팔레오기 지층에서 다른 종류의
화석에게 자리를 내주었다.

백악기를 끝낸 사건은 지구 역사에서 매우 갑작스럽게 일어난 몇몇
주요 변화 중 하나였다(현재까지 있었던 인류세적 변화도 갑작스럽기는
하지만, 그 정도로 중요하고 광범위한지는 아직 확실치 않다. 그 여부는
앞으로 수십 년 혹은 수백 년 동안 상황이 어떻게 진행되느냐에 따라
달라질 것이다). 그래서 그 사건이 백악기와 그다음 지질시대를 구분하는
것은 당연하다. 소행성 충돌의 결과로 백악기와 그다음 시기 경계면은
이리듐 원소가 풍부하고, 작게 결빙된 용해석 소구체가 많은 층이 얇게 전
세계적으로 나타난다. 반면 다른 네 개의 대멸종 사건은 지구 환경 내부의

변화에 의해 유발된 사건으로, 수천 년에서 수백만 년 동안 지속되었다. 이 경우에도 대멸종과 연관된 경계면을 정의하는 작업은 캄브리아기의 시작 경계를 정의할 때와 마찬가지로 어려운 의사 결정 과정을 수반한다.

'5대' 대멸종 사건과 그 대멸종으로부터의 회복기는 대규모 시간 단위를 정의하는 데 도움이 된다. 5대 대멸종 사이에는 상대적으로 규모가 작은 대멸종 사건들이 있었으며, 역으로 다양한 생명체의 폭발적인 진화적 방산 사건도 있었다. 이런 사건들은 보통 '세'나 '절'과 같이 더 미세한 지질시대 단위의 경계 표식으로 사용된다.

여타의 생물권 변화가 지질연대표와 맺는 관계는 덜 직접적이다. 약 4억 7천만 년 전 오르도비스기부터 복잡한 육상 식생권이 진화하기 시작했는데, 이때 이끼 포자는 바다로 씻겨 내려가 퇴적되면서 육지 환경이 변화했다는 증거가, 특히 사전적 의미 그대로 육지 녹화緣化, greening 과정의 증거가 되었다(Wellman and Gray 2002). 이후 실루리아기에는 최초의 관속식물이 진화하여 육지에 대규모로 서식하기 시작했고, 약 3억 6,500만 년 전 데본기 후기에는 처음으로 대규모 숲이 형성되었다. 이 숲이 그다음 석탄기에 걸쳐 성장하고 확산되면서, 육상 식물은 지구에서 생물량이 가장 거대한 집단이 되어 갔다. 현재 육상 식물은 4,500억 톤의 탄소량을 저장하고 있다(Bar-On et al. 2018). 식물은 동물(처음에는 절지동물, 나중에는 척추동물)이 땅에 대규모로 서식할 수 있는 환경을 조성해 주었으며, 암석과 토양의 풍화 과정에도 큰 변화를 초래하여 탄소를 비롯한 원소들의 대규모 순환도 변형시켰다. 이러한 변화들은 세 개의 지질시대에 걸쳐 점진적으로 나타났지만 그중 어느 것도 지질시대의 경계를 표시해 주지는 않는다(그럼에도 불구하고 이 변화상은 석탄기라는 용어에 반영되어 있다. 늪지대 숲이 매몰된 후 석탄화된 현상 때문에 붙여진 이름이다).

이처럼 매우 중요한 사건이라 할지라도 지질시대의 경계를 나누는 데 반드시 명시적인 근거로 사용되는 것은 아니다. 언뜻 보기와 달리 이는 그렇게 놀라운 일이 아니다. 육상 생물권의 발달 속도는 느리고 고르지 못한데다가, (바다보다 육지에서 유기체가 화석화되기 어렵기 때문에)

잘 보존되지도 않고, (바다의 물보다 육지의 땅덩어리가 더 간단하게 구분되기 때문에) 대륙별로 상이한 패턴을 보인다. 이 모든 것이 의미하는 바는 전 지구적 시간 지표로 활용할 수 있는 특정 사건이 육지를 기반으로 하는 역사에서는 더 드물게 나타난다는 점이다. 그러므로 육지 생물권의 발전 경로를 분석하기 위해서는 해양 지층에서 확립된 전 지구적 동질 시간 지표가 필수적이다. 육지 영역과 해양 영역의 상관성을 파악하는 작업이 어렵기는 하지만 말이다.

생물권에 작용하여 변화를 이끄는 힘의 대부분은 어떤 식으로든 기후의 영향을 받아 형성된다. 중생대를 끝낸 소행성 충돌과 고생대를 끝낸 대규모 화산 폭발의 경우에도, 종국에 초래된 생물학적 결과는 사건의 물리적 변화가 촉발한 기후변화가 매개체로 작용했다. 즉, 태양광을 차단하는 먼지나 화산재가 공기 중에 퍼져서 갑자기 기후가 냉각되거나, 온실가스가 대기에 빠르게 확산되어서 지구 기후가 급속하게 온난해지는 식이다(혹은 두 가지가 빠르게 번갈아 가면서 나타날 수도 있다). 지질학적 현재에 가까워질수록, 특히 가장 최근의 빙하기에 가까워질수록, 지질시대 단위를 정의하는 데 있어 (전반적으로) 더 패턴화된 종류의 기후변화가 훨씬 중요한 역할을 한다.

현생누대: 기후적 양상들

지질학적 기록은 짧게는 몇 년에서부터 길게는 수천만 년에 걸쳐 일어나는 지구의 기후변화에 대한 광범위한 증거를 제시한다. 4장에서 기후 시스템에 관해 더 자세하게 논의하겠지만, 여기서는 우선 과거 기후변화 패턴이 지질연대표를 구성하는 데 어떻게 도움이 되었는지에 주목함으로써 현재의 기후변화가 인류세와 어떻게 연관되는지 살펴보도록 하자.

오늘날 남극 대륙을 덮고 있는 광대한 빙하의 범위는 5천 킬로미터가 넘으며, 어떤 곳은 두께가 4킬로미터를 넘는다. 남극에서는 남아메리카 파타고니아의 면적에 달하는 산맥이 빙하 표면 위로 꼭대기만

나와 있다. 한편 감부르체프 산맥의 고지대는 빙하 아래로 완전히 잠겨
있어서, 빙하를 관통하는 지구물리학적 원격 조사를 통해서만 감지할 수
있다. 그런데 남극의 상태가 늘 현재와 같은 것은 아니었다. 6,600만 년 이전
백악기에는 남극에도 숲이 있었고, 심지어 공룡도 살았다. 당시의 지구는
온실 상태greenhouse state였으며 영구적인 극지 빙상도 존재하지 않았다.

온실 상태는 백악기와 팔레오기 경계면을 넘어, 소행성 충돌로
인한 대멸종 시기에도 지속되었다. 이후의 (그리고 지금도 존재하는)
냉실 상태icehouse state는 3,360만 년 전에 시작되었다. 이렇게 정확하게
시점을 측정할 수 있는 근거가 있다. 유공충이라고 불리는 해양 단세포
유기체의 탄산칼슘 골격 화석 안에 남극 빙상이 급속하게 (약 20만 년
동안) 성장했던 현상이 화학적 특성으로서 남아 있기 때문이다. 유공충의
껍질은 빙상이 확장하거나 녹을 때 수반하는 바닷물의 화학적 성질
및 수온 변화에 반응한다. 전 세계 이산화탄소 농도가 내려감에 따라
남극에서는 빙상이 확장했다. 지구 시스템의 급전환점인 이 사건은 이제
지질연대표에서 신생대 내 올리고세의 시작으로 표시된다.

한참 더 시간이 지나 북극 지역에서도 빙하가 형성되었다. 약 3백만
년 전 북아메리카와 남아메리카 사이의 중미 지협이 막히고, 태평양과
인도양 사이의 인도네시아 해로가 계속 좁아지면서 따뜻한 표층 해수가
각각 북대서양과 태평양으로 방향을 바꾸어 흐르기 시작했다. 이런 따뜻한
바다 위의 대기에 축적된 습기는 북아메리카에서 눈이 되어 내렸는데,
이를 '스노우건snow gun' 효과라고 한다(Haug et al. 2005). 북아메리카
대륙에 눈이 쌓여 주요 빙상을 형성함에 따라 되먹임 효과(예컨대 거대한
얼음 거울이 형성되어 태양의 열과 빛을 반사하는 효과)가 나타나 북반구
전체 온도를 낮추고 빙하를 확장하였으며, 그에 따라 그린란드와 북부의
산악 지역에 이르기까지 빙하가 더 두꺼워졌다. 기후는 전 세계적으로
더욱 광범위하게 변했다. 서늘했던 기후가 더 건조해지면서, 바람에 날리는
먼지가 중유럽과 아시아로 퍼졌고, 아프리카에서는 열대 우림 대신에
사바나 지역이 형성되었다. (당시 기준으로) 사소한 결과 중 하나는
호미닌종의 무리(현생 인류가 속한 호모속 및 호모속과 밀접히 연관된

오스트랄로피테쿠스가 대표적)가 새롭게 열린 환경에서 번성했으며, 그곳을 두 발로 걸어 다니기 시작했다는 점이다.

3천만 년 이상 빙하가 남극을 중심으로 한쪽 극지에 치우쳐서 발달하다가 양극 모두에서 전 지구적으로 발달하게 된 현상은 신생대 제4기(우리가 여전히 살고 있는 지질시대)의 정의에도 반영되어 있다. 제4기에 대한 정의와 관련해서는 흥미로운 역사가 있으며, 인류세 논의에도 시사하는 바가 있다. 대부분 유럽에 기반을 두었던 초기 연구에서는 양극 지역 빙하기의 주요한 최초 냉각이 180만 년 전, 즉 냉수 연체동물종이 지중해에 도착한 시점에 일어났다고 간주되었으며, 제4기의 시대 경계면도 그 수준에 맞추어 설정되었다. 그러나 시간이 지남에 따라 세계 각처의 증거가 축적되자, 실제로 주요한 변환점은 약 260만 년 전인 것으로 드러났다. 지질연대표의 안정성이 필요하다고 주장하면서 원래 설정한 경계를 유지해야 한다는 입장과, 빙하기 지층을 연구하는 많은 지질학자가 더 쉽게 인지하고 실용적으로 편리하게 활용할 수 있도록 경계를 더 오래된 쪽으로 옮겨야 한다는 입장 사이에서 날카로운 논쟁이 벌어졌다. 여러 논쟁 끝에(그 와중에 제4기 전체가 잠시 사라지기도 했었다), 시간 경계는 지질학계 구성원 (전부는 아니지만) 대부분이 만족할 수 있는 260만 년 전으로 옮겨졌다(Gibbard and Head 2010).

지구의 양극 모두에 빙하가 형성되는 상태로 진입한 것은 갑자기 일어난 일이 아니라 수십만 년에 걸쳐 진행된 일이기 때문에 시간 경계를 정확히 어디에 둘 것인가의 문제는 간단하지 않다. 이 수준에서 제4기의 주요 기후 패턴(그리고 수백만 년 이상 거슬러 올라가는 신생대 전반의 기후 패턴)은 지구의 자전과 공전의 변화에 따라 주기적이고 예측 가능한 방식으로 빙하기와 (따뜻한) 간빙기를 오간다(4장 참고). 이런 천문학적 '빙하기-간빙기 교차성 조절기'를 최저점이 약간 더 낮은 (그리고 최고점이 약간 더 높은) 패턴으로 조정한다고 해도, 전체 규모에서 보면 점진적인 조정에 그칠 것이다(Lisiecki and Raymo 2005). 제4기의 시작을 가리키는 '주요 표지'로 사용할 정도로 특별히 중요한 (적어도 지층의 연대를 측정할 때 흔하고 널리 사용되는) 종이 멸종하거나 새롭게 출현하지도 않았다.

따라서 제4기의 경계와 그 표시인 '황금못'은 환경이나 기후의 측면에서 거의 중요하지 않은 사건을 기반으로 한다. 그 사건이란 바로 지구 자기장에서 가끔 나타나는 지질학적 '반전', 즉 북극이 남극이 되고 남극이 북극이 되는 현상이다. 그 결과 거의 즉각적으로 나타나는 지자기의 변화는 지층(해양 및 육상 지층 모두)에서 자성 입자의 정렬이 변화하는 현상을 통해 광범위하게 추적할 수 있다. 자성 입자의 정렬 변화는 지질시대를 구분하는 효과적이고 실용적인 지표가 된다. 이런 지표가 없었다면 새로운 기후 상태를 통해 지질시대를 구분해야만 했을 것이다.

제4기는 빙하기에서 간빙기로의 주요한 전환이 백 번 넘게 나타난 것이 특징이다(제4기의 경계는 현재로부터 역순하여 셀 때 104번째 일어났던 전환 시점으로 설정되었다. 그렇지만 간빙기 상태도 전반적인 냉실 세계 안에 설정되어 있으며, 단지 빙하기에 비해 빙하의 양이 적었을 뿐이다). 이렇게 많은 전환 중 한 번을 제외하면 모두 제4기의 대부분을 차지하는 플라이스토세 동안 일어났다. 따라서 인류세 논의에 있어 의미심장하게도 제4기가 기후변화로 특징지어지기는 하지만 지금까지의 변화는 고정된 한계 내에서 진동하듯 나타났으며, 생물권도 이런 진폭에 적응해 왔다. 제4기의 기후가 변덕스럽기는 했지만, 적어도 약 5만 년 전 인간의 영향력이 중요해지기 이전까지는 생명체의 멸종률이 심하게 증가하지 않았다.

가장 최근의 간빙기는 홀로세라는 별개의 시기로 구분되며, 현재까지 약 1만 2천 년에 이르는 기간 동안 기후와 해수면이 상당히 안정적이라는 특징을 보였다. 플라이스토세의 마지막 빙하기 여파로부터 전환하는 과정은 지연된 셈이다. 즉, 이산화탄소 농도와 해수면은 '빙하기' 수준에서 '간빙기' 수준으로 바뀌는 데 1만 년 이상 걸렸으며, 특히 북반구에서 나타난 몇몇 급작스러운 기후 역전 현상은 천년 단위 규모로 나타났다(비교적 덜 뚜렷한 기후변화를 보였던 남반구 때문에 일종의 기후 '시소' 패턴이 나타나면서 상쇄되기도 했다). 그럼에도 불구하고 플라이스토세와 홀로세의 경계는 11,700년 전 북반구 기후가 간빙기 상태 쪽으로 급격하게 변하면서 마지막 온난화가 일어났던 시기로 정확하게 설정되었다. 그러나 기후가 안정화되기까지 약 5천 년 동안은 극지의 빙하가 천천히 녹으면서 해수면이 계속 상승했다.

홀로세는 지질시대 중에서 두 번째로 짧은 '세'(플라이스토세)의 100분의 1도 안 될 정도로 짧지만, 지질학적으로는 의미가 있다. 홀로세의 광범위한 퇴적층이 인류 삶의 터전인 삼각주, 해안 평야, 그리고 강바닥을 구성하기 때문이다. 홀로세의 비교적 온화하고 안정적인 환경 덕분에 인간은 농업을 영위하고 정착지를 개발할 수 있었으며, 이는 결국 더 복잡하고 문자를 활용하는 도시 사회로 이어졌다. 홀로세에 와서야 사람들이 마을과 도시를 건설하기 시작했으며, 수천 년에 걸쳐 점진적으로 숲과 사바나를 농지로 변형시켰다. 또한 홀로세 동안 사람들은 개, 고양이, 돼지, 쥐와 같은 동물을 전 세계로 퍼뜨렸으며, 전쟁을 일삼는 여러 제국을 세우기도 했다. 홀로세의 퇴적층에는 지역마다 고고학적 유물이 풍부하며, 인간의 흔적은 우리가 살고 있는 현재의 공식 지질시대인 홀로세의 주요 특징 중 하나다. 이처럼 인간의 영향이 나타나서 심화되고 있음에도 불구하고, 홀로세라는 지질시대는 아직까지도 지질학적 근거에 기반하여 분류된다. 홀로세 아래 세 개의 하위 시대(그중 우리가 살고 있는 가장 최근 시대는 4,200년 전 혹은 기원전 2250년쯤에 시작된 메갈라야절Meghalayan Age이다) 구분은 인간의 흔적에 의해 표시되기보다는 각각 수백 년 동안 지속되었던 두 개의 짧고 일시적인 '기후변화'에 기반하고 있다.

지난 몇 세기 동안, 특히 지난 세기 동안 인간의 영향력은 매우 거대해졌다. 이제는 고전이 된 한 논문에서는 인간의 영향력이 "대자연의 힘을 압도할 정도"라고 표현하기까지 했다(Steffen et al. 2007). 이렇게 인간의 영향력이 거대해지자, 많은 학자는 새로운 지질시대 구분이 필요하며 이를 인류세라고 부르는 것이 타당하다고 생각했다. 다음 장에서는 우리 행성이 처한 새로운 상황, 그리고 인류세라는 개념의 성장과 그 중요성에 대해서 살펴보도록 하자.

3

지질연대 단위로서의
인류세와 대가속

The
Anthropocene
as a Geological
Time Unit and
the Great
Acceleration

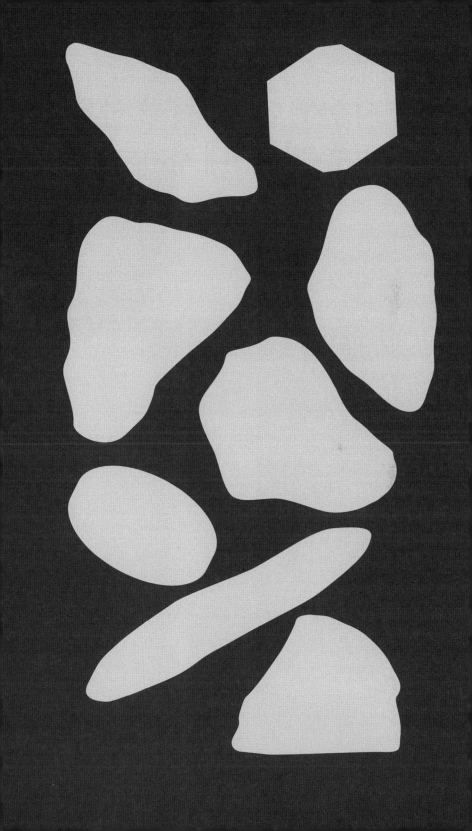

3

지질연대 단위로서의 인류세와 대가속

원시 지구의 발견

인류세가 최근의 현상이기는 하지만, 인류세를 잘 이해하려면 인간이
남긴 역사적 기록보다 훨씬 더 호흡이 긴 지질학적 시간의 맥락을
검토해야 한다. 화석을 선사시대의 유물로 인식한 최초의 인물 중에는
자연철학자 니콜라스 스테노와 로버트 훅이 있다(Rudwick 2016).
지질학적 시간이 광대하다는 인식은 18세기 후반 두 명의 인물 덕택에
확대되었다. 바로 조르주루이 르클레르 뷔퐁 백작, 그리고 스코틀랜드의
농부이자 자연철학자인 제임스 허턴이었다. 이 사상가들은 오늘날 우리가
'과학'과 '인문'이라는 두 범주로 나누는 영역 모두로부터 개념을 끌어왔다.
당시에는 '자연철학'으로 불리는 다학문적 이해 방식이 일반적이었다.
다시 말해, 지질학적 시간이 매우 오래되었다는 관점은 지구와 거기서
인간이 차지하는 위치에 관한 물리학적 탐구와 철학적 탐구 모두를 통해
출현했다. 여러 측면에서, 인류세를 맞이한 우리는 이러한 관점들을
회복해야 한다.

뷔퐁은 프랑스 혁명 이전 계몽주의를 대표하는 인물로, 볼테르,
디드로와 어깨를 나란히 한다. 뷔퐁은 나중에 생물학적 사상에 공헌한

업적으로 잘 알려졌지만, 생전에는 활동기 내내 출판했던 36권짜리 백과사전식 저작『박물지Histoire naturelle』로 명성을 얻었다. 1778년, 말년에 이른 뷔퐁은 간략하고 생생하게 쓴『자연의 신기원Les Époques de la nature』을 출판했다(뷔퐁의 동료들이 보기에는 책의 내용이 너무나 적나라해서 한 명은 "하인들이나 읽을 책을 썼다"며 나무라기도 했다)(Buffon 2018). 뷔퐁의 책은 과학에 근거하여 서술한 최초의 지구 역사라고 볼 수 있다.

　　뷔퐁에 따르면 지구는 물질이 용융된 구체에서 시작하여 냉각 및 응고되었으며, 응축된 수증기를 통해서 바다가 형성되었고, 풍화작용 및 기초 결정질 암석의 작용을 통해서 퇴적층이 형성되었다. 또한 지구는 대규모 화산 폭발 단계를 거쳤으며, 대양 분지의 성립을 통해서 대륙의 모양이 형성되는 식으로 진화해 왔다. 그러면서 상이한 형태의 생명체가 출현했다가 사라지기도 했다. 뷔퐁은 자신의 영지 주변에서 수집한 암모나이트와 벨렘나이트 화석이 이제는 지구상에 존재하지 않는 동물의 흔적이라고 확신했다. 행성이 작용하는 다양한 단계를 나타내기 위해 뷔퐁은 지구 역사의 7단계를 제안했다. 그중 마지막에서 세 번째 단계에 와서야 인간이 출현했으며, 인간 역사의 후반기에 이르러서야 농지 혹은 도시를 만들기 위해 벌목을 함으로써 인간이 기후를 변화시키기 시작했고, 동식물을 가축화함으로써 생명 유기체의 본성을 변화시키기 시작했다.

　　이렇게 지구 역사를 구축하기 위해서 뷔퐁은 성경이 제시하는 6천 년이라는 시간 척도를 깨뜨려야만 했다. 철 성분으로 이루어진 구체가 적열赤熱로부터 식어서 현재와 같이 냉각되는 시간을 실험적으로 계산한 다음, 뷔퐁은 적어도 7만 5천 년이라는 시간이 필요하다는 결론을 내렸다. 뷔퐁은『자연의 신기원』에서 엄청난 두께의 지층이 형성되려면 그보다 더 긴 시간이 필요할 수도 있다고 암시했다(뷔퐁은 개인적으로 남긴 기록에서 그 시간이 3백만 년에 이를 수도 있다는 가능성을 제기했다). 연대표의 출판이 기성 종교에 대한 도발이라는 것을 알고 있었던 뷔퐁은 책의 '서설'을 쓰면서 자신의 생각이 '순수하게 이론적'이며 성경의

'불변하는 진리'에는 영향을 미치지 않는다고 주장했다. 이런 외교적
전략은 어느 정도 효력이 있었던 것 같다. 성직자들 사이에서 불만이
제기되기도 했지만, 뷔퐁이 용어를 조심스럽게 선택한 덕분에 심각한
핍박으로 이어지지는 않았다.

　　　뷔퐁의 시간 척도는 길었으며 인간은 그 안에서 후반기에 출현했다.
그러나 뷔퐁이 제시한 시간 척도는 여전히 유한하다고 간주되었으며, 한
개의 주기를 구성할 뿐이었다. 뷔퐁은 지구가 냉각되고 수축하면서 표면에
주름이 생겼으며, 그 주름이 침식된 것이 현재 존재하는 산맥이라고
보았다. 몇 년 후 제임스 허턴은 지구의 시간 척도가 훨씬 더 광대하다고
추론하면서, 본질적으로 무한하다고 생각했다. 즉, 지구 표면에서 파괴와
재생이 주기적으로 반복된다는 것이다. 허턴은 스코틀랜드 남부를
탐사하면서 매우 오래된 지형의 흔적을 발견하여 핵심 증거로 삼았다(2장
참고). 허턴은 지구의 역사를 "시작한 흔적도 없고 끝날 전망도 없는"
주기의 연속이라고 보았다{Hutton 1899(1795)}.

지질시대 구성

지구가 매우 오래되었으며 변화하고 있다는 사실을 새롭게 인식하자
지질시대를 구성할 수 있게 되었다. 인류세를 이해하기 위한 핵심
작업은 뷔퐁이 구분했던 시대를 단지 더 정교하게 만드는 데 있지 않다.
물론 뷔퐁도 지질학적 증거를 통해 역사적 시간을 유추하기는 했지만,
우리에게 필요한 작업은 예전에 지구의 나이라고 여겨진 것보다 더
오래된 지질시대와 사건들을 지층의 연속적 단위에 기반하여 구성해
내는 작업이다. 이탈리아의 광산 기술자였던 조반니 아르뒤노는 1759년
학계 동료들에게 보낸 몇몇 편지에서 이탈리아 알프스산맥의 암석에 관한
실용적 분류법을 자세히 기술했다. 아르뒤노는 산맥에 있는 '첫 번째'
결정질 암석, 그것을 덮고 있는 '두 번째' 경화된 지층, 산기슭의 부드러운
'세 번째' 지층, 그리고 최근에 퇴적된 '네 번째' 지층을 분류했다. 그중 가장

마지막 지층은 나중에 제4기 지층으로 불리게 되었다.

아르뒤노의 분류는 우리가 오늘날 사용하는 공식 지질시대, 즉 특정 암석 단위를 시간 단위의 근거로 사용하는 방법으로 발전했다. 쥐라산맥의 석회암이 쥐라기의 근거가 되고, 두꺼운 석탄층을 포함하는 암석층은 석탄기의 근거가 되며, 서유럽의 독특한 백색 연토질 석회암 지층이 백악기의 근거가 되는 식이다. 지층에 대한 강조 때문에 지질학 특유의 '이명법二名法, dual nomenclature', 즉 암석 단위와 시간 단위가 쌍을 이루는 명명법도 나타났다. 그래서 쥐라계Jurassic System(전 세계적으로 나타나는 쥐라기 지층으로, 우리가 그 위를 걸어 다니고 망치로 치고 시료를 채취하고 측정할 수 있는 물리적 단위)와 그에 정확하게 대응하는 쥐라기Jurassic Period(해당 지층이 나타내는 시대로, 공룡이 살고 죽어갔으며 화산이 폭발하는 등 이미 오래전에 지나간 무형의 시간 단위)가 존재하는 것이다. 사실상 거의 모든 지구의 역사는 암석 증거로부터 유추할 수 있으므로, 많은 지질학자는 암석 기록을 강조하는 '이명법'이 지구의 시간 척도에 핵심적이라고 보고 있다.

이명법은 지구 역사의 방대한 폭을 탐색할 때도 효과적인 공통 언어를 제공해 준다. 허턴이 주장한 것과 달리 지구의 시간이 무한하지는 않은 것으로 밝혀졌지만, 그래도 45억 4천만 년이라는 시간은 엄청나게 길다. 인간종, 즉 호모 사피엔스는 그렇게 긴 지구 역사 안에서 매우 뒤늦게 출현했다. 인류의 출현 시점인 약 30만 년 전은 260만 년 동안 유지되었던 제4기(아르뒤노가 처음 분류했던 시기 중 아직까지도 공식적으로 사용되는 범주)의 대부분을 차지하는 플라이스토세 안에 위치한다. 한편 인류 문명이 시작되어 서서히 퍼져 나간 것은, 여러 번의 빙하 퇴조기 중 가장 최근이었던 11,700년 전 홀로세가 시작된 이후다.

여기까지가 잠재적인 공식 지질시대로서 인류세를 고려하는 맥락이다. 뷔퐁에 이어 19세기와 20세기에도 인간이 지구의 지질 구조를 변화시키고 있다는 의견이 산발적으로 제기되기는 했다. 그러나 대체로 그런 의견들을 제기한 사람들은 공식 지질연대 구성 작업을 하는 지질학계의 구성원이 아니었다. 그래서 지질학자 대부분은 인간이 지질

구조를 변화시킨다는 견해가 존재한다는 것은 익히 알고 있었지만 그다지 중요하게 여기지는 않았다.

인류세 개념의 선구자들

인간이 지구를 변형시켰다는 견해가 제기된 시기는 적어도 17세기까지 거슬러 올라갈 수 있다. 비록 지구의 깊은 역사에 대한 맥락이 부족하기는 하지만, 르네 데카르트나 프랜시스 베이컨과 같은 사상가들은 뷔퐁이나 허턴보다 앞서 인간이 자연에 대한 지배력을 발전시켜 왔다고 주장했다. 과학사 연구자인 자크 그리네발드는 이와 같은 인류세의 맹아적 개념을 연구했으며(Grinevald 2007; Grinevald et al. 2019), 그런 개념들이 현대적인 인류세 개념과 때로는 희미한 연관성을 가지고 있음을 보여 주었다(Hamilton and Grinevald 2015).

19세기 중후반에는 신조어 '인류대人類代, Anthropozoic'가 등장했는데, 이 용어는 "신의 섭리에 의해 인간이 세계에 대한 주권을 행사하는 것"을 의미했다(Hansen 2013). 이 용어는 웨일스의 신학자이자 지질학자인 토머스 젠킨이 사용했고(Jenkyn 1854a, 1854b; Lewis and Maslin 2015 참고), 나중에는 더블린 출신의 지질학 교수이자 목사인 새뮤얼 호튼이 사용했으며(Haughton 1865), 그 후에는 이탈리아의 사제이자 지질학자인 안토니오 스토파니가 『지질학 강의Corso di geologia』(1873)에서 사용했다. 스토파니는 인류가 "고대 세계에는 알려지지 않았던" 새로운 힘이며, 현재뿐 아니라 미래까지 변화시키리라고 선언했다.

인류대의 동의어라고 할 수 있는 다른 용어들도 등장했다. 1870년대에 미국 지질학자 조제프 르콩트는 당시 널리 사용되던 지질학 용어인 '최근Recent' 지질시대에 대한 대안으로 '인간의 시대'라는 뜻을 담아 '정신시대Psychozoic'라는 용어를 만들었다('최근'은 매우 영향력이 컸던 영국의 지질학자 찰스 라이엘이 빙하기 이후 시대를 가리키는 용어로 제안한 것인데, 결국에는 홀로세라는 용어로 대체되었다)(Gervais 1867~1869). 러시아에서는 (종종 인류세로 번역되기도 했던) 인류기人類紀, Anthropogene라는 용어가 쓰이기도 했지만, 실질적으로는 빙하시대인 제4기와 동일한 의미로 통용되었으며, 인류대나 정신시대와는 달리 지질학적 측면에서 인간이 지배적인 힘이 되었다는 뜻을 함축하지는 않았다.

지질학과는 더 거리가 멀지만 "인간의 사고가 영향을 미치는 권역"을 가리키는 '정신권noösphere'이라는 용어도 있다. 이 용어는 철학자이자 성직자, 고생물학자였던 피에르 테야르 드샤르댕, 철학자이자 수학자였던 에두아르 르루아, 그리고 러시아의 과학자였던 블라디미르 베르나츠키가 1920년대 초 프랑스 파리에서 제안한 용어다. 한편 인간의 물질적 영향력을 목록화하는 작업도 시작되었다. '미국 보존학의 아버지'로 알려진 조지 퍼킨스 마시는 환경적이고 지리학적인 용어를 사용하며 작업했고(Marsh 1864, 1874), 이후 로버트 셜록은 더 지질학적인 분석을 통해서 작업했다(Sherlock 1922). 셜록은 인간이 거대한 양의 광물을 채굴하고 석탄을 태우며 흙과 바위를 운반하는 현상과 관련하여 인상적인 데이터를 수집했다.

인간이 지구에 무언가 새롭고 강력한 충격을 가했다는 점을 제기하는 방식은 다소 직실적인 지질학적 서술에서부터 때로 종교적 관점이 들어가기도 한 추상적인 서술에 이르기까지 매우 다양했다. 한편 지질학이 발전하면서 지구 역사의 수십억 년 역사를 더 명백하게 입증할 수 있게 되었다. 여기에는 놀랄 만한 지리적 변화와 지배적 생물종의 변화가 포함되어 있었으며, 파국적으로 끝난 일부 변화들도 있었다. 이런 변화를 배경으로 두고 지질학자의 관점에서 바라보면, 인간의 중요성은 너무나 미미해서 거의 존재하지 않는 정도로 여겨지기도 한다. 에드워드 윌버 베리가 정신시대 개념을 두고 언급했던 바는 20세기 지질학자의 전형적인 태도를 보여 준다(Berry 1925). 베리는 인간이 만들어 낸 산물이 지질학적 규모에 이른다는 생각이 "원칙적으로 전부 틀린, 잘못된 가정이며, 중세에 성행했던 전체론적 철학의 잔재물이자 시대에 뒤떨어진 원리"라고 주장했다.

인간의 활동이 지구 역사의 광대한 시간과 지난한 과정 속에서 중요한 영향을 끼쳤을 수도 있다는 생각은 제2차 세계 대전 직후부터 간간이 떠오르기 시작했다. 해양, 대기, 생지화학적 순환 그리고 지구의 생물학적 구성에 관한 연구가 진전되자 인간이 초래한 영향력의 규모와 특성을 드디어 감지할 수 있게 되었다. 또한 인간의 영향력이 심화되고 새로운 형태의 교란을 가져온다는 점도 감지할 수 있게 되었다. 여기서 환경 운동이 부상했다는 점은 시사하는 바가 크다. 당시 대표적으로 유명했던 사례로는 로마 클럽의 보고서 『성장의 한계』를 들 수 있다(7장 참고). 20세기 후반 국제지권생물권연구계획 역시 중요한 역할을 담당했다. 이 거대하고 고도로 다학문적인 프로그램을 통해 학자들은 기후변화, 산성비, 서식지 파괴, 생물다양성 손실 등 전 지구적으로 떠오르는 환경 문제를 분석했으며, 그런 와중에 통합적인 '지구 시스템'을 다루는 과학이 발전했다.

지질학적 관점에서 봤을 때 위에서 열거한 변화들은 눈 깜짝할 사이에 발생한 일이라고 치부할 수도 있다. 그러나 그런 변화 중에는 수천 년, 심지어 수백만 년에 걸쳐 지속적으로 영향을 끼칠 것들도 있다는 인식 또한 생겨났다. 1992년, 과학 기자 앤드루 레브킨은 지구 온난화에 관한 저서에서 자신이 '인간세Anthrocene'라고 명명한 지질시대로 지구가 이미 진입했다고 주장했다. 생물학자 앤드루 샘웨이스Andrew Samways는 1999년 외래 침입종의 전례 없는 규모 및 전 지구적 특성을 강조하기 위해서 '동질세Homogenocene'라는 용어를 만들었다. 한편 어류 생물학자 다니엘 폴리는 인간이 해양 환경에 미친 영향력을 반영하기 위해 해파리와 점액질의 시대를 뜻하는 '점액세粘液世, Myxocene'라는 용어를 제안하기도 했다(Pauly 2010).

파울 크뤼천의 개입

제시된 증거들을 고려해 볼 때, 앞서 소개한 용어들도 모두 그 나름대로 타당성이 있다. 그러나 2000년 멕시코에서 열린 국제지권생물권연구계획 회의에서 파울 크뤼천이 즉흥적으로 제안한 '인류세'라는 용어만큼 파급력이 큰 용어는 없었다. 동료 학자들이 홀로세의 전 지구적 변화의 다양한 형태를 끝없이 언급만 하는 것이 거슬렸던 크뤼천은 토론에 끼어들어서 우리는 더 이상 홀로세에 살고 있지 않으며 (생각을 정리하기 위해서 잠시 말을 멈춘 후) 인류세에 살고 있다고 말했다. 크뤼천이 즉석에서 용어를 만들자, 이 용어가 곧바로 회의의 토론 주제가 되었다. 크뤼천은 나중에 인류세 용어를 검색해 보았고, 민물 생태학자인 유진 스토머가 단순히 자기 동료나 학생들과 사용하기 위해서 인류세라는 용어를 독립적으로 만들었었다는 사실을 알게 되었다. 크뤼천은 스토머에게 연락을 했고(이전에 두 사람은 직접 만난 적이 없었다), 공동으로『국제지권생물권연구계획 소식지IGBP Newsletter』에 인류세 용어에 관한 글을 발표했다. 2002년 크뤼천이 단독으로『네이처Nature』에 강렬한 1쪽짜리 글을 발표하자 인류세 용어는 더욱 널리 유포되었다. 크뤼천은 지질학자가 아닌 대기화학자였다. 그렇지만 대기와 해양이 화학적으로 변형되고 생물권이 대규모로 교란되었다는 사실에 근거하여, 크뤼천은 홀로세가 끝났고 새로운 지질시대인 인류세가 시작했다고 주장했다. 크뤼천은 인류세의 시발점이 산업혁명이라고 보았다.

'인류세'라는 단어가 '인간세'라는 단어보다 더 널리 사용된 이유는 단순히 영어 음절 수 차이 때문이 아니라 용어를 만든 사람의 영향력 차이 때문이었다. 앤드루 레브킨도 과학을 깊이 이해했으며 심지어 선구적인 안목도 지니고 있었다. 그러나 파울 크뤼천은 당시 세계에서 가장 많이 인용되던 과학자였으며, 거대하고 영향력 있는 과학자 공동체에서 작업을 하고 있었다. 간단히 말하자면 크뤼천은 사람들이 재빠르게 수용하여 흔히 사용할 신조어를 제시할 수 있는 적격의 인물이자 적시 적소에 있던 인물이었다. 국제지권생물권연구계획과 지구시스템과학자 공동체 안에서는 '인류세'가 마치 표준 용어처럼 일상적으로 빠르게 사용되기 시작했다(예컨대 Meybeck 2003; Steffen et al. 2004). 지질층서학계가 해당 용어를 공식 지질시대 맥락에서 평가하고 인증하려면 복잡하고 관료적인 절차가 필요하다는 사실을 알고 있었던, 혹은 그 사실에 신경을 썼던 사람은 지구시스템과학자 공동체 안에 별로 없었다.

지질학적 분석

크뤼천의 즉흥적인 제안은 단순히 일시적인 유행에 그치지 않고 상당한 힘을 지니면서 문헌에 계속 인용되었다. 지질층서학자들이 이 사실을 깨닫는 데는 약간 시간이 걸렸다. 2006년 5월에 들어서자 런던지질학회 층서위원회에서도 인류세 논의가 시작되었다. 런던지질학회는 영국이라는 한 국가 내의 조직이므로 국제적인 명명법에 대한 공식적 권위를 가진 것은 아니었다. 그런 권한은 국제층서위원회와 그 산하에 있는 다양한 하위위원회 및 실무단에 있었다. 그럼에도 불구하고 런던지질학회의 층서위원회는 해당 사안의 논의를 시작했고 집단적인 의견을 내놓았다. 해당 위원회는 2008년 [미국지질학회가 발행하는] 『GSA 투데이GSA Today』에 토론 논문을 발표했다(Zalasiewicz et al. 2008). 위원 22명 중 21명이 그 논문의 공저자로 참여했는데, 그들은 모두 기술적 전문성을 기준으로 선발된 층서학자들이었으며, 각각 학계와 산업계 그리고 국립 기관을 대표했다. 이 지질학적 예비 연구를 통해 인류세를 잠재적인 공식 지질시대의 단위로 간주할 수 있다는 가능성이 제기되었다.

런던지질학회의 층서위원회는 논문을 출판하면서 매우 신중하게 용어를 선택했다. 한편으로는 이런 논의가 매우 예비적인 단계에서 나왔기 때문이었고, 다른 한편으로는 공식 지질시대가 여러모로 지질학의 근간에 해당하는 문제이기 때문이었다. 공식 지질시대가 지질학의 근간이라는 말은 그것이 45억 4천만 년이라는 빽빽한 역사를 해독하는 도구이자 엄청나게 복잡한 암석 기록을 해독하는 도구임을 뜻한다. 공식 지질시대는 여러 나라와 여러 세대가 공통적으로 사용하는 언어가 되어야 하므로 안정적일 필요도 있다. 공식 지질시대에 무언가를 추가하거나 수정하는 작업은 매우 느리고 마지못해 진행되며, 반박하기 어려운 압도적 증거에 기반해야 한다. 그리고 의사 결정을 내리는 지질학자들의 압도적 지지도 확보해야 한다. 심의 단계마다 뚜렷한 다수표(60퍼센트 이상)를 받아야만 통과가 되는데, 결정은 빨리 이루어지지 않으며, 절차는 수십 년이 걸리기도 한다. 실제로 공식 지질시대의 단위로 오랫동안 사용된 것 중 몇몇은 아직도 공식적인 정의나 비준을 받지 못했다. 예를 들어 백악기 지층인 백악계, 그리고 백악기의 시작 지점은 아직도 공식화되지 못했다. 이는 지질학적 시간 단위로서 백악기가 가진 유용성이나 진실성이 의심스러워서가 아니라, 공식화 과정에 시간이 많이 소요되고 기술적으로도 복잡하기 때문이다. 한편 '선캄브리아 시대'나 '제3기'처럼 널리 사용되는 비공식적인 시간 단위도 존재한다. 이런 비공식적 용어의 특성이나 한계를 과학자들이 명확하게 이해하고 있으므로 실용적인 차원에서 통용되는 것이다. 지질학만큼 느리고 형식화된 심사숙고의 과정을 거치는 분야도 거의 없을 것이다. 적어도 지질학적 시대 명명법과 관련해서는 그렇다. 이는 인류세 논의에도 중요한 맥락이다.

크뤼천이나 그의 동료들이 했던 평가와 비교해 보았을 때, 지질학적 평가는 여타의 측면에서도 달랐다. 지구시스템과학자들은 인류세를 제안할 때 환경적 매개 변수들의 변화, 예컨대 대기의 화학적 구성 변화, 멸종한 종이나 새로운 지역으로 이동한 생물종 등에 대해서 이야기했다. 대조적으로 지질학자들은 전 지구적 변화가 암석 안에 석화된 증거를 찾으려고 했다. 이런 접근법은 지구 역사의 대부분에 대해서는 타당하다. 먼 옛날 지구 역사에 대한 유일한 지침은 암석에 기록된 화석화된 동식물, 화학적 패턴, 광물 집합체, 지층 조직 등이기 때문이다. 이 모든 지질학적 간접지표 증거의 총체로부터 원시 지구의 기후, 지리, 생물권의 건강 상태, 화산 폭발 및 여타 사건들의 역사가 도출되었으며, 후속 연구가 쌓이면서 지구 역사가 더 명확히 밝혀질 수 있었다. [지질학자의 입장에서] 지구의 긴 역사에 다가가는 방법은 이렇게 암석 안에 석화된 증거를 탐구하는 방법밖에 없었다.

그러므로 지질학자들은 이미 오래전에 사라졌기에 모델이나 서사를 통해서만 재구성되는 사건, 즉 증거가 제시하는 것 이상의 진실성을 알 수 없는 역사적 사건 자체에는 크게 관심을 기울이지 않는다. 대신 지질학자들은 증거의 기반인 암석층서(화석화된 퇴적층), 그리고 층서가 포함하고 있는 대상들에 집중한다. 이런 층서는 지질층서와 평행한 연대층서를 형성한다(Zalasiewicz et al. 2013). 그러므로 지질학자들은 인류통人類統, Anthropocene Series, 즉 인류세 동안 퇴적된 지층을 구성하는 모든 물질에 초점을 맞춘다. 그런 핵심적 증거에 기반해야 (인간이 체계적으로 관찰해 온) 최근과 (사건 기록이 암석에만 남아 있는) 오랜 과거를 비교할 수 있게 된다.

지질시대의 각 '세'를 나타내는 지층은 오래전에 퇴적되었으며, 그 시작(해당 세의 가장 오래된 지층이면서 이전 세의 지층 위에 위치)과 끝(해당 세의 가장 최근 지층으로 이후 세의 지층 아래에 위치)에 대한 기록이 존재한다. 현재 우리가 살고 있는 세는 공식적으로 여전히 홀로세다. 홀로세 안에는 이 세가 시작한 이후 11,700년 동안 퇴적된 지층 연속이 존재하며, 바로 지금 퇴적이 진행되고 있는 지층도 존재한다. 그리고 이번 세가 지속하는 동안 미래에 퇴적될 지층도 있다. 만약 인류세가 공식 지질시대로 인정된다면, 현재 홀로세의 가장 최근 지층으로 간주되는 지층은 인류세의 지층으로 이전될 것이며, 현재 형성되고 있고 앞으로 형성될 지층 역시 인류세가 대변하게 될 것이다.

암석 지층 안에는 놀라울 정도로 광범위한 과정이 기록될 수 있다. 예를 들어 파울 크뤼천이 명성을 얻게 된 계기 중 하나인 염화불화탄소chlorofluorocarbon는 성층권의 오존을 파괴하고 극지의 빙하에 희미한 흔적을 남기는데, 이 흔적은 1950년대 이후에 해당하는 지점부터 감지할 수 있다. 이산화탄소와 메탄도 극지 빙하층에 기포 형태로 보존되는데, 대기 중에 인간이 추가로 발생시킨 이산화탄소는 화석 연료를 태웠을 때 남은 독특한 동위원소 구성을 보인다. 이러한 동위원소 패턴은 다시금 해양 플랑크톤의 뼈나 산호, 나무의 나이테 속으로 흡수된다. 그런데 어떤 종류의 증거는 편향성을 보이기 마련이다. 생물권 역사를 나타내는 화석 기록은 대부분 골격을 가진 유기체로부터 나오므로 해파리와 같이 몸 전체가 연한 유기체의 화석은 드물다. 이렇게 증거의 격차와 편향이 나타남에도 불구하고, 지층 기록은 최근의 과거와 오래된 지질학적 과거 모두에 대한 정보들로 가득하다(그리고 새로운 종류의 간접지표 증거가 계속 발견되어 지질학적 역사의 서사를 더욱 풍부하게 만들고 있다).

런던지질학회의 예비 평가가 이루어지자, 국제층서위원회의 분과 중 하나인 제4기층서소위원회는 인류세가 공식 지질시대 안에 편입될 수 있는지, 엄밀히 말하면 국제지질연대층서표에 들어갈 수 있는지 정식으로 검토하도록 국제 실무단을 구성했다. 실무단원 중 한 명이 나중에 지적했듯이, 인류세에 대한 검토는 다른 지질학적 시간 단위에 대한 검토와 비교했을 때 본질적으로 정반대의 성격을 띠었다(Barnosky 2014). 쥐라기, 캄브리아기, 플라이스토세, 홀로세 등 다른 지질시대는 지층에 관한 오랜 연구를 기반으로 하며, 그로부터 연대층서의 지질학적 단위인 '시대석time-rock'이 도출되었다(지구 역사상 존재했던 여러 왕조 시대에 비유되는 시대들을 나타내 준다). 그런데 인류세의 경우 검토할 수 있는 암석 기록이 부족하므로 실무단의 주요 임무는 층서위원회가 개략적으로 제시한 지질학적 증거를 시험하고 구축해 가는 (그리고 필요하다면 폐기하는) 일이었다.

또 하나 새로운 점은 인류세실무단의 구성 방식이었다. 이전에는 실무단이 고생물학자, 지구화학자, 암석 연대측정법 전문가 등 전적으로 지질학 분야의 전문가로 구성되었다. 반면 인류세는 인간 및 환경의 역사가 지질의 역사와 중첩되고 때로는 분리할 수 없을 정도로 얽혀 있어서, 지질학을 넘어 다양한 분야의 전문 지식이 추가로 필요했다. 그래서 고고학자, 지리학자, 지구시스템과학자, 역사학자, 해양학자 등 여러 전문가가 지질층서학자와 협력하도록 초빙되었다. 학계 밖 사회에서 인류세를 공식화하는 일이 얼마나 유용한지를 탐구하는 데 도움을 주는 국제법 전문가도 있었다. 이런 문제는 다른 공식 지질시대를 검토할 때는 제기되지 않았었다.

해결해야 할 주요 질문은 간단했다. 면밀한 조사를 통해 인류세의 지질학적 실체를 입증할 수 있을 것인가? 반드시 그렇게 되리라는 보장은 없었으며, 만약 조사 결과 인류세의 특징이 홀로세의 특징과 크게 다르지 않다고 판명되면 인류세는 단지 지구에 대한 인간의 영향이 거대하다는 점을 의미하는 일반적이고 비공식적인 은유 정도로 그칠 것이었다. 이 문제의 해결은 부분적으로 인류세라는 잠재적 지질시대 단위가 어떤 특징을 지니며 어떻게 정의되고 추적될 수 있는지 명확하게 밝히는 작업에 달려 있었다. 특히 지질학적 시간 단위의 경계는 명확할 뿐 아니라 지구 전체에 공시적으로synchronous 나타난 결과여야 한다. 공시성을 강조하는 이유는 부분적으로 너무나 많은 지질학적 현상이 통시적diachronous 특성을 보이기 때문이다. 즉, 지질학적 현상에 여러 시대의 흔적이 한꺼번에 나타날 수도 있다는 것이다(해수면 변동으로 인해 해변이 지형을 따라 유입된 결과, 특정 해변 모래층 내에 형성 시기나 장소가 상이한 지층이 포함되는 현상을 고전적인 예로 들 수 있다).

따라서 많은 지질학적 단위의 경계는 다소 통시적으로 나타난다. 특히 오래된 해변의 지층처럼 ('바위'에 기반하는) 암석층서학적 단위인 경우에는 더욱 통시적인 형태를 보인다. 심지어 화석에 기반한 바이오존biozone(이름이 부여된 생물층서학적 단위)에서도 마찬가지다. 바이오존이 암석의 연대를 나타내는 지표로 널리 사용되고는 있지만, 바이오존의 경계가 완벽하게 공시적인 경우는 드물다. 왜냐하면 해당 지질시대 단위의 기반이 되는 화석 생물종은 애초에 그 종이 진화했던 세계로부터 다른 세계로 이동하는 데 시간을 소요했을 것이기 때문이다. 결국 연대층서학과 지질층서학을 통해 설정되는 공시적 시간 경계는 이렇게 복잡한 지질학적 역사를 시간과 공간에 걸쳐 최대한 정확하고 명료하게 표시할 수 있도록 틀을 제공하는 역할을 한다. 그래서 지질학에서는 경계를 공시적으로 설정할 수 있는 단위가 필요하다. 반면 다른 분야에서는 그것이 꼭 필수적이지는 않다. 예를 들어 고고학(6장 참고)은 인간의 문화적 수준을 나타내는 중석기, 신석기, 청동기와 같은 시간 단위를 설정하여 사용한다. 그리고 이런 시간 단위의 경계는 지역에 따라 다르게 나타난다고 이해한다.

연대층서학적 경계 표시에서 공시성은 지구 시스템에서 나타나는 변화의 정도보다도 더 우선시된다. 예를 들어 오르도비스기와 실루리아기 경계는 지구에 일어났던 가장 거대한 격변 중 하나를 표시한다. 뚜렷한 해수면 변화와 연계된 짧고 강렬한 빙하기의 충격, 간격이 짧았던 두 번의 대멸종, 심각한 해양 무산소화 사건이 당시에 일어났다. 그러나 오르도비스기에서 실루리아기로의 변화를 촉발한 이런 중대한 사건에 기반하여 지질시대 경계가 설정되지는 않았다. 오히려 시대 경계는 이런 사건들이 지나고 나서 동물성 플랑크톤종 하나의 화석이 출현한 것에 기반하여 설정되었다. 환경적인 차원에서는 사소하지만, 이 사건은 전 세계에 걸쳐 가장 좋은 시대 표지를 제공해 준다고 여겨졌다(Zalasiewicz and Williams 2013). 고고학, 생태학, 역사학 등 다른 학문에서는 그렇지 않지만, 지질학에서는 전제 조건으로서의 공시성이 인류세를 공인하는 문제에서 엄격한 제한 조건으로 작용한다.

또 다른 주요 질문은 인류세가 지질시대에서 차지할 위계 수준과 관련된다. (제4기가 끝났음을 표시하기 위해 베이컨과 스윈들스가 제안한 것처럼) 인류세는 '세'가 아닌 '기'와 '계', 심지어 '대'와 '층'처럼 상대적으로 더 높은 수준에 위치해야 하는가?(Bacon and Swindles 2016) 아니면 '절'과 '조' 수준으로 홀로세 아래에 위치해야 하는가? 이러한 질문에 대한 답은 감지될 변화의 규모, 그리고 그 변화가 공식 지질시대 전체의 구조에 미치는 영향 등에 따라 다를 것이다. 현재 인류세실무단원들의 대부분은 '세'가 가장 적절하고 보수적인 명명법이라고 판단하고 있다(Zalasiewicz et al. 2017a). 인류세와 관련된 변화의 영향력은 충분히 크기 때문에, 홀로세와 구분되는 지구 시스템이 생성되는 쪽으로 장기적인 지질학적 결과가 나타날 것이다. 이렇게 인류세는 인간이 미치는 영향력의 규모를 여실히 보여 주고 있다.

인류세는 언제 시작되었는가?

인류세의 시작 혹은 인류세 지층의 기저 설정 문제가 곧 중요한 과제로 등장했다. 애초에 크뤼천이 인류세의 시작점을 산업혁명 시기인 약 1800년으로 제안했을 때는 그의 견해가 탁월하고 합리적으로 보였다(Crutzen 2002). 1800년 무렵은 유럽이 주요 부문에서 산업화를 시작하고 화석 연료를 본격적으로 사용한 시기와 대략 일치하며, 대기 중 이산화탄소 수준이 급격히 상승하기 시작한 시점과도 대체로 일치하기 때문이다. 그러나 지질학자들이 보기에 그 시기 혹은 그 전후 시기에 형성된 지층에서는 명확하고 전 지구에 공시적으로 나타나는 지질학적 지표가 존재하지 않았다. 한편 인류세에 관한 관심이 확산되면서, 인류세의 시작과 관련하여 다양한 범위를 아우르는 여타의 제안들이 등장했다.

인간 문명이 어떻게 성장하고 환경과 상호 작용했는지에 대한 역사에 초점을 맞춘 학자들은 수렵, 벌목, 농업에서 나타나는 인간의 흔적이 유의미하다는 점을 강조했다. 이러한 인간의 활동은 홀로세뿐 아니라 플라이스토세까지 거슬러 올라가기도 한다(6장 참고). 이런 변화의 대부분은 점진적이고 지역적이며 매우 통시적인 특징을 보였지만, 추론해 볼 수 있는 일부 변화는 전 지구적인 특징을 보였다. 약 7천 년 전에 이산화탄소가 (그리고 약 5천 년 전에 메탄이) 미미하기는 하지만 지속적으로 증가하기 시작한 현상은 초기 농업에서 원인을 찾을 수 있다고 간주된다(Ruddiman 2003, 2013). 이 문제는 여전히 논쟁의 여지가 있다(4장 참고). 그럼에도 불구하고 초기 인류의 영향력에 대한 증거의 범위는 인상적이며, '초기 인류세Early Anthropocene'라는 관점, 즉 인류세가 '수천 년 전'에 시작되었다는 관점을 지지하는 근거로도 사용된다.

얼마 후, 청동기 후기(약 3천 년 전) 혹은 로마 시대(약 2천 년 전)의 납 제련과 관련된 금속 오염 신호(Wagreich and Draganits 2018), 그리고 로마 시대 이후 2천 년 동안의 유럽 농업과 관련된 토양 수준 변화(Certini and Scalenghe 2011)도 인류세 경계의 기저일 가능성이 고려되었다. 또한 신대륙의 발견과 관련된 인간 및 생물군의 '콜럼버스 교환Columbus Exchange' 역시 전 지구적 변화의 중요한 요인으로 간주되었다. 인류세의 시작을 콜럼버스 교환으로 볼 때 그 경계는 약 1610년으로 제안되었는데, 이 시기는 이산화탄소 수준이 잠시 하락하는 특징을 보였다. 식민주의로 인해 북미 원주민 인구가 감소하고(사실상 종족 말살이었다), 그에 따라 산림이 다시 성장한 것이 원인으로 추정된다(Lewis and Maslin 2015).

인류세를 꼭 공식 지질시대로 규정해야 하는가? 일부 지질학자들은 인간의 영향으로 인한 전 지구적 변화가 아직 정점에 도달하지 않았으며, 인류세가 어떻게 전개될 것인지에 대해 명확한 그림을 그리는 것이 가능해지기 전까지는 인류세에 대한 판단을 유보하는 것이 더 현명하다고 지적한다(예컨대 Wolff 2014). 혹시 인류세의 지층이 새로운 공식 지질시대 단위로 정당화되기에는 너무 얇고 무의미하지는 않은가? 인류세라는 용어가 지질학적 역사보다는 인간의 역사에 적용되어야 할 용어는 아닌가? 나아가, 인류세라는 개념이 과거가 아닌 미래에 기반한 개념은 아닌가? 인류세가 과학적 연구보다는 정치적 발언을 하려는 욕망을 반영하는 것은 아닌가?(예컨대 Autin and Holbrook 2012; Gibbard and Walker 2014; Finney and Edwards 2016) 이러한 모든 대안과 비판에 대해서도 검토할 필요가 있다.

대가속과 그 지질학적 유산

이렇게 매우 다른 관점들이 존재한다는 점을 고려했을 때, 인류세를 기능적이고 확고한 지질학적 용어로만 정의하는 작업은 어디까지 가능할까? 효과적인 연대층서적 경계를 확보하려면 최근에 형성된 지층 안에서 광범위한 추적이 가능해야 하며, 해당 지층은 새로운 지질연대 단위를 주관적이지 않은, 즉 객관적인 방식으로 대변할 수 있을 만큼 충분히 변별력이 있어야 한다(Waters et al. 2016; Zalasiewicz et al. 2017b).

여기서 취사선택이 필요하다. 인류세에 할당되는 시간이 길수록 지층이 물리적으로 대변하는 것도 많아진다. 그러나 인류세에 할당되는 시간이 너무 길어지면 이미 예전부터 정립된 단위인 홀로세를 인류세가 잠식하게 된다. 몇몇 '초기 인류세' 제안은 초기 인류의 영향력을 강조하면서 사실상 홀로세를 인류세로 이름만 바꾸려는 것이다. 이런 명칭 변경은 공식적인 지질학적 제안이 되기에는 비현실적이다. 왜냐하면 홀로세는 이미 하나의 지질시대 단위로 잘 정립되어 있고, 홀로세 자체를 연구하는 매우 활발한 학문 공동체도 대규모로 존재하며, 지질학 내에서 홀로세는 이미 일반적으로 광범위하게 인정되고 있기 때문이다. 지질학적 측면에서 인류세가 공인되려면, 최근에 정식으로 비준된 홀로세 하위 세 개의 '절' 구분을 교란하지 않으면서 조화를 이루어야 한다. 홀로세 하위 구분선으로 설정된 8,200년 전과 4,200년 전이라는 시점은 지금은 감지가 가능하지만 당시에는 순간에 가까웠던 전 지구적 기후 사건들과 연계된다(Walker et al. 2012, 2018). 지질학자들이 공인한 이런 세심한 구분법은 인간이 지구에 미친 영향력을 개념화하려는 비지질학자들에게도 중요한 시사점을 준다.

인류세와 관련하여 제시된 대부분의 경계를 층서 내 공시적 수준에서 쉽고 광범위하게 추적할 수 있는 것은 아니다. 명백하게 현대로 진입하는 분수령으로 여겨지는 유럽의 산업혁명(Crutzen 2002; Zalasiewicz et al. 2008)은 지난 2세기 동안 제국주의, 식민화, 산업화, 탈식민지 개발 등의 과정으로부터 탄력을 받으면서 전 세계로 불균등하게 전파되었다. 산업혁명과 연계되는 이산화탄소 증가치는 효과적인 지표로 쓰기에는 양상이 너무 점진적으로 나타난다. 그렇다고 산업혁명 당시에 나타난 명백하게 비인위적인 (적어도 기능적으로 쓸 만한) 경계 지표 역시 마땅한 것이 없다. 1815년 인도네시아 탐보라 화산 폭발은 북반구 면적의 상당 부분에 화산재층을 퍼뜨릴 만큼 강력하기는 했지만, 흔적이 전 지구적으로 남지는 않았다.

대가속이라는 개념은 호주의 지구시스템과학자 윌 스테판이 이끌었던 국제지권생물권연구계획의 작업에서 비롯되었다. 스테판과 그의 동료들은 1750년 이후 지속된 인류의 사회경제적 경향 및 지구 시스템의 경향에 관한 막대한 양의 데이터를 24개의 그래프로 종합해 출판했고(Steffen et al. 2004), 나중에 수정 보완하였다(Steffen et al. 2015a). 그중 12개는 인적 요인(인구, 경제 성장, 커뮤니케이션, 자원 사용 등), 12개는 지구 시스템적 요인(온실가스, 생물권 악화, 질소 배출 등)에 해당했다. 이 연구에 참여했던 과학자들은 영국에서의 산업혁명 이후 이런 요소들이 증가해 왔다는 점을 잘 알고 있었다. 그러나 20세기 중반 이후 대부분의 그래프가 매우 급격한 상승세를 보인다는 점에 대해서는 과학자들도 무척 놀라고 말았다. 존 맥닐과 같은 역사학자들이 예전부터 이런 급격한 상승 현상에 주목해 오기는 했지만 말이다(McNeill 2000; McNeill and Engelke 2016 참고). 이 현상을 지칭하는 용어인 '대가속'은 2005년 독일 달렘 회의에서 처음 제안되었고(Steffen et al. 2015a), 2년 후에 출판되었으며(Steffen et al. 2007), 인류세의 '두 번째 국면'을 보여 주는 현상으로 해석되었다. 즉, 전 세계로부터 자원을 추출해 갔던 유럽의 제국주의적 모험 및 산업혁명에 뒤따라 나타난 국면으로 간주되었다.

그런데 그래프로 표시된 일련의 생태적·지리적·사회경제적 과정을 지층에 남은 흔적과 비교해 보고, 대가속이 과연 인류세의 '지질학적' 연대를 나타내는 효과적인 지표가 될 수 있을지 의구심을 제기하는 학자들도 있다(Waters et al. 2016; Zalasiewicz et al. 2017c). 인류세의 층서적 경향에 관한 일차적 연구(예를 들어 Swindles et al. 2015)가 진행되기도 했지만, 이런 비교 연구는 대부분 메타분석으로, 다른 주요 목표를 위해 수행된 연구를 수집하고 재해석한 것이었다. 이하에서는 인류세의 층서학적 결과를 층서의 물리적(암석층서학), 화학적(화학층서학), 생물학적(생물층서학) 특징별로 분류하여 살펴보도록 하자.

인류세의 물리적 퇴적물

암석층서학은 물리적 특징을 기반으로 암석 덩어리들을 공식적으로 분류하는데, 이때 가장 흔히 사용되는 범주는 암석 지층이다. 앞서 예로 들었던 해안가 퇴적층처럼, 암석층서학의 단위 경계는 흔히 시간의 단면을 가로지른다. 그렇지만 어떤 것들은 거의 공시적인 특징을 보이는데, 단일 화산 분출로 인해 개별 화산재층이 몇 시간 만에 넓은 지역에 퇴적되는 것을 예로 들 수 있다. 그렇다고 해서 지질학자들이 작은 시간 차이를 반드시 무시한다는 뜻은 아니다. 화산쇄설성 밀도류pyroclastic density current라고 알려진 무시무시한 화산 현상은 급행열차처럼 빠르게 한 지역을 가로질러 이동할 수 있으며, 해당 지역을 백열성 재로 덮어 버린다. 그러나 전적으로 즉각적이지는 않지만 거의 동시적인 이런 퇴적층 안에서도 화산학자들은 '엔트라크론entrachron'을 변별해 낸다. 즉, 화산 분출물이 계속 진행하는 와중에 생겨나서 연속적인 위치를 표시하는 광물 혹은 화학적 흔적들을 찾아내는 것이다. 이런 흔적들은 단지 몇 분 정도의 시차가 날 뿐이다.

　　따라서 지질학자들이 수백만 년의 시간대 속에서만 사고한다는 것은 신화에 불과하다. 지질학자들은 주어진 특정 상황에서 시간 분석의 해상도를 최대한 높이기 위해 노력한다. 예를 들어, 거대한 소행성 충돌로 인해 이리듐 함유량이 높은 파편층이 전 지구적으로 형성된 현상을 기반으로, 백악기와 팔레오기 사이의 경계를 매우 정밀하게 구분할 수 있다. 파편층의 바닥에 위치하게 되는 '황금못' 혹은 GSSP로 선정된 지역은 튀니지에 있는데, 이곳은 소행성 충돌이 일어났던 멕시코와 수천 킬로미터 떨어진 곳이다. 따라서 튀니지와 멕시코 사이에 형성된 파편층은 황금못 지점보다 몇 시간 먼저 형성되었을 것이며, 지질시대상으로는 초기 팔레오기보다는 말기 백악기에 해당할 것이다. 아주 미세하지만 불편한 기술적 차이인 셈이다. 그래서 공식화에 참여한 과학자들은 소행성 충돌 순간에 백악기 세계가 끝나고 팔레오기 세계가 시작되었다고 명시하였으며, 충돌로 인해 생성된 퇴적층을 모두 새로운 지질시대인 팔레오기 안에 배치하였다. 이런 해결책은 다소 변칙적이기는 하지만 기발하며, 실용적 측면에서도 효과적이다.

　　그렇다면 인류세에 대한 정의를 제안할 때도 (증거가 확인되는 원시의 퇴적물 안에서처럼) 짧은 시간이 중요할 수 있다. 상황에 따라 물리적 퇴적층은 거의 공시적일 수도 있고 매우 통시적일 수도 있기에, 제안되는 시간 경계와 거의 평행할 가능성도 있고 매우 비스듬하게 나타날 가능성도 있다.

이 퇴적물은 광물(대체로 고정된 조성 비율을 가지며 전형적으로는 결정체 형태인 화합물)로 구성되며, 결과적으로는 암석(하나 이상의 광물 집합체)을 형성한다. 원시의 지질학적 시간 단위를 정의하는 데 있어 이런 사실이 중요한 요소로 작용하는 일은 드물다. 왜냐하면 지구의 역사 속에서 진정으로 새로운 형태의 광물이나 암석은 대체로 드물기 때문이다. 동일한 종류의 암석과 광물은 반복해서 나타나는 경향이 있으며, 지질시대를 변별하고 정의하는 데 도움이 될 만큼 새로운 것이 나타나는 일은 흔치 않다. 가장 놀라운 예는 24억 년에서 21억 년 전 사이, 대기에 자유 산소를 뿜어내던 미생물 광합성의 진화와 함께 발생했다(2장 참고). 지구 표면이 최초로 부식되기 시작했고, 새로운 산화 광물과 수산화 광물이 나타났다. (지체된 과정이기는 하지만) 이는 최근까지 지구에서 나타난 획기적인 광물 변화의 가장 마지막 단계였다(Hazen et al. 2008, 2017). 그 후 약 5천 가지의 광물이 지구상에 존재하게 되었으며, 대부분은 희귀성 광물이다.

나중에 때때로 새로운 유형 혹은 새로운 질감 특성을 가진 암식이 나타났는데(혹은 사라졌는데), 이런 출현은 대체로 지구 시스템의 주요 변화를 반영한 것이었다. 예를 들어 캄브리아기의 시작(동시에 고생대 및 현생누대의 시작)과 연계되는 근육질 다세포 동물의 진화 및 다양화는 생물에 의해 교란된 퇴적암이 광범위하게 출현하는 현상으로 이어졌다. 즉, 동물이 굴을 파느라 휘저어 놓은 퇴적층이 암석으로 남게 된 것이다. 매우 길었던 선캄브리아 시대에는 생물에 의해 교란된 퇴적층이 나타나지 않으므로, 이것은 현생누대를 나타내는 뚜렷한 특징 가운데 하나다. 다른 예로는 석탄기에 형성된 상당한 규모의 석탄 퇴적층을 들 수 있다. 이는 중생대의 식생이 육지로 퍼져 나가고, 탄산칼슘을 분비하는 해양 플랑크톤이 진화하여 그 작은 골격이 해수면에 대량으로 축적되었던 현상을 반영한다. 그로 인해 결국 백악기라는 이름의 어원이 된 독특한 백색 연토질 석회암이 형성된 것이다.

광물, 암석, 지층과 인류세의 관계를 논의할 때는 분류 및 용어의 문제가 발생한다. 인간이 만든 결정질 무기 화합물은 최근 개정된 국제광물학협회의 규정(Nickel and Grice 1998)에 따라 광물 분류에서 공식적으로 제외되었다. 학회 규정의 개정 전에 이미 공인된 208개의 인공 혹은 인간 매개 광물이 공식 목록에 포함되어 있기는 하다. 그렇지만 목록에 들어간 물질 외에, 특수한 인공적 무기 결정 화합물(공인되지는 않았지만 다른 모든 측면에서 광물이라고 할 수 있는 물질)이 이 세상에 얼마나 더 많이 존재할까? 인위적 화합물이 인류세 지층의 유용한 지표로 사용될 수 있다는 점을 감안해 보면, 이런 분류의 문제는 중요하다. (공식적이든 비공식적이든) 재료과학자의 실험실에서 생겨난 인공물은 너무나 많아서 자연계의 숫자를 왜소하게 만든다. 로버트 헤이즌과 동료들은 독일 카를스루에 라이프니츠연구소에 있는 무기 결정 구조 데이터베이스를 인용하면서, 무기 결정 화합물(즉, 인간이 만든 '광물' 유형)이 18만 개에 달한다고 지적하였다(Hazen et al. 2017). 이 책을 집필하고 있는 현재에는 19만 3천 개에 달한다. 인간의 독창성과 기술력은 지구가 45억 4천만 년 동안 형성한 광물보다 더 많은 종류의 물질을 매년 합성해 내고 있다. 헤이즌과 동료들은 인류세를 "무기 화합물이 비교할 데가 없을 만큼 다양해진" 시대라고 묘사했다(Hazen et al. 2017). 또한 광업, 제조업, 무역 등 인간 활동으로 인해 천연 광물이 전례 없이 재분배되는 현상에도 주목하였다.

이렇게 '인간이 만든 광물'의 대부분은 1950년 이후 정교한 화학 실험실에서 합성되었으며(http://icsd.fiz-karlsruhe.de 참고), '대가속' 패턴의 반영이자 일부였다. 이 새로운 '광물'의 대부분은 미량으로 존재하지만, 일부는 대량으로 제조되기도 한다. 광물과 유사한 새로운 물질인 플라스틱은 20세기 초에 처음으로 합성되었으며, 20세기 중반 이후 전 세계적으로 상당한 양이 생산되었다. 전 세계 플라스틱 연간 생산량은 1950년까지는 1백만 톤 규모였으나 이후 계속 급증하여 현재는

3억 톤이 넘는다. 현재까지 생산된 플라스틱은 90억 톤 이상이며, 그중 60억 톤 이상이 쓰레기로 버려졌다(Geyer et al. 2017). 바람과 물에 의해 쉽게 운반되고 잘 분해되지 않기 때문에 플라스틱은 지구의 지질학적 순환의 일부가 되었으며, 이제는 외딴 해변이나 깊은 해저를 포함해 거의 모든 곳에서 퇴적물을 오염시키고 있다(Zalasiewicz et al. 2016a).

다양한 종류의 세라믹이나 벽돌을 포함하여, 지질학적으로 새롭고 독특한 인위적 암석 유형도 존재한다. 그중 가장 양이 많은 것은 콘크리트다. 로마 시대부터 만들어지기는 했지만, 콘크리트가 행성적 규모로 생산된 것은 제2차 세계 대전 이후의 현상이다. 현재까지 생산된 콘크리트는 5천억 톤 정도인데, 이는 육지와 바다를 모두 포함한 지구 표면 1제곱미터 면적당 1킬로그램에 해당하는 규모이며(Waters and Zalasiewicz 2017), 그중 99퍼센트는 아마도 제2차 세계 대전 이후에 생산되었을 것이다. 이렇게 독특한 광물 및 암석 유형이 인류세 지층을 구성하는 요소다. 다른 모든 지층과 마찬가지로 인류세 지층도 물리적 특성을 기반으로 한 암석층서학적 방법으로 분류될 수 있을 것이다.

그런 의미에서 '인류세 지층'이라는 용어는 시간과 물질의 교차점과 연관되어 있는데, 이때 그 물질은 지질학 분야에서는 일반적이지만 외부 분야에서 볼 때는 익숙하지 않은 대상이다. 지금까지 논의해 왔듯이, 만약 '인류세'를 연대층서학적 단위로 간주한다면 우리는 인류세를 시간에 기초하여 정의할 것이다. 지층 안에서 추적할 경우 인류세의 시작은 정의상 지구 곳곳에서 공시적으로 나타날 것이다. 인류세 지층이 반드시 인간에 의해 형성되거나 인간의 영향을 받아야 할 필요는 없다. 또한 모든 인위적 지층이 모두 인류세 지층의 일부인 것도 아니다. 인류세 지층에는 인간의 영향이 잘 감지되지 않는 물질, 예컨대 바람에 날려 온 사하라 사막의 모래도 포함되고, 매우 인위적인 광산 폐기물이나 도시의 '인공 지반'도 포함된다. 런던의 지하 잔해층에는 천 년 이상 된 로마 시대 타일 조각이 기저부에 있고, 중세 도자기가 중간층에 있으며, 제2차 세계 대전 이후 생산된 다량의 콘크리트 파편과 플라스틱 조각이 상층부에 쌓여 있다. 이 모든 것이 인공적인 물질이지만 이들 중 마지막 상층부에 위치한 것들만 연대층서학적으로 인류세에 속한다. 오랜 시간에 걸쳐 인간에 의해 형성된 잔해층 전체는 그 아래에 있는 '자연적'인 퇴적층과 구분하기 위해 고고권考古圈, archeosphere의 일부로 명명할 수 있을 것이다(Edgeworth 2014). (하나의 암석층서학적 단위로 분류될 수 있는) 전체 잔해층 안에서 시대 경계를 구분하는 것도 가능하다. 즉, 발견되는 증거를 사용하여 각각 홀로세와 인류세라는 상이한 종류의 시간 단위로 분류하는 작업도 가능하다(Terrington et al. 2018).

　　위와 같은 상황은 선캄브리아 시대까지 거슬러 올라가도 마찬가지다. 모든 시대의 지층에서 '거룩한 삼위일체holy trinity'라고 불리는 암석, 시간, 화석(최근에는 화학적 패턴이나 자기적 패턴과 같은 여타 현상도 포함)을 변별해 내는 세심한 작업이 이루어진다. 어떤 사람은 이런 방법이야말로 지질학을 올바르게 유지하는 방법이라고 말할지도 모른다. 그러므로 인류세 지층에서도 인위적 형성물과 비인위적 형성물 모두를 고찰할 필요가 있으며, 각각을 완전히 구분되는 별개의 범주보다는 하나의 연속체 속에 있는 양쪽 끝으로 보는 것이 타당하다.

　　직접적으로 인간에 의해 형성된 퇴적물이라고 해서 모두 전통적인 '지질학'의 영역에 해당한다고 간주되지는 않는다. 오랫동안 지질학이 그려 온 지도 속에는 '인공 퇴적물'이라는 범주가 포함되어 있는데, 이것은 모래, 암석, 잔해를 이용하여 도시 지역의 기저에 쌓은 층을 가리킨다. 그러나 토양 위에 있는 건물은 대부분 모래, 자갈, 진흙처럼 뚜렷하게 지질학적인 성분으로 만들어졌음에도, 그리고 언젠가는 그런 성분으로 다시 돌아갈 것임에도 불구하고 대체로 '지질학'의 영역에는 해당하지 않는다고 본다. 마찬가지로 도로 표면은 일반적으로 지질학적인 단위로 간주되지 않는다. 그런데 도로를 지탱하기 위해 축조된 제방은 지질학적 단위로 간주된다. 물론 이런 구분은 앞서 논의했던 광물 분류처럼 인위적이다. 인간이 만들어 낸 도시라는 현실은 지구 표면을 생물학적으로 매개한 흰개미집이나 산호초에 비유할 수 있을 것이다.

　　현재를 기준으로 볼 때, 지질시대로서의 인류세는 인간의 평균 수명인 약 70년 정도에 불과할 정도로 지극히 짧다. 인류세 퇴적물은 지질학적 시간상으로 볼 때 눈 깜짝할 사이에 형성되었다. 그러나 결코 사소한 것은 아니다. 지구에서 인간이 가공, 수송, 폐기하는 물질의 총량은 약 30조 톤에 이르며, 그중 도시 지역이 약 3분의 1을 차지한다(Zalasiewicz et al. 2016b). 이는 지구 표면의 1제곱미터 면적당 약 50킬로그램에 해당하며, 지구 전체를 수십 센티미터 두께의 잔해층으로 쌓은 것과 맞먹는다. 그리고 그 대부분은 인류세 기간 동안 형성되었다. 물론 인공 퇴적층 사이에는 분명한 차이가 존재한다. 많은 도시의 지하, 매립지 내부, 채석 및 채광지 주변에서는 퇴적층이 수십 미터의 두께에 이를 정도로 형성되지만, 외딴 지역의 퇴적층은 거의 무시해도 괜찮은 수준에 그친다. 그럼에도 불구하고 전 지구적 침식 및 퇴적의 평균 두께는 장기적인 지질학적 기저 비율을 훌쩍 뛰어넘는다. 이는 지난 세기의 에너지 상당 부분이 다양한 방식으로 지형을 재형성하는 데 집중적으로 투입되었음을 반영한다(아래 내용 참고). 그래서 일반 가정에서 사용하는 승용차보다 불도저가 인류세를 훨씬 더 잘 나타내는 강력한 상징이라고 주장할 수 있는 것이다.

파이프, 터널, 지하철 시스템, 광산 갱도, 시추공 등 인간에 의한 지하의 확장은 '인간에 의한 교란anthroturbation'에 해당한다(Zalasiewicz et al. 2014a; Williams et al. 2019). 인간에 의한 교란이라는 용어는 생물 교란bioturbation에서 파생된 용어로, 굴을 파는 유기체가 퇴적층을 휘젓는 현상에 빗댄 것이다. 인간에 의한 교란은 생물 교란과 유사하지만 훨씬 더 큰 규모로 나타나며, 지표 아래 수 킬로미터까지 확장된다. 침식 작용이 일어나는 지점으로부터 멀리 떨어져 있기에 이런 지하 구조는 수백만 년 동안 보존될 수도 있다.

인류세의 인위적 퇴적물은 동시대에 자연적으로 퇴적된 지층, 즉 지표면, 강 혹은 호수 바닥, 해저, (지질학적 층서로 간주되는) 극지의 설층 및 빙하층에 퇴적된 지층과 나란히 위치한다. 이러한 자연적 퇴적물도 인위적인 퇴적물과 마찬가지로 인류세의 일부다. 자연적 퇴적물이 플라스틱 파편과 같은 미량의 인류세 시대 지표를 포함하면 인류세의 지층이라고 판명될 수도 있는 것이다. 보통 인류세의 자연적 퇴적층은 인위적 퇴적층보다 얇을 것이며, 센티미터나 데시미터 단위(심해저에서는 밀리미터 단위)로 측정될 것이다. 아주 얇기는 해도, 자연적 퇴적층은 완전하고 연속적인 인류세 퇴적 기록을 포함할 수 있는데, 특히 일부 호수 바닥처럼 퇴적물이 해마다 층을 형성하는 곳에서는 더욱 그렇다. 역설적이게도 층서 기록이 가장 완벽하고 밀도 높게 축적되어 보관되는 곳은 교란이 발생하는 지역에서 멀리 떨어진 지점이다. 이는 인류세에도 해당하는 것으로 보인다(Waters et al. 2018a).

인류세의 화학적 신호

지구에 거주할 수 있는 가능성은 탄소, 질소, 인과 같은 주요 화학 원소의 자연적인 전 지구적 순환에 달려 있다. 이런 원소들은 암석, 토양, 물, 공기를 포함하는 자연적 저장소와 살아 있는 생명체 사이를 이동하기 때문이다. 이 원소들의 순환 중 많은 부분은 이제 인간 활동의 영향을 받고 있다.

탄소
탄소는 원래 화산 폭발을 통해 지구 깊은 곳으로부터 이산화탄소 형태로 방출된다. 일단 대기 중으로 들어간 이산화탄소 일부는 광합성을 통해 식물이 추출해 가 자기 조직을 성장시키는 데 이용한다. 식물(그리고 초식동물)은 호흡을 하고 나중에 죽어서 부패하는 과정을 통해 이산화탄소 형태로 다시 탄소를 방출한다. 불완전하게 부패한 유기체 잔해는 다량의 탄소를 토양과 퇴적층에 가두거나 바닷물에 용해시킨다. 탄소는 석탄, 석유, 가스처럼 암석 안에 화석화될 수도 있고 석회암에 있는 탄산칼슘의 '탄산염' 부분처럼 화석화될 수도 있다. 이렇게 탄소가 갇히면, 화산 활동이나 산악 형성과 같은 사건을 통해 다시 방출될 때까지 수백만 년 동안 지하에 매장된 상태로 있게 된다. 상호 연결된 탄소 저장소들, 그리고 저장소 사이의 이동 경로는 지구상의 생명체를 유지하는 데 매우 중요하다.

현재 전 지구적 탄소 저장소 각각의 규모가 어느 정도인지, 그리고 해마다 어떻게 변화하고 있는지는 과학적 방법을 통해 직접 측정하여 추정할 수 있다. 초기 지구의 탄소가 어떻게, 그리고 어디에 분포되어 있었는지는 현재처럼 직접 과학적 측정을 해 볼 수는 없지만, 암석 지층이라는 단서를 통해서 추론해 볼 수는 있다.

산업혁명 이후 화석 연료의 연소량이 폭발적으로 증가하자, 오랫동안 확립되었던 기후 패턴이 교란되기 시작했다(4장 참고). 이 기후변화는 향후 수백만 년간 영향을 미치겠지만, 이미 층서 안에도 화학적 신호를 남겨 놓았다. 산업화 이전 수준에 비해 대기 중 이산화탄소 수준이 대략 3분의 1 정도 증가했기 때문이다(그리고 여전히 증가하고 있다).

이 신호는 지구 표면에 있는 탄소 동위원소의 구성 변화와도 연계된다. 즉, 가장 흔한 탄소 동위원소인 탄소12^{12}C(6개의 양성자와 6개의 중성자를 가지고 있다)와 더 무겁고 안정적(즉, 비방사성)이며 중성자를 추가로 하나 더 가지고 있는 탄소13^{13}C의 비율과 연관이 있다. 화석 연료에는 탄소12가 풍부하기에, 화석 연료를 태우면 지구 표면의 전체적인 탄소 순환에서 탄소12가 증가한다. 높아진 비율의 탄소12는 광합성을 통해 이산화탄소를 이용하는 식물에 흡수되며, 산호처럼 탄산칼슘으로 골격을 만드는 유기체에도 흡수된다. 그 결과로 나타나는 신호(Waters et al. 2016)는 이 현상의 중요성을 인식했던 지화학자 한스 쥐스의 이름을 따서 '쥐스 효과Suess effect'라고 알려져 있다. 쥐스 효과는 이제 탄산칼슘 껍질을 포함한 퇴적층, 나무의 나이테, 그리고 여타 비교 가능한 층서 기록에서 광범위하게 감지되는 '탄소 동위원소 이상 현상carbon isotope anomaly'을 말한다. 이 현상은 지질학자들이 팔레오세와 에오세 경계처럼 오래된 지층을 특징짓고 그 연대를 측정하기 위해 사용하는 이상 현상과 유사하기는 하지만, 상당히 더 뚜렷한 형태로 나타난다(4장 참고). 또 다른 흔적은 연소 과정의 직접적인 부산물인 비산회飛散灰, fly ash다. 비산회는 산업 활동에서 나온 매연 물질을 구성한다. 산업 매연은 땅이나 호수 또는 바다의 표면에 내려앉은 다음 침전되어 퇴적층의 일부를 형성한다. 비산회 입자는 용해된 암석 불순물(구체형 무기질 재) 혹은 연소되지 않은 탄소(구체형 탄소성 입자)로 만들어진다. 비산회는 입자 크기가 수십 마이크로미터에 불과할 정도로 매우 작지만, 탄소에 기반하므로 특히 부식에 강해서 화석화되기 쉽다(유사한 입자들이 백악기 경계면에서 검댕으로 발견되는데, 이는 소행성 충돌로 인한 화염 폭풍으로 생성되었을 것이다). 비산회 입자는 19세기 유럽의 호수 퇴적물에서 발견되며, 20세기 중반부터는 거의 전 지구적인 차원에서 더 강력한 신호로 나타나기 때문에 인류세를 정의하는 주요한 지표로 제안될 정도다(Rose 2015, Swindles et al. 2015).

또 다른 탄소 기반 신호는 DDT, 디엘드린dieldrin, 알드린aldrin과 같은 살충제를 포함한 인공 유기 화합물에서 찾을 수 있으며, 다이옥신dioxin과 같이 산업 활동의 결과 의도치 않게 부산물로 생성된 물질에서도 찾을 수 있다. 이런 물질들은 처음 합성된 이후 널리 퍼졌으며, 육지와 해저 퇴적층에서도 감지할 수 있다. 다시 말하지만 이런 현상은 대체로 20세기 중반부터 나타났으며(Muir and Rose 2007), 인류세를 식별할 수 있는 효과적인 지표가 된다.

질소와 인

생물권에 중요한 또 다른 두 가지 주요 원소인 질소와 인의 순환도 매우 심각하게 교란되었다. 이는 계속 증가하는 인구를 부양하기 위해서 생물학적 생산성을 '과도하게 증강'한 결과다.

질소는 대기의 대부분을 구성하는 원소다. 대기 속의 질소 형태인 이질소二窒素, dinitrogen, N_2 분자는 매우 안정적이며, 아미노산(단백질의 구성 요소)이나 DNA와 같은 분자 안에서는 생물학적으로 활성화된 형태로 전환되기 어렵다. 자연 상태에서 이질소 분자는 번개 때문에 분해될 수도 있지만, 생물학적 활성 질소의 대부분은 질소 고정 박테리아, 즉 질소를 암모니아NH_3로 전환하는 특별한 효소를 가진 박테리아에 의해 생성된다. 그런 다음 이 암모니아는 박테리아와 고등 식물(그리고 초식 동물)에 의해 또 다른 질소 함유 화합물로 전환된다.

이 지난한 과정은 생물학적 생산에서 병목 요소 혹은 '제한 요소'로 작용한다. 18세기와 19세기, 증가하는 인구를 부양하기 위해 농업을 집약화하는 과정에서 칠레의 초석(질산나트륨) 매장층, 태평양 해안선을 따라 위치한 구아노(바닷새 배설물 퇴적층) 광상, 인분 재활용(완곡하게 '야간 토양night soil'으로도 불렸다) 등을 통해 여분의 질소를 확보하려는 노력이 계속되었다. 이런 번잡한 일들은 20세기 초 에너지 집약적인 하버-보슈법을 통해 대기 중에서 질소를 추출하는 것이 가능해지면서 불필요해졌다. 하버-보슈법은 비료(그리고 탄약)의 기초가 되는 암모니아를 직접적으로 합성하는 방법이었다. 덕분에 20세기 중반부터 생산성은 엄청나게 향상되었고, 지구 표면에 있는 반응성 질소의 양은 대략 두 배 정도로 증가했다. 비율 차원에서 볼 때, 질소의 증가는 탄소 순환에서 나타난 변화보다 훨씬 더 큰 변화였다. 하버-보슈법이라는 단일한 과정은 현재 세계 인구 약 절반의 식량을 책임진다고 알려져 있다. 질소 추출이 확대된 현상은 인류세의 지질학적 신호로서 층서 안에서도 추적이 가능하다. 질소 추출로 인해 많은 호수 지층에서 두 개의 안정적 동위원소인 ^{14}N과 ^{15}N의 비율이 바뀌었기 때문이다(Holtgrieve et al. 2011; Wolfe et al. 2013). 다시 언급하지만 주요한 변화는 20세기 중반쯤 나타났다.

인은 생물학적으로 중요한 또 다른 원소로, 우리의 뼈와 치아를 구성하는 물질(인산칼슘)이자 신진대사에서 에너지 전달을 조절하는 분자인 아데노신삼인산adenosine triphosphate의 구성 요소이기도 하다. 농업용 인산염은 질소와 같이 구아노에 들어 있으며, 19세기에는 도축장에서 혹은 전사한 군인의 유골에서 얻기도 했다(한때 번창했던 이 사업에 종사한 일꾼들은 1년에 백만 구가 넘는 시신을 수습해서 영국으로 수출했다). 또한 공룡 뼈나 화석화된 배설물, 즉 '분석糞石, coprolite'에서 인을 얻기도 했다. 영국 각지의 밭에 뿌리려는 목적으로, 고이 보관되어 있었던 약 18만 마리의 고대 이집트 고양이 미라를 빻은 일도 있었다. 이렇게 핵심적인 원소인 인은 이제 인산염이 풍부한 광석으로부터 추출된다. 그 결과, 활성 질소와 마찬가지로 지표에 축적된 인의 양은 거의 두 배가 되었다(Filippelli 2002).

질소와 더불어 인은 농경지에서 외부의 더 넓은 환경으로 퍼져 나가면서 생물학적 생산성에 광범위한 영향을 미치고 있다. 1960년대 이후, 비료는 강과 바다로 너무나 많이 녹아들어 갔으며, 수심이 얕은 바다에서는 수백 개의 '데드존dead zone'을 발생시켰다. 데드존은 이제 수십만 제곱킬로미터를 덮을 정도가 되었다(Breitburg et al. 2018). 여름철 플랑크톤이 성장하여 만개하고 죽은 후 가라앉아서 해저에서 부패하면, 산소를 소모하고 해저 유기체를 대량으로 살상해 데드존이 형성된다. 그 결과로 나타나는 생물학적 변화는 화석 기록으로도 보존될 수 있다.

방사성 핵종을 포함한 여타의 원소들

새로운 '인류생지화학적anthro-biogeochemical' 순환(Sen and Peuckner-Ehrenbrink 2012) 안에서 다른 많은 원소의 농도 역시 인간에 의해 변형되었다(Galuszka and Wagreich 2019). 금속 채굴(실제로는 인간에 의해 매우 선별적인 침식이 일어나는 현상)은 이런 교란이 발생하는 주요한 원인 중 하나다. 금속 중에서 납은 오랜 채굴의 역사가 있다. 로마 시대 제련에서부터 생성된 납의 에어로졸은 멀리 떨어진 지역의 토탄 습지와 빙상에서도 그 신호가 감지된다(Wagreich and Draganits 2018). 이어지는 납 제조 산업의 역사는 퇴적층 기록에서 추적할 수 있는데, 이때는 납의 총 농도와 동위원소 비율의 변화를 이용한다. 납의 동위원소 비율 변화는 20세기 동안 노킹knocking 현상 방지를 위해 휘발유에 납을 첨가하여 사용하다가 점차 다른 물질로 대체했던 흐름을 보여 준다. 현재 알려진 인류세의 지표 중 가장 분명한 것은 원자폭탄의 폭발이나 원자력 시설의 누출 사고를 통해 세슘, 플루토늄, 아메리슘 등 인공적으로 생산된 방사성 핵종이 주변 환경에 확산된 현상에서 발견된다. 파괴적이면서 잠재적으로 매우 위험한 핵무기를 제조하는 것이 기술적으로 가능해지자, 제2차 세계 대전 중 핵무기 개발 경쟁을 하면서 방사성 핵종이 생성되기 시작했다. 최초의 성공적인 원자폭탄 실험은 1945년 7월 16일 미국 뉴멕시코주의 앨라모고도에서 있었다(트리니티Trinity 실험이라고 불린 이 폭발은 자연계에서는 극히 희귀한 원소인 플루토늄의 핵분열을 기반으로 했으며, 실험에 쓰기 위해 다량의 플루토늄이 사전에 특별히 합성되었다). 같은 해 8월 6일 우라늄 기반의 원자폭탄이 일본 히로시마에서 폭발했으며, 8월 9일에는 플루토늄 기반의 원자폭탄이 나가사키에서 폭발하여 10만 명이 넘는 사망자가 발생했다. 현재까지 전쟁에서 핵무기가 쓰인 사례는 이 둘뿐이다. 그러나 최초의 원자폭탄 실험이 시행된 이후에도 사망자는 계속 증가했다. 1954년 '럭키 드래곤(다이고 후쿠류마루第五福龍丸, Daigo Fukuryu Maru) 피폭 사건', 체르노빌과 후쿠시마 원자력 발전소 붕괴 사건 등이 그런 사례에 해당한다.

끔찍한 사상자가 발생했음에도 불구하고, 히로시마와 나가사키에서 생긴 방사성 낙진(그리고 앨라모고도의 트리니티 실험에서 나온 낙진)은 지역적으로만 퍼졌으며, 전 지구에 지질학적 지표를 형성하지는 않았다. 그래도 이 사건들은 역사적으로 중요한 순간이며, 그중 첫 번째인 트리니티 실험 폭발을 인류세 경계 표시로 사용하자는 제안도 있다(Zalasiewicz et al. 2015a). 그러나 이 경우 경계 표시는 물리적으로 인식할 수 있고 전 지구적 지표로 더 널리 사용되는 국제표준층서구역이 아니라 순간적인 시점에 기반을 둔 지표인 국제표준층서절로 간주된다(2장 참고). 전 지구적으로 추적 가능한 방사능 핵종층을 제공하지 않았기 때문에, 국제표준층서절로 한 경계 제안은 층서학계로부터 폭넓은 지지를 받지 못했다(Zalasiewicz et al. 2017a). 그렇지만 초기 사건 이후 핵무기 개발로 촉발된 군비 경쟁으로 인해 전 지구적인 방사능 지표가 등장하기는 했다.

훨씬 더 강력한 수소(융합)폭탄은 1952년 11월 1일 미국 에니웨톡의 엘루겔라브섬에서 처음 실험되었다. 천만 톤 이상의 TNT에 해당하는 폭발력으로 인해 섬 전체가 사라졌고, 방사능 잔해(수소폭탄을 점화시킨 핵분열로부터 나온 방사능과 함께 플루토늄 및 여타 무거운 방사능 원소들이 포함된다)는 성층권까지 주입되었다. 방사능은 바람에 의해 성층권에서 지구상으로 이동했고, 표류하며 전 세계 육지와 바다

표면을 오염시켰다. 한편 소련은 이듬해 자체 기술로 수소폭탄을 터뜨렸다. 곧이어 중국, 프랑스, 인도, 영국을 포함한 몇몇 다른 국가도 핵무기 경쟁에 합류했다. 그 결과 여러 해 동안 2천 건 이상의 핵무기 실험이 있었다. 그중 500건 이상이 대기 실험으로 진행된 탓에 방사능 잔해가 널리 퍼졌다. 나머지 실험은 지하에서 진행되어 방사능 확산을 대부분 억제하기는 했다(Waters et al. 2015). 1963년 부분적 핵실험 금지 조약 체결 이후 대기 실험은 급격히 감소하다가 결국 중단되었다. 1996년 포괄적 핵실험 금지 조약 체결 이후에는 대부분의 지하 실험도 중단되었다.

대기 실험의 역사는 세슘, 플루토늄, 그리고 '추가적' 방사성 탄소로 나타나는 확실한 '폭탄못bomb spike'으로 볼 수 있으며, 이 지표는 전 세계 퇴적층에서 광범위하게 추적이 가능하다(Waters et al. 2015, 2018a). 그래서 인류세를 공식적으로 정의할 때 핵을 기반으로 할 수도 있을 것이다.

원자력의 평화적인 사용을 통해서도 지질학적 지표가 생겨났다. 현재 약 450개의 원자력 발전소가 존재하며, 세계 전력의 약 14퍼센트를 생산해 낸다. 전기를 생산한 후 생긴 핵연료 잔류물을 관리가 잘되는 보관소에 저장한다면 대부분 매우 지역적인 (그리고 장기적으로는 접근 불가능한) 신호만을 남길 뿐이다. 그러나 1956년 영국 컴브리아주 윈드스케일Windscale 재처리 공장, 1986년 체르노빌, 2011년 후쿠시마처럼 사고로 인해 핵연료 잔류물이 노출된 곳에서는 특수한 방사성 핵종의 혼합을 통해 구별 가능한 독특한 지표가 생겨났다.

인류세의 생물학적 신호

기간이 짧음에도 불구하고, 인류세는 이미 지구 생물권에 막대한 영향을 끼쳤다. 이 영향은 미래 지구의 화석 기록에서 추적할 수 있을 정도다. 현재의 맥락과 실용적인 (그리고 도덕적인) 관점에서 봤을 때, 인류세의 가장 중요한 특징은 인류세가 지구의 모든 생명체에게 영향을 끼치고 있다는 점이다(5장 참고). 그렇지만 여기서 우리는 오늘날의 퇴적층에 남겨진 '현대의 화석'에 더 집중하고, 그것이 인류세를 특징짓는 데 어떠한 방식으로 도움이 되는지에 주목하고자 한다.

생물층서학은 원시 지층에서 특정 화석종이 출현하거나 멸종한 사건에 기초하여 시간 지표를 설정한다. 이런 방법으로 생물층서학은 지난 5억 4,100만 년 동안 진행되어 온 현생대를 효과적으로 탐색한다. 긴 시대 속에서 암석 지층의 지질학적 연대를 측정하는 가장 좋은 방법은 여전히 화석이다.

그보다 더 짧은 시대라면 문제가 복잡해진다. 제4기에 해당하는 지난 260만 년에 대해서는 화석 연대 측정이 효과적이지 않다. 왜냐하면 그 짧은 기간 동안 새로이 출현하거나 멸종한 종이 비교적 적기 때문이다. 제4기 동안 기후가 온난해지고 냉각되는 변화에 따라 여러 동식물이 때로 수천 킬로미터가 넘는 먼 지역까지 대륙을 횡단하여 이동했으므로, 일반적으로는 그 이동 현상을 시간 지표로 이용한다. 복잡하기는 하지만 이런 '기후층서학'은 고생물학적 연대 측정에 있어 유용한 수단이다. 인류세는 지속 기간이 짧고 생물학적 교란 현상이 대규모로 발생하는 중이기 때문에, 위에 설명한 것과 같은 창의적 발상을 적용할 필요가 있다. 그중 가장 널리 알려진 것은 육지와 해양 모두에서 생물 멸종률이 높아지고 가속화되는 현상이다(Ceballos et al. 2015의 사례 참고). 이 현상은 홀로세 훨씬 이전부터 거대 육상 포유류가 멸종하는 흐름과 함께 시작되었다. 여기에는 잘 알려진 동물인 매머드와 털코뿔소가 포함된다. 이 멸종의 물결은 5만 년 전에 시작되어 약 1만 년 전에 정점에 도달했다. 이 '거대 동물 멸종megafaunal extinction'은 플라이스토세에서 홀로세로 넘어가는 시기의 기후변화, 그리고 향상된 사회적 능력(따라서 향상된 사냥 능력)과 무기를 갖춘 문화적 현대인의 등장과 연관이 있다. 기후변화가 거대 동물의 소멸에 한몫했을 수도 있지만, 그 이전 제4기 동안 빙기와 간빙기가 교차하던 시점에는 대규모로 멸종의 물결이 일어난 적이 없었다. 한편 더 후대에 있었던, 그리고 더 기록이 잘 남아 있는 지역적 멸종은 분명히 인간의 도래와 연관이 있다. 13세기 후반 인간이 뉴질랜드에 도착하면서 모아새와 기타 동물들이 멸종한 것을 예로 들 수 있겠다. 몸을 둥글게 말 수 있는 포유류 및 여러 조류가 뉴질랜드에서 멸종한 사건은 서식지 소멸이나 인간의 포식과 연관이 있고, 시간이 오래 걸리며 지체되기도 했다. 이는 플레이스토세 후기에서 홀로세로 넘어가는 시기의 특징 중 일부로 볼 수도 있다.

　　지구에 존재하는 약 9백만 종의 운명을 목록화하는 일은 지극히 어렵고 시간이 많이 소요되는 작업이다(Mora et al. 2011). 게다가 생물다양성 소실의 상징으로 유명한 것은 보통 멋지게 생긴 포유류지만, 실제로 멸종한 것의 대부분은 파악하기도 어렵고 잘 알려지지도 않은 생물종이다. 어쨌거나 최근 멸종률이 급등한 것은 확실하다. 버노스키와 동료들은 우리가 지금 지구의 여섯 번째 대멸종에 직면해 있는지의 문제를 다룬 바 있다(Barnosky et al. 2011). 대부분의 생물군에서 확인된 멸종률은 알려진 생물종의 1퍼센트 수준에 그치기 때문에, 이 문제에 대한 그들의 대답은 "아직은 아니다"라는 것이다. 그러나 버노스키 연구팀은 훨씬 더 높은 비율의 생물종이, 그리고 일부 집단에서는 최대 수십 퍼센트에 달하는 종들이 멸종 위기에 처했거나 위기 상태에 직면해 있다고 지적한다. 그들의 추정에 의하면, '지금 이대로의 상황'이 지속된다고 가정할 경우, 기후변화의 효과를 차치한다고 해도 몇 세기 안에 백악기 말에 있었던 규모의 여섯 번째 대멸종(70퍼센트의 종이 사라지는 사건)을 겪게 될 것이다.

　　멸종은 분명히 빠르게 진화하는 인류세 풍경의 주요한 부분이기는 하지만, 시공간의 복잡성 때문에 간단하게 연대 측정이 가능한 지층으로 나타나지는 않는다. 보통 크기가 작고 개체수가 많으며 (중요하게는) 골격을 갖춘, 따라서 화석으로 남을 수 있는 유기체의 출현 및 멸종이 특징적으로 연대 측정의 기초가 된다. 이는 기술적으로 생물층서학적 분대分帶, zonation라고 알려져 있다. 관련된 또 다른 현상 하나가 실용적 차원에서 인류세의 효과적인 시간 지표가 될 수 있는데, 바로 외래종 침입(요새는 신생물군neobiota 도래라고 더 많이 칭하고 있다)이다. 외래종 침입은 지구 각지의 생물상을 변형시키고 있다(5장 참고).

멸종과 마찬가지로 외래종 침입은 수천 년 동안 계속 진행되었다. 고양이, 개, 돼지, 쥐는 인간을 따라 지구 각지로 이동했다. 물론 인간이야말로 가장 성공적인 침입종이다. 이 과정은 무역의 세계화와 함께 가속되었는데, 특히 화물선의 선박평형수와 침전물이 전 지구적으로 이동하면서 많은 유기체를 세계 각처에 퍼뜨렸다. 또한 농업과 원예를 위해 의도적으로 종을 이식하는 일도 급증해 왔다. 그 결과 이제 침입종은 세계 여러 지역 생물군의 많은 부분을 차지한다(McNeely 2001). 토착종과의 경쟁에서 우위를 점할 수 있을 때, 침입종의 개체수는 폭발적으로 증가하는 경우가 많다. 고생물학자들이 분석하는 표준 퇴적층 샘플에서도 그 흔적이 쉽게 발견될 정도로 흔해지기도 한다.

생물계에서 '별 볼 일 없는 존재들'에게서도 여러 사례를 발견할 수 있다. 얼룩말홍합*Dreissena polymorpha*, 가막조개*Corbicula fluminea*, 참굴*Crassostrea gigas*은 모두 지난 20세기 동안 원래 서식하던 지역으로부터 세계 각지로 퍼져 나갔다. 얼룩말홍합과 가막조개는 목재 수송을 따라서 우연히, 그리고 참굴은 식용을 위해 의도적으로 옮겨졌다. 이런 신생물들은 도착한 지 불과 몇 년 만에 생물군을 지배할 수도 있다. 최근 영국 템스강에서 채취한 샘플을 보면 얼룩말홍합과 가막조개 껍질이 연체동물 껍질의 96퍼센트에 달했으며, 토착종은 극소수에 불과했다(Himson et al. 2020). 이런 침입종을 추적하면 현대의 고생물학적 기록을 통해 인류세를 표시해 볼 수 있을 것이다.

위와 같은 고생물학적 특징은 인간이 현대 농업을 통해 생물학적 경관과 동식물종 모두를 공학적으로 다시 만들어 낸 결과로도 생길 수 있다. 인간의 식량으로 사용하기 위해 우리가 선택한 생물종은 극소수에 불과한데, 이런 종들은 선택적 육종(현재는 유전공학)을 통해 생물학적 특징이 변형되었으며, 개체수가 폭발적으로 증가했다. 이런 변형의 폭은 놀랄 만하다. 과학자 바클라프 스밀의 연구(Smil 2011)에 따르면, 인간이 등장하기 이전 시기에 대형 육상 포유류의 생물량 대부분을 차지하던 생물종은 약 350종에 달했다(이 숫자는 거대 동물이 멸종하는 동안 절반으로 줄어들었다)(Barnosky 2008). 그러나 현재는 대형 육상 포유류 생물량 대부분을 인간(약 3분의 1)과 소, 돼지, 양과 같은 가축들(약 3분의 2)이 차지한다. 대형 육상 포유류 생물량에서 야생 동물이 차지하는 비율은 몇 퍼센트에 불과하다(Smil 2011).

　　따라서 쓰레기 매립지에 대량으로 존재하는 도살된 가축 뼈는 인류세의 또 다른 생물층서학적 신호로 사용될 수 있다. 가장 눈에 띄는 사례는 현재 세계에서 가장 흔한 조류이며, 개체수가 230억에 이르는 (수명이 약 6주라서 전환도 매우 빠른) 식용 닭broiler chicken이다. 식용 닭은 세계 대전 이후 '내일의 닭Chicken of Tomorrow'이라는 이름의 육종 프로그램을 통해 골격이 변화했으며, 인류세의 독특하고 새로운 변형 생물종이 되었다. 식용 닭은 현재 전 지구적 규모로 분포되어 있다(Bennett et al. 2018).

인류세의 공식적인 미래

물리적·화학적·생물학적 지표의 놀라운 배열이 시사하는 바는 인류세가 궁극적으로 지질시대로 인정될지의 여부와 상관없이, 인류세가 지질학적 용어로서 일관성과 현실성을 지니고 있다는 점이다(Zalasiewicz et al. 2017a). 그렇기 때문에 인류세실무단은 인류세를 위치시킬 수 있는 표준적 방식과 GSSP, 즉 '황금못'을 설정하여 인류세를 정식으로 제안하는 작업을 하기로 했다. 이 정교한 작업은 이미 시작되었다(Waters et al. 2018a). 인류세의 '황금못' 후보들에 대해 많은 분석을 수행하고, 그 가운데 가장 적절하다고 여겨지는 후보를 선택하여 그것을 기반으로 인류세를 공식 제안할 예정이다. 이 제안은 인류세실무단과 제4기층서소위원회의 압도적 찬성(60퍼센트 이상)을 얻어야 하며, 최종적으로는 국제지질과학연맹의 비준이 있어야 한다. 어느 단계에서든 제안이 기각될 가능성이 있으므로 인류세가 공식적으로 인정받으리라는 보장은 없다. 2019년 5월 인류세실무단은 88퍼센트의 찬성표에 힘입어 인류세 공식화를 추진하기로 했다. 이 책을 쓰고 있는 현재에도 이 과정은 진행 중이다.

인류세가 표상하고 있는 새로운 지구 시스템은 변화하고 있으며, 인간의 압력이 내일 당장 중단된다고 하더라도 적어도 수백 년 동안은 계속 변화할 것이다. 이렇게 계속되는 변화 중 가장 중요한 측면이 바로 기후다. 다음 장에서는 기후에 대해 다루어 보겠다.

인류세와
기후변화

The
Anthropocene
and Climate Change

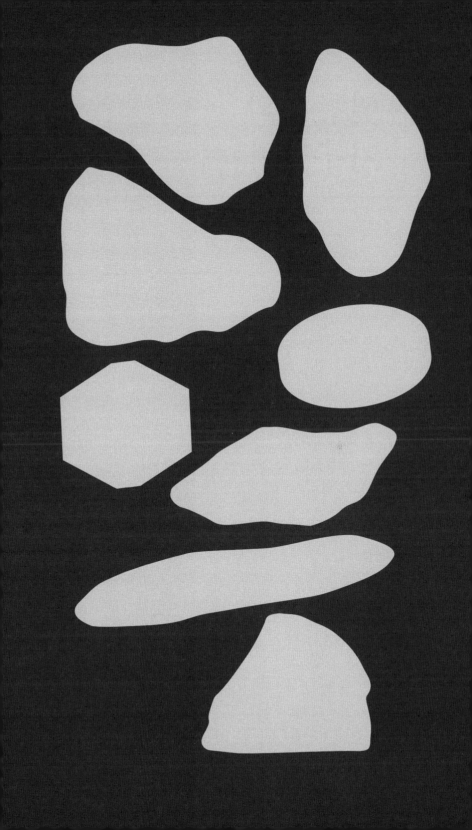

4

인류세와
기후변화

기후변화, 그리고 그중 지구 온난화라는 더 구체적인 주제는 현재 지구 시스템에서 일어나는 가장 중요한 변화 가운데 하나다. 기후변화는 인간 사회뿐 아니라 살아 있는 모든 유기체에게도 매우 중요하다. 기후변화 현상을 연구하는 과학자들 사이에서 기후변화에 대한 기본적인 과학적 사항은 널리 공유되고 있는데, 이는 다윈 진화론의 기본 사항이 생물학자들 사이에서 공유되는 것과 마찬가지다. 그렇지만 기후변화 문제는 전체 사회 속에서 분열적인 양태를 보인다. 이것은 단지 우리가 사회에 에너지를 공급하는 중심 수단, 즉 화석 연료를 태우는 과정이 기후변화를 추진시키고 있기 때문만은 아니다. 현대 사회가 의존하고 있는 여타의 많은 과정도 온실가스(이산화탄소, 메탄, 질소산화물, 불소 가스)를 배출한다. 강고하게 자리 잡은 산업화된 농업 및 인공 비료 사용, 대규모 폐기물 관리, 삼림 벌채를 포함한 생물량 연소, 산업적 공정, 냉장 보관, 콘크리트 제조 등이 모두 온실가스 배출을 억제하려는 노력에 정치적·사회적으로 저항하고 있다.

　때로는 인류세가 사실상 지구 온난화를 다루는 과학과 동일하다거나 심지어 그것을 단지 재포장해서 제시한 것이라는 취급을 받기도 한다. 그러나 인류세가 곧 지구 온난화는 아니다. 현재 빠르게 진행되고 있기는 하지만 지구 온난화는 어떤 측면에서 보면 인류세를 구성하는 여러 현상의 일부이자 상대적으로 작은 문제일 뿐이다. 그럼에도 불구하고 기후변화는 지구 역사에 있어 광범위한 물리적·화학적·생물학적 변화를 초래하는 근본적인 동인이 되었다. 이는 인간 활동이 기후를 좌우하는 요인들에 강력한 영향을 끼쳤기 때문이다. 기후변화의 충격적 결과는 아마도 앞으로 수십 년, 수백 년에 걸쳐 증폭될 것이며, 수천 년에 걸쳐 지속될 수도 있다. 그러므로 인류세의 전반적인 궤적 안에서 기후변화 문제를 특별히 고려할 필요가 있다.

행성적 맥락에서의 기후 조절

지구 표면은 태양으로부터 받는 열과 빛으로 데워진다. 지구 내부로부터 나오는 열은 무시할 수 있는 정도다. 태양 에너지의 일부는 (구름이나 지표면에 튕긴 다음) 우주로 반사되고, 또 다른 일부는 (지구가 상대적으로 차가운 물체이고, 우리가 맨눈으로 볼 수 있는 온도에서는 빛나지 않기 때문에) 흡수되었다가 적외선 에너지로 방출된다. 어느 정도의 태양 복사열이 반사되는지는 지구 표면의 알베도albedo, 즉 반사율에 달려 있다. 얼음과 같은 밝은 흰색 물질은 에너지를 많이 반사하는 반면, 대륙의 숲 지역이나 탁 트인 바다 같은 장소는 에너지를 덜 반사해 더 많은 에너지를 흡수한다. 재복사된 에너지 가운데 얼마만큼이 우주로 돌아가는지는 이산화탄소, 메탄, 수증기 등 대기 중 온실가스 수준에 의해 조절된다. 온실가스라는 명칭은 그런 기체들이 적외선 에너지를 흡수해서 열을 가두는, 즉 온실 유리창과 비슷한 역할을 하기 때문에 붙여졌다. 영국의 과학자 존 틴들은 위와 같은 (대기 중의 질소와 산소가 보유하지 않은) 온실가스의 속성을 발견했을 때, 가시광선을 투과시키는 가스가 '비가시적인' 복사열을 가둘 수 있다는 사실에 무척 놀랐다. 그래서 틴들은 결과를 확신할 수 있을 때까지 수백 번이나 실험을 반복했다. 유형에 따라서는 지구를 따뜻하거나 차갑게 만들 수 있는 다른 요소들도 존재한다. 공기 중 구름이나 에어로졸의 양이나 유형 등이 그렇다. 전체적으로 지구의 표면 온도는 흡수된 에너지와 반사 혹은 재복사된 에너지의 균형에 달려 있으며, 표면 알베도와 온실가스 수준도 중요한 요인으로 작동한다(IPCC 2013).

지구는 비교적 좁은 범위의 온도 사이에서 복사 균형을 유지해 왔다. 그래서 액체 상태의 물이 표면에 존재하고 대기 중에 수증기가 있으며, 지구 역사 대부분의 시간 동안 극지와 높은 산 정상에는 얼음이 있었다. 태양계 전체를 놓고 봐도 이는 독특한 상황이다. 다른 천체들(특히 유로파나 타이탄 같은 목성과 토성의 위성들)에는 상당한 양의 물, 즉 바다가 있기는 하지만, 두꺼운 얼음 껍질 아래에 존재할 뿐이다. 태양계 내 다른 천체 중에서 금성과 화성 표면에 한때 바다가 존재했다는 증거가 있지만, 그 바다는 빠르게 소멸하고 말았다.

금성은 제어하기 힘든 온실 효과로 인해 물을 우주 공간으로 잃어버렸으며, 현재는 두꺼운 이산화탄소 대기층 아래 표면 온도를 약 400도 정도로 유지하고 있다. 반면 화성은 빙원과 영구동토층 형태로 물을 보유하면서 표면이 얼어붙은 상태다. 반면 지구의 상황은 무척 특별하다. 지난 약 40억 년 동안 태양의 명도가 약 20퍼센트 상승하는 등 외부 조건이 많이 변화했음에도 불구하고, 거주 가능한 바다를 유지해 왔기 때문이다. 그런 의미에서 지구는 생명 지탱에 필요한 기후를 유지할 수 있는 장기적인 온도 조절 장치를 가지고 있음이 분명하다.

지구 기후를 장기적으로 조절하기 위한 중요한 억제 되먹임negative feedback 기제로는 [탄산염 퇴적작용을 동반하는] 규산염 풍화작용을 통한 온실가스 수준 조정이 있다(Walker et al. 1981). 기후가 따뜻해지면서 더 강력해진 물 순환(전 지구적으로 더 잦아진 강우)은 빗물에 용해된 이산화탄소와 암석 광물의 반응을 강화해서 바다로 씻겨 내려가는 용존 탄산이온을 생성한다. 이 과정은 이산화탄소를 끌어들여 대기를 차갑게 만든다. 그렇게 기후가 시원해지면 이산화탄소 축소 효과가 줄어들고, 또다시 온실가스 수준이 높아지면서 온난화 방향으로 가게 된다.

위에서 언급한 과정은 수천 년의 시간을 두고 천천히 오래 지속된다(위의 설명은 매우 간략한 것이다. 더 자세한 설명은 Summerhayes 2020 참고). 규산염 풍화작용은 지구가 끓지도 않고 얼지도 않게 하는 주요 요인일 것이다. 이런 광범위한 조절 속에서, 여타의 요소들이 다양한 시간축 안에서 기후를 변형해 왔다. 수억 년 규모의 지구 역사에서는 온실 상태와 냉실 상태를 오가는 다소 불규칙한 변동이 있어 왔다. 중생대와 같이 온실 상태일 때는 전반적으로 대기 중 이산화탄소 농도가 높았고, 지표에 얼음이 거의 없었으며, 해수면이 높았다. 우리가 현재 살고 있는 것처럼 냉실 상태일 때는 상당한 양의 극지 빙상이 지속적으로 유지되었다. 아마 이러한 변동은 매우 느리게 움직이는 '지질 구조적 날씨tectonic weather'에 의해 조절되는 것으로 보인다. 이 변동은 지구의 맨틀에서 나오는 이산화탄소 배출의 장기적인 변이로 이어지며, 상이한 대륙 구성으로도 이어진다. 그리고 상이한 대륙 구성은 알베도, 열 수송 대양 해류 패턴, 대륙 암석 풍화를 통한 대기 중 이산화탄소 비율의 변이에 영향을 미친다(예컨대 Jagoutz et al. 2016).

　　단기 변동에는 온실 상태와 냉실 상태 각각의 안에서 기후가 일정하게 진동하는 것도 포함된다. 냉실 상태일 때 단기 변동이 더 뚜렷하게 나타나는데, 이것이 바로 지질학자들이 오랫동안 인식해 오기는 했지만 설명하는 데 애를 먹었던 빙기와 간빙기 변동이다. 이 단기 변동이 지구 자전과 공전의 예측 가능한 천체 운동 변이에 달려 있고, 4억·1억·4천만·2천만 년의 '밀란코비치 주기Milankovitch periodicities'와 교차한다는 점은 이제 잘 알려져 있다. 이 주기는 20세기 초 천문학적 변이를 세밀하게 계산하고, 천체 운동이 빙기와 간빙기 변화의 원동력이라고 주장했던 세르비아의 수학자 밀루틴 밀란코비치의 이름을 따서 명명되었다. 천체 운동의 결과 태양광의 양과 계절적 균형에 약간의 변화가 생겨나면, 대기 중 온실가스의 수치 변이로 인해 변화가 증폭되고, 결국 현저한 기후 상태의 차이를 생성한다. 이 패턴은 거의 기계적인 것으로(Lisiecki and Raymo 2005), 기후 상태에 관한 이론적이고 천문학적인 계산은 해저 퇴적물 및 극지 빙상에서 추론해 낸 기후 기록과 거의 일치한다.

극지의 얼음층은 중요한 증거를 제공해 준다. 남극에는 약 1백만 년짜리 얼음층이 있고 그린란드에는 약 10만 년짜리 얼음층이 있다. 이 빙하들에는 무수히 많은 '화석 공기fossil air' 방울이 있는데, 바로 이것을 활용해서 과거의 온실가스 수준을 분석할 수 있다. 또한 빙하 자체에 대한 화학적 분석을 통해 과거의 기온뿐 아니라 여러 가지 정보(먼지 농도, 주요한 화산 폭발 흔적 등)를 더 많이 확보할 수 있다.

어떤 분석에 따르면(EPICA Community Members 2006), (현재로서 이 기록을 통해 분석 가능한 가장 오래된 과거인) 80만 년 전부터 지금까지 대기 중 이산화탄소 수치는 만 년 단위로 약 180피피엠에서 280피피엠 사이를 주기적으로 진동해 왔다. 180피피엠은 1조 4천억 톤의 이산화탄소를 나타내는데, 이때 지구 표면 온도는 충분히 낮아서 북반구에서는 대규모 빙상이 만들어지고 남극의 얼음은 약간 더 넓게 퍼질 수 있었다(남극에서는 빙상이 커질 땅이 부족해서 어느 정도 이상으로 아주 커지지는 않았다). 지구의 공전과 자전이 미세하게나마 정기적으로 변화하면서 지구를 비추는 태양광의 양도 변했으며, 이는 지구를 둘러싼 공기와 바닷물의 흐름을 변화시켰다. 그 결과 중 하나로 수천 년에 걸쳐 심해에서 8천억 톤의 이산화탄소(바다는 거대한 탄소 저장소이며, 8천억 톤은 그중 아주 작은 일부다)가 대기로 배출되었다(Skinner et al. 2010). 그렇게 추가된 100피피엠 가량의 온실가스 때문에 지구는 점점 더 따뜻해졌고, 거대한 빙상이 다시 줄어들었다. 지구의 공전과 자전이 또 바뀌면, 이산화탄소가 바다에 흡수되기 시작하면서 얼음이 다시 커졌다.

탄소 경로를 중심으로 한 이 복잡한 기후 기제가 수백만 년 동안 지구에서 작동해 왔다. 수백만 년 단위의 기후 리듬은 그보다는 작지만 그렇다고 덜 중요하지는 않은 천 년 단위의 기후 진동에 의해 더 복잡해진다. 이 소규모의 기후 진동은 빙기에는 뚜렷하게 나타나지만 더 안정적인 간빙기에는 잘 나타나지 않는다. 지구 시스템 내에서 자연적 되먹임을 통해서 수천 년 단위의 변동과 밀란코비치 주기가 상호 교차하면, 지역적 혹은 반구적 규모에서 급격한 기후변화 사건이 발생한다. 이때 여러 급전환점을 넘어서게 된다.

마지막 빙기에서 현재의 홀로세 간빙기로 전환될 때 심해에 용해되어 있던 이산화탄소가 방출되면서 대기 중 이산화탄소 수준이 상승하였는데, 이 과정은 약 17,000년 전에 시작하여 약 12,000년 전에 완료되었다. 그렇지만 이 과정에 수반된 기후 전환은 다소 완만하게 상승하는 형태가 아니었다. 오히려 수십 년 사이에 일어날 수 있는 대규모 기온 상승에 영향을 받았다. 이런 급격한 기온 상승은 수천 년 동안 안정적으로 지속되던 온난 혹은 한랭 상태(이렇게 안정적으로 장기간 지속되던 마지막 온난 상태가 바로 홀로세였다)를 구분하는 효과를 가져왔다. '급전환점'은 북대서양 해류의 다소 급격한 전환이었는데, 이로써 온기를 전달하는 멕시코 만류의 유입 방향이 역전되었다.

따라서 기후는 항상 변화해 왔으며, 때로는 극적으로 변화했다는 것이 분명한 사실이다. 그렇지만 지난 수백만 년 동안의 기후는 오랜 세월에 걸쳐 확립된 패턴을 따라 변화해 왔다. 이 패턴들은 이미 연구가 잘 되어 있으며, 어떤 과학자들은 이를 '제한 주기limit cycles'라고 부르기도 한다(Steffen et al. 2015a). 여기에는 기온과 대기 중 이산화탄소 수준의 최대치와 최소치가 잘 정의되어 있으며, 특히 이산화탄소 수준은 적어도 지난 80만 년 동안에는 대략 180피피엠과 260피피엠 한계치 안에서 진동했다(여러 간빙기 동안에는 20피피엠 정도 가감이 있었다). 지난 11,000년 동안 지구는 홀로세 간빙기의 '온난한' 환경에 있었고, 자연 상태에서라면 서서히 빙기 쪽으로 진입해 내려갈 것이다. 그러나 인간이 이 상황에 교란을 일으켰다.

인간이라는 요인

지난 80만 년 동안 나타났던 여러 간빙기의 전형적 특징은 간빙기 초기에 이산화탄소 농도가 최고 수준에 달했다는 점이다. 그다음에는 이산화탄소 농도가 매우 느리게 약 10~20피피엠 정도씩 감소했고, 수천 년 동안 진행된 감소 경향은 다음 빙기가 시작되는 서곡에 해당했다.

　　고기후 과학자 윌리엄 러디먼이 강조해 왔듯이, 홀로세의 궤적은 달랐다(Ruddiman 2003, 2013). 홀로세 시작 시점에서는 다른 간빙기 경로와 비슷하게 이산화탄소 농도가 265피피엠까지 높게 도달했고, 이후에는 농도가 하락하다가 약 7천 년 전에 260피피엠까지 떨어졌다. 그런데 그다음부터는 패턴이 변했다. 대기 중 이산화탄소 농도가 느리게 올라가기 시작했으며, 약 1800년 전후 영국에서 산업혁명이 시작되기 직전에는 280피피엠까지 올라갔다. 또 다른 중요한 온실가스인 메탄의 궤도도 변곡점은 달랐지만 비슷한 시작 패턴을 보였다. 이전 간빙기와 마찬가지로 700피피비ppb에서 시작하여 꾸준히 하락해 약 5천 년 전에 550피피비까지 하락했다가, 산업혁명 직전에 700피피비로 상승했다. 러디먼은 이러한 온실가스의 궤적 변화가 초기의 농업 및 산림 벌채의 영향 때문이라고 주장했다. 러디먼과 그 동료들은 인류가 홀로세 초반에서 중반에 이르기까지 지구의 여러 지역을 광범위하게 점유했다는 증거를 인상적일 만큼 수집했다. 바로 이것이 일부 학자들이 "인류세는 수천 년 전에 시작했다"고 주장하는 바의 골자다(Ruddiman et al. 2015 참고).

　　인간의 영향으로 인해 대기 중 이산화탄소 농도가 변화했다는 러디먼의 논지는 설득력이 있으며 조사도 충분히 수행되었다. 대기 중으로 조금씩 방출된 여분의 이산화탄소는 홀로세의 온기를 유지하는 데 충분했으며, 그래서 다시 빙하기로 돌아가지 않았을지도 모른다(Ganopolski et al. 2016). 러디먼의 주장은 초기 인류가 기후에 미친 영향력에 관한 주장 중 가장 잘 정립된 것이지만 논란의 여지가 없지는 않다. 러디먼이 제시한 기후 패턴이 홀로세에만 유일하게 나타나는 것도 아니며, 여분의 이산화탄소가 육지가 아닌 해양으로부터 발생했다는 증거도 꽤 있기 때문이다(Elsig et al. 2009; Zalasiewicz et al. 2019a 및 해당 논문 안에 제시된 문헌들 참고).

　　그렇지만 어떻게 해석되든 간에, 홀로세에 걸쳐 느리고 미세하게 변화하는 온실가스 패턴은 홀로세 조건을 안정화하는 요소로 간주될 수 있다. 특히 그런 패턴이 다음 빙하기가 오는 것을 막았다면 더더욱 그렇다.

이후 산업혁명 및 대가속 시기에 있었던 변화와 비교할 때 홀로세의 변화는 규모나 중요성 면에서 뚜렷한 대조를 이룬다.

산업의 흔적

탄화수소를 연료로 이용하는 산업은 근대 산업혁명보다 역사가 더 오래되었다. 마치 미야자키 하야오의 1997년 애니메이션 영화인 〈모노노케 히메Princess Mononoke〉에서 중요한 역할을 했던 중세 일본의 용광로처럼 말이다(Miyazaki 2014). 중국에서는 기원전 3천 년 전부터 석탄을 채굴했고, 이후 로마인들도 석탄을 이용했다. 그렇지만 석탄의 중요성은 다른 많은 인류세 현상과 마찬가지로 기원에 있는 것이 아니라 규모에 있다. 영국을 중심으로 일어난 최초의 산업혁명 시기에 증기기관을 작동시키기 위해 석탄 이용이 증가했으며, 이는 수송과 제조업 성장의 원동력이 되었다. 파울 크뤼천은 1784년 제임스 와트가 증기기관을 발명한 사건을 인류세의 시작으로 제안하기도 했다(Crutzen 2002).

석탄 사용의 증가는 생산 통계로 살펴볼 수도 있고(예컨대 Price et al. 2011), 석탄 연소의 부산물인 이산화탄소 농도가 지난 수백 년간 변화한 기록으로도 알 수 있다. 이산화탄소 농도 변화는 빙하 코어에도 기록되며, 1958년부터는 찰스 킬링이 시작한 체계적인 대기 측정 작업으로도 기록되었다. 그렇지만 이 두 척도가 동등한 것은 아니다. 방출된 이산화탄소의 절반 조금 넘는 양은 해양이나 추가적인 식물 생장에 의해 흡수되고, 나머지가 대기 중에 머무르기 때문이다. 심지어 그 나머지 이산화탄소도 최종적으로는 규산염 풍화작용에 의해 결국 흡수될 것이다. 이산화탄소를 제거하기 위해서 인간이 적극적인 조처를 하지 않는다면, 상당한 양이 수천 년 동안 대기 중에 머무르게 될 것이다(Clark et al. 2016). 대기 구성 비율은 기후에 직접적인 영향을 미치며, 바다에 용해되는 여분의 이산화탄소는 인간이 유발한 해양 산성화의 원인이 되어 해양 생물에 점점 더 큰 영향을 미친다(Orr et al. 2005). 메탄의 증가(일부는 화석 연료 추출 과정에서 방출되며, 일부는 가축, 매립지 및 토지 이용 변화로 인해 방출된다)도 유사하게 추적할 수 있으며, 추적 방법에는 빙하 코어 기록이 포함된다(Waters et al. 2016). 그렇지만 대기 중에서 메탄은 이산화탄소에 비해 훨씬 더 짧은, 수십 년 정도의 주기를 가지고 있다.

이산화탄소의 증가 패턴은 명백하며 이는 예나 지금이나 핵심적인 문제다. 약 1000년에서 1800년 사이 이산화탄소 농도는 약 280피피엠에 머물렀으며, 5피피엠 이상 변동하는 경우는 거의 없었다. 1900년에 이르자 19세기의 산업화 확산과 함께 이산화탄소 농도가 15피피엠 정도 올라 295피피엠 수준까지 상승했다. 1950년에는 이산화탄소 농도가 310피피엠이 되었는데, 이는 15피피엠 상승이 반세기밖에 안 걸렸음을 의미한다. 2000년 이산화탄소 농도는 370피피엠에 도달했다. 제2차 세계 대전 후 '대가속'과 함께 이산화탄소 상승 비율이 4배 정도 증가하여 연간 1.2피피엠가량 상승한 셈이다(Steffen et al. 2015a; McNeill and Engelke 2016). 2020년 초 이산화탄소 농도는 412피피엠을 넘었다. 21세기에는 연간 2.2피피엠가량 상승한 셈이다. 산업화 이전 시기와 현재를 비교하면 그 차이가 130피피엠 이상이며, 이는 제4기 안에서 표준적인 빙기와 간빙기의 차이를 뛰어넘는다. 현재의 이산화탄소 농도는 제4기의 어느 때보다도 높으며(Voosen 2017), 지구 표면 온도 평균이 지금보다 2도 정도 높고 해수면이 10미터 이상 더 높았던 플라이오세와 비슷할 것이다. 지난 세기에 발생한 대기 중 이산화탄소 농도 증가는 플라이스토세에서 홀로세로 넘어갈 때 발생했던 변화보다 백 배 이상 빠르다. 현재 대기 중에는 인간이 만들어 낸 1조 톤 이상의 이산화탄소가 있다. 이는 1미터가량의 (그리고 2주에 1밀리미터씩 증가하는) 가스층에 해당하며, 15만 개의 쿠푸 피라미드가 하늘에 매달려 있는 것과 같은 질량이다(Zalasiewicz et al. 2016b).

비율상으로 볼 때, 시간에 따라 메탄이 증가하는 속도는 더 빠르고 가파르다. 메탄 농도는 산업혁명 초기 800피피비에서 2016년에 1,800피피비를 넘었으며, 21세기 초반 5년 정도 안정기를 보이다가 다시 상승하기 시작했다.

기온 효과

온실가스는 분명히 증가하는 패턴을 형성해 왔으며, 이산화탄소 증가의 직접적인 가열 효과는 측정해 볼 수도 있다(예컨대 Feldman et al. 2015). 1750년 이후 인간이 대기에 추가한 이산화탄소 및 여타 온실가스로 인해 추가적으로 발생한 열(인공 에어로졸 등으로 인한 냉각 효과는 제외)은 1제곱미터당 약 1.6와트다. 이 수치를 지구가 태양광으로부터 받는 평균 열인 1제곱미터당 약 240와트와 비교하면 기후에 미치는 인간의 영향력이 작아 보인다. 그러나 지표면 전체에 들어오는 열을 합하면 약 0.8페타와트PW(8백조 와트)에 달하고, 그중 약 0.3페타와트가 흡수된다(나머지는 우주로 유실된다). 이는 현재 전 세계가 소비하는 전력의 약 15배에 달하며(아래 참고), 이 상태가 계속 지속된다면 지표면 평균 온도는 변화할 것이다.

위에서 언급한 추가적 열의 대부분, 대략 90퍼센트는 해양으로 유입된다. 여러 가지 방법으로 측정한 바에 따르면(Resplandy et al. 2018; Zanna et al. 2019), 지난 25년 동안 6에서 13제타줄Zj 규모의 '추가적' 열 에너지가 매년 해양으로 유입되었다(1와트는 초당 1줄). 1제타줄은 10^{21}(10해)줄인데, 규모에 대한 감을 잡기 위해 비교를 하자면 인간이 연간 소비하는 총 에너지가 약 0.5제타줄이다(그중 약 7퍼센트는 화석 연료 연소로부터 나온다)(McGlade and Ekins 2015). 따라서 화석 연료를 연소함으로써 직접적으로 얻는 에너지보다 훨씬 더 많은 에너지가 온실 효과를 통해서 '2차적으로' 해양을 장기간 가열하게 된다. 해양으로 유입되는 추가적인 열은 매초 10억 컵의 차를 붓는 것과 마찬가지다(이는 로르 잔나와 조너선 그레고리가 개인적으로 알려 준 비유다). 그러니 만약 당신이 화석 연료를 사용하여 차 한 잔을 끓여 마신다면, 12컵 이상의 차를 곧장 바다에 붓는 것과 마찬가지다.

바닷물이 완전히 섞이고 그 열이 바닷물 내부 및 대기와 평형을 이루려면 약 천 년이 걸린다. 가까운 미래에 지구 시스템이 열 균형을 잡기는 쉽지 않을 것이다. 이산화탄소 말고도 여러 요소(여타 온실가스,

지표와 해양의 반사율 차이 등)도 영향을 미치기 때문에 지구 기온 변화 패턴은 단순하지 않다.

영국의 산업혁명 이후 지구의 표면 온도는 불규칙적이기는 하지만 전체적으로 상승해 왔다. 상대적으로 따뜻했던 '중세 기후 이상기Medieval Climate Anomaly' 다음에 '소빙기Little Ice Age'가 왔다면, 19세기는 대략 이 소빙기의 말기라고도 볼 수 있다. 이 두 시기의 지구 평균 기온 차이는 1도 미만이었지만(IPCC 2013), 양 시기가 인간의 삶에 미친 영향은 상당했다(예컨대 Fagan 2001; Parker 2013). 19세기 후반 지구의 기온은 약 0.5도 하락했고, 1940년까지 다시 비슷한 정도로 상승했다. 1940년은 1970년대까지 유지된 기온 안정기의 시작이었다. 이후 2000년대까지 0.5도 살짝 넘게 상승했고, 다시금 10년 정도 안정기가 유지되었다. 그 후 2010년까지 약 0.2도가 또 상승하여, 현재의 평균 기온은 1950년과 1980년 사이의 평균 기온보다 1도 정도 더 높다. 기록상 가장 따뜻했던 해 중 16년이 지난 17년 사이에 있었다.

급격하게까지는 아니더라도, 이렇게 전반적으로 온도가 상승한 현상은 1999년 미국의 기후학자 마이클 만이 발표한 후 많은 논란을 낳은 '하키 스틱hockey stick' 패턴의 본질적 측면이다(Mann et al. 2017). 물론 중세 온난기Medieval Warm Period에서 가장 따뜻했던 시점과 소빙기에서 가장 추웠던 시점이 시공간적으로 크게 떨어진 것은 아니었기에, 최초에 제기된 형태의 하키 스틱 패턴은 이제 지나친 단순화로 간주되고 있다. 그렇지만 하키 스틱 패턴의 본질적인 측면은 여전히 유효하며, 심지어 강화되고 있다. 20세기에 진행된 기후변화는 전 지구적으로 공시적이라는 점에서 기존의 장기적인 이질화 패턴에서 벗어나 있다. 또한 지구의 98퍼센트 지역에서 20세기는 이전 2천 년을 놓고 볼 때 가장 따뜻한 시기였다(Neukom et al. 2019).

현재 기후 과학계는 전반적인 기온 상승의 원인이 인간 때문이며, 주로 온실가스 상승을 통해서 발생한다는 점을 인정하고 있다(IPCC 2013; Oreskes 2004). 기온 변화는 더 미세한 시간 간격, 예컨대 3년에서 7년 사이에 0.1도나 0.2도가 상승 혹은 하락하는 현상에서도 관찰할 수 있다. 이런 불규칙한 특징을 볼 때, 온실가스 수준의 상승으로 인한 지속적인 열 상승 현상을 여타의 기후 요인이 조정했음을 알 수 있다.

　　그런 요인 중 몇몇은 지구의 전체적인 복사 균형에 영향을 준다. 온실가스 농도가 상승하고 있었음에도 불구하고, 대략 1940년부터 1980년까지 40년 동안 '안정기'가 유지된 현상은 부분적으로 화석 연료 연소가 초래한 부수 효과 때문이다. 산업 활동으로 발생한 연기 입자와 황산 에어로졸이 대기 중으로 유입되어 '지구음암화地球陰暗化, global dimming' 현상이 나타나서, 지표면에 도달하는 햇빛의 양이 감소한 것이다. 이런 균형은 사실 복잡한 과정을 통해 이루어진다. 블랙카본과 같은 일부 연기 입자는 열을 반사하기보다는 가두기 때문이다. 그래도 전체적으로 볼 때는 냉각 효과가 있었다. 이후 구식 굴뚝을 갖춘 공장들이 20세기 후반 단계적으로 사라져 가고, 입자 및 이산화황 포집 필터가 광범위하게 도입되면서 이 복사 균형 효과도 감소했다. 큰 화산이 폭발하는 사건도 단기적이기는 하지만 화산재와 황산염을 성층권으로 방출함으로써 유사한 효과를 낼 수 있다. 1983년 멕시코의 엘치촌 화산과 1991년 필리핀의 피나투보 화산 분출은 각각 2~3년 동안 지구를 0.5도 정도 냉각하는 효과를 가져왔다.

　　한편 지구 시스템 안에서 열을 재분배하는 요인들도 있다. 측정된 '지구 평균 온도'라는 것은 사실 평균적인 공기의 온도, 즉 평균 기온이다. 해양과 비교할 때 대기는 열을 훨씬 더 적게 저장한다. 그래서 인간 활동이 온실가스를 통해 발생시킨 열은 대부분 해양 온도를 상승시키게 된다. 그리고 해양과 대기 사이의 변동이 이 지속적인 열 전달 과정을 조절한다. 엘니뇨가 발생하는 해에는 따뜻한 물 덩어리가 태평양을 가로질러 동쪽으로 퍼지면서 대기를 가열하는 쪽으로 균형점을 이동시키고, 라니냐가 발생하는 해에는 이러한 영향이 억제되면서 대기를 냉각하는 쪽으로 균형점이 이동한다. 근본적이면서도 상대적으로 단기적인 이 진동 패턴은 온도 기록의 들쭉날쭉한 특징을 상당 부분 설명하는 데 도움이 된다. 대서양 수십 년 주기 진동Atlantic Multidecadal Oscillation, 태평양 10년 주기 진동Pacific Decadal Oscillation처럼 더 긴 순환도 있다. 이런 주기들의 상호 작용은 여분의 열을 해양이 저장하는 것과 방출하는 것의 변동과 관련이 있다. 해양이 여분의 열을 저장하는 현상은 2000년대 초반의 기온 '안정기'를 설명하는 데 도움을 주며, 열을 방출하는 현상은 이후에 대기가 더 급속도로 온난해진 것과 관련이 있다.

지질학적 맥락에서 현재의 지구 온도는 어디쯤일까? 비록 지층에서 발견할 수 있는 간접지표 증거(화석 꽃가루 군집 등)에 따르면 홀로세 평균 기온이 기존의 간빙기(예컨대 마지막 간빙기였던 12만 5천 년 전이나, 마지막에서 세 번째 간빙기였던 40만 년 전) 평균 기온의 최고치보다 1도 정도 낮기는 했지만, 산업화 이전 시기 홀로세는 여러 측면에서 표준적인 간빙기에 해당했다. 현재의 지표 온도 평균이 산업화 이전보다 1도 정도 높아졌기 때문에, 클라크 등이 추정한 바와 마찬가지로 이후의 추가적 기후변화는 제4기 간빙기 범위를 넘어 새로운 장기 기후 상태로 진입하게 될 것이다(Clark et al. 2016). 인류세 상태에 있는 현재의 지구는 여전히 (그렇지만 간신히) 간빙기 온도 기준 안에 위치해 있다. 미래의 기후변화가 이 기준을 초과하여 진행될지 여부는 대체로 지구 시스템의 되먹임에 의해 결정될 것이다. 그리고 이 되먹임에는 향후 수십 년 동안 인간 사회가 하게 될 선택도 포함된다.

2016년 파리기후협정이 목표로 설정했던 최대 1.5도 상승에 확실하게 도달할 정도로 지구 기후변화는 이미 진행되고 있다. IPCC의 2019년 보고에 따르면, 현재 사용하고 있는 모든 발전소, 공장, 차량, 선박, 비행기가 수명을 다했을 때 탄소제로 대체품으로 교체한다고 하더라도 기온 상승을 1.5도 이하로 유지할 확률은 64퍼센트에 지나지 않는다. IPCC가 제안한 대부분의 저감 시나리오는 이산화탄소를 제거할 대규모 수단 개발을 가정하고 있지만, 효과적이면서도 저렴한 탄소 감축 기술 개발은 요원한 것으로 판명되었다. 토지 내 탄소 매장량을 증대하고 온실가스 배출을 억제하기 위한 효과적이고도 저렴한 방법으로 토지 관리의 개선이 제안되기도 했다(Griscom et al. 2017).

원시 기후의 되먹임, 신기후의 되먹임

인류세 기후는 기후변화 궤도에 있다. 온실가스의 증가로 인한 새로운 복사 균형을 반영할 만큼 대기와 해양이 평형 상태에 도달하려면 아직 수백 년이 필요하다. 특히 지질학적 기준에서 볼 때 대기 중 온실가스 농도는 지금도 매우 빠르게 증가하고 있다. 온실가스 농도가 안정화되고 나서야 시스템이 마침내 평형을 이룰 것이고, 그 후에야 규산염 풍화작용이 효과를 발휘하면서 서서히 감소하는 이산화탄소 수준에 적응할 수 있을 것이다. 앞으로 인간 사회가 발생시킬 온실가스 총량을 특정할 수 없기 때문에, 미래 기후에 대한 예측 시나리오도 다양하게 제시된다(예컨대 IPCC 2013; Clark et al. 2016). 각 시나리오마다 온실가스 배출 수준과 이산화탄소 최고치에 대한 예측이 다르며, 궁극적인 기후변화 정도에 대해서도 견해의 차이가 있다.

기후 예측 시나리오가 각기 다른 만큼 기후변화의 경로 및 속도에 대해서도 불확실성이 존재한다. 지구 시스템의 되먹임 효과와 어떻게 상호 작용하는지에 따라 (강화의 되먹임이라면) 기후변화를 증폭시키는 경로로 갈 수도 있고, (억제의 되먹임이라면) 기후변화를 경감시키는 경로로 갈 수도 있다. 이런 되먹임은 거의 즉각적인 것에서부터 수천 년에 걸친 것까지 다양한 수준에서 작용한다. 규산염 풍화와 퇴적층 내 탄소 매장을 통해 현재 진행되고 있는 지구 기후변화를 궁극적으로 종식할 수 있는 억제 되먹임은 매우 느리게 작용한다. 그렇지만 지구 온난화를 증폭시키는 되먹임은 종종 더 빠르게 작용한다. 예컨대 온도 상승으로 인해 증발률이 증가해 수증기(그 자체로 중요한 온실가스다)가 대기에 더 주입되는 거의 즉각적인 효과도 존재한다. 또한 반사율이 높은 해빙이 수십 년에 걸쳐 녹아내려서 알베도가 감소하고 해양 표면이 더 많은 열을 흡수하도록 만드는 효과도 존재한다.

한편 어떤 되먹임 효과는 불확실하다. 기후변화가 분명히 지구의 구름 체계를 바꾸기는 하겠지만, 구름은 유형과 분포에 따라서 지구를 따뜻하게 할 수도 있고 냉각시킬 수도 있어 예측하기가 어렵다. 널리 예측되는 되먹임 현상 중 하나는 메탄 포접물methane clathrate(왁스와 유사한 성질을 띤 물과 메탄의 화합물)이다. 메탄 포접물은 현재 해저 퇴적층이나 영구 동토층에 매장되어 있으며, 온도가 올라가면 분해에 민감해져 메탄을 방출한다. 메탄 포접물 되먹임은 온난화를 강력하게 증폭시킬 가능성이 있지만, 그것이 현재 진행되는 온난화와 관련해서 얼마나 중요한지는 잘 알려져 있지 않다. 게다가 메탄 포접물에서 유래하는 메탄 방출을 산업, 농업, 토지 사용 변화로 인한 최근의 메탄 방출 증가와 구분해 내기도 어렵다.

현재 진행 중인 온난화와 유용하게 비교해 볼 만한 과거의 온난화 사례를 지질학적 과거에서 찾아볼 수 있다. 550만 년 전에 있었던 팔레오세-에오세 극열기, 그리고 1억 8,300만 년 전에 있었던 쥐라기 초기 토아르시움절 사건을 '과열화' 사례로 들 수 있겠다(Cohen et al. 2007). 두 사례 모두 5도에서 8도 정도의 급격한 온난화 경로를 거쳤다. '못'으로 비유할 수 있는 온난화 과정의 지층 흔적은 온실가스가 지상에서 해양 및 대기 시스템으로 대량, 그리고 지질학적으로 빠르게 자연 배출되었음을 보여 준다. 전 지구적 탄소 시스템의 교란은 지층에 보존된 탄소 동위원소 비율의 변화를 통해 분명하게 나타나기 때문이다. 이 두 개의 온난화 사례는 강화된 규산염 풍화작용을 통해서, 그리고 산소 결핍 상태의 바다나 호수 바닥 퇴적층에 탄소 매장이 증가하는 작용을 통해서 복구되었는데, 그 과정에 10만 년 단위의 시간이 소요되었다.

원시 지구에서 발생했던 이런 온난화 사건들은 기후변화의 비율과 속도에 관한 단서를 지니고 있다. 토아르시움절 사건을 상세하게 분석해 보면, 탄소 배출 및 온난화의 경로가 부드러운 연속선이 아니라 (전형적이고 필연적으로 단순하게 묘사되는 현재 지구 온난화의 미래 경로처럼) 단속적인 계단 모양임을 알 수 있다(예컨대 Clark et al. 2016). 즉, 각각의 안정기로 구별되면서 올라가는 여러 개의 계단 형태인데, 이런 모양은 천문학적 순환에 의한 탄소 배출 조절 때문에 생긴다(Kemp et al. 2005). 배출된 탄소의 특징, 특히 메탄과 이산화탄소의 상대적인 비율에 대해서는 많은 논의가 있었다. 흔한 모델은 2단계를 제시하는데, 초기에는 이산화탄소가 방출되어 약간의 온난화를 야기하고, 나중에 이것이 대규모 메탄 방출을 촉발하여 더 큰 온난화를 불러온다고 설명했다. 그렇지만 지화학적 증거를 이용하여 팔레오세-에오세 극열기에 해양이 얼마나 산성화되었는지를 분석한 최근 연구에 따르면, 당시 온난화의 더 주요한 원인은 북대서양 일대의 화산 활동으로 인한 대규모 이산화탄소 배출이었다(Gutjahr et al. 2017). 당시 배출된 이산화탄소의 양은 지금까지 인간이 생산한 양을 상당히 초과했지만, 배출 자체는 상대적으로 서서히 일어났다.

원시 지구에서 있었던 사례들은 우리 미래에 대한 지침으로는 불완전하며, 조심스럽게 사용해야만 한다. 물론 놀라울 만큼 유사한 측면도 있다. 특히 동위원소 중 더 '가벼운' 탄소가 지구 표면을 가득 채울 뿐 아니라 온난화 사건의 증거로서 지층에 보존되고 있다는 점이 그렇다(2장 참고). 그렇지만 중요한 차이도 존재한다. 원시 지구의 극열 사건은 전형적으로 기후가 따뜻하던 '온실' 단계, 즉 지구에 얼음이 거의 없거나 아예 없던 시기에 발생했다. 그리고 당시 기후변화를 가져왔던 힘은 물리적이고 화학적인 원인으로 작동했던 반면, 인류세에서 진행되고 있는 기후 사건에서는 인간의 기후 되먹임이 중요한 원인으로 작용하고 있다.

인류세의 인간 기후 되먹임

과학과 정책 사이의 관계를 단순하게 보는 관점에 따르면, 과학자들이 연구를 통해 다가오는 환경 문제를 식별해 내고, 정책 입안자들이 이 정보를 수용하여 적절한 규제를 만들고 위험 극복을 위한 수단을 설계한다. 즉, 과학과 정책이 긴밀히 협조하여 문제적 상황을 개선한다는 것이다. 때로는 정말로 이렇게 간단한 방식으로 작동한다. 콜레라를 박멸하기 위해 19세기 중반 런던의 하수 시스템을 다시 설계한 일, 런던의 치명적인 스모그를 제거했던 영국의 1956년 청정대기법을 사례로 들 수 있다. 1985년에 와서야 정례적인 과학적 관측으로 성층권의 '오존홀ozone hole'이 발견되었는데, 오존홀 문제를 일으키는 염화불화탄소 생산을 단계적으로 억제하는 데 성공한 몬트리올의정서(1989년 발효)도 국제적인 사례의 하나로 볼 수 있다. 이 사례들은 공동의 이익이 우선되어야 한다는 근거에 기반하여, 기존의 환경 파괴적 상황에서 여러 방식으로 이익을 취하던 기득권 세력의 저항을 뚫고 시정 조치를 강행했다. 이 모두가 과학적인 증거에 입각하여 인간의 건강을 지탱하는 시스템을 안정적으로 유지하고자 의식적으로 노력한 경우다.

그렇지만 지구 온난화의 경우, 대중들이 문제의 긴급성을 보편적인 수준까지는 아니라 하더라도 상당히 명확하고 폭넓게 인식하고 있음에도 불구하고, 명백한 과학적 증거에 입각하여 문제 상황을 완화하려는 노력이 아직까지는 별로 성과를 내지 못했다. 지난 몇 년 동안 대기 중 이산화탄소 수준이 꾸준히 (심지어 가속적으로) 상승한 사실에 비추어 볼 때, 온실가스 배출을 줄이려는 현재의 정치적·사회적 조치는 효과적이지 않음을 알 수 있다. 이 전반적인 현상에 관해서는 7장에서 자세히 살펴보도록 하겠지만, 온실가스 배출을 줄이려는 변화에 저항하는 주요 요소들로 성장을 전제로 하는 경제 시스템에 대한 확신, 그리고 많은 사회에서 고질적으로 나타나듯 공공선을 우선시하지 않는 경향을 꼽을 수 있겠다. 이에 더해 화석 연료, 산업형 농업, 세계 규모의 해운과 여행, 콘크리트 같은 건축 자재 등 모든 현대 사회가 공통적으로 벌이고 있는 여러 온실가스 배출 활동에 우리가 병리학적일 정도로 경로 의존성을 보인다는 점도 지적할 수 있겠다.

인류세의 기후 결과

지구 시스템 안에서 기후에 의해 발생하는 과정 및 효과가 폭넓고 중대하기 때문에 기후 역사는 지질 역사에서도 매우 중요한 부분이다. 지구 역사상 나타났던 다섯 번의 대멸종 중 네 번의 대멸종에서 기후변화 사건이 핵심이었다{예외는 운석 충돌이 촉발한 백악기-팔레오기 대멸종인데, 당시에도 충돌로 인해 극심하면서도 일시적인 기후 효과가 나타난 것으로 추정된다(Bardeen et al. 2017)}. 또한 기후 패턴은 침식, 퇴적, 생물학적 진화에 전반적으로 강한 통제력을 행사했다. 현재의 기후변화는 매우 심각한 것으로 여겨진다. 아직 시작 단계이기는 하지만, 국제적으로 합의한 한도 이상으로 이산화탄소 수준이 상승하지 못하게 단호하면서도 성공적인 시도를 하지 않는다면 인류세의 세계가 나아갈 기후변화 궤적의 여파는 심각한 파국을 가져올 수도 있다. 우리가 현재 합의한 이산화탄소 수준은 450피피엠으로, 이는 전 지구 평균 표면 온도 상승을 산업화 이전 수준에서 1.5도 이내로 억제하는 것이다. 온난화된 세계의 잠재적 특징은 폭넓게 연구된 바 있다(예컨대 Letcher 2016). 이제는 범위를 약간 좁혀서, 인류세의 (인간 구성 요소를 포함한) 지구 시스템에 특히 중요한 몇 가지 특징에 대해서 간략히 논의하고자 한다.

기후변화의 중요한 특징 중 하나는 단순히 온도가 더 높아지기만 해도 생물체에 생리적인 영향을 미친다는 점이다. 기후가 변화하면 고위도 지역에서는 온도 변화가 강하게 체감되고 저위도에서는 상대적으로 제한적으로만 체감된다. 그렇지만 이미 더운 지역에서는 온도가 약간만 올라가도 온도와 습도가 치명적으로 조합하는 일이 빈번해질 수 있다. 1년에 최소 20일 이상 치명적인 임계치를 초과하는 지역에서 살고 있는 인구는 이미 전 인류의 30퍼센트에 이른다. 모라와 그 동료들의 연구에 따르면, 탄소 배출을 대폭 감소하는 체제로 전환한다고 하더라도 2100년에는 그런 인구가 전체의 48퍼센트에 달할 것이며, 만약 늘 하던 대로 별다른 조처를 하지 않는다면 비율은 74퍼센트까지 올라갈 것이다(Mora et al. 2017). 열이 증가하는 체제가 계속되면 열을 피하려는 욕구가 더 커지고 에너지 집약적인 에어컨의 수요도 증가할 것이다(Davis and Gertler 2015). 이것이 강화 되먹임 기제로 작용하여 기후가 더 따뜻해질 수도 있다.

열사병의 증가는 인간 공동체만이 아니라 비인간 공동체에게도 영향을 미친다. 산호 백화coral bleaching 현상처럼, 열 때문에 스트레스를 받은 산호 유기체는 공생 관계에 있던 조류藻類를 방출하고 유령처럼 하얗게 색이 변하며, 영양의 많은 부분을 잃고 심각하면 죽기도 한다. 산호 백화는 1984년 처음 보고된 현대적 현상이다(Hughes et al. 2018). 이후 열대와 아열대 해역이 더욱 뜨거워지면서 산호 백화는 더욱 빈번해지고 확산되었으며(Heron et al. 2016), 2016년과 2017년 사이에는 사상 최대 규모인 수천 킬로미터 이상으로 확장되어 인류세에 나타난 새로운 현상으로 여겨지고 있다(Hughes et al. 2018). 이로써 산호초 생태계가 지탱하던 풍부한 생물다양성(그리고 산호초 생태계에 기대어 번성하던 인간 시스템)뿐 아니라 산호초 생태계 존재 자체가 위협을 받기에 이르렀다.

　　산호초는 대체로 인류세가 가져오는 실시간적 변화에 대응할 만한 기동력이 없다. 반면 여타의 생물 시스템은 지리적 장벽, 그리고 도시나 단일 작물 재배지처럼 인간이 만든 장벽의 한계까지는 이주할 수가 있다. 새로운 인류세의 특징 중 하나는 20세기 중반 이후 1도 이상 온난화가 진행되면서 동식물 분포 범위가 고위도 및 고지대로 이동한 것이다. 이는 육상 생물계와 해양 생물계 모두에게 영향을 미쳤다. 해양 유기체는 열에 완충된 바다 환경에서 진화해 왔기 때문에 내온성이 약해 더 격심한 피해를 보았다. 예컨대 지난 반세기 동안 북동대서양의 플랑크톤 군집은 육지의 일반적인 변화율 범위보다 10배 이상 빠른 10년당 최대 200킬로미터의 속도로 북상해 왔다(Edwards 2016).

　　이런 생물학적 변화는 행성적 차원에서 더 중요하고 심각해지는 궤도 위에 있지만, 변화의 중요성이나 변화 사실 자체 모두 인간의 시야를 벗어나 있다. 그래도 생물학적 변화의 문제는 인류세가 진행되고 있는 상황에서 생물 보존이 무엇을 의미하는지 등의 질문과 연계되어 있다(Corlett 2015). 예를 들어, 대부분의 토착 동물상과 식물상이 기존의 홀로세 안전지대에서 조만간 쫓겨나게 될 것이 분명한 상황에서 어느 정도까지 종의 이동을 도울 것인지, 심지어 일부 침입종을 멸종시키기보다는 환영할 것인지의 문제는 하나의 선택지가 될 수도 있다. 여기서 중요한 요인이 하나 있다. 바로 현재의 기후가 간빙기 기온의 절정에 가까운 기존 상태에서 수백만 년 동안 지구가 경험하지 못한 더 따뜻한 상태로 이동하고 있다는 점이다. 제4기 동안에는 빙기와 간빙기 사이 기후 진동이 반복적으로 많이 일어났지만, 그렇다고 멸종률이 높아지지는 않았다. 지난 2백만 년에서 3백만 년 동안, 생물권은 이런 변형 및 이동 패턴에 적응해 왔다. 그러나 이제는 인간이 생물권에 초래한 여타의 압력(5장 참고)과 결합하여 기존 상태에서 이탈이 시작되었으며, 급격한 변화로 나아가고 있다.

기후변화의 또 다른 결과로, 현재 지질학적으로는 사소하지만 사회적으로는 중요하며, 미래에 지질학적으로 중대해지기 전에 사회적으로 더 심각해질 문제들이 있다. 그중 가장 눈에 띄는 것은 바로 해수면 상승이다.

해수면 상승

제4기의 빙기 및 간빙기 주기 동안 만년설이 번갈아 커지고 작아지면서, 지질학적으로 규모가 큰 전 지구적 해수면 진동이 반복되었다. 그중 마지막 주기였던 시기는 플라이스토세에서 홀로세로 넘어가는 시기로, 약 2만 년 전부터 해수면이 상승하기 시작하여 약 130미터 상승한 결과, 7천 년 전에 현재 수위에 근접한 상태로 안정되었다. 이후 해수면은 약 4천 년 전까지 서서히, 약 3미터 정도 상승했다. 그다음에는 해수면이 1미터 미만으로 상승했다. 100년에 15~20센티미터가 넘는 개별적인 해수면 상승 동향은 감지된 바 없으며, 중세 온난기나 소빙기와 같이 경미하게 기후가 변동하던 시기에도 해수면이 뚜렷하게 변하지는 않았다(Lambeck et al. 2014). 바로 이 시기에 인류 문명이 발전했으며, 확실하게 고정적이고 안정된 해안선 지역을 광범위하게 식민화하기 시작했다.

지난 한 세기 동안 지구가 따뜻해지면서 해수면은 안정적인 상태에서 벗어나기 시작했다. 부분적으로는 표면의 온기가 해저 깊은 층으로 퍼져 나가는 해양 열 팽창 때문이다. 또한 산악 빙하가 수축하거나 소멸하고 극지 빙상이 녹으면서 물이 해양으로 추가 유입된 현상도 해수면 상승의 부분적인 원인이다.

대부분의 인류세 현상과 마찬가지로, 해수면 상승은 현재 진행 중이며 점점 가속화되고 있다. 20세기 동안 해수면은 총 20센티미터(약 8인치) 남짓 상승했는데, 지질학적 관점에서는 미미한 수준이다. 이는 빙하가 녹는 현상이 전 지구적 기온 상승보다 뒤늦게 나타나고, 전 지구적 기온 상승은 대기 중 온실가스 축적으로 야기된 복사 균형 변화보다 뒤늦게 나타나기 때문이다. 그래도 해수면 상승률은 감지 가능할 정도로 높아졌으며, 위성 고도계 데이터로 측정한 21세기 초반 상승률은 연간 3밀리미터 정도다(20세기 중반 대부분 연간 1밀리미터 남짓이었던 것과 비교하면 급격히 증가한 수치다). 현재의 가속 상승률을 단순히 외삽해서 계산하면, 21세기에는 해수면이 약 65센티미터 상승할 것으로 보인다(Nerem et al. 2018).

극지에서 얼음이 녹는 기제이자 그 중요한 구성 요소는 부분적으로 빙하 표면이 대기와 만날 때 발생하는 추가적인 열이다. 그렇지만 얼음의 열 관성을 생각해 보면, 이런 식으로 얼음이 녹는 데는 수천 년이 걸린다. 그래서 점차 온난한 해수로 인해 빙상 기저부가 녹는 것이 더 중요한 요인이라고 간주되고 있다. 얼음이 녹는 과정에서 육지의 얼음과 유빙을 구분하는 전체적인 접지선이 내륙으로 후퇴할 수 있는데, 이는 21세기 들어 위성 데이터로 관찰이 가능해진 추세다(Konrad et al. 2018). 바위가 많은 바닥을 걷어 낸 얼음덩어리가 떠다니기 시작하면, 마찰력의 저항을 넘어 육지 기반 얼음이 바다로 밀려가고, 바다에서 빙산 형태로 쪼개진 얼음은 위도가 낮은 곳으로 떠내려가서 녹는다. 이렇게 유빙이 갑자기 깨지는 현상은 2002년 남극 반도의 (웨일스 면적만 한) 라르센 B 빙붕이 붕괴하고, 2017년 라르센 C 빙붕이 일부 붕괴한 현상에서도 관찰할 수 있다.

유빙의 붕괴 자체가 해수면을 곧바로 상승시키는 것은 아니다(진토닉 위에 떠 있는 얼음 조각이 녹는다고 잔이 더 차오르지는 않는 것과 마찬가지다). 그러나 이미 관찰한 바와 같이, 배후에 위치한 육지 기반 얼음에 대한 억제 효과가 없어지면 육지의 얼음이 바다로 더 빠르게 유입된다. 플라이스토세에서 홀로세로 전환되던 시기에 빙상이 녹아서 해수면이 상승했던 기록을 보면, 완만하게 상승하기보다는 띄엄띄엄 급격히 상승했으며, 가장 빠르게 상승한 국면(1년에 40밀리미터 이상)은 빙상이 붕괴한 사건과 연결되어 있었다(Blanchon and Shaw 1995). 인류세의 미래 백 년과 천 년 동안에도 이렇게 불규칙한 해수면 상승 패턴이 예상된다. 소폭의 기온 상승에도 빙상이 얼마나 민감하게 반응하는지는 기온이 지금보다 (높다 하더라도) 약간 높았던 12만 5천 년 전 마지막 간빙기 기록에서도 찾아볼 수 있다. 당시의 해수면은 현재보다 약 5미터(16.5피트) 이상 높은 지점까지 상승했다(Dutton and Lambeck 2012).

지질학적으로 볼 때 5미터의 해수면 변화는 아주 미미하지만, 그런 변화가 인간 사회에 미치는 영향은 매우 클 수 있다. 이것은 홀로세의 해수면 안정성에 해안선이 적응해 온 방식에도 반영되어 있다. 특히 대지가 해수면과 거의 비슷한 해발고도로 수천 제곱킬로미터 면적까지 뻗어 나가는 거대한 삼각주 지역이 그렇다. 인간은 주로 비옥하고 물이 풍부한 저지대를 거주지로 선호해 왔다. 최근 몇 세기 동안에는 이런 지역을 배수하고 느슨한 토양을 압축하고 그 아래 지하수와 탄화수소를 퍼냄으로써 지대를 더 낮게 만들기도 했다(Syvitski et al. 2009). 그 결과, 인구가 밀집된 뉴올리언스, 자카르타, 상하이 등 해안 도시 주변에서는 지반이 수 미터 침하하기도 했다.

특히 해양이 온난한 경우 홍수를 유발하는 강력한 열대성 사이클론이 더 자주 발생한다는 점을 고려하면, 인구가 조밀한 해안 지역 대부분은 해수면이 단 1미터만 상승해도 침수될 수 있으며, 재앙적인 홍수에도 더 취약할 수 있다(Trenberth et al. 2018). 이런 시나리오는 향후 한두 세기도 지나지 않아 현실화될 가능성이 꽤 높다. 결과적으로 필요한 재건 및 재정착 방향을 모색하고, 침수된 인적 기반 시설과 폐기 현장에 다각도로 영향을 미치는 해양 침식을 억제하는 일은 아마도 현재 진행 중인 인류세가 당면한 크고 어려운 도전 중 하나가 될 것이다.

우리는 현재 지구 온난화의 첫 번째 스트레스만을 경험하고 있을 뿐이다. 지구 온난화가 분출한 힘은 너무나 강력해서, 인간 사회가 여러 세대를 거치는 동안 계속해서 지구라는 행성에 영향을 미칠 것이다. 생물권은 이미 기후변화의 영향을 받고 있다. 다음 장에서도 살펴보겠지만, 인간이 초래한 여타의 무수한 영향과 함께, 점차 강화되고 있는 온난화 현상은 지구의 살아 있는 피부를 빠르게 변형시키고 있다.

인류세와
생물권 전환

The
Anthropocene
and the Biosphere's
Transformation

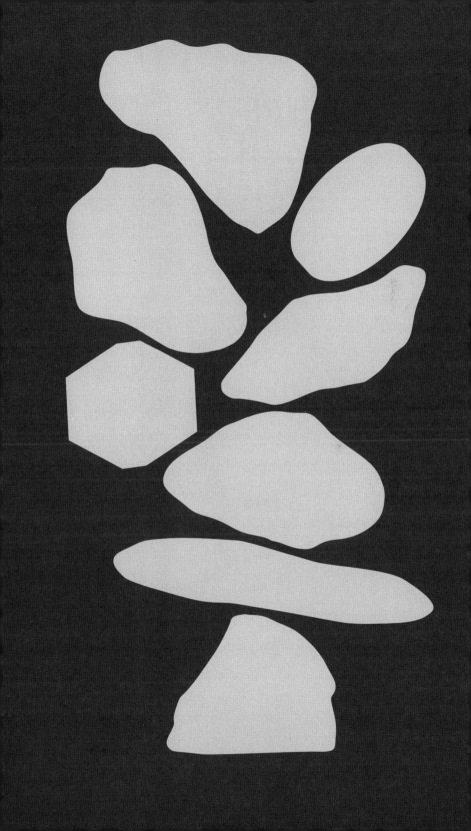

5

인류세와
생물권 전환

지난 수 세기 동안 인류는 생물권에 심오한 변화를 일으켰다. 인간이
촉발한 변화에는 전 대륙 및 대양 사이에서 이루어진 대규모 생물종 이동,
식용을 위한 광범위한 동식물종 변형(특히 닭이나 돼지처럼 개체수가
엄청나게 증가한 현상), 그리고 전체 생태계의 변화가 포함된다. 육지와
바다 모두에서 인간이 (실질적으로) 최상위 포식자로 자리매김한 점,
그리고 지구의 1차 생산성 총량(식물과 여타 1차 생산자가 만들어 내는
생물량 속에 저장된 에너지 총량) 가운데 3분의 1 정도를 인류가 전용하고
있다는 점은 지구 역사 전체를 두고 볼 때 매우 독특한 상황이다. 이번
장에서는 생물권의 복잡성과 그 정의에 대해서 검토하고, 인간이 생물권에
미친 영향이 어디에서 기원하며 시간에 따라 어떻게 전개되었는지를
검토할 것이다. 또한 인간의 영향력이 현재 생물권에 어떻게 나타나고
있으며, 미래의 궤적은 어떻게 될 것인지도 살펴보고자 한다.

생물권

생명, 대기, 물, 대지 사이의 연결에 관한 근대적이고 과학적인 이해는

19세기 박물학자들의 탐험으로부터 시작되었다. 19세기 초반 프로이센의 박물학자 알렉산더 폰 훔볼트와 프랑스의 식물학자 에메 봉플랑은 함께 남아메리카를 여행하면서 관찰을 통해 동물, 식물 그리고 동식물을 둘러싼 환경 조건 사이에 확실한 관계성이 있음을 입증했다. 베네수엘라의 숲에서 훔볼트와 봉플랑은 "높이와 크기가 엄청난 나무들"을 보았으며, 고지대에서 저지대로 내려올수록 "양치류 수가 줄어들고 야자나무 수가 늘어나며" 큰 날개를 가진 나비들이 더 많아진다는 점을 관찰했다(vol. I, ch. 1.8, 토마시나 로스Thomasina Ross의 번역). 19세기가 끝날 무렵에는 심해에서 산꼭대기에 이르기까지 다양한 환경에서 서식하는 유기체들에 관한 기록 작업이 이루어졌으며, 생물종의 분포를 제약하는 자연적 요인과 지리적 요인에 대한 지식도 널리 보급되었다. 오스트리아의 지질학자 에두아르트 쥐스가 자신의 저서 『알프스의 형성Die Entstehung der Alpen』(1875)에서 '생물권Biosphäre'이라는 용어를 처음 사용했던 시점에는 이미 생물권 개념이 각종 문헌에서 형태를 잡아 가고 있었다. 쥐스는 그 개념을 표현하는 특정 용어를 고안했을 뿐이었다. 쥐스의 책은 주로 산이 형성되는 과정을 다루는 책이었고, 생물권이라는 용어는 상층권(대기권과 수권으로 이루어진 영역)과 암석권 사이에서 상호 작용하는 유기체 생물의 영역을 나타내기 위해 단 한 번 언급되었을 뿐이다. 그러나 쥐스는 그의 5부작 저서인 『지구의 일굴Das Antlitz der Erde』(1885~1909)에서 세계가 두 가지 '주요 부류', 즉 태양의 직접적인 영향 아래에서 살아가는 유기체가 형성하는 영역과 그늘에서 살아가는 유기체가 형성하는 영역으로 나뉜다는 점을 서술하면서 다시금 생물권이라는 용어를 사용했다(vol. II, 1888: 269). 삼엽충은 딱정벌레와 비슷해 보이지만 석회질로 침윤된 외골격을 갖춘 멸종 해양 동물인데, 쥐스는 삼엽충 화석 기록에서 환경과 유기체의 복잡한 상호 작용의 증거를 찾았다. 삼엽충 머리를 보면 보통 골격 안에 거대한 안구 수정체가 들어가 있었던 것으로 보이지만, 어떤 경우에는 빛의 영향이 닿지 않는 해양 환경에서 살았기 때문에 눈이 없거나 눈이 먼 상태로 나타나기도 한다. 쥐스는 여러 화석으로부터 원시 해양의 상이한 수심에 살았던 동물 군집을 변별해 낼 수 있었다(1888: 337).

　　쥐스가 활동하던 시기로부터 반세기가 지난 다음, 러시아의
과학자인 블라디미르 베르나츠키는 생물권의 진화를 대기권, 수권,
암석권과 완전하게 통합하는 개념을 정식화했다. 1926년 출판된
『생물권The Biosphere』은 식물과 동물 사이의 복잡한 관계, 그리고 화학
물질이 생물학적 매체 안팎을 넘나드는 방식의 개요를 보여 주었다.
베르나츠키의 책은 생명이 번성할 수 있는 조건 변수들을 탐구한 저서다.
이 조건 변수들에 관한 베르나츠키의 관찰은 온도, 자외선 노출, 물에
대한 접근성 등 실제 물리적 제약에 근거했다는 점에서 선견지명이
있었다. 베르나츠키는 대륙 지각의 3.5킬로미터 깊이까지 생명체가
존재할 수 있다고 예측하였고, 대류권 상층부에도 생명체가 존재할
것이라고 언급했다. 그 이후 과학계는 지구 대륙 지각의 4킬로미터
깊이에서 미생물을 발견했으며, 지표 위 10킬로미터 상공 대류권에서 대기
1세제곱미터 부피당 수천 개의 박테리아 세포를 추출할 수 있다고 밝혔다.
베르나츠키는 생명을 지질학적 과정으로 보았으며, 생명체가 시간이
흐름에 따라 행성을 변화시켜서 더 많은 곳을 거주 가능하게 만든다고
생각했다. 그는 지구 지각 상부의 방해석과 수산화철을 포함한 수백 가지
광물이 생명체의 영향을 받아 지속적으로 형성되고 있음에 주목했다.
나중에 베르나츠키는 정신권이라는 개념(테야르 드샤르댕이 사용한
정신권과는 다른 의미다; Levit 2002 참고)을 생물권에 통합시켰다.
그가 말한 정신권은 '이성의 권역'이었으며, 그런 의미에서 베르나츠키는
인간의 이성을 "적어도 20억 년 동안 규칙적으로 지속되어 온 거대한
자연적 과정이 필연적으로 발견된" 모습의 일부로 여겼다(Vernadsky
1997: 31 참고). 따라서 생물권은 지구의 생명 전체, 그리고 그것이
대기권, 수권, 암석권과 맺고 있는 상호 연계성을 통해서 가장 잘 정의해
볼 수 있다. 시간이 지남에 따라 생물권은 지구 시스템의 상이한 구성
요소들을 변형시켰으며, 그런 과정에서 더 넓은 범위의 환경을 생명체를
위해 조작해 냈다. 육지에서는 식물이, 해양 환경에서는 박테리아 및
원생생물이, 깊은 지하 환경에서는 박테리아 및 고세균류가 압도적으로

지배적인 생물량을 차지하는 존재로 진화했다. 전체 생물량 가운데 작은 부분만을 차지하는 동물은 바다에서 기원했으며, 육지보다는 바다에 더 많이 서식해 왔다.

지구 시스템의 생물학적 변형은 지질학적 기록에도 분명하게 나타난다. 약 24억 년 전부터 발달하기 시작한 식물의 광합성 작용은 물과 이산화탄소를 이용하여 탄수화물을 생성하고 식물의 조직을 배양하며, 부산물로 주변 환경에 산소를 방출한다(1장, 2장 참고). 광합성 작용 덕택에 생물권은 국지적인 화학 에너지원으로부터 자유로워졌으며, 해양에서는 생물권이 1차 생산, 즉 식량 공급의 토대가 되기도 했다. 광합성 과정을 통해 방출된 산소는 축적되어 수권, 대기권, 암석권을 변화시켰으며, 지상에서는 풍경을 붉게 만드는 산화철처럼 완전히 새로운 광물들도 만들어 냈다. 지구 역사에서 한참 더 시간이 흐른 시점인 약 4억 7천만 년 전 식물은 육지에 대규모로 퍼져 나가(Wellman and Gray 2002), 지구 생물량의 대부분을 차지했다. 식물의 뿌리 체계는 진화하여 퇴적물을 묶어 두고 강둑을 안정시켰다. 그래서 강은 보통 범람 지역을 구불구불 지나가는 패턴으로 흐르기 시작했으며, 원시 강둑 위에 축적된 진흙을 보전하면서 암석으로 바꾸는 독특한 퇴적층을 남겼다. 뿌리에 의해 묶인 진흙 퇴적물은 다른 유기체가 살아갈 수 있는 새로운 공간을 만들었다. 원시의 범람 지역 위로 동물들이 이동했고, 약 4억 년 전부터 동물 화석 흔적이 암석 안에 보존되었다(Davies and Gibling 2010, 2013).

베르나츠키가 탐구했던 유기체와 환경 사이의 복잡한 상호 관계는 살아 있는 생태계 중 가장 작은 생태계에서도 목격할 수 있다. 예컨대 더 넓은 해양 생태계와 연결된 해변의 작은 암석 웅덩이에도 광합성을 통해 태양으로부터 에너지를 생산하는 조류藻類 혹은 식물성 플랑크톤과 같은 1차 생산자 유기체가 있다. 그런 조류 근처에는 조개, 달팽이, 작은 갑각류에 해당하는 동물이 섭식하고 있을 것이다. 게처럼 암석 웅덩이에 서식하는 동물 중 일부는 달팽이류를 포식할 것이다. 작은 새우와 같은 또 다른 동물들은 죽은 동물의 사체를 파내면서, 혹은 암석 웅덩이에 사는 물고기의 죽은 피부 조직이나 기생충을 제거해 내면서 서로 유익한

(공생적) 관계를 맺을 수도 있을 것이다. 맨눈으로 보이지 않는 미생물 유기체는 동·식물의 사체 조직을 분해하면서 새로운 물질로 재활용될 수 있는 성분을 방출한다. 이는 생물권에 필수적인 과정이기도 하다. 지금까지 언급했던 모든 유기체는 암석 웅덩이를 구성하는 물리적·화학적 환경과 상호 작용을 할 것이다. 환경의 틈새는 작은 동물들이 포식자로부터 잠시 피할 수 있는 공간도 제공해 줄 수 있다. 해초도 비슷한 기능을 할 수 있다. 조수가 다시 밀려들어 오면 그와 함께 물, 영양소, 산소, 그리고 다른 유기체가 유입되면서 더 넓은 해양 환경과 복잡한 연결이 생겨날 것이다. 이런 식의 상호 관계는 암석 웅덩이 속에도, 동아프리카의 사바나 속에도, 다른 어느 곳에도 다 존재한다.

　　수십억 년 동안 유기체의 분포를 통제하는 주된 요인은 빛이나 먹이나 물의 가용 여부, 지표면 온도가 생명체가 살기 적당한 범위 안에 해당하는지의 여부, 이동을 제한 혹은 허용하는 지형이나 해양의 물리적 한계 등 환경적 요소였다. 이러한 패턴은 특정한 기후대에 나타나는 동식물의 특징적 집합으로 나타나며, 생물군계biome라고도 불린다. 사바나 유형 생물군계, 열대 우림 생물군계, 고위도에 있는 툰드라나 극지 사막형 생물군계 등을 열거해 볼 수 있다. 이런 생물군계는 수억 년에 걸쳐 진화해 왔다. 예를 들어 식물 화석의 분포로 추론해 보면, 석탄기(3억 5,900만 년 전부터 2억 9,900만 년 전)에도 열대 우림이 존재하기는 했다. 당시 열대 우림을 구성했던 종이 오늘날 열대 우림을 구성하는 종과는 매우 다르지만 말이다. 생물군계의 이런 자연적 패턴은 불과 수천 년 전까지만 해도 인간에 의해 거의 교란되지 않았다. 생물군계 안에 존재하던 유기체의 패턴도 마찬가지다. 그렇기에 1만 년 전에는 옥수수가 중앙아메리카 지역에서만 자랐고, 가축화된 닭의 조상인 적색야계는 현재의 중국 남부 지역을 포함하여 동남아시아의 열대 우림에만 서식했으며 다른 지역에서는 발견되지 않았다. 생물군계는 바다에도 존재한다. 그러나 바다에서는 해류 및 해류가 전달하는 열, 영양소 공급, 1차 생산의 영향 때문에 패턴이 더욱 역동적이다.

　　현재는 인간의 행위가 유기체 분포를 통제하는 주요 원인이 되었다.

이 새로운 통제 경향은 지난 수천 년 동안 발전되어 왔으며, 대략 지난 세기에 더욱 가속화되었다. 여기서 핵심적인 과정 중 하나는 지구 역사상 전례 없는 규모로 생물종의 지역적 이식이 이루어졌다는 점이다.

동물계와 식물계의 전 지구적 동질화

에두아르트 쥐스는 화석을 관찰함으로써 원시 생태계의 패턴을 구분하는 데 기여했다. 또한 쥐스는 화석을 이용하여 원시 대륙의 위치를 지도로 그리기도 했다. 쥐스는 그가 곤드와나대륙이라고 명명한 원시 초대륙을 식별할 때 글로소프테리스라는 고사리 화석을 이용할 수 있다고 지적했다. 약 3억 년 전에 존재했다는 이 거대한 대륙은 남반구의 남아메리카, 아프리카, 인도, 남극 대륙, 호주를 연결했었다. 쥐스는 한 종류의 식물이 그렇게 널리 퍼지려면 이 대륙들 사이에 분명히 공통된 연결점이 존재하리라고 추측했다. 이렇게 화석 기록에 남아 있는 패턴을 활용하여 지질학자들은 판 구조론plate tectonics에 입각한 대륙의 움직임을 추적한다. 여러 대륙이 한군데로 모이면 각 대륙 위의 전반적인 생물종도 수렴하게 된다. 한편 대륙들이 멀리 떨어지면, 각 대륙의 환경도 달라지면서 생물종도 더 상이한 방향으로 갈라지게 된다. 약 3백만 년 전 지각 융기에 의해 북아메리카와 남아메리카가 파나마 지협으로 이어졌을 때 동물계와 식물계에서는 교환이 일어났다. 아르마딜로와 나무늘보는 북쪽으로 이동했고 퓨마와 검치호劍齒虎, sabre-toothed cat는 남쪽으로 이동했는데, 이 교차 이동은 화석 기록에도 보존되어 있다. 이런 패턴은 육상과 해양의 동식물 분포가 수억 년 동안 지리적 조건에 의해 강력하게 영향을 받았음을 보여 준다.

　　현재(21세기) 형성되고 있는 유기체 분포 패턴을 미래의 지질학자가 조사한다면 매우 혼란스러울 것이다. 예를 들어 뉴질랜드의 동식물계는 수천만 년 동안 남서태평양 일대에 지리적으로 고립되어 있었기 때문에 다른 지역의 영향을 받지 않았으리라고 예상할지도 모른다. 그러나 현재 뉴질랜드에는 토착 식물종만큼이나 많은 유입 식물종이 있으며, 이 유입종 중 상당수가 계속 버티고 진화해서 잎사귀 화석, 꽃가루, 포자 등의 형태로 자신이 존재했었다는 신호를 계속 남길 것이다. 한편 해양에서도 원시 생물종 분포 패턴이 깨졌다. 1만여 종에 달하는 생물종이 선박평형수 탱크를 통해 서식지를 옮겼기 때문이다(Bax et al. 2003). 지리적으로, 그리고 기후적으로 통제되던 생물지리학의 장기적 패턴은 붕괴하고 있으며, 이 때문에 파울 크뤼천이 인류세라는 용어를 즉흥적으로 제안하기 전부터 이미 생물군의 전 지구적 동질화를 반영하는 '동질세'라는 용어가 제안되었었다(Samways 1999).

인간이 전 지구를 가로질러 돌아다니면서 유기체를 이동시키는 과정은 수천 년에 걸쳐 전개되었는데, 이는 식량 공급을 위한 동식물의 사육과도 밀접하게 연관된다. 예를 들어 굴토끼는 세계 각지로 이동했다. 2천 년 전에 사람들이 굴토끼를 영국 본토로 데려갔고, 이후 18세기에 유럽인들이 호주로 가는 첫 번째 함대에 굴토끼를 데려갔다. 호주에서 침입종이 된 굴토끼는 과도하게 풀을 뜯어 먹어서 지역 생태계를 심각하게 훼손했다. 호주 내의 토끼 수를 줄이려는 목적 아래 남아메리카의 점액종myxomatosis 바이러스와 같은 새로운 외래 유기체가 도입되기도 했다. 침입종으로 널리 퍼진 또 다른 동물로는 집고양이를 들 수 있다. 집고양이는 9천 년 전 근동 지역에서 사육되면서 퍼져 나가기 시작했다. 집고양이의 확산 패턴은 인간의 교역로나 접촉 경로를 그대로 따랐다(Ottoni et al. 2017). 고양이는 미국에서만 매년 10억 마리 이상의 조류, 그리고 수십억 마리의 포유류를 죽이고 있다(Loss et al. 2013).

이런 이동으로 인해 많은 생태계의 종 목록이 격변했다. 지리적으로 멀리 떨어져 있어서 최근에야 인간의 영향을 받기 시작한 지역에서는 그런 격변이 특히나 더 분명하게 나타난다. 원래 그런 지역의 생태는 지리적으로 고립된 상태에서 진화해 왔으며, 생태적 범위나 지리적 범위가 좁은 독특한 생물종이 특징이다.

재구성된 섬 생태계

마스카렌 제도라고도 알려진 모리셔스공화국의 고립된 섬들은 외래종이
현지 동식물계에 미치는 영향력을 상징적으로 보여 준다. 마스카렌
제도는 마다가스카르에서 동쪽으로 수백 킬로미터 떨어진 인도양에
위치해 있으며, 개화하는 식물종의 50퍼센트 이상이 이 지역에서만
발견되는 토착 생물군이라는 특징을 지니고 있다. 가장 중심이 되는
섬은 마다가스카르에서 동쪽으로 약 855킬로미터 떨어진 지점에
있는 모리셔스섬, 그리고 그 지점에서 약 574킬로미터 더 동쪽에 있는
로드리게스섬이다. 모리셔스에 직접적인 인간의 영향이 미친 것은 최근의
일이다. 13세기에 아랍 무역상들이 모리셔스를 발견했으며, 1598년에는
네덜란드동인도회사가 모리셔스 점유를 주장했다. 아마도 난파선에서
유입된 애급쥐가 인간이 점유했던 기간보다 더 오랫동안 모리셔스에 영향을
끼친 것으로 보인다. 그 이후 프랑스와 영국의 식민 지배로 인해, 지리적
연원이 광범위한 동식물종들이 모리셔스로 유입되었다.

　　모리셔스는 1662년 마지막으로 목격된 도도새의 멸종으로 가장 잘
알려져 있다. 도도새는 인간 역사에서 처음으로 멸종이 기록된 생물종이다.
얄궂게도 도도새는 분포 범위가 광범위하고 개체수도 엄청난 비둘기와
친척 관계이며, 계통 분류로는 비둘기과에 속한다. 그러나 비둘기과의
친척들과는 달리 도도새는 날지 못하는 새였다. 아마도 모리셔스 지표면에
먹이가 풍부했고 인간의 영향이 미치기 전에는 포식자가 없었기 때문에
그런 생존 전략을 갖는 방향으로 진화했을 것이다. 도도새의 덜 유명한
친척인 로드리게스 솔리테어는 로드리게스섬에서 동일한 생존 전략을
채택했으며, 18세기 중반 도도새와 동일한 운명에 처했다. 인간들이
모리셔스를 점유한 지 한 세기도 지나지 않아서 도도새가 멸종되기는
했지만, 이는 17세기 모리셔스를 점유했던 소수의 인간이 도도새를
사냥했기 때문이라기보다는 쥐, 돼지, 사슴과 같은 외래종이 유입되었기
때문으로 보인다.

　　도도새는 모리셔스에서 일어난 멸종 이야기의 일부에 지나지

않는다. 지난 400년 동안, 약 100여 외래종이 도입되면서 모리셔스에서는 80여 종의 토착 척추동물이 멸종했다. 애급쥐는 늦어도 1598에는 모리셔스에 도착했음이 분명하다. 의도적으로 도입된 동물로는 1648년 이전에 멧돼지와 염소가 있었는데, 이는 체류하는 선원들이 식자재로 쓰기 위해서였다. 이후 시궁쥐가 우연히 유입되었으며, 식용 목적으로 왕달팽이가, 그리고 시궁쥐 통제 목적으로 작은인도몽구스가 각각 도입되었다. 두 도입종 모두 의도된 목적을 이루지는 못했다. 같은 시기에 미모사 계통군에 속하는 백연수를 포함한 많은 식물종이 멀게는 아메리카 대륙으로부터 도입되었다. 그 결과 모리셔스의 자생림은 외래 식물의 침입을 받았다.

모리셔스로의 유입 패턴은 20세기에 더욱 가속화되었다. 20세기에 들어온 22종의 곤충 가운데 14종은 1975년 이후에 들어왔다. 그래도 모든 침입이 돌이킬 수 없는 것은 아니다. 1996년 공항 근처에서 발견된 침입종인 귤과실파리는 1997년에 통제되기 시작하여 1999년에는 박멸이 선포되었다. 한편 보존에 성공한 사례도 있었다. 모리셔스황조롱이는 한때 야생 개체가 4마리로 감소하여 1974년 세계에서 가장 희귀한 새라고 여겨지기도 했지만, 현재는 야생 개체 중 성조가 약 400마리에 이르는 것으로 알려져 있다. 그렇지만 이 수치는 10년 전에 비해 절반으로 줄어든 수치며, 모리셔스황조롱이는 여전히 멸종 위기종이다.

모리셔스에 유입된 종의 패턴은 육지의 경우 기록이 잘 되어 있다. 이 기록을 보면, 모리셔스의 육지 생태계를 인간이 도착하기 이전 상태로 되돌리는 것이 사실상 불가능함을 알 수 있다. 이와 유사하게, 모리셔스의 해양 생태계도 참굴처럼 전 지구적 이동을 특징으로 하는 종들에 의해 영향을 받았다.

일부 섬 환경에서는 인간이 수 세기에 걸쳐 지형에 어떻게 영향을 미쳤는지가 잘 드러난다. 원시 하와이 카우아이섬의 퇴적층 천이가 마하울레푸 싱크홀에 보존된 것을 예로 들 수 있다. 과거 천 년 동안 축적된 퇴적층은 폴리네시아쥐가 1039년에서 1241년 사이에 처음으로 유입되었음을 보여 주며, 또한 이 시기에 폴리네시아인도 도래했음을 보여 준다. 싱크홀 천이에는 많은 토착 달팽이종의 개체수가 감소하다가 결국 절멸한 사실이 기록되어 있는데, 이는 무엇보다도 폴리네시아 정착민들의 영향을 드러낸다. 이어서 유럽인들의 영향으로 토착 달팽이가 19세기와 20세기 동안 멸종된 것도 보인다. 20세기 중반 이후의 싱크홀 퇴적층에는 도입종인 아프리카 왕달팽이와 중앙아메리카 늑대달팽이의 화석 증거가 보존되어 있다. 데이비드 버니와 그의 동료 연구자들은 싱크홀 천이를 분석한 후 카우아이의 다양한 경관이 인간에 의해 완전히 변형되어, 토착종 대부분이 쇠퇴 혹은 소멸하고 외래종으로 대체되었다는 결론을 내렸다(Burney et al. 2001). 마하울레푸 싱크홀을 관찰해 보면, 지난 천 년에 걸쳐 섬의 경관이 지리 및 기후에 의해 형성되던 자연적 생물군계로부터 인간과의 상호 작용을 통해 형성되는 생물군계로, 즉 인간의 영향이 만연한 생물군계로 변화했음을 알 수 있다.

재구성된 대륙 생태계

단기간에 섬의 동식물계가 재구성되는 현상은 인간이 생물권에 영향을 미친다는 확실한 증거다. 그런데 거대한 육지도 주요한 생물종이 유입되고 부수적으로 생태계가 재구성되는 현상으로부터 영향을 받는다. 사하라 사막 이남 아프리카는 대규모 유입으로 인해 대륙의 자연 생태가 바뀐 대표적인 사례다. 사하라 이남 지역은 인류의 발상지이자 현존하는 거대 동물의 다양성이 잘 발현된 곳이다. 그러나 침입종이 들어와 기존에 오랫동안 진화해 오던 생물학적 관계를 교란하면서 사바나 지역의 상황이 변화되고 말았다.

예를 들어 케냐의 개미 군집은 본래의 서식지가 남아프리카 혹은 마다가스카르였을 혹개미가 유입되면서 재구성되었다. 혹개미는 휘파람가시아카시아에 붙어서 사는 네 종류의 개미종에게 영향을 미쳤다(Riginos et al. 2015). 그 이전에 이 개미들과 식물은 상호 공생적 관계로 진화해 왔었다. 식물은 개미에게 먹이와 살 곳을 제공하고, 그

대가로 개미는 초식 동물로부터 해당 식물을 강력하게 방어했다. 이 네 종류의 개미종 가운데 세 종은 배 부위가 하트 모양이라는 점이 특징이며, 지역적으로 넓게 분포하는 꼬리치레개미속에 속한다. 이 개미들은 아카시아에서 나오는 꿀을 먹는다. 마지막 네 번째 종인 펜지기개미는 곰팡이가 자라게 하면서 살아가며, 다른 개미종이 서식하러 들어오는 것을 억제하기 위해 식물의 꿀샘을 파괴하기도 한다. 이렇게 정교하게 구성된 자연 생태계에 흑개미가 침범해 들어왔다. 꼬리치레개미는 개체 단위로는 침입자에 맞서 저항할 수 있었지만, 흑개미 개체수가 워낙 압도적이었기 때문에 빠른 속도로 쫓겨나고 말았다. 펜지기개미는 용맹에 의존하기보다는 신중한 전략을 취했기에 사정이 더 나았다. 부풀어 오른 휘파람가시아카시아에 한 달 정도까지 숨어서 지낼 수 있었던 것이다. 이제 흑개미가 침입한 지역의 자연계에는 식물을 방어해 줄 존재가 사라졌기 때문에, 코끼리에 의한 아카시아 피해가 최대 일곱 배까지 파멸적으로 증가했다. 이런 변화의 광범위한 함의가 무엇인지는 아직 자세히 규명되지 않았다. 그렇지만 생태학적 측면에서 볼 때 토착 개미와 아카시아나무의 상호 공생 관계는 사바나를 지탱하는 핵심적 특징이었을 것이다. 게다가 흑개미의 침입은 이 사바나 지역에 발생한 여러 가지 교란 중 하나에 불과했다. 케냐 및 인접국인 탄자니아 일대에 위치한 동아프리카 세렝게티-마라 사바나 생태계에는 최소한 245종의 침입 식물종이 존재하는 것으로 기록되어 있다(Witt et al. 2017). '기근 잡초famine weed'라고도 불리는 돼지풀아재비는 라틴아메리카로부터 들어온 침입종으로, 영양이나 얼룩말 같은 대형 포유류의 연례적 이동을 뒷받침해 주던 기존의 자연 식생을 이미 대체하고 있다(돼지풀아재비는 호주, 아시아, 중동에도 침입했다). 역시 침입종인 부채선인장과 같은 식물들은 그것을 먹는 동물들에게 위험하다. 부채선인장 가시가 동물의 잇몸, 혀, 내장에 박히면서 감염을 일으킬 수도 있기 때문이다. 또한 이 식물들은 대형 동물이 지형을 가로질러 이동하려 할 때 방해물로 작용하기도 한다.

    아프리카 사바나의 토착 야생 동물에 대한 외래종의 영향은 더욱 심각해지고 있다. 그리고 우리가 원초적이라고 생각하는 환경 조건도

너무나 많이 조정되고 변경되었기 때문에 그런 지역에 '생물군계'라는
용어를 사용하는 것은 이제 부적절하다는 점이 명백해졌다.

길들여진 지형

아프리카의 사바나는 다른 방식으로도 변화하고 있다. 메릴랜드대학교의
얼 엘리스와 캐나다 맥길대학교의 나빈 라만쿠티는 인간이 생태계를
조정한다는 점에 주목하여 연구를 수행했다. 이 두 연구자는 인간이
형성한 생물군계를 의미하는 '인위적 생물군계anthrome'라는 개념을
개발하여 2008년 학계에 처음으로 발표했다. 생물군계가 강우량이나
온도처럼 인간과 무관한 환경 매개 변수와 생물종 사이의 상호 작용을
나타낸다면, 인위적 생물군계는 인구 밀도나 인간의 토지 이용도와 같은
변수의 영향을 나타낸다. 엘리스와 라만쿠티는 이러한 상호 작용에 따라
다양한 유형의 인위적 생물군계를 제시했다. 그들이 제시한 인위적 영향
스펙트럼의 한쪽 끝에는 '사용된' 인위적 생물군계, 즉 조밀한 정착지가
위치해 있는데, 여기에는 주요 도시, 촌락, 농경지, 방목지가 포함된다. 예를
들어 촌락이라는 인위적 생물군계는 집약적 농업이 이루어지는 농촌의
인구 밀집 지역을 나타낸다. '사용된 인위적 생물군계'와 '야생지' 사이에는
'준야생' 지형이 있으며, 여기에는 인간이 거주하는 삼림 지대, 외딴 지역의
삼림 지대, 사람이 거주하지 않는 불모지가 포함된다.

　　엘리스와 동료들은 남극을 제외한 전 세계 지도 위에 19가지
유형으로 분류된 인위적 생물군계가 지난 300년 동안 어떻게 변화해
왔는지를 표시했다. 이 지도는 인간이 지형에 끼친 급격한 영향을 추적한다.
1700년 시점에서 보면 육지 생물권 중 5퍼센트만이 '사용된' 것으로
규정할 수 있으며, 아메리카, 북아프리카, 중앙아시아, 시베리아, 호주
등 세계 여러 지역의 지형에서는 인간의 영향이 거의 나타나지 않는다.
물론 당시에도 지형의 50퍼센트만이 야생지로 분류될 수 있었지만,
많은 지형이 여전히 준야생지에 속했다. 이런 양상은 대체로 18세기까지

지속되었다. 그러나 20세기 초반에 이르면 북아메리카, 중앙아시아, 호주의 대부분 지역이 '사용된' 인위적 생물군계로 통합되었다. 2000년에 이르면 육지 생물권의 40퍼센트가 사용되고 야생지가 25퍼센트 미만으로 줄어들었으며, 남은 야생지는 주로 사막과 극지에 국한되었다. 이런 변화는 너무나 근본적이어서, 엘리스와 동료들은 세계가 자연적 생태계의 지배를 받으면서 인간에 의해 교란된다기보다는, 인간 시스템에 의해 변형을 겪으면서 그 안에 다소간 조정된 자연 생태계가 내재해 있다고 보는 것이 더 적절하다고 지적했다. 최근의 추정치에 따르면, 남극 대륙(약 1억 2,722만 제곱킬로미터)을 제외한 토지의 95퍼센트가 인간에 의해 조정되었으며(Kennedy et al. 2019), 나머지 5퍼센트의 조정되지 않은 토지는 툰드라나 아한대 삼림과 같은 외딴 지역에 집중되어 있다.

위에서 설명한 변화는 지질학적 기록에 보존된 과거의 주요 변화와 유사하다. 산소를 생성하는 광합성이 진화하기 전인 약 40억 년 전에 기원한 지구의 초기 생물권은 약 24억 년 전 진화하기 시작한 생물권, 즉 산소로 신진대사를 하는 생물권 안에 내재해 있다. 현재 지표면의 대부분은 산소로 신진대사를 하는 유기체에 의해 지배되고 있다. 한편 산소를 기피하는 유기체들은 더 깊은 곳, 무산소층 지하 퇴적물이 쌓이는 환경으로 후퇴하였으며, 그곳에서 여전히 번성하고 있다. 선캄브리아 시대 미생물 세계도 동물과 식물이 지배적인 복합적 영양 구조 안에 내재하게 되었다. 동물이 지배적인 세계는 5억 5천만 년 전 바다에서부터 진화해 나왔으며, 식물이 지배적인 세계는 4억 7천만 년 전에 육지 전역으로 확장되었다.

생물권의 구성 요소인 동물, 식물, 균류 및 미생물은 지난 300년 동안 인류의 인위적 생물군계에 깊숙이 내재하게 되었다. 이미 300년 전에 동아프리카 사바나는 인간에 의해 조정된 준야생 지형 상태였다. 그 이후 동아프리카 사바나는 방목지에서 도시 정착지에 이르기까지, 준야생 지역과 인간이 사용한 지형이 섞여 모자이크가 되었다. 독일에서 시작하여 네덜란드를 거쳐 영국으로 이어지는 선을 그어 보면 서유럽은 사실상 하나의 거대한 도시이자 집약 농경을 하는 인위적 생물군계임이 드러난다. 한편 남아시아와 동아시아 대부분은 촌락들로 이루어진 거대한 인위적 생물군계에다가 뭄바이나 상하이와 같은 대도시들이 통합된 형태로 나타난다.

21세기 초에 들어 처음으로 인류는 압도적으로 도시에 거주하는 종이 되었고, 도시화 과정은 앞으로도 계속될 것이다. 그러면서 인간은 살아 있거나 화석화된 생물량에서부터 유래하는 에너지를 전유함으로써 생물권에 또 다른 뚜렷한 변화를 유도하고 있다. 최근의 추정치에 따르면(Bar-On et al. 2018), 현재 생물권의 생물량에는 5,500억 톤의 탄소가 포함되어 있다(식물에 4,500억 톤, 박테리아와 고세균에 770억 톤, 균류에 120억 톤, 그리고 동물에 20억 톤이 포함되어 있다). 여기에 제시된 식물 관련 수치는 인간이 문명을 시작하고 농업을 위해 생물권을 조정하기 시작하기 전에 있었던 수치의 대략 절반에 해당한다고 추정된다. 현재 포유류 생물량(약 1억 6천만 톤) 가운데 인간과 가축이 압도적인 비율을 차지하고 있지만, 이는 전체 동물의 생물량에서는 여전히 작은 부분에 그친다. 전체 동물의 생물량 중 비율이 압도적인 것은 절지동물(약 10억 톤)이며, 그다음은 어류(약 7억 톤)다(Bar-On et al. 2018). 이렇게 대규모로 생물량이 변화하면서 승자와 패자가 명백해진다. 그렇지만 승자라고 해서 모두가 다 부러워하는 대상이 되는 것은 아니다.

길들여진 생물권

북아메리카에서는 매년 곰이 인간을 공격해서 사망케 하는 사고가 일어난다. 사람들은 종종 등산이나 야영을 하다가, 심지어는 자전거를 타다가 곰의 공격을 받는다. 수천 킬로미터 떨어진 인도에서는 호랑이가 사람을 포식하는 사건들이 일어난다. 20세기 초 네팔의 거대한 참파와트 호랑이의 경우, 수백 명의 사람을 죽인 것으로 유명했다. 인도와 방글라데시 국경에 걸쳐 있는 순다르반스Sundarbans의 울창한 삼림 지역을 포함하여, 남아시아의 일부 지역에서는 치명적인 호랑이의 습격이 여전히 흔한 일이다. 한편 바다의 경우, 호주의 골드코스트 지역과 같은 곳에서는 상어의 공격이 위협적이다. 인간의 입장에서 볼 때 이 모든 비극은 희생자에 대한 깊은 동정심을 불러일으키며, 동시에 야생 동물이 여전히 우리를 공격하고 죽일 수도 있다는 일종의 원시적인 공포 또한 불러일으킨다. 그러나 수십억 인구에 달하는 대부분의 인간에게 이것은 앞뒤가 안 맞는 두려움이다. 왜냐하면 인간을 공격하는 야생 동물의 수는 줄어들고 있으며, 전체 야생 포유류의 수도 급격히 줄어들고 있기 때문이다. 야생 호랑이의 개체수는 겨우 작은 마을 하나의 인구와 비슷한 4천 마리에 불과하다. 흑해에서 자바섬에 이르기까지 한때 광대했던 호랑이의 지리적 분포 범위는 이제 작은 지역으로 축소되었다. 상어 개체수도 매우 감소했다. 이제 확실하게 주도권을 쥔 쪽은 인간이다.

　　4천 마리도 채 안 남은 야생 호랑이와 대조적으로, 닭은 약 230억 마리가 살아 있다(Bennet et al. 2018). 이는 현재 가장 번성하고 있는 야생 조류인 아프리카 홍엽조의 개체수인 15억 마리보다 10배 이상 많은 수치다. 게다가 닭의 생물량을 탄소 톤 단위로 측정하면, 모든 야생 조류 생물량을 합친 것보다 2.5배 더 많다(야생 조류는 2백만 톤, 닭은 5백만 톤이다). 가축화된 닭은 아마 지구 역사상 가장 개체수가 많은 조류일 것이며, 이는 19세기 30억에서 50억 마리 사이였을 것으로 추산되는 나그네비둘기의 수를 능가한다. 인간은 매년 약 630억 마리의 닭을 소비하고 있으며, 닭의 기대수명은 조상 격인 적색야계의 수명인 15년에서 약 6주로 단축되었다. 닭은 이제 자기 조상이 서식했던 정글과는 완전히 다른 생태(대규모 사육 시설)에서 서식하고 있으며, 닭의 지리적 분포 범위는 남극을 제외한 전 세계로 확장되었다. 심지어 남극에서조차 장기간 현장 조사를 하는 극지 과학자들이 건조식품 형태로 닭을 소비하고 있다. 파키스탄 인더스 계곡에서 발굴된 고고학적 닭 뼈는 인간에 의한 닭의 가축화가 적어도 4천 년 전에 시작되었음을 보여 준다. 닭의 가축화는 아마도 중국에서 더 먼저 시작되었을 것이다. 닭에게 일어났던 개체수 확대, 해부학적 변형, 전 세계 다른 지역으로의 이동, 인간이 만든 인공적 생태를 포함한 더 넓은 생태계로의 확산은 소, 양, 돼지 등 여타의 가축에게도 동일하게 나타났던 변화들이다. 대략 3배의 체중 증가를 포함한 닭의 생리학적·해부학적 변화

중 많은 것은 20세기 중반 이후에 나타났다. 이 시점이 바로 독특하고 개체수가 많은 형태종morphospecies(고생물학자들이 유전적 구성보다는 독특한 골격을 통해 정의하고 인식하는 종)이 출현하여 널리 퍼지고 과포화된 시점이었다.

광범위한 종류의 야생 동식물을 길들이는 과정은 아마 2만 년 이전에 시작되었을 것이며, 이것은 생물권을 인간의 소비에 맞춰 전면적으로 재구성한 기원이 되었다. 이스라엘의 갈릴리 호수 가장자리를 따라 탄화된 씨앗이 발견되는데, 이는 23,000년 전의 작은 오두막 정착지와 관련이 있다(Snir et al 2015). 이 파편들은 당시 경작되던 작물과 함께 자라던 잡초가 무엇이었는지를 보여 주며, 훗날 인간의 주식이 될 야생 엠머밀emmer wheat, 야생 보리, 야생 귀리를 이 지역 사람들이 이미 소비하고 있었다는 사실도 보여 준다. 더 주목할 만한 점은 그 지역 오두막에 훗날 번화가나 도시의 특징이 되는 애급쥐와 같은 동물들이 나타났다는 것이다.

인간이 환경에 더 큰 영향을 미쳤다는 고고학적 증거 및 식물 화석 증거는 11,000년 전부터 나타나기 시작한다. 이 시기는 기후가 온난해지면서 북반구의 거대한 빙상이 줄어들었던 시기였다. 몇몇 농업 중심지가 발달하였는데, 아메리카 대륙에서는 옥수수가, 중동의 비옥한 초승달 지대에서는 밀이, 동아시아 지역에서는 쌀이 재배되었다. 동물의 가축화도 이 시기에 시작되었다. 유라시아의 여러 지역에서 개는 약 3만 년 전에 가축화되었다. 가축화 및 재배가 시작된 이후, 인류가 식량으로 이용하는 주요 동식물은 그 분포가 전 지구로 확대되었으며, 개체수도 엄청나게 증가했다. 230억 마리의 닭과 더불어, 개체당 350킬로그램까지 나가는 돼지는 현재 약 10억 마리 정도 있는데, 대부분 식용이다. 개체수가 엄청난 또 다른 가축으로는 10억 마리가 넘는 소가 있으며, 양과 칠면조 개체수도 비슷한 수준이다.

재배 식물도 비슷한 규모로 늘어났다. 메소아메리카 초기 문명의 주식이었던 옥수수는 약 7천 년 전에 재배되기 시작하였고, 수천 년에 걸쳐 아메리카 대륙의 여타 지역으로 퍼져 나갔다. 옥수수는 16세기와

17세기 콜럼버스 교환이 일어나던 시기에 구대륙으로 확산되었고, 이제는 세계적인 식품이 되었다. 옥수수의 연간 생산량은 10억 톤을 훌쩍 넘는다. 이는 밀이나 쌀 생산량보다도 더 많다. 처음 옥수수 재배가 시작된 지역에서 멀리 떨어진 중국은 현재 세계 2위의 옥수수 생산국이다.

육지종으로서는 독특하게도 인간은 스코틀랜드 연어에서 대서양 굴에 이르기까지 물에서 사는 동식물도 길들여 왔다. 해양 동식물을 가축화하는 비율 역시 증가하고 있다. 수산 양식의 기원은 원시 시대로 거슬러 올라가며, 농업과 마찬가지로 호주에서 유럽에 이르기까지 전 세계 여러 지역에서 독립적으로 발전했다. 양식 대상에는 어류, 조개류, 가재와 같은 절지동물, 해조류도 포함된다. 식량 공급원으로서 해산물 양식은 20세기 후반까지는 규모가 무척 미미했으나, 21세기 초에 이르러서는 인간이 바다에서 거두어들이는 해산물 규모인 1억 7천만 톤 중 약 40퍼센트 남짓이 양식을 통해 산출되었다. 해양 양식업의 발전과 함께 인간이 '자연적' 해양 생태계의 생물군에 미치는 영향도 커졌다. 생물량의 척도로 다시 탄소를 사용해 보자면, 고래잡이를 포함한 해양 포유류 사냥으로 인해 해양 포유류 생물량이 2천만 톤에서 겨우 4백만 톤으로 줄어들었다. 어류의 경우에는 탄소 1억 톤에 해당하는 생물량 손실이 있었다(Bar-On et al. 2018). 인간은 바다의 최상위 포식자들을 제거해 버렸는데, 추정치에 의하면 여기에는 가장 큰 포식 어류 군집 90퍼센트도 포함된다. 동시에 인간은 대륙붕의 어류 군집 대부분을 수확하고 있으며, 대륙사면 일부까지 내려가 어업 활동을 확장하고 있다. 농업과 마찬가지로 양식업도 지구 전역에 걸쳐 유기체의 대대적 이동을 초래했으며, 생물권의 동질화를 가속시켰다.

바로 이런 변화들과 함께 생물다양성 손실이 나타난다.

한 동물문animal phylum의 예견된 죽음

현재 인류세에서 일어나는 생물다양성 변화가 지질학적 과거에 있었던 주요 멸종 사건에 필적할 정도로 심각한 것일까? 현재의 멸종률은 기본 멸종률보다 훨씬 높다(3장 참고). 그리고 한 특정 사례를 검토해 보면, 현재 전개되고 있는 멸종 사건은 오랜 시간에 걸쳐 형성된 생명의 구조를 위협하는 것이 사실이다. 약 5억 2천만 년 전의 캄브리아기 암석에서 발견된 동물 화석 중에 로보포디아lobopodia라고 불리면서 두루뭉술하게 정의되는 동물 무리가 있다. 로보포디아는 길고 유연한 몸체에 여러 쌍의 뭉툭한 다리를 가지고 있었다. 화석으로 남은 캄브리아기 로보포디아는 캐나다 서부에서 중국 남부에 이르기까지 멀리 떨어진 여러 지역에서 발굴되었다. 시기적으로는 떨어져 있지만, 어떤 로보포디아는 현생 유조동물有爪動物, onychophora과 매우 유사하며, 실제로 친척 관계일 수도 있다. 비전문 용어로는 발톱벌레라고 알려진 유조동물은 몸통 길이가 수 센티미터에 모양은 벌레같이 생겼고, 몸통 아래 뭉툭한 '로보포디아' 발 수십 쌍을 달고 있으며, 온전히 육지에서만 서식하는 동물문이다(Blaxter and Sunnucks 2011). 발톱벌레는 눈에 잘 띄지 않는 포식자로서, 끈적끈적한 고정액을 분사해서 먹이를 포획한다. 유조동물의 생물다양성에 관해 이루어진 최근 조사에 의하면, 열대 및 남반구 지역에서 177종이 식별되었다(Oliveira et al. 2012). 물론 더 많은 종이 아직 발견되지 않은 채 숨어 지내고 있을 것이다. 이들 종의 대부분은 열대 우림처럼 지속적으로 습한 곳에 서식하며, 생태학적 분포 범위는 좁은 편이다. 발톱벌레는 삼림 벌채와 같은 인간 활동에 매우 취약하다. 국제자연보전연맹의 '적색목록Red List'에 의해 평가된 몇몇 발톱벌레종은 대부분 준위협, 취약, 멸종 위기, 혹은 멸종 위급에 처한 것으로 분류된다. 발톱벌레 서식지의 생태학적 분포 범위가 좁다는 점을 고려할 때, 대부분의 발톱벌레는 잠재적으로 멸종에 취약한 상태다(Sosa-Bartuano et al. 2018). 그래도 몇몇 발톱벌레종은 적극적으로 보호되고 있다(Morera-Brenes et al. 2019).

유조동물은 무심한 관찰자에게는 거의 알려진 바가 없지만, 진화계통수라고도 불리는 생명의 나무에서 독특하고도 주요한 한 가지 동물문 전체를 대표하고 있다. 더 '유명한' 동물문으로는 척삭동물(어류, 포유류, 양서류, 파충류, 조류가 포함된 범주), 극피동물(불가사리류,

거미불가사리류, 바다나리류, 성게류가 포함된 범주), 연체동물(달팽이류, 이매패류, 오징어류, 문어류가 포함된 범주)이 있다. 유조동물인 발톱벌레는 종 다양성이 그렇게 크지는 않을 수 있지만, 기원이 아마 캄브리아기에 있을 정도로 지질학적으로는 오랜 역사를 지닌 동물문이다. 유조동물은 수십억 년 동안 생물권 및 환경의 진화 속에서 존재해 왔던 것이다.

발톱벌레는 지난 5억 년 동안 발생했던 다섯 번의 대멸종에서 모두 살아남았다. 그들이 채택했던 생존 전략을 알아내기에는 화석 기록이 너무 부실하지만, 아마도 서식지를 육지에 국한한 덕분이었을 것이다. 만약 인간이 지금 발톱벌레를 멸종으로 내몰고 있다면, 생물권에 있어 심각하고도 돌이킬 수 없는 손실이 임박했다고 말할 수 있다. 생물권이 전체 동물문 하나를 다 잃는 것은 진화론적 의미에서 공룡의 멸종보다 더 결정적인 사건이다. 왜냐하면 공룡의 척삭동물 친척인 조류, 파충류, 포유류, 양서류, 어류는 수만 종을 이루며 여전히 살아가고 있기 때문이다. 반면 유조동물의 신체 설계도는 영원히 소실될 수도 있다. 미래에 출현할 수도 있었던 유조동물이 나타나지 않을 것이며, 지구의 동물다양성(자연 안에서 동물의 신체 형태가 취할 수 있는 범위)은 5억 년 만에 처음으로 회복할 수 없을 만큼 축소될 것이다. 이는 분명 인간의 영향으로 인해 매우 뚜렷한 생물학적 지표가 발생하는 사건일 것이다.

인간의 소비와 생물권

기린과 타조가 아프리카 사바나에서 한가로이 풀을 뜯는 모습을 구경하기 위해서 관광객들은 케냐 나이로비국립공원을 찾는다. 이 공원에서 북쪽으로 몇 킬로미터 떨어진 곳, 나이로비 동부 외곽에는 단도라라는 교외 정착지가 있다. 단도라는 나이로비의 가장 큰 시립 쓰레기 폐기장이 있는 곳으로, 우아한 사바나와는 극명한 대조를 이루며, 중세 시대의 화가 히에로니무스 보스의 그림에 나오는 지옥의 모습과 닮아 있다. 이곳은 인간이 만들어 낸 생물군계의 최종 상태이자 모든 것이 '거의 완전히 소모된' 상태라고 묘사할 수 있다. 단도라는 만약 인간이 재활용을 하지 않으면 지구에 어떤 일이 일어나는지를 축소판으로 보여 준다.

단도라에는 매일 도시로부터 나오는 플라스틱, 유리, 금속, 음식물 쓰레기가 트럭에 실려 줄줄이 도착한다. 이 쓰레기 폐기장은 수십 년 동안 축적되어서, 현재 위성 이미지로 볼 수 있을 만큼 규모가 크다. 부지 전체에 걸쳐 수십 미터가 쌓여 있기 때문에 그 자체로 지질 층위를 가지고 있다고도 할 수 있다. 폐기장의 북쪽 가장자리는 나이로비강으로 둘러싸여 있어서, 강이 일부 폐기물을 침식시키고 이를 다시 도시 하류로 운반한다. 생계를 위해 쓰레기를 줍는 수천 명의 사람 덕택에 쓰레기 폐기장은 부분적으로 재활용되고 있다. 판매할 수 있는 유리, 깡통, 음식 꾸러미가 깔끔하게 더미로 만들어지기도 한다. 음식 꾸러미는 해당 지역 돼지 농가에 30케냐실링[한화 약 360원]에 팔린다. 이런 물건을 모으는 일은 매우 고되며, 일부 사람은 너무나 가난해서 자신이 수집한 음식물 쓰레기를 먹기도 한다. 돼지들도 폐기장을 돌아다니며 음식물 쓰레기를 먹으며, 바싹 마른 대머리황새 떼는 그 주변을 따라다니며 남는 찌꺼기를 노린다. 세계 각처에서 단도라와 비슷한 곳들이 생겨나고 있다. 단도라를 비롯한 여러 사례를 보면, 생물권 안에서 인간이라는 구성 요소가 스스로를 부양하는 데 필요한 물건을 재활용하는 영역에서 장기적으로 얼마나 비효율적인지를 여실히 알 수 있다. 플라스틱은 쓰레기 폐기장뿐만 아니라 지구 전체 환경에 막대한 양으로 축적되고 있는데, 플라스틱은 이런 단기적 현상을 유지시키는 화석 연료로부터 추출된다.

인간의 에너지 사용 증가

아주 최근까지도, 그리고 매우 긴 지질시대에 걸쳐 지구 전체의 식물 속에 저장된 에너지의 총량은 증가해 왔다. 석유, 가스, 석탄과 같이 암석에 화석화된 잔재로 남은 식물의 생물량 속 에너지도 마찬가지였다. 이는 육지 식생의 생물량만 봐도 분명히 알 수 있다. 인간의 영향 이전에 존재했던 약

1조 톤의 탄소는 대부분 육지 식생 안에 저장되어 있었을 것으로 추정된다. 또한 지난 4억 5천만 년 동안 축적된 석탄, 석유, 가스의 양을 추정해 봐도 이 사실은 명백하다. 그런데 최초의 수렵채집인들이 아프리카 평야에서 식물을 채집한 이래, 인류는 지구 표면 생물권에 저장된 에너지를 이용해 왔으며, 이후에는 식물의 생물량이나 동물의 배설물을 태워서 불을 내고 이를 열, 빛, 보호 수단으로 활용하는 방법을 배웠다. 이 초기 인간들은 지역 환경과 대략적인 균형을 이루면서 살았다. 환경이 지역 생태를 지속할 수 있도록 1차 생산 능력을 초과하지 않는 범위에서 살았던 것이다.

인간이 농업을 발전시키기 시작하자 인구(생물량)가 더 많이 증가했고, 식량 생산과 직접적인 관련이 없는 전문 활동에 종사할 여력이 생길 만큼 잉여 식량을 확보하게 되었다. 인류 전체의 인구는 1만 년 전 약 백만에서 천만 명, 1세기에 약 2억에서 4억 명, 1800년에 약 10억 명 정도였다. 토지 전역에 걸쳐 농업과 가축 사육이 확산되면서 생물권으로부터의 생산을 전유하는 규모도 늘어났다. 이런 변화로 인해 대기권에 연쇄 효과가 나타났을 수도 있다. 논쟁의 여지가 있기는 하지만(Zalasiewicz et al. 2019a, 4장 참고), 윌리엄 러디먼이 주장한 것처럼 7천 년 전부터 대기 중 이산화탄소가 증가하고 5천 년 전부터 메탄이 증가한 현상은 농업의 확산과 관련이 있을지도 모른다. 이산화탄소 증가는 산림 벌채를 반영하며, 메탄 증가는 동아시아의 벼농사, 그리고 아시아 및 아프리카의 가축 사육 확산을 반영한다는 것이다. 한편 17세기 이후 계속된 농업의 발전으로 인해 생물권으로부터 나오는 1차 생산의 전유가 더 쉬워졌다. 이런 혁신에는 배수 및 복원 시스템, 비단 생산을 위한 중국의 광범위한 뽕나무 제방 및 양식 어장 생태계, 개선된 쟁기 디자인, 18세기 초의 기계화된 농업, 육종 및 유전자 조작, 20세기의 새로운 비료가 포함된다.

암모니아를 합성하는 하버-보슈법은 식량 생산성을 향상시킴으로써 최근 인구가 급격히 증가할 수 있는 기반을 제공했다. 그러나 하버-보슈법은 에너지 집약적이며, 화석 연료 사용에 의존하고 있다. 농경지를 더 빠르고 효율적으로 만들고(예컨대 쟁기질이나 논 축조), 더 많은 인간과 가축을 부양하며, 생산품의 신속한 국내외 수송을 가능케 하고 해양 및 해저 수확을 더 효율적으로 하기 위해서 화석 에너지가 광범위하게 사용되어 왔는데, 이는 생물권 내의 생산과 소비에 대해 인간이 미치는 영향을 더욱 증폭시켰다. 환경 내의 반응성 질소량을 두 배로 늘리고 대량의 화석 에너지를 투여함으로써, 20세기 동안 인간이 전유하는 순수 1차 생산성은 대략 두 배가 되었다. 인류는 2014년 2억 2,500만 톤의 화석 인산염을 추출했으며, 이 양은 2018년 2억 5,800만 톤까지 증가할 것으로 예측되었다. 인산염은 한정된 자원인데, 인산염의 전체적인 연례적 순환에서 인간이 추가하는 양은 자연적 재활용을 통해서 이용 가능한 양을 상당히 초과한다. 이렇게 인공적으로 영양분을 공급함에도 불구하고, 앞서 언급했던 인간에 의한 생물량 반감은 여전히 일어나고 있다. 왜냐하면 삼림(생물량은 크지만 성장이 느리다)이 경작지와 목초지(총 생물량은 작지만 회전율이 훨씬 빠르다)로 대체되고 있기 때문이다.

그럼에도 인간의 전반적인 에너지 소비는 심지어 1850년대까지만 해도 상대적으로 억제된 채로 유지되고 있었다. 그 당시 인류는 연간 총합 약 100엑사줄EJ의 에너지를 사용했다(1엑사줄은 1백경 줄이다. 견주어 볼 만한 예시를 들자면, 구식 60와트 전구가 초당 60줄을 소모한다). 그런데 인간이 화석 에너지를 추출하는 기술을 개발하자 이러한 패턴이 극적으로 바뀌었다. 특히 제2차 세계 대전 이후 '대가속'의 시기 동안 몇몇 사회는 새로운 연료를 탐욕스럽게 소비했다. 선진국의 에너지 소비는 진정으로 거대해져서, 전반적인 에너지 소비는 지난 40년 동안 두 배로 증가했다. 인류는 2014년 136억 9,900만 석유환산톤(million tonnes of oil equivalent의 약자인 'mtoe'를 단위로 사용한다)에 달하는 1차 에너지를 소비했는데, 이는 약 572엑사줄의 에너지에 해당한다(1973년에는 '단지' 61억 석유환산톤 수준이었다). 또한 인류는 현재 지상 식물의 순 1차 생산의 약 30퍼센트를 수확하거나 파괴하는데, 이는 매년 373엑사줄에 해당하는 추가 에너지다. 만약 가까운 미래에 소비하게 될 에너지까지 포함하여 추정한다면 그 양은 더욱 놀라울 것이다. 21세기 중반 인류의 60퍼센트가 도시 지역에 거주하게 된다면, 중소 및 대도시 거주민이 사용하는 에너지는

연간 730엑사줄에 달할 수도 있다(Creutzig et al. 2014). 그렇게 되면
인간이 소비하는 에너지 총량은 연간 약 1241엑사줄에 이를 것이며, 이는
지상에 있는 모든 식생에서 수확 가능한 에너지 총량에 근접하게 된다.
하나의 생물종이 이 정도의 에너지를 소비하는 일은 40억 년에 이르는
지구의 생물학적 역사 동안 전례가 없었음이 거의 확실하다(Williams et al.
2016). 어떤 종류의 지속가능성이라도 확보하기 위해서는 인류가 자연과의
상호 작용을 발전시키고, (광합성에 기반한) 순 1차 생산에서 저장되는
생물량과 그 생물량이 호흡을 통해 방출하는 에너지 사이에 일종의 균형을
회복하는 일이 필수적이다. 인간의 에너지 사용에서 균형을 되찾는 방법을
이해하는 데에는 '기술권technosphere'이라고 알려진 새로운 개념적 도구가
도움이 될 수 있을 것이다.

기술권

기술권이라는 논쟁적인 최신 개념은 지질학자이자 공학자인 피터 해프가
개발했다(Half 2012, 2014, 2019; Zalasiewicz 2018 참고). 기술권은
지구와 지구에 대한 인간의 조정 및 영향을 전체적으로, 그리고 상호
긴밀하게 연결된 것으로 바라볼 수 있는 관점을 제공한다. 기술권 개념은
인간 중심적이지 않은데, 바로 그런 점 때문에 인간 및 사회적 특징에 초점을
맞추어 인류세의 추진력을 이해하는 여러 다른 접근법(6장, 7장, 8장에서
다시 다루겠다)을 유용하게 보완해 준다. 해프가 정의한 바로서의 기술권은
암석권, 수권, 대기권, 생물권처럼 상호 연결된 여러 행성적 '권역'과
유사하며, 또한 그 권역들과 동급으로 취급된다. 기술권은 인간 및 인간의
다양한 문화와 더불어 인간이 만든 모든 기술적 사물을 포함하며, 우리가
기술과 상호 작용하는 전문적이고 사회적인 시스템도 포함한다. 공장,
학교, 대학, 노조, 은행, 정당, 인터넷이 그런 사례다. 기술권에는 우리가
엄청난 규모로 키우는 가축, 그런 가축들과 우리 자신을 부양하기 위해
재배하는 작물, 그리고 작물 재배라는 과업을 달성하기 위한 경작, 배수,

비료 및 살충제 투입 등으로 변형되어 자연 상태로부터 광범위하게 이탈한 농지도 포함한다. 기술권은 도로, 철도, 공항, 광산, 채석장, 유전, 가스전, 도시, 설계된 강, 저수지도 포괄한다. 기술권은 엄청난 양의 폐기물을 발생시켜서 쓰레기 매립지를 축적시키고 플라스틱 쓰레기를 전 세계로 확산시켰으며 대기 오염, 토지 오염, 수질 오염을 발생시켰다. 원초적 형태의 기술권은 인류 역사 전체에 걸쳐 존재해 왔지만, 당시에는 대체로 고립되고 산발적인 형태를 띠면서 국지적으로만 존재했기에 행성적 차원에서는 거의 중요하지 않았다. 그러나 기술권은 이제 전 지구적으로 연결된 시스템이 되었다. 기술권은 이제 지구라는 행성 차원에서 새롭고도 중요한 변화이며, 생물권과도 밀접하게 연결되어 있다.

이 새로운 시스템은 근본적인 수준에서 새로운 현상을 초래했다. 인간의 출현 이전 고체의 수송은 거의 전적으로 지역적 차원에서부터 전 지구적 차원에 이르는 에너지 경사energy gradient, 특히 중력에 의해서 발생했다. 토양 포행, 눈사태, 하천 유동, 해저 탁류 등이 그런 형태에 해당한다(Haff 2012). 모래 언덕의 움직임을 만들어 내는 바람이나 조류와 같은 에너지 경사에 의해서도 고체 수송이 일어났다. 인간의 출현 이전에도 생물권은 물질을 이동시킬 수 있었으며, 대개는 짧은 거리를 확산적으로 이동시키는 형태를 띠었다(예컨대 지렁이가 토양을 뒤집는 경우). 보다 방향성이 있는 장거리 이동은 생물량 자체가 이동하는 형태였다(예를 들어 동물의 이주). 이와 대조적으로 오늘날 전 지구적 기술권이 작용하는 영역에서는 수백만 톤의 고체들(석탄, 제조용 원자재, 공산품, 식품 등)이 정확하게 지시된 경로로 움직인다. 이 경로들은 그 자체로 목적에 맞게 설계된 물체(도로, 철도)이며, 에너지 손실을 최소화하면서 고체의 이동은 극대화한다. 이때 고체의 이동은 중력의 기울기나 바람의 방향이 아니라 목적을 품은 인간 행위자의 행동에 의해 좌우된다. 해프는 이것을 독립적으로 발생하여 지구를 무대로 삼아 작동하는 현상으로 보기보다는, 지구 시스템 안에서 그 일부로서 출현한 현상이라고 본다(Haff 2012, 2019). 이런 의미에서 기술권은 행성을 변화시킬 정도로 진화론적으로 새롭다고 볼 수 있다. 마치 24억 년 전 원생누대 초기 산소를 방출하는 광합성 유기체가 광범위하게 출현한 사건, 혹은 현생누대 초기 동물이 근육을 사용하여 운동과 이동을 시작한 사건에 필적한다는 것이다.

기술권 안에서 인간이 설정하는 목적은 대부분 기술권의 구조와 기능을 유지하고 확장하는 데 맞춰져 있다. 그렇지만 대부분의 경우 그런 목적이 기술권을 집단적 의지로 굴복시킬 수 있는 감독 기관과 같은 존재는 아니다. 따라서 어떤 인간 통제자가 힘을 발휘하여 오늘날의 기술권을 인도하거나 지시한다고 해서 기술권이 진화하는 것은 아니다(특히 인류는 경쟁적이고 상호 호전적인 분파로 수없이 많이 분열되어 있어서 그렇게 명백한 방향성이 쉽게 나타나지는 않을 것이다). 오히려 기술권이 진화하는 이유는 (컴퓨터나 휴대전화 같은) 발명 혹은 기술적 혁신이 등장하여 시스템을 통해 평등하지는 않을지라도 거의 보편적으로 확산되기 때문이다. 실제로 어떤 사회 집단은 최신 스마트폰을 소유하고 있고 어떤 집단은 유독성 전자 폐기물을 분류하면서 근근이 생계를 유지한다. 그리고 이런 발전에 적응하기 위해서 기술적 시스템과 인간의 행동 및 습성은 다시금 조정된다. 결국 이것은 인간 시스템과 기술 시스템의 공진화다. 이런 관계 속에서 휴대전화나 비행기와 같이 복잡한 기술적 물체는 인간이 처음부터 완전히 새롭게 만드는 것이 아니다. 이런 기술적 물체는 이전 세대의 도구와 인공물에 기반하여 가능해졌고, 또 그것들을 이용하여 제작되었기 때문에 "기술이 그 자신을 독려하여 현재 상태로 이끌어 낸 것처럼" 보이기도 한다(Haff 2014: 302; 2019). 생물학적 진화와 마찬가지로 기술적 진화도 그 이전 역사가 마련해 준 기반 위에서 이루어지는 것이다.

기술권의 물리적 생산물은 규모가 방대하고(3장 참고), 종류도 매우 다양하다. 인간의 기술 자체가 오래되었다. 단순한 석기는 수백만 년 전에 우리 종의 친척들이 만들었다. 그러나 산업혁명 이후, 특히 '대가속'의 인구 증가, 산업화, 20세기 중반의 전 지구화 이후 다양한 종류의 기계, 도구, 공산품이 엄청나게 확산되었다. 기술 역시 그 어느 때보다도 빠르게 발전하고 있다. 산업화 이전 시대의 우리 선조들은 세대가 변하더라도 기술적 변화가 크게 일어나는 일이 별로 없었다. 반면 현재는 한 세대 남짓한 기간 동안 휴대전화와 같은 새로운 기술이 대중에게 급속히 확산되고 있으며, 이런 이동통신 기술 자체도 이미 여러 번 대대적으로 혁신되어 변화했다.

우리 행성에 새롭게 등장한 이 기술권의 놀라운 특징을 잘 보여 주는 한 가지 비유가 있다. 휴대전화를 포함한 기술적 물체는 지질학적으로 '기술화석technofossil'으로 간주될 수 있다. 왜냐하면 그 물체들은 마치 생물학적으로 만들어지거나 최소한 생물학적으로 의도된 구조물이고, 견고한데다가 잘 부식되지 않기 때문이다. 기술적 물체들은 미래의 화석이 되어 인류세 지층의 특징이 될 것이다(Zalasiewicz et al. 2014b). 기술화석에 얼마나 많은 '종'이 있는지는 아무도 모른다(흔한 물체 중 하나인 책에 대해서 집계가 이루어진 적이 있는데, 이 경우 제목별로 구분하면 1억 종이 넘었다: Zalasiewicz et al. 2016b). 그렇지만 현재 알려진 화석의 종류보다 기술화석 종류가 더 많다는 것은 확실하다. 또한 유사한 방식으로 고려하면, 현대의 '기술다양성'이 생물다양성을 능가한다. 게다가 기술적 진화가 생물학적 진화 속도보다 빨라서 기술화석 '종'의 수는 계속 증가하고 있다.

해프의 개념화를 따르자면 '기술권'은 생물권의 파생물이라고 볼 수 있으며, 생물권과 마찬가지로 창발적 속성과 역학을 지닌 복잡한 시스템이다. 그리고 해프의 주장에 따르면 기술권은 하나의 행위자이지만, 우리 자신, 즉 인간과 동일한 존재는 아니다(Haff 2019). 기술권 출현에 있어 중요한 요소는 정교한 사회 구조를 형성하고(Ellis 2015), 도구를 개발하며 또 그 도구를 가지고 작업할 수 있는 인간의 능력이었다. 그렇지만 해프는 인간이 기술권의 창조자나 감독이라기보다는 기술권 안에 존재하는 하나의 구성 요소이며, 따라서 기술권을 계속 존속시키기 위해 행동하라는 제약을 받는다고 강조한다. 무엇보다도 기술권이 식량, 주거, 그리고 여타 자원을 공급하여 현재 인구 대부분이 살아갈 수 있게 해 주기 때문이다. 비록 소수의 인간 사회가 다소 고립된 채로 지구상에 계속 존재하기는 하지만, 거의 모든 인구는 이제 기술권 안에 단단히 묶여 살아가고 있다. 기술권의 발달로 인해 인류 전체의 인구는 수렵채집 생활 양식을 통해 부양할 수 있었던 수천만 명에서 진화하여 오늘날에는 78억 명에 이른다.

현재 기술권은 생물권에 기생하면서 에너지 및 자원을 두고 생물권과 경쟁하며, 우리 행성의 거주 가능성을 변형시킨다고 볼 수도 있다. 그 결과 동식물종의 멸종률이 엄청나게 증가(및 가속)하고 있으며, 기후 및 해양 성분 구조는 현존하는 생물 군집에 대체로 해로운 쪽으로 변화하고 있음이 분명하다(그렇지만 그 안에서도 새로운 상황에 적응하여 그것을 이용하고 있는 '승자'와 개체수가 감소하거나 멸종에 직면하는 '패자' 모두가 존재한다). 이런 종류의 변화는 다시 생물권의 기능과 인간 집단의 활동을 모두 훼손할 수 있다(그 안에서도 아마 상대적인 '승자'와 '패자'가 존재할 수 있을 것이다). 해프는 우리가 이상적으로는 기술권이 장기적으로 더 지속 가능한 형태로 발전하게끔 목표를 설정해야 한다고 주장한다(예를 들어 훨씬 더 많은 자원을 재활용하고 생물권에 대한 압박을 줄이는 식으로 말이다). 그렇지만 기술권이 더 큰 안정성과 지속가능성을 향해 나아가도록 적응과 개발에 노력을 기울인다고 하더라도, 집합적인 차원에서 인간은 기술권이 계속 작동하도록 하는 것 외에는 별다른 선택지가 없을 것이다. 왜냐하면 이제 기술권은 우리의 집단적 존립에 필수 불가결하기 때문이다.

생물권의 근미래 궤적

인류세의 생물권은 인간이 생물권으로부터 에너지를 전용하고 생태계를 광범위하게 재구성했다는 것으로 정의된다. 21세기 말 전세계 인구는 [출산율이 상당히 줄어들 경우인] 62억에서 [출산율 증가치가 2010년도 수준으로 유지될 경우인] 270억 사이로 예상된다(Barnosky et al. 2012). 현재 매년 독일 인구에 해당하는 수가 전체 인구에 추가되고 있다. 동시에, 21세기 동안 1인당 에너지 소비 수요도 증가할 것으로 예상된다. 도시 인구는 이미 농촌 인구를 넘어서서 급속히 증가하고 있고, 그에 비례하여 더 많은 에너지가 소비되고 있다. 금세기 말에 이르면 라고스나 킨샤사와 같은 몇몇 아프리카 도시는 거주민이 8천만 명을 넘는 거대 도시가 될 것이다. 인구 증가의 결과, 얼음이 덮이지 않은 지구 육지 대부분은 이제 인간에 의해 조정되며(Kennedy et al. 2019), 약 10기가톤의 식생이 이미 농작물로 전환되었다(Bar-On et al. 2018). 인구 증가, 농업, 도시화, 에너지 소비가 가져온 집합적 영향은 지구적 차원에서 강제적인 기제로 작동하기에 이르렀다. 이로 인해 지구 생물권에서 상태 전환이 촉발되었는데(Williams et al. 2016), 이 전환은 생태계 변화 및 파편화의 결과다. 오염, 특히 대기 중 이산화탄소 오염과 기후변화라는 지구적 환경 변화가 그런 부수적 변화를 초래한 것이다.

잠재적으로 가능한 미래의 궤적은 두 가지다. 첫 번째 궤적은 통제되지 않은 에너지 소비 및 이와 연관된 지구 환경의 악화로 인해 산호초에서 열대 우림에 이르기까지 생태계와 생물다양성이 붕괴하고 대규모 멸종 사건이 수반되는 방향, 즉 지구 생태계 구조가 전면적으로 변화되는 방향이다. 두 번째 궤적은 인간이 생물권을 위한 필수적 물질을 재활용하는 방법을 배우고, 저장하는 에너지와 호흡으로 소비하는 에너지 사이의 균형을 회복하여 인간 사회가 지구 시스템과의 상호 관계를 빠르게 발전시키는 방향이다. 인류의 관점에서 볼 때도 대멸종을 피하는 두 번째 궤적이 첫 번째 궤적보다 더 좋은 궤적임은 확실하다.

그렇다면 우리는 첫 번째 궤적과 얼마나 가까이 있을까? 스탠퍼드대학교의 앤서니 버노스키, 엘리자베스 해들리, 그리고 그 동료들은 현재 인간이 만들어 낸 강제적 작동 기제의 규모가 가장 최근의 빙하기가 끝났던 시기의 기제, 즉 11,700년 전 주요 생물권 전환을 강제했던 작동 기제의 규모를 능가한다고 주장했다(Barnosky et al. 2012). 지역 수준에서 도시 및 농촌 경관은 이미 상태 전환을 겪었다. 이런 전환은 종종 즉각적으로 관찰되기도 한다. 예를 들어 한 지역의 숲이 벌채되고 소 방목지로 전환되면서 갑자기 경관이 바뀌기도 한다. 다른 경우에는 상태 전환이 장기간 축적된 결과로 나타날 수도 있다. 예를 들어 하와이 카우아이의 경관에서는 토착종이 제거되거나 멸종되고 다른 지역에서 유입된 종이 우세해졌다(Burney et al. 2001).

만약 상태 전환이 전 지구적으로 확산되면 생물권의 종 다양성이 돌이킬 수 없을 정도로 감소할 것이 분명하다. 전환이 완료된 후 멸종 전 수준으로 생물다양성을 회복하는 일이 불가능하지는 않겠지만, 수백만 년의 시간이 걸릴지도 모른다. 2억 5,200만 년 전 페름기와 트라이아스기 경계에서 일어났던 대멸종 이후가 바로 그런 사례에 해당한다(Chen and Benton 2012). 상태 전환의 조짐은 생태계 회복력의 점진적 감소 현상으로 나타나기도 한다. 이것은 산호초 생태계의 사례에서도 관찰할 수 있다. 현재 산호초 생태계는 지구 온난화로 인한 표백, 열사, 산성화, 오염의 복합적 영향으로부터 회복하기 위해 고군분투하고 있다. 또한 상태 전환의 조짐은 상이한 상태 사이에서 생태계가 급격하게 진동하는 형태로 나타날 수도 있다. 현재 대부분의 해양 데드존에서 관찰되는 연례적인 변이를 예로 들 수 있겠다. 데드존은 때때로 그 바닥에 서식하는 유기체가 번성하는 조건이 되기도 하고, 때때로 그런 유기체들을 질식시키는 요인이 되기도 한다. 과거에 있었던 생물권의 주요 변화는 지배종의 멸종, 신생종의 증식, 먹이 사슬의 변형, 유기체의 지리적 분포상 나타나는 확연한 변화 등으로 특징지어졌다. 과거에는 그러한 상태 전환을 초래했던 인과 기제가 주요한 환경적 변화 혹은 진화적 변화였다. 반면 현재에는 그런 상태 전환을 초래하는 근본적 인과 기제가 인간의 영향이다.

기술권과 생물권은 공존할 수 있는가?

첫 번째 궤적이 가져올 잠재적 결과를 피하기 위해서는 인간 사회, 특히 가장 강력한 힘을 가진 사회가 현재 생물권이 시스템의 다른 모든 구성 요소와 맺고 있는 복잡한 상호 연결성을 잘 인식할 필요가 있다. 이런 구성 요소들에는 한 세기 전 베르나츠키가 지적했던 것처럼 인간 사회도 포함된다. 지구의 생명 유지 기제는 내적으로 한계가 있다. 특히 생물권의 생물량을 통해서 얻을 수 있는 에너지의 양은 제한되어 있다. 200년 전, 훔볼트와 봉플랑은 베네수엘라의 산악 지형 식생이 고도 및 기후와 어떻게 밀접하게 연관되어 있는지를 관찰하면서 이 복잡한 관계를 이해하기 시작했다. 그런데 200년 후 얼 엘리스가 작업했던 남아메리카의 인위적 생물군계 분포 지도를 보면 베네수엘라에 일어났던 변화의 규모가 어느 정도였는지 알 수 있다. 1800년에는 대부분이 준야생 혹은 야생지였지만 2000년에는 베네수엘라 내의 광대한 지역이 이미 '사용된 인위적 생물군계'로 전환되었다. 훔볼트나 봉플랑처럼 통찰력이 뛰어났던 19세기 여행자라 할지라도 거의 알아볼 수 없을 만큼 변해 버린 것이다.

현재 인류가 생물권과 맺고 있는 관계는 기생적이다. 마치 거머리가 숙주의 피를 빨아들이듯이, 인간이라는 기생충은 생물권에서 에너지를 뽑아내고 있다. 거머리가 숙주의 피를 완전히 빨아서 말려 죽이지 않는 한, 생태계 안에서 거머리와 숙주의 관계는 계속된다. 그런데 세계 인구가 증가하면서 생물권에서 유래하는 에너지에 대한 수요도 증가하고 있다. 생물권과 더 상호적인 관계, 장기적인 틀 안에서 지속 가능한 관계를 신중하게 생각해야 할 때가 왔다. 어쩌면 우리는 겸손한 흰개미로부터 교훈을 얻을 수 있을지도 모른다. 흰개미는 흙더미를 만들기 위해 물리적으로 물질을 운반하고, 점토 광물을 화학적으로 분해하며, 흙더미 안의 유기물을 전달함으로써 토질을 향상시키고 비옥도를 증가시킨다. 흰개미가 구축한 비균질성 덕택에 새가 둥지를 틀거나 휴식을 취할 수 있는 서식지가 조성되고, 환경적 스트레스가 강한 시기에는 작은 무척추동물이 머무를 수 있는 피난처가 조성된다. 인간의 도시와 건물도 동일한 기능을 하도록 재구축될 수 있다(예를 들어 Lepczyk et al. 2017; Nilon et al. 2017 참고).

우리가 여타 자연과의 상호적인 관계를 더욱 발전시키기 위해서는 1인당 토지 및 에너지 자원 사용량을 상당 부분 변화시킬 필요가 있다. 이는 주요 에너지원인 화석 연료로부터 탈피하려는 움직임과도 연관이 있다. 또한 식량 생산을 위한 토지 사용을 더욱 효율적으로 만들고, 준야생지를 농지로 전환하는 것을 삼가며, 그럼으로써 인간의 간섭이 덜한 지형을 보호하고 생물다양성 보전 및 강화를 위해 행동할 필요도 있다. 이런 단계들은 원칙 차원에서 보면 간단하지만, 사회적·정치적 차원에서 보면 매우 어렵다는 점이 잘 알려져 있으며, 실제로 우리에게 여전히 매우 어려운 문제로 남아 있다. 이렇게 복잡한 인간의 영역, 즉 인간과 사회가 인류세를 어떻게 다루는지의 문제를 다음 장에서 탐구하도록 하겠다.

인류세의
안트로포스

The
Anthropos of
the Anthropocene

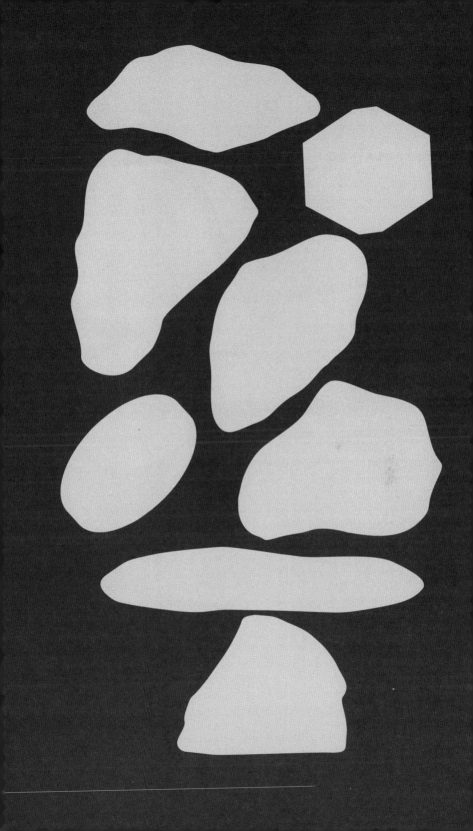

6

인류세의
안트로포스

'인류세'라는 영어 단어의 앞부분인 '안트로포스Anthropos'는 고대
그리스어로 '인간'을 의미한다. 인간이 없었다면 우리 행성 지구가 새로운
지질시대로 진입하지는 않았을 것이다. 그렇지만 인간이라는 종을
이해하는 데 있어 지질학이 독점권을 가진 것은 아니다. 사실 지구의
시간을 다루는 지질학자들이 보기에, 인간의 시간은 눈 깜짝할 사이에
불과하다. 고인류학, 고고학, 인류학, 역사학 분야는 지질학과는 다른
수준에서 연구를 수행하며, 채택하는 방법이나 사용하는 문서 기록도
다르다. 이들 분야도 인류세의 의미를 이해하고 발전시키는 데 크게
기여했다. 이런 학문 분과들과 지질학은 새로운 방식으로 대화하면서,
인류가 언제 어디서 어떻게 지구 시스템에 영향을 미치게 되었는지를
탐구한다. 이 대화를 통해 인간은 암석층이나 빙하 코어에 오랜 흔적을
남겼을 뿐만 아니라 지구에서 새롭고 압도적인 힘을 가진 존재임이
드러났다. 인간은 지구에 영향을 끼치는 하나의 집합적 단위이기도 하고,
독특한 희망이나 삶의 양식을 지닌 여러 개인이나 사회이기도 한 것이다.
    6장에서는 고인류학, 고고학, 인류학 분야를 역사학과는 별도로
다루고자 하는데, 부분적으로는 이 분야들이 규모, 방법, 기록에 있어
역사학과는 다르기 때문이다. 아주 최근까지만 해도 역사학은 물리적

증거나 경험적 증거보다는 문서 기록만을 거의 전적으로 다루었다. 역사학자들은 대부분 문서로 흔적이 남은 인간의 의식적 행동에만 관심을 두었다. 변화하는 우리 행성을 이해하려는 열기와 혼란 속에서 몇몇 분과 학문 사이의 차이가 사라지기도 하지만, 각 분야는 인류세가 직면한 두 개의 큰 질문을 두고 여전히 서로 다르게 접근한다. 첫째, 지구 시스템적 힘이 되어 버린 인간을 어떤 형태로 이해할 것인가? 둘째, 지구가 대다수의 인간 및 여타 많은 생물종이 살기 힘든 행성인 '찜통 지구Hothouse Earth'의 경로로 급속히 이동하는 상황에서, 과거가 어떤 대안을 제시해 줄 수 있는가?

고인류학, 고고학, 인류학

고인류학, 고고학, 인류학은 인류와 지구 시스템을 이해하는 데 있어 다음 세 가지 면에서 독특하다. 첫째, 이 분야들의 연구 규모를 살펴보면 인간이 생태계뿐 아니라 지질학적 시스템에도 관여하고 있음이 드러난다. 둘째, 사회의 물리적 맥락에도 관심을 두며, 그 분석틀 안에서 자연이 항상 고려의 대상이다. 이런 점은 역사학, 정치학, 경제학, 사회학 등 여타의 사회과학과는 다른 측면이다. 셋째, 작은 집단의 특수한 생활세계에 초점을 맞추면서도 인류의 보편성에 대한 관심을 통해서 균형을 맞춘다(이 책에서 '인류학'이라는 용어는 북아메리카의 관행을 따라 세 개의 분과, 즉 고인류학, 고고학, 인류학 모두를 통칭하기도 한다).

　　여기서는 규모의 문제, 자연과의 관계, 지역적인 것과 전 지구적인 것 사이의 긴장에 관해서 일반적으로 논의한 다음, 고인류학자와 고고학자가 인간종의 오랜 역사를 추적해 온 작업을 살펴보고자 한다. 고인류학자와 고고학자의 연구 관심은 인류세가 도래하기 훨씬 이전 시기에 있으므로, 그들의 연구는 인간이 지배하는 이 새로운 시대의 특징을 이해할 수 있도록 도와줄 것이다. 그리고 현대 사회에 관심을 두는 문화인류학자와 사회인류학자의 작업에 대해서 논의한 후, 인류세가 이 분야에 어떻게 비판적 자아 성찰을 촉진했는지에 대해서 논의할 것이다. 전례 없는 상황 속에서 인류학자들은 인간의 의미가 무엇인지 고심하고 있다. 그 와중에 일부 인류학자들은 다종 간 얽힘 현상에 특별한 관심을 가지면서 포스트휴머니즘을 수용하였고, 다른 인류학자들은 과열되는 우리 행성의 최전선에서 여러 공동체가 생산하고 있는 지식 형태를 탐구하고 있다.

인간 존재의 규모

규모는 중요한 문제다. 다른 사회과학 분야와 비교하기 무색할 정도로 고인류학, 고고학, 인류학이 다루는 시공간의 규모는 엄청나다. 고인류학자는 280만 년 전 처음 지구에 출현하기 시작한 현생 인류인 호모속 이하 모든 종의 발달 과정을 다룬다. 고고학자는 고대인의 주거지를 탐사하며, 문화 및 사회인류학자는 동시대의 공동체를 연구한다. 오늘날 고인류학, 고고학, 인류학이 다루는 공간적 규모도 이에 못지않게 포괄적이다. 인류학은 발전 초창기에 도심이나 문자 문화와는 멀리 떨어진 인간 집단에 집중했었다. 인류학의 창시자 중 한 명인 브로니스와프 말리노프스키는 뉴기니 연안 트로브리안드Trobriand섬 주민들과 여러 해를 보냈고, 래드클리프브라운은 호주 원주민과 안다만Andaman섬 주민들을 연구했다. 그렇지만 현대 인류학자들의 관심사는 진정으로 전 지구적이다. 익숙한 것을 낯설게 하고 낯선 것을 익숙하게 하는 인류학자들의 탐구 활동에는 제한 구역이 없다(Eriksen 2017: 3). 또한 인류학은 가능한 한 포괄적으로 증거를 확보하고자 한다. 돌, 뼈, 의례 도구, 휴대전화와 같은 물체에서 모든 종류의 경험 그리고 다른 동물이나 생태계와의 관계에 이르기까지, 인류학이 수집하는 자료나 사용하는 언어, 개념, 범주는 매우 다양하다. 이와 대조적으로 역사학은 여전히 문서 기록에 충실하려고 노력하며, 주류경제학(7장에서 논의하겠다)은 계량화에 전념을 기울인다. 인류학이 다루는 시공간적 규모와 증거의 폭은 인상적이며, 따라서 인류세를 이해하는 데 있어 인류학이 기여할 수 있는 여지도 크다.

인간 사회의 자연적 맥락

인류세를 이해하는 데 있어 인류학이 크게 기여할 수 있는 두 번째 지점은 (다시 언급하지만, 다른 사회과학과 달리) 인류학이 오랫동안 인간을 자연계에 내재한 존재로 인식해 왔다는 특징에서 나온다. 고고학적 발굴부터 참여관찰에 이르는 여러 접근법을 통해, 특히 후자의 경우 연구자가 연구 대상 공동체와 함께 숨 쉬고 먹고 생활하는 접근을 취한다는 측면에서, 인류학은 인간 사회의 물질적 측면을 강조한다. 인류학자들은 일반적으로 인류와 자연의 관계를 두 가지 방식으로 생각한다. 전통적인 인류학의 시각에서는 사회가 자연과 문화의 상호 작용으로부터 나온다고 본다. 사회인류학자인 필리프 데스콜라는 자신의 전문 분야인 인류학이 가진 특수성을 성찰하면서 다음과 같이 언급했다. "인류학은 모든 사회가 자연과 문화의 타협으로 구성된다는 신념에 기초하여 정립되었다. 인류학의 과업은 이렇게 다양하고도 특수한 타협의 표현을 탐구하는 것이자, 가능하면 그런 타협이 형성되고 파괴되는 규칙을 발견하는 것이다"(Descola 2013: 78). 자연과 문화 사이의 밀고 당김은 수천 년에 걸친 우리 종의 자취를 추적하는 고인류학자와 고고학자들에게도 큰 관심거리다.

그렇지만 최근 들어 자연과 문화를 내재적으로 양분하는 가정이 비판받기 시작했다. 데스콜라가 대표적인 비판론자 중 하나다. 하지만 그런 비판이 자연을 포기하는 쪽으로 이어지지는 않았다. 오히려 자연을 더욱 완전하게 아우르기 위한 노력이 등장했다. 데스콜라를 비롯한 여러 학자는 자연과 문화의 이분법이 최근에야 나타난 현상이자 전적으로 서구의 발명품이라고 주장했으며, 몇몇 인류학자는 각 사회가 길잡이처럼 사용하는 이분법에서 출발하여 문제를 다루기보다는 오히려 사회 자체를 복잡한 네트워크의 한 부분으로 이해하기를 촉구했다. 즉, 이 복잡한 네트워크 속의 개별 사회는 "우주론이라는 일반적 문법 차원 안에 속한" 하나의 특수성이라고 보는 것이다(Descola 2013: 88). 문화인류학자 애나 칭은 인류세를 직접적으로 다루면서 자연과 문화의 이분법을 소멸시키는 접근법을 발전시키기도 했다(Tsing 2005, 2015).

자연과 문화의 이분법에 의존하는 분석을 취하든 새로운 네트워크 유물론을 취하든 간에, 고인류학, 고고학, 인류학은 항상 비인간의 힘에 주목해 왔다. 그래서 이 세 분과 학문은 인류세를 다루는 데 도움이 된다. 인간 활동이 단지 주변 환경을 변화시킨다고 보는 시각에서 벗어나, 지구 시스템을 지배하기에 이르렀다고 보는 시각으로 전환하기 위해서는 노력이 필요하다. 고인류학, 고고학, 인류학은 인간 경험의 물질성을 충실히 이해하기 위해 노력함으로써 관점을 전환하는 데 도움을 준다.

지역적 문화와 보편적 문화

세 번째로, 고인류학, 고고학, 인류학은 보편성과 특수성 사이의 긴장을 조명함으로써 다양한 수준에서 전개되는 인류세를 탐구한다. 우리는 이 긴장 관계를 '문화'와 '문화들'의 구분에서 살펴볼 수 있다. 단수 형태의 '문화'는 인간이 공유하는 능력을 강조하지만, 복수 형태의 '문화들'은 문화의 '복합적 전체complex whole'가 보여 주는 고유하고 가변적인 형태를 강조한다. 문화를 '복합적 전체'로 바라보는 이 유명한 정의는 1871년 타일러가 내린 것이었다. 타일러는 문화가 "지식, 신념, 예술, 도덕, 관습, 그리고 사회의 일원으로서 인간이 획득한 모든 능력과 습관을 포함"하는 것이라고 정의했다(Eriksen 2017: 26에서 재인용). 문화의 보편성을 강조하는 것은 인종주의나 인간 발달 단계설에 맞서 싸우고 인간이라는 종을 다른 생물종과 차별화하는 전략으로 활용되어 왔다. 여기에서 문화는 대문자 'C'로 시작하는 문화다. 한편 다양한 형태의 문화들에 초점을 맞추면 인간의 창의성과 구체성을 강조하고, '체계적으로 서로 다른 사회적 환경'에 대해 자세히 서술하게 되는데, 이는 결과적으로 독특한 '생활세계들life-worlds'에 관한 개념으로 이어지기 마련이다(Eriksen 2017: 30). 이런 의미로 사용되는 다양한 문화는 인간에게만 한정되지 않으며, 돌고래나 개코원숭이를 포함한 다른 생물종에서도 찾아볼 수 있다.

한때 인류학에서 대립적인 것으로 간주되던 유사성과 차별성, 즉 '우리' 대 '그들', 특히 '서구' 대 '타자'라는 구분은 이제 관계적인 것으로 이해된다. 관계성이라는 경관을 눈앞에 두고, 인류학자 팀 잉골드는 다음과 같이 주장한다. "'우리'는 관계로 맺어진 공동체다. 차이에 의해 경계선이 그어진 공동체가 아니다. 여기서 차이와 유사성, 타자가 되는 일과 하나로 합쳐지는 일은 동시에 이루어진다"(Ingold 2018: 50). 세계를 공유한다는 점에 기반한 연대성과 상이한 생활세계에 존재한다는 점에 기반한 특수성 사이의 긴장은 인류세에 관한 인문주의적 접근의 핵심에 놓여 있다. '인류세'는 한편으로 모든 존재가 직면한 행성적 곤경에 이름을 부여하며, 다른 한편으로 우리를 구분시키는 불균등한 책임과 경험에도 이름을 부여한다. 그렇기에 인류학은 인류세가 표명하는 다양한 현상을 이해하는 데 도움이 된다.

고인류학과 고고학

고인류학과 고고학은 인류세의 특징을 이해하는 데 어떤 도움을 줄 수 있을까? 고인류학과 고고학은 모두 호모속, 궁극적으로는 호모 사피엔스라는 종의 발달을 장기적인 관점에서 바라보기 때문에, 인류세의 규모가 어느 정도이며 얼마나 급박하게 전개되는지를 잘 보여 준다.

고인류학자는 대체로 호모 사피엔스와 우리 조상들을 묘사할 때 그들이 행성적이고 우주적인 힘의 거대한 손아귀에서 벗어나지 못하는 단순한 장난감인 것처럼 묘사한다. 지각판의 이동에서 빙하의 침식에 이르기까지, 인간종은 지질학적 사건 앞에서 속수무책이었다. 예컨대 인도네시아에서 화산이 폭발했을 때 인간은 속절없이 무척 힘든 시절을 겪었다. 7만 4천 년 전 수마트라섬 토바 화산에서 발생한 거대한 폭발 이후 인간이 얼마나 고된 시기를 보냈는지에 관해서는 여전히 논의가 이루어지고 있다(Daily 2018; Vogel 2018 참고). 인류학자 스탠리 앰브로즈와 그 동료들은 이 재난이 지구의 기온을 평균 10도 정도 낮추었으며, 6년 동안 지속됐던 화산 겨울을 초래했다고 주장한다(Williams et al. 2009; Haslam et al. 2010). 연구자들의 추정에 의하면 당시 인류의 생존자 수는 3천에서 1만 명 정도에 그쳤는데, 이는 요즘으로 치면 평범한 대학교 하나의 신입생 수 정도다.

다른 연구자들은 상황이 그만큼 심각하지는 않았다고 주장한다(Yost et al. 2018). 남아프리카 지역에서 수행된 연구, 그리고 그보다 이른 시기 인도에서 수행된 연구에 따르면, 토바 폭발은 지난 2백만 년 동안 있었던 화산 폭발 중 가장 거대한 폭발 중 하나였고, 8억 5천만 톤의 황 성분이 대기에 분출되기는 했지만 전 세계적으로 보았을 때 아주 심각한 정도까지는 아니었다고 한다(Lubick 2010). 어쨌거나 인도네시아에서 일어난 지질학적 폭발은 계속해서 곤란을 일으켰다. 1815년의 탐보라 화산 폭발 때문에 1816년은 '여름 없는 해'가 되었고, 멀리 떨어진 미국 버몬트주에서조차 흉년이 들었다. 1883년 크라카토아 화산 분출은 날씨 패턴을 교란했고, 지구의 전반적인 온도를 낮췄다. 1991년 피나투보 화산 대폭발 때는 일시적으로 지구 평균 온도가 0.5도 정도 떨어졌다.

우리 인간종의 역사에서 가장 거대한 사건 중 하나는 11,700년 전 플라이스토세가 끝나고 홀로세가 시작된 일이었다. 이 사건에서도 인간은 부차적인 존재에 불과했지만, 이때는 인간의 통제 너머에 있는 힘으로부터 인간이 혜택을 받았다. 1장에서 논의했듯이, 국제지질과학연맹 집행위원회는 2008년 5월 홀로세를 공식적으로 인정했다. 홀로세의 GSSP는 그린란드 북부 빙하 코어 프로젝트를 통해 지하 1492.45미터에 위치한 지점으로 설정되었으며, 이 경계점의 형성에는 인간의 동력과 작동이 관여하지 않았다고 선언되었다(Walker et al. 2009: 3). 홀로세의 안정성이 가져오는 혜택이나 인도네시아 화산 폭발이 가져오는 교란은 모두 인간의 행동과는 별 상관 없이 행성적 힘이 발휘된 사례다. 고대 로마인들은 풍성한 수확을 바라면서 데메테르를 숭배했으며, 화산 활동이 일어나면 불의 신인 불카누스를 비난했다. 그렇지만 어떤 과학자도 홀로세의 상대적인 평온 상태나 인도네시아의 빈번한 지진 활동의 원인으로 인간을 꼽지는 않는다.

그렇지만 인류학자들이 보여 주었던 것처럼, 인류의 조상인 호미닌의 활동이 다른 방식으로 늘 환경 조건에 영향을 미치기는 했다. 지금까지의 연구가 시사하는 바에 따르면(예를 들어 Chakrabarty 2009), 지구에 대한 인류의 영향은 처음에는 생물학적 차원에

그쳤지만, 화석 연료를 집약적으로 사용하는 활동으로 인해 최근에는
지질학적 차원까지 미치기 시작했다. 그러나 다른 식으로 주장하는
인류학자들도 있다(Bauer and Ellis 2018). 고인류학자들은 인간이
국지적이고 지역적 차원에서는 언제나 생물학적 행위자이자 지질학적
행위자였음을 입증했다. 인간은 나무를 태우거나 들판에 불을 놓으면서
대기 중에 이산화탄소를 주입하고 토양을 침식했으며, 돌담을 쌓고
개를 길들이며 과일 씨앗을 퍼뜨리는 등 여러 가지 방식으로 환경에
개입했다. 고인류학자 리처드 랭엄에 따르면 이렇게 지질학적 영향과
생물학적 영향이 결합하는 현상은 호모 사피엔스가 등장하기 훨씬
전부터 시작되었으며(Wrangham 2009), 논쟁의 여지가 있기는 하지만
어쩌면 180만 년 전 우리의 조상인 호모 에렉투스가 불을 다루면서부터
시작되었을 수도 있다(예컨대 Roebroeks and Villa 2001; Glikson 2013;
Gowlett 2016). 호모 사피엔스가 사냥감인 동물을 특정 방향으로 몰기
위해 불을 사용하기 시작했을 때부터 분명히 불로 인해 생태계 형태가
바뀌었을 것이다. (다른 종과 마찬가지로) 우리 인간은 가는 곳마다
환경을 변형시켰다. 분명 "최초의 선사시대 사람들이 되는대로 물건을
줍기보다는 도구를 만들기 위해 땅에서 돌을 파내면서부터, 즉 인간이
암석과 토양을 파내고 쓰레기를 만들며 인공적인 기반을 구축하기
시작하면서부터 인간은 경관을 변형시켰다"(Price et al. 2011: 1056).

　　　인간의 등장으로 주변의 다른 동물, 식물, 곰팡이, 미생물에게도
변화가 생겼다. 신뢰할 수 있는 증거에 따르면(Miller et al. 2005; Rule et
al. 2012; van der Kaars et al. 2017; Smith et al. 2018), 호모 사피엔스는
거대 동물 멸종에 부분적 책임이 있으며, 플라이스토세까지 생존한 몸집
큰 동물들의 개체수가 줄어든 현상에 대해서도 부분적으로 책임이 있다.
인간의 영향이 어느 정도였는지 가늠하는 일은 어렵다. 왜냐하면 한때
본질적으로 정적인 빙하기라고 생각되던 플라이스토세 후기가 이제는
특히 고위도 지역에서 뚜렷하게 기후 변동을 거듭했던 시기로 간주되기
때문이다(Hofreiter and Stewart 2009). 어떤 멸종이 호모 사피엔스
때문이고 어떤 멸종이 다른 요인 때문인지를 항상 식별해 내기는 어렵다.

그러나 호모 사피엔스가 특히 '인지적 유동성cognitive fluidity'을 발전시켰을 때(Mithen 1996, 2007), 즉 5만 년 전쯤 복합적 사고와 미묘한 언어를 구사할 수 있게 되었을 때, 인류는 네안데르탈인을 포함한 가장 가까운 호미닌 친척들을 멸종의 길로 떠밀기 시작했다. 인류학자 앤드루 바우어는 인간이 "최근이 아니라 훨씬 예전부터 광범위한 규모로 생태계를 변형시켰다"고 주장하는데(Bauer 2016: 409), 이는 전적으로 옳다.

홀로세 기간에는 예측 가능성이 커지면서 인간의 영향력도 더 커졌다. 동물 사육, 농업, 도시 발전, 문자 체계, 복잡한 사회 및 정치 체계의 등장, 인구 증가 등으로 인해 국지적 차원과 지역적 차원 모두에서 지질권과 생물권을 형성하는 인간의 힘이 신장되었다(Wilkinson 2003; Alizadeh et al. 2004; Casana 2008; Morrison 2009; Wilkinson et al. 2010; Fuller et al. 2011; Conolly et al. 2012; Bauer 2013). 우리 인간이 지구 시스템에 미치는 영향은 지역적이고 매우 통시적이기는 하지만 점차 증가하고 있다. 지구를 형성하는 인간의 노력은 세기가 지나면서 점점 강화되어, 결국 지질학자 브루스 윌킨슨은 다음과 같이 말했다. "기원후 첫 천 년의 후반부에 이르러서는, 바로 인간이 침식 작용을 일으키는 주요한 행위자가 되었다"(Wilkinson 2005: 161). 유럽에 의한 식민주의의 확산과 함께 인류는 더욱 명백하게 지질학적 요인이자 생물학적인 요인이 되어 버렸다. 경관을 변화시키고 새로운 종을 도입하여 때때로 기존 생물군계에 파괴적인 영향을 가져오는 존재가 된 것이다. 산업혁명의 도래로 인간의 영향력은 서유럽에서 크게 확장되었으며, 곧 서구 제국주의를 통해서 세계의 나머지 지역으로 퍼져 나갔다. 간단히 말해 호모 사피엔스는 지구를 제집처럼 편안히 여기며 지내게 된 것이다.

만약 사람들이 늘 자연의 힘에 종속되어 온 동시에 항상 주변의 유기적·무기적 환경을 변형시켜 왔다면, 인류세가 특별하게 다른 점은 무엇일까? 일부 고생물학자와 고고학자들은 "다른 것이 없다"고 말한다. 바우어는 생태학자 얼 엘리스와 함께 인류세 개념이 인간과 환경이 상호 작용해 온 길고도 이질적인 역사를 바라보는 데 사실상 장애가 된다고 주장한다. 왜냐하면 인류세 개념이 현재 상황과 과거 상황 사이에 경계선을 긋기 때문이다. 바우어와 엘리스는 "인류세를 따로 떼 내어 구분하는 일을 멈추어야 하며", 그래야만 인류학이 적절한 교훈이나 지침을 제공할 수 있다고 주장한다(Bauer and Ellis 2018: 23). 마찬가지로, 고고학자 캐슬린 모리슨도 "인류세 개념이 불필요하다"고 주장한다. "인간이 지구를 변화시키지 않았다는 것이 아니라, 홀로세 전 기간에도 인간은 늘 지구를 변화시켜 왔기 때문이다"(Morrison 2015; 2013 참고). 많은 근대주의자가 인류가 생물학적이고 지질학적인 차원에서 항상 환경을 변형시켜 왔다는 점을 인식하지 못하는데, 위와 같은 비판은 그런 몰인식에 대한 염증이라고도 볼 수 있다.

　　그러나 더 일반적인 차원에서 볼 때 바우어, 엘리스, 모리슨은 인류세가 제기하는 중요한 논점을 놓치고 있다. 그들의 비판은 지구의 일부 지역에서 일어나는 변화와 지구 시스템의 변화를 혼동하고 있다. 모든 생물종이 주변 환경을 변형시키지만, 인간과 남조류 등 일부 유기체만이 행성적 시스템을 전복시켰다(1장, 2장 참고). 생태계를 변형시켜 몇몇 종이 사라진다고 해서 그것을 여섯 번째 대멸종과 동일시할 수는 없다. 인간이 넓은 지역의 경관을 교란한다고 하더라도, "지표면에 작용하는 다른 모든 자연적 과정을 다 합친 것보다 훨씬 더 큰 규모로" 인간이 퇴적물을 이동시킨다고 말할 수는 없다(Wilkinson 2005: 161). 지구 대기에 현재와 같은 수준의 이산화탄소가 존재했던 가장 마지막 시기였던 약 3백만 년 전에는 인간이라는 종이 존재하지도 않았다(Dowsett et al. 2013). 시스템 과학을 통해서, 꽤 중요하기는 하지만 특정 수준에 그치는 몇몇 변형을 인류세적 시스템 변형과 구분해 낼 수 있다.

　　인류세가 중요한 이유는 인류의 첫 번째 흔적을 발견하는 데 있는 것이 아니라, 행성적 시스템 변형의 규모, 의미, 미래 지속성 문제를 제기한다는 데 있다. 인간 시스템의 영향력이 전 지구적이고 거의 동시적이 되면서, 지구 시스템을 영구적으로 변형시키고 지구 표면에 지울 수 없는 표시를 남기기 시작한 것은 20세기 중반부터다(Zalasiewicz et al. 2015b). 고인류학과 고고학은 초기 지구 시스템의 환경과 관련하여 인간종이 겪었던 우여곡절이나 성공을 잘 이해할 수 있도록 해 준다. 그러면서 동시에 현재 우리가 처한 곤경이 전례 없이 낯설다는 점을 강조해 준다.

문화인류학과 사회인류학

현재의 곤경이 기묘하게 낯설다는 점 때문에 문화인류학자 및 사회인류학자들은 자기 분야의 기본 가정을 성찰할 계기를 얻었다. 그동안 그들이 열심히 연구해 왔던 인간의 활동이 어떻게 갑자기 (지질학적 관점에서) 합쳐져 지구의 작동을 바꾸게 되었을까? 이 질문에 대해서 보통 두 가지 접근이 나타났다고 본다. 첫째는 포스트휴머니즘의 깃발 아래, 인간 존재를 물리적 환경에 침잠시키고 모든 동력과 작동을 공동 행위자co-agents로 다루는 접근이다. 둘째는 최근에 출현한 인간의 힘과 지식이 가진 새로운 형태에 주목하는 접근이다.

첫 번째 접근을 취하는 학자 중에는 저명한 인류학자가 많으며(예컨대 애나 칭, 팀 잉골드, 에두아르도 콘, 엘리자베스 포비넬리), 정치학(제인 베넷, 다이애나 쿨, 사만다 프로스트, 윌리엄 코널리 등), 문학(우르슐라 하이제 등), 과학기술학(도나 해러웨이, 브뤼노 라투르 등), 윤리와 영성{마이클 노스코트(Northcott 2014) 등}처럼 다른 분야의 학자들도 있다. 그들이 보기에 자연과 문화의 이원론이나 인간만의 행위성에 초점을 맞추는 것은 인류세를 이해하는 데 도움이 되지 않으며, 오히려 문제의 근원이다. '신유물론'(Bennett 2010; Coole and Frost 2010), '지구존재론geontologies'(Povinelli 2016), '자연문화natureculture'(Haraway 2003; Fuentes 2010), 철학자 투 웨이밍의 '인류우주anthropocosmic'(Tu Weiming 1998) 등과 같은 개념을 사용하면서, 이들은 인류학자에게 자연과 문화의 분리를 당연시하지 말아야 한다고 조언한다. 예컨대 에두아르도 콘은 숲에 관한 자신의 저서에서 생물과 무생물 모두가 얽혀 있는 그물망을 다루는 '생명의 인류학anthropology of life'을 언급했다(Kohn 2013). 한편 마리솔 데 라 카데나는 안데스 케추아족의 만물을 아우르는 세계관에 대하여

분석하기도 했다. 바로 그런 세계관이 마리아노 투르포로 하여금 1969년
농업 개혁에 저항하고 아들을 샤머니즘에 귀의하도록 이끌었다(Cadena
2015). 이렇게 다양한 관점에서 출발한 저자들의 목표는 더 포괄적인 서사
만들기와 더 포용적인 정치 제안 두 가지로 요약할 수 있다.

　　민족지 연구 현장을 확장해서 다양한 참여자를 포함하면,
근대성이 제시하는 소위 '진보'라는 것이 어떻게 경관을 파괴하고 암울한
전망을 불러오는지 더 잘 이해할 수 있을 것이다. 이런 접근은 '다종
민족지multispecies ethnography'(Kirksey and Helmreich 2010)나 '다종
스토리텔링multispecies storytelling'(Tsing 2015: 162; Tsing et al. 2017
참고)과 같은 방법론에서부터 '지구이야기geostories'(Latour 2017)에
대한 제안에 이르기까지 다양하다. 이런 입장을 견지하는 학자들은
생물과 무생물 모두에게 행위성을 부여하고, 그들의 다사다난한 이야기가
인간과 비인간 집합체에 의해 탄력을 받도록 만든다. 예를 들어 애나 칭은
『세계 끝의 버섯The Mushroom at the End of the World』에서 쉽게 규정하기
힘든 송이버섯을 안내자로 삼아 미묘하게 얽혀 있는 생물학, 역사,
장소의 연결망을 파헤친다. 송이버섯은 독특한 성질 때문에 재배해서
키울 수가 없다. 그런 재배 불가능성 때문에, 송이버섯의 전형적인 '가을
향기'를 음미하려는 일본의 감정가들은 송이버섯을 더욱 매력적으로
여긴다. 송이버섯은 제멋대로 자라며 교란된 경관을 선호하는데,
여기에는 원자폭탄 투하 이후의 히로시마 같은 장소도 포함된다. 따라서
송이버섯은 세계 시장에서 높은 가치를 가지고 있음에도 불구하고
자본주의의 일반적인 통제망에서 벗어나 있다. 송이버섯의 채집은 주변부
사람들이 종종 비밀스럽게 수행하는 노동이다. 송이버섯 불법 경매는
중국, 서북 아메리카 등지의 빽빽한 숲 아래에서 은밀하게 이루어지며,
그 후 송이버섯은 국제 교역망을 통해 빠르게 운송된다. 칭은 송이버섯을
둘러싼 뿌리줄기와 같은 연결망이 사방팔방으로 확장되는 과정을
추적하였다. 여기에는 진보에 관한 담론이 부재한다. 대신 우리는 '인간과
비인간을 동반하는' 이야기와 직면한다(2015: 282). 우리가 근대성의
희망이 남긴 폐허에서 생존하려 할 때, 칭이 제시하는 어두운 증거는

송이버섯을 비롯한 여러 동반자적 존재가 회복력을 가지고 있음을 강조해서 보여 준다.

이야기를 포스트휴머니즘의 용어로 다시 풀어내는 작업은 모종의 정치적 결과를 초래하기도 한다. 브뤼노 라투르는 『우리는 결코 근대인이었던 적이 없다We Have Never Been Modern』(1993)에서 '사물의 의회parliament of things'를 촉구하는데, 이는 민주주의적 숙의 제도 아래서 모든 피조물이 정말로 참여하게 만들자는 뜻이다. 『판도라의 희망Pandora's Hope』(2000)에서는 비인간에게 "당신은 좋은 삶을 함께 살아가기 위해서 어떤 희생을 치를 준비가 되었는가?"라는 질문을 할 날이 올 것이라고 확신하며, 다음과 같은 주장을 한다. "두뇌가 명석한 수많은 사람이 수 세기 동안 이렇게 가장 숭고한 도덕적·정치적 문제를 인간에 대해서만 제기하고, 자신들을 구성하는 비인간에 대해서는 제기하지 않았다는 점이 곧 명백해지리라고 확신한다. 마치 미국 건국의 아버지들이 인권에 대해 거창한 선언을 하면서, 노예나 여성의 참정권을 부정했던 것과 마찬가지다"(2000: 297). 이와 유사하게 제인 베넷은 『생동하는 물질Vibrant Matter』에서 다음과 같이 주장했다.

인간의 문화가 생동하는 비인간 행위자와 떼려야 뗄 수 없이 얽혀 있다면, 그리고 인간의 의도가 엄청난 규모의 비인간 수행원을 동반할 때만 행위성을 얻을 수 있다면, 민주주의 이론을 위한 적절한 분석 단위는 개별적인 인간도 아니고 배타적인 인간 집단도 아니며, 한 문제를 둘러싸고 연계되어 있는 (존재론적으로 이질적인) '대중public'이다. (⋯) 물론 비인간 물질을 정치생태학의 참여 구성원으로 인정한다고 해서 모든 것이 항상 참여자라거나 모든 참여자가 동등하다고 주장하려는 것은 아니다. 사람, 벌레, 잎, 박테리아, 금속, 허리케인이 가진 힘은 그 유형과 정도가 다르다. 이는 사람마다 가지고 있는 권력의 유형과 정도가 다른 것과 마찬가지다. 벌레가 가진 힘도 제각각 유형과 정도가 다르며, 이는 여타 다른 경우에도 마찬가지다.
(2010: 108~109)

참여 민주주의에 비인간 생물체를 포함하는 것은 문학자인 우르슐라 하이제가 『멸종을 상상하다Imagining Extinction』(2016)에서 언급한 목표이기도 하다. 포스트휴머니스트의 입장에서 볼 때, 인류세는 인류학의 연구 주제를 재구성하며, 정치가 배타적으로 인간의 실천이라는 생각을 뒤집는다. 라투르는 다음과 같이 지적했다. "많은 인류학자는 여전히 인간을 중심에 두기를 원한다. 중심이 이동했다는 사실을 모른 채, 재배치가 다시 일어나기 전에는 지질학자, 기후학자, 토양과학자, 전염병학자들도 인간 행위자를 중심에 놓았었다는 점을 인식하지 못한 채 늘 그런 경향을 보인다"(Heise 2017: 46).

　　포스트휴머니스트들과 달리 사회인류학자 및 문화인류학자 들은 인간의 행위성을 생물과 무생물 행위자 네트워크 안으로 침전시키는 방식이 아니라, 오히려 강조하는 방식으로 대응했다. 인류학자들은 인류세의 안트로포스가 질적으로 다른 힘을 지녔다는 점에 주목했다. 그들은 인류가 최근 들어 놀랄 만큼 조직적으로 지구를 지배하게 되었으며, 그 영향이 여러 인간 공동체 사이에서 상이하게 나타났다는 점에 관심을 가졌다. 베넷의 표현을 빌리자면, 이 학자들 가운데 인간 옆에 "광대한 규모의 비인간 수행단이 동반하고 있다"는 점을 부정할 사람은 거의 없을 것이다. 그러나 이 학자들은 반려종이나 무생물 공동 행위자에게 책임을 분산시키는 것보다는, 인간이 최근 지질시대를 만들어 낼 정도로 능력을 신장시켰다는 점에 더 관심을 가진다. 예컨대 토마스 휠란 에릭센은 『과열: 가속된 변화의 인류학Overheat: An Anthropology of Accelerated Change』에서 우리가 처한 조건이 질적으로 새롭다는 점을 강조하면서, "오늘날 인류가 지구에 흔적을 남기는 상황과 조금이라도 견줄 수 있을 만큼 과거에 인류가 지구에 흔적을 남긴 적은 결코 없었다"고 말한다. 이제 인간의 영향을 피할 수 있는 곳은 없다. 에릭센이 지적하듯이 "사람이 발을 들여놓지 않은 열대 우림이나 사막의 작은 지역에서도 기후변화, 가뭄, 홍수, 인간이 도입한 생물종 등 지역적 영향을 통해 인간 활동의 흔적이 나타난다"(Eriksen 2016: 17). 이에 대한 책임은 다른 어떤 생물체보다도 우리에게 있으며, 관건은 인간 고유의 특징에 있다.

이런 관점에서 볼 때, 인간 사회가 가지는 엄청난 영향력은 인간과 그들의 독특한 인간 중심적 정치 체계에 더욱 큰 책임을 부여한다. 에릭센은 가속화된 성장이 지구 시스템을 점점 더 압박한다고 주장한다. "인구는 늘어나고, 사람은 대부분 기계의 도움을 받으면서 더욱 많은 활동을 한다. 그리고 우리는 그 어느 때보다도 다양한 방식으로 서로에게 의존한다"(2016: 10). 점점 더 확대되는 인간의 지구 지배 핵심에는 에너지 시스템, 이동성, 통신, 도시화, 전 세계적인 쓰레기 흐름이 놓여 있다. 그렇지만 이 흐름의 속도가 모든 곳에서 동일하지는 않다. "사회, 문화, 생활세계의 여러 부분은 상이한 속도로 변화하고 있으며, 서로 다른 리듬으로 스스로를 재생산한다. 지구화가 가속하면서 초래하는 갈등을 이해하려면 빠름과 느림, 변화와 지속 사이의 괴리를 이해해야만 한다"(2016: 9). 이런 관점에서 인류학적 민족지는 인류세의 '충돌 규모clashing scales'가 어떻게 갈등을 생성하는지 보여 주는 소중한 도구다. 난민 수가 1951년 1백만 명에서 2014년 6천만 명으로 급증한 것은 부유층이 탑승하는 항공 여객기 수의 증가와 비교된다. 에릭센은 우리가 처한 곤경이 새로우며, 이 상황에 도달한 경로나 이 도전에 대응하기 위한 문화적 자원을 이해하기 위해서는 인류학의 전문적 도구가 유용하다고 본다. 많은 인류학자도 에릭센의 견해에 동의한다. 인류학자들은 인간이 지구의 자원, 비인간 생물종, 취약한 인간 공동체를 희생시켜 왔던 이야기를 적나라하게 들려준다.

새로운 긴급 상황에 직면해서, 민족지는 기후변화, 독성 물질, 물 부족, 해수면 상승, 생태계 고갈, 에너지 전환, 인구 증가, 그리고 다른 여러 인류세의 위험을 포괄할 수 있도록 재구성되었다. 예를 들어 문화인류학자 로버트 웰러는 자신의 저서 『자연을 발견하기: 중국과 대만의 지구화와 환경 문화Discovering Nature: Globalization and Environmental Cultures in China and Taiwan』(2006)에서 다음과 같이 언급했다. "1970년대 후반 내가 처음 현지 조사를 했던 시절에 작성했던 노트에는 자연에 대한 신호가 딱히 나타나지 않는다." 그런데 10년 후 "1980년대 중반쯤 대만이 '자연'을 발견했고" 그 후 곧바로 대륙부 중국도 '자연'을 발견했다(2006: 1~2). 무언가 새로운 일이 진행되고 있었다. 심지어 '인류세'라는 개념이 나타나기도 전에 "사람들이 인간과 자연의 관계를 개념화하는 방법에서 진정한 혁신"이 등장했다. 단순히 오염 문제만이 이 혁신을 촉발한 것은 아니었다. "연료비, 시위 운동, 요리하는 데 필요한 노동, 정부 규정, 교육, 여가 활동 등 환경 안에서 일상적 삶의 모든 범위를 변혁하자는 전 지구적 영향이 토착 사회 및 문화 자원과 결합하면서 이 혁신을 촉발했다"(2006: 9~10).

웰러는 대만 자본주의가 일으킨 환경 파괴와 중국 공산주의가 야기한 환경 파괴가 매우 비슷하다는 점을 발견했다. 또한 이 두 사회의 지식인들 사이에 나타난 환경주의적 반응도 마찬가지로 비슷했다. 국가 단위의 환경주의나 국제 환경주의는 생물 문제에 초점을 두면서 보편적인 전망을 제시하려는 경향이 강하다(2006: 106). 이에 반해 대만과 중국에서는 "대부분의 환경 행동"이 풀뿌리 수준에서 일어나며, 생물계보다는 인간과 관습을 우선시하는 경향이 강하다(2006: 133). 지방 사찰에서는 저항의 원천이 관습과 연계되어서, 자비와 돌봄의 보살인 관음에게 빙의되는 방식으로 나타나기도 한다. 인근에 나프타naphtha 분해 시설(일종의 경유 정화 시설)을 지으려는 정부의 계획에 대해 지역 공동체가 어떻게 대응할지를 두고 농업의 신인 신농神農의 뜻을 묻는 점술 의식이 치러진 사례도 있었다(2006: 105). (신농은 굳건하게 저항하는 쪽의 편을 들어주었다). 그러나 웰러가 분명하게 지적하듯, 한쪽에는 지역적인 '대안적 중국 환경주의'가, 다른 쪽에는 환경 파괴와 보호라는 전 지구적인 거대한 힘이 단순하게 양분되어 존재하지는 않는다. 무자비한 전 지구화나 근대주의적 사고방식에 맞서는 방법이 순수하게 국지적인 '녹색 오리엔탈리즘Green Orientalism'이 될 수는 없다. 대신 웰러는 "지역적인 것과 지구적인 것이 상이한 수준 및 다양한 주요 접점에서 재혼합되고 재창조되는" 상호 작용을 드러내 보여 준다(2006: 168).

습하고 무더운 대만으로부터 멀리 떨어진 지역에서 연구하는 인류학자 줄리 크룩섕크도 대만의 상황과 비슷한 이야기를 들려준다(Cruikshank 2005). 캐나다와 알래스카를 가르는 세인트일라이어스Saint Elias 분수령을 따라 펼쳐진 빙하 평원에서, 크룩섕크는 사람들이 빙하에 대해서 내리는 해석들 사이에 긴장 관계가 나타난다는 점에 주의를 기울였다. 그 지역 원주민들은 꽁꽁 언 강을 생각할 수 있고 말할 수 있는 존재로 의인화하는 경향이 있는 반면, 18세기 그 지역에 처음 도착한 유럽 출신의 식민 정착자들은 빙하를 연구 대상 혹은 장애물로 인식했다. 오늘날에는 과학자들이 '전통 생태 지식'(1990년대 캐나다 정부 정책 입안자들은 전통tradition, 생태ecology, 지식knowledge의 앞 글자를 따서 TEK라 불렀다)을 포섭하려고 한다. 하지만 과학자들도 지역 주민의 문화적 틀을 무시하면서 그들로부터 '데이터'를 추출할 수는 없음을 알고 있다. 장소 기반의 이해 틀을 고수하는 유콘Yukon 원주민들은 "서양의 관리 체제로 체계화되고 포섭되는 것"에 저항한다(2005: 255~256). 게다가 급속히 변화하는 우리 세계에서는 전통 지식마저도 새로운 도전에 맞서기 위해 진화한다. 크룩섕크는 여러 관점을 혼합해 하나의 데이터 세트로 만들려고 노력하기보다는 '지역적 지식을 위한 공간'을 확대하자고 제안한다. 복잡하고 서로 맞물려 있는 도전들과 씨름할 때, 어떤 특정 형태의 지식에 지배적인 위치를 부여하지는 말아야 한다고 크룩섕크는 주장한다.

　　　인간의 복합적인 동기, 다양한 형태의 지식 생산, 그리고 임시변통으로 이루어지는 연결이 앞서 소개한 민족지들의 핵심을 형성한다. 환경 문제에 관한 지역적 저항이나 다양한 수준에서 나타나는 갈등에 대한 모든 이야기 중에서 가장 널리 알려진 것으로 칩코의 '나무 포옹 운동'이 있다. 이 운동은 역사학자 라마찬드라 구하가 『동요하는 숲The Unquiet Woods』{2000(1989)}에서 다루었다. 히말라야 고지대의 농부들은 숲을 사용하는 자신들의 관습적 권리를 지키기 위해서 외부인이 주도하는 정부의 삼림 통제에 다른 관념을 가지고 저항했다. 한편 1970년대부터 마르크스주의자들은 피착취 계급을 옹호하는 데 도움을 주었고, 에코페미니스트들은 운동을 주도하는 여성을 찬양하였으며, 환경주의자들은 숲과 비인간 거주 존재를 보호하기 위해 노력했다. 구하에 따르면, 하나의 명확한 의제를 가진 단일 조직은 실패하고 말았지만, 공약 불가능한 세계관과 다양한 논리 및 신념이 섞인 연합은 숲을 효과적으로 보호하는 데 성공했다.

이런 민족지를 통해 분명히 알 수 있듯이, 인류세의 원인과 조건을 이해하는 데 가장 적합한 분석 수준이나 주체의 위치가 단일하게 존재하는 것은 아니다. '지역적 지식'과 '전 지구적 지식'은 그 어느 때보다도 더 긴밀하게 얽혀 있다. 이는 근대성의 힘에 노출된 원주민뿐만 아니라 근대성이 초래하는 가속적 파괴에 책임을 져야 하는 사람도 마찬가지다. 사실 '역사의 힘'에 영향을 받는 사람과 인류세의 '작동'에 책임을 져야 하는 사람은 종종 동일하다. 나이지리아 석유 산업 노동자에 대한 민족지(Akpan 2005), 허리케인 하비의 피해를 본 휴스턴 거주민에 관한 연구(Morton 2018), 기업 간부를 대상으로 한 참여관찰(Jordan 2015) 등은 상호 침투하는 여러 수준으로 이루어진 세계 속에서 가해자와 피해자의 경계가 흐려질 수도 있다는 점을 잘 보여 준다.

인류세 역사를 점화하기

인류세와 씨름하는 역사학 분과에서 볼 때, 고인류학, 고고학, 인류학이 직면하고 있는 규모의 문제나 인과성의 문제는 낯선 것이 아니다. 그렇지만 전통적으로 역사학은 자연을 비롯한 다른 모든 것을 무시하면서, 문서 기록에만 시야를 제한해 왔다. 가장 오래된 문자로 알려진 수메르어 문자는 기껏해야 기원전 3500년 정도까지 거슬러 올라갈 뿐이다. 따라서 역사시대의 기간은 꽤 짧으며, 홀로세의 절반도 되지 않는다. 일반적으로 소수의 사제나 상업 및 행정 엘리트만이 문자를 사용했으며, 심지어 그들이 남긴 문자 기록은 시간의 흐름, 전쟁, 날씨, 검열, 곤충, 쥐 때문에 파괴되기도 했다. 그렇다면 이렇게 제한적이고 희박하며 연약한 증거에 기초하여 '인간성'을 이해하려는 시도는 무엇을 의미할까? 인류세를 이해하는 데 중요한 이 증거들은 종교, 교역망, 국가 통치의 체계가 구축되는 양상과, 그 체계를 넘어 행성적 힘이 되어 버린 관념을 함께 드러내 보여 준다. 문자 언어는 우리가 시공간을 넘어 복잡한 지식을 전달할 수 있도록 해 주는데, 바로 그런 지식을 통해서 정복 활동을 조직하고 광대한 영토를 관리하며 자원과 인간을 착취하는 일이 가능해졌다. 틀림없이 문해력이 인류세를 가져왔을 것이다. 지구 시스템을 지배할 정도로 인간 행동을 조직화하는 작업은 문해력 없이는 상상할 수도 없기 때문이다. 긍정적인 측면을 덧붙이자면, 문해력은 우리의 상황을 탐구하고 개선할 수 있도록 도와주기도 한다.

태양 아래 새로운 것

밀레니엄 전환기에 과학적 통찰력과 역사적 통찰력이 수렴하는 사건이 있었다. 대기화학자 파울 크뤼천과 세계사 연구자 존 맥닐은 2000년에 각각 독립적으로 '태양 아래 새로운 것'이 나타났다고 선언했다. 앞서 설명했던 것처럼, 크뤼천은 멕시코 쿠에르나바카에서 열린 과학 학회에서 이 새로운 것을 묘사하기 위해 '인류세'라는 용어를 사용했다. 몇 달 후, 크뤼천은 생물학자 유진 스토머와 함께 『국제지권생물권연구계획 소식지』(2000; Carey 2016 참고)에 기고한 2쪽짜리 글에서 이 용어를 발표했다. 맥닐의 책 『태양 아래 새로운 것Something New Under the Sun』(2000)[국내에 『20세기 환경의 역사』(2008)로 출간]은 크뤼천이 제안한 용어만큼 대담한 제목을 달고 있는데, 책의 길이는 훨씬 더 길어서 약 400쪽에 달한다. 크뤼천이 인류세의 시작을 18세기 후반이라고 언급한 반면, 맥닐은 20세기에 들어서 우리가 "인류 역사상 처음으로 엄청난 규모, 강도, 속도로 생태계를 변화시켰다"고 설득력 있게 주장했다(2000: 3). 맥닐은 인류세실무단이 2019년 투표를 통해 인류세의 시작점이라며 압도적으로 지지한 시점인 20세기 중반을 예견한 것 같다.

또한 맥닐은 인간이 초래한 환경 변화가 "제2차 세계 대전, 공산주의 기획, 대중의 문자 해독력 증가, 민주주의의 확산, 여성 해방의 성장"과 같은 사건들의 중요성마저 왜소해 보이게 만들었다고 주장한다.

근대 역사학자가 핵심적 분석 대상으로 삼는 그런 사건들보다 훨씬 더 중요한 환경 변화는 "날카로운 소리를 내며 가속하는 여러 과정"이며, 이 과정 속에서 "인간종은 의도치 않게 지구에 대해 통제되지 않은 거대한 실험을 수행했다"(McNeill 2000: 4). 맥닐의 책이 비범한 이유는 그것이 단지 환경사 분야의 연구라서가 아니라(환경사는 이미 1970년대 이후부터 본격화된 분야였다), 제목만 달지 않았을 뿐이지 사실상 인류세 역사를 개척한 책이기 때문이다. 인류세라는 용어가 등장하기도 전에, 맥닐은 인류의 노력을 집중적으로 탐구하는 분야에서 인간의 지구 정복이 가져온 여러 핵심 도전 과제를 지적한 것이다.

20세기 들어 "날카로운 소리를 내며 가속하는" 현상을 이해하기 위해, 맥닐은 호모속의 더 오랜 과거를 탐구했고 우리 인간이 암석권, 지권, 대기권, 수권, 생물권에 남긴 영향을 서술했다. 그런 다음 맥닐은 역사학자들이 '초기 근대'와 '근대'라고 명명했던 지난 500년 동안 있었던 단속적인 발전의 역사를 묘사했다. 맥닐의 주장에 따르면, 20세기 중반 문턱을 넘어 인류가 추진력을 얻어 나아갈 때 기계를 만들거나 조직화를 이루어 내는 인간의 독창성이 중요한 역할을 하기는 했지만, 소빙기(약 1550년부터 1850년까지)가 끝나고 18세기 "인간 숙주와 몇몇 병원체 및 기생충 사이의 점진적인 조정"이 일어났다는 점도 행운으로 작용했다(2000: 17). 그렇지만 이런 요소들만으로는 충분치 않았다. 맥닐은 인류의 운명을 최종적으로 확정한 추세들이 있었다고 주장한다. "20세기의 두 가지 추세, 즉 화석 연료에 기반한 에너지 체계로의 전환과 인구의 급격한 성장이 거의 전 세계에서 나타나고, 여기에 더해 이미 확산하던 세 번째 추세, 즉 경제 성장 및 군사력 증강에 이데올로기적으로나 정치적으로 전념하는 추세가 공고화되면서"(2000: 268) 인류의 운명이 결정되었다는 것이다. 이렇게 물리적·사회적·경제적·정치적·이데올로기적·인구학적 요인들이 제2차 세계 대전 이후에 전 지구적으로 확산하였다는 것이 맥닐의 '가장 간단한 답'이다. 이는 맥닐이 자신의 저서에서 제기한 "다중적이고 상호 강화하는 요인들"을 정교하게 조정하여 요약한 것이라고 볼 수 있다(2000: 356).

어떤 학자들은 연속성을 강조하지만, 맥닐은 변화를 강조한다. 어떤 학자들은 인류세의 단일 원인으로 자본주의를 지목하거나 "백인 영국 남자들로 이루어진 파벌이 증기기관을 바다, 육지, 선박, 철도 등의 분야에 문자 그대로 무기처럼 사용하면서 인류 대부분을 향해 겨누었다"고 주장하지만(Malm and Hornborg 2014: 24; Moore 2015, Malm 2016 참고), 맥닐은 대조적으로 복잡성을 고려하는 쪽으로 기운다. 맥닐은 단지 이산화탄소만으로 또는 하나의 경제 체제 때문에 환경 문제가 발생한다는 식으로 설명하기보다는, 인류세의 역사가 새롭고 복잡한 시스템적 딜레마라고 묘사한다.

그렇다면 인류세 역사와 환경사의 차이는 정확히 무엇일까? 가장 중요한 점은 인류세 역사가 단순히 주제 하나를 추가하는 것이 아니라 다른 분석틀을 제공한다는 점이다. 일부 관심 주제는 환경사학자들에게도 친숙할 수 있지만, 다른 주제들은 경제사나 지성사와 같은 하위 분과로부터 생겨났다. 여타의 새로운 역사적 틀(예컨대 노동사, 젠더의 역사, 구조주의)과 마찬가지로, 인류세 역사는 역사학자들을 백지상태로 돌아가게 만들어서, 역사의 목적이 무엇이고 증거의 적합한 형태는 무엇이며, 엄청나게 혼란한 현실 속에서 어떻게 의미 있는 이야기를 만들어 낼 수 있는지와 같은 근본적인 질문을 던지게 한다.

비판적인 역사 탐구를 위해 '인류세'를 정교화하려는 노력은 여전히 진행 중이다. 그래도 이 새로운 접근에서 네 가지 측면은 이미 명백하다. 인류세를 환경사와 구분하는 첫 번째 특징은 인류세가 전례 없이 새롭다는 점이다. 우리는 항상 환경 속에서 살아왔지만, 예전에는 인류세 시대를 살아 본 적이 없다. 환경은 우리가 보호하고자 하는 대상인 반면, 인류세는 대체로 환영받지 못하는 대상이다. 둘째, 이 새로운 형식의 역사가 궁극적으로 구성되는 규모는 전 지구적이며, 이때 장기적인 시간성이나 비범한 특징, 그리고 최근 인간이 가속도로 저질러 온 방탕한 행동도 관심 대상이 된다. 반면 환경사는 필연적으로 전 지구적인 방향으로 나아가지는 않으며, 지질학적 시간을 다루지도 않는다. 셋째, 인류세 역사는 생태학보다는 지구시스템과학이라는 또 다른 종류의 과학에 반응한다. 넷째, 인류세 역사는 지구 시스템적 힘으로서의 인간 행위성이라는 근본적으로 새로운 개념, 그리고 그러한 이해로부터 파생되는 결과와 씨름해야만 한다.

규모와 인류세 역사

규모에 관한 관심은 인류세 역사의 핵심적 특징이다. 오래된 지구 시스템에 최근 파열이 생겼다는 인식, 그리고 20세기에 들어 수렴하기 시작한 힘의 속도와 강도와 연결성에 관한 궁극적 관심이 인류세 역사의 틀을 형성한다. 환경사는 특정한 자연과 인간의 상호 작용이 초래하는 결과를 반드시 전 지구적 차원에서 다루지는 않으며, 20세기의 독특성을 유별나게 강조하지도 않는다. 반면 인류세 역사는 즉각적인 초점이 무엇이든 간에 계속해서 거대한 규모의 문제를 다루면서 20세기 중반을 중심축으로 간주하려고 한다. 그렇다고 해서 고대 그리스의 역사, 혹은 이라와디Irrawaddy강 유역을 약 250년 동안 통치했던 파간Pagan 왕조의 역사가 인류세 역사와 무관하다는 뜻은 아니다. 요점은 탐구하는 시대가 언제이든 간에, 인류세 역사학자들은 그런 역사시대가 우리가 지금 살아가는 "거대하면서도 통제되지 않는 실험"에 대해서 무엇을 밝혀 줄 수 있는지 묻는다는 점이다(McNeill 2000: 4).

그런 점에서 규모를 기준으로 삼아 인류세 역사와 환경사를 구분하는 것은 때로 모호한 측면이 있다. 날씨와 기후의 차이를 구분하는 것과 마찬가지로, 핵심은 증거가 어떤 방식으로 구성되느냐에 달려 있다. 여름철 한 차례의 폭염이 곧바로 기후변화의 증거가 되는 것은 아니지만, 폭염이 여러 해를 거쳐 여름과 연계되어 나타난다면 어떤 일반적 패턴을 보여 주는 증거로 이용될 수 있다. 마찬가지로, 중세 헝가리의 소몰이나 고대 일본의 임업 관행을 다루는 환경사가 그 자체로 인류세에 관한 것은 아니지만, 연구자가 의도적으로 그 역사를 더 큰 서사의 일부 혹은 행성 시스템 변화의 일부로 구성한다면 이야기가 달라진다.

이렇게 상이한 수준의 규모를 연결하는 작업은 신중하게 이루어져야 한다. 예컨대 맥닐은 누적 집계, 수평 연결망, 도표,

장기지속longue durée 개념 등을 이용하여 특정한 사건 및 조건을 전 지구적 패턴과 연결하는 규모로 구성해 냈다. 맥닐의 분석은 한편으로 1장에서 묘사한 것처럼 작은 것에서부터 큰 것에 이르기까지 중첩되고 통합된 규칙성의 규모 양식을 구성하고 있으면서, 다른 한편으로는 제멋대로 뻗어 나가면서 상호 관련성이 없을 것 같은 부조화된 임계점의 규모 양식도 구성하고 있다. 다시 말해서 맥닐은 큰 그림뿐만 아니라 "양적 차이가 질적 차이로 변할 수 있다"는 점도 중요하다고 주장한다. 맥닐은 "강도가 많이 높아지고 누적되면 거대한 전환을 초래할 수 있으며, 지구에 매우 근본적인 변화도 가져올 수 있다"고 보았다(2000: 5). 이런 문턱을 넘어서면 지구 시스템뿐만 아니라 인간 공동체에도 예측 불가능한 결과가 발생한다. 사회에도 자연과 마찬가지로 잘 알려지지 않은 급전환점들이 있다. 인간 세계를 전복시킬 수 있는 정치적·경제적·문화적 혁명이 존재하는 것이다. 이런 유형의 체계적 사고, 즉 기존에 확립된 홀로세 시스템의 내적 작동 방식에 관심을 두는 동시에 지구를 새로운 시스템으로 넘어가게 만드는 가속에도 관심을 두는 사고가 필수적이다. 크뤼천이 '인류세'라는 용어를 발표하기 이전부터 맥닐의 책『태양 아래 새로운 것』은 그런 거대한 시간적·공간적 규모를 다루고 있었다. 최근에 부상한 인류세 역사도 마찬가지다.

인류세 역사와 관련된 구체적 과학들

그러나 인류세 역사는 단순히 더 큰 규모와 더 높은 강도에 주의를 기울이는 부풀려진 환경사가 아니다. 인류세 역사와 환경사 사이의 중대한 (그리고 밀접하게 연관된) 세 번째 차이는 논의되는 과학의 유형이다. 환경사는 (당연하게도) '환경'에 관심을 두지만, 인류세 역사는 지질학뿐만 아니라 '지구시스템과학'에도 관심을 둔다. '환경'과 '지구 시스템' 모두 세계를 연구하는 새롭고 파격적인 방식으로서 과학 안에서 부상한 개념이다. 두 용어 모두 여러 과학 분야를 통합했으며, 빠른 속도로 사회적이고 정치적인 반향을 일으켰다. 그렇지만 두 용어가 동일한 것은 아니다. 환경사의 부상을 조망하면서 폴 워드, 리비 로빈, 스베르케르 쇠를린은 (우리가 생각하는 의미의) 환경이라는 용어가 "1940년대 후반 과학자들이 '천연자원'을 관리할 수 있도록 해 주는 통합적 개념으로 등장"했음을 보여 주었다(Warde, Robbin and Sörlin 2017: 248). 그 후, 환경이라는 용어는 다른 분야로도 빠르게 전파되어, "우리가 자연계를 연구하고 관리하는 데 동원하는 관행 및 사고의 결합"을 가능케 했다(2017: 252). 나아가 환경사는 '환경'을 핵심에 두고, 인간 발달을 이해하는 새로운 방식을 개척했다. 그렇지만 환경 개념에 영향을 준 과학 분과들과 마찬가지로, 환경사는 지질학을 거의 다루지 않았다.

인류세 역사를 뒷받침하는 핵심 과학은 '지구시스템과학'이다. 지구시스템과학이라는 용어는 1983년에 만들어졌다. 지구시스템과학의 관점에서 지구는 통합되고 단일한 총체로, 45억 4천만 년에 걸쳐 하나의 독특한 시스템에서 또 다른 독특한 시스템으로 이동해 왔다. 과거의 몇몇 시스템은 홀로세나 인류세와는 극적으로 다른 시스템이다. 예를 들어 40억 년에서 25억 년 전 시생누대 초기에는 너무 더워서 "때로 해수 온도가 80도 이상으로 올라가기도 했다"(Robert and Chaussidon 2006). 시생누대의 대부분 시기에 걸쳐 대기에는 자유 산소가 너무 희박하거나 아예 없어서 금속이 녹스는 현상도 나타나지 않았다. 그 이후 시기에 들어와서야 대기에 자유 산소가 축적되기 시작하였고, 메탄의 신화를 포함한 매우 다른 종류의 되먹임 고리가 나타나는 체제가 만들어졌다. 태양이 아직 희미하고 젊었던 약 23억 년에서 22억 년 전, 메탄의 손실은 고맙게도 우리 행성을 일시적으로 '눈덩이 지구'로 변모시켰다(Kopp et 1l. 2005). 인류세의 '세'는 '누대'보다는 규모가 작은 단위이기는 하지만, 지구라는 행성의 작동에 포괄적인 변화가 일어났음을 보여 준다. 인류세 역사는 지구시스템과학에 주목하면서, 인간의 활동이 특정한 지구 시스템(홀로세의 규칙성, 그리고 그 이전 플라이스토세 260만 년 동안의 규칙성)을 전복해 버렸다는 문제와 씨름하고 있다. 또한 인류세 역사는 인간이 자신도 모르게 대기권, 암석권, 수권, 생물권, 그리고 기타 여러 권역 사이에 (아직은 명확하지 않지만) 대안적인 패턴과 관계 양상을 지닌 또 다른 지구 시스템을 생성해 냈다는 문제와도 씨름하고 있다. 다시 말하지만, 환경사와 인류세 역사는 규모의 측면에서나 각각의 프로젝트 핵심에 있는 과학적 개념의 측면에 있어서 확연하게 구분된다.

이런 식으로 이해하면, 심지어 글로벌 환경사조차 인류세 역사와 같지 않다. 앨프리드 크로즈비의 획기적 저서『콜럼버스가 바꾼 세계The Columbian Exchange: Biological and Cultural Consequences of 1492』(1972)는 유럽산 동식물 및 미생물이 유입됨으로써 생태적 교란이 발생했고, 바로 이런 교란이 유럽의 아메리카 대륙 지배를 공고화했음을 보여 주었다. 크로즈비는 1986년 출간한『생태제국주의Ecological Imperialism: The Biological Expansion of Europe, 900-1900』에서 자신의 주장을 확장하여, 그린란드와 아이슬란드로 갔던 스칸디나비아인, 중동으로 갔던 십자군, 후대에 중부 대서양 섬이나 아프리카 해안 지대 혹은 호주나 뉴질랜드로 갔던 유럽인들의 사례에도 적용했다. 신생 분야를 정립시킨 이런 선도적 연구들은 유럽의 정치적·문화적 우위를 이해하기 위해서 생태적 요인을 고려할 필요가 있음을 보여 주었고, 때로는 생태적 요인이 결정적 역할을 하기도 했음을 입증했다. 크로즈비의 연구는 여전히 여러 가지 질문과 논쟁거리를 낳고 있다. 그렇지만 전 지구적 규모로 집적된다고 하더라도, 유기체와 환경 사이의 복합적인 생태적 상호 작용 자체가 지구 시스템과 동일한 것은 아니다. 지구 시스템은 단순히 부분들의 합에 그치지 않고 그것을 넘어선 차원에서 작동한다. 윤리학자 클라이브 해밀턴은 "전 지구적 환경이 곧 지구 시스템은 아니다"라고 말한다(2015a: 102). 역사학자들이 이 차이를 어떻게 규명할 수 있을지는 여전히 탐색 단계에 있다. 그렇지만 인간이 다양하고 복합적이며, 최근에는 지구 시스템을 변형시킬 정도로 놀라운 힘을 지니게 되었다는 점을 고려해 볼 때, 문제의 핵심은 인간이 과연 어떤 존재인가를 이해하는 일이다.

인류세 역사에서 인간성을 다시 상상하기

새로운 분야라는 점, 규모의 차원을 중시한다는 점, 지구시스템과학에 주목한다는 점에 이어 인류세 역사의 독특한 네 번째 측면은 인간성을 새롭게 상상한다는 점이다. 만약 사상 처음으로 인간 시스템이 지구 시스템을 변형시켰음을 인정한다면, 다시 말해 인간이 의도치 않게 지니게 된 힘을 경이로우면서도 암울하게 인식한다면, 우리가 누구이며 무엇을 바꿀 수 있고 무엇을 바꿀 수 없는지, 그리고 무엇을 성취하기를 희망해야 하는지에 관한 과거의 인본주의적 개념들을 수정할 필요가 있다. 여러 가지 함의를 지닌 인류세라는 개념은 인간의 과거, 현재, 미래에 기묘한 빛을 비추는 이상하고도 새로운 프리즘이다. 역사학자들은 이 혁신적인 개념을 역사학 분야에 흡수시키기 위해 이론적 작업을 진행하고 있다. 사실 역사학자들이 지금 시도하는 작업은 거대한 변화의 바다에 살짝 손발을 담그는 수준이라고 보는 것이 정확하다. 어떤 연구자들은 환경사의 해변으로부터 변화를 감지하고 있고, 다른 연구자들은 정치사, 경제사, 여성사, 지성사를 비롯한 역사학의 여러 하위 분과로부터 접근을 시도하고 있다. 만약 역사의 종착점이 인류세라면, 인간의 역사를 풍부하고 다양한 관점에서 이해한다는 것은 무엇을 의미할까? 이것이 바로 인류세 역사의 핵심에 있는 이론적 수수께끼다.

　　지성사 및 탈식민주의 역사학자인 디페시 차크라바르티는 이 전례 없는 질문과 불편한 도전을 정교화하는 작업에서 선구적인 역할을 했다. 그는 「기후의 역사: 네 개의 테제The Climate of History: Four Theses」(2009)라는 탁월하면서도 밀도 높은 논문을 통해서, 이후 전개될 논의의 방향에 큰 영향을 끼쳤다. 차크라바르티는 세계화, 지구 온난화, 자본주의, 기후변화의 과정이 수렴하는 현재의 우리 상황이 무서울 정도로 새롭다는 점을 강조한다. 그는 "자연의 역사와 인간의 역사를 가르던 오랜 인문학적 구분이 붕괴했다"고 주장하며, 이런 붕괴로 인해 근대 역사가 자유에 관해 서술하는 방식에도 그림자가 드리웠다고 주장한다(2009: 201). 차크라바르티의 통찰에 따르면 "계몽주의 이래 자유를 논의했던 어떤 시대에서도 인간이 자유를 획득해 가던 과정에서, 그리고 바로 그 시기에 인간이 지질학적 행위자가 되었다는 인식은 찾아볼 수 없다." 차크라바르티의 통찰은 유럽 밖에서도 유효하게 적용된다. 일본에서도 '자유自由, jiyu'와 '자연自然, shizen'은 대립항으로 취급되었으며, 자연은 역사의 억압된 무의식이 되었다(Thomas 2001). 그렇지만 현재의 관점에서 볼 때 "근대적 자유라는 저택은 끊임없이 확장되는 화석 연료 사용이라는 기반 위에 서 있다"(Chakrabarty 2009: 208). 이는 희망에 관한 근대적 이야기가 동시에 행성적 파괴에 관한 근대적 이야기임을 의미한다.

차크라바르티의 목표는 바로 이런 충격적인 역설을 역사 서술에 포함될 정치적 문제일 뿐만 아니라 서술 방식의 문제로서도 탐구하는 것이다. 어떻게 하면 갈망, 성취, 실패에 대한 인간의 다양한 경험을 이야기하는 동시에 인간이라는 '종'의 깊은 역사를 이야기할 수 있을까? 사회를 형성하는 상대적으로 아주 작은 규모의 사건이나 인물에 대해서 평가를 하거나 비판을 하는 동시에, 우리가 지구 시스템에 집합적으로 충격을 주는 존재임을 어떻게 인식할 수 있을까? 차크라바르티는 이런 딜레마에 대한 손쉬운 해결책을 거부한다. 문화비평가 발터 벤야민의 관점을 상기시키듯, 그는 "어쩌면 생물학적 종의 개념이야말로 기후변화라는 위험한 순간에 섬광처럼 빛을 내며 나타나는, 새로운 보편적 인간 역사에 쓸 수 있는 이름일 것이다"라고 주장한다. 하지만 이제는 인간을 "인류세에 대한 인식이 없었을 때 그랬듯이 역사적 주인공으로 그리거나 투쟁적이고 희망에 가득찬 피조물로 이해할 수는 없을 것"이라며 단서를 둔다(2009: 221~222). 한쪽에는 인간의 희망 따위에는 무관심한 거대한 지질학적 힘이 있고 다른 한쪽에는 역사적 작업의 대상이 되는 의미로 가득한 인간의 삶이 있다. 이 둘 사이의 긴장은 해소될 수 없으며, 이 둘은 종합synthesis을 이루지 못하는 대립항antithesis이다. 그렇지만 바로 이 대립항이 행동할 공간을 열어 주는 역할을 할지도 모른다.

요컨대 인류세 역사는 근본적으로 상충하는 두 개의 이야기를 하나로 합쳐야 하는, 거의 불가능에 가까운 과업에 직면해 있다. 한쪽에는 인간이 "전혀 두각을 나타내지 않는", 즉 인간 중심적이지 않은 오래된 행성의 이야기가 있으며, 다른 쪽에는 성공과 실패, 희망과 위험에 관한 지극히 인간 중심적인 이야기가 있다(Chakrabarty 2017: 42). 인류세 역사에서 인간 행동의 의미를 찾는 것은 엄연히 피할 수 없는 문제다.

개별적 차원과 집단적 차원에서 인간의 삶이 지닌 목적, 과거를 판단하는 정치적이고 윤리적인 기준, 환경을 창조하고 변형시키며 선택하는 능력 등이 모두 질문의 대상이다. 시스템은 개인의 통제를 넘어 확장되면서 그 어느 때보다도 더 거대해 보인다.

물론 역사 속에서 인과성과 의미를 찾는 문제가 인류세 서사의 전유물은 아니다. 모든 종류의 역사가 그런 문제에 직면한다. 환경을 강조하는 환경사학자들도 자연계를 인간의 이야기 속에 설득력 있게 통합해야 하는 도전에 직면한다. 환경사학자 윌리엄 크로논은 북아메리카 대평원에 관한 감동적인 글에서 생태적 변화는 심지어 인간이 초래한 경우라 할지라도 서사를 구성하는 데 필수적인 요소로 여겨지는 깔끔한 시작과 중간과 끝이 존재하지 않을 수도 있음을 보여 주었다(Cronon 1992). 역사학자들의 이야기는 "우주적 관점에서 보면 순수하고 단순한 허구"에 불과하다. 그렇지만 크로논의 주장에 따르면 그런 이야기야말로 "세상의 주요한 도덕적 나침반"으로 우리에게 남는다. 그는 환경사의 임무에 대해 다음과 같은 견해를 펼친다. "다른 모든 조건이 같다고 했을 때, 과거에 대한 이야기는 자연 및 자연 속 인간의 위치에 관한 우리의 관심을 증진시킬 때 더 바람직하다"는 점을 분명히 보이는 것이 환경사가 할 일이다(1992: 1375). "전적으로 이해하지는 못하더라도 자신의 행동이 지속적으로 영향을 끼치는 사건의 중심에 인간 행위자를 위치시키는" 과업을 달성하기 위해서, 환경사는 도덕 관념과 무관한 생태계와 도덕적인 인간 세계를 연결한다. 이런 서사 전략이 둘 사이의 본질적 긴장을 결코 완벽하게 해소할 수 없을지라도 말이다(1992: 1375; Thomas 2010 참고). 이처럼 '환경' 개념이 심지어 크로논과 같은 학자에게도 서사의 틀을 짜는 데 큰 도전이었다면(실제로 그의 이야기는 북아메리카 대륙 중심부라는 공간에 상대적으로 제한되어 있으며, 크로우Crow 원주민 추장 플렌티 쿠즈에서 루스벨트 대통령의 뉴딜 정책 참여자까지 20세기 일부로 시간이 한정되어 있다), 훨씬 더 거대한 규모를 다루며 다양한 통합 과학을 통해 더 큰 분석적·수사적 수수께끼를 제기하는 '인류세' 개념이 가져올 도전은 얼마나 더 클 것인가?

크로논이 지적하듯 역사가 "우주적 관점에서 보면 순수하고 단순한 허구"라는 점을 인정하면서도, 인류세 역사와 환경사는 모두 의미 있는 서사를 만들기 위해서 노력한다. 그런 점에서 인류세 역사와 환경사는 비슷하다. 양자 사이의 결정적 차이는 자연과 인간의 관계에 있다. 크로논식의 환경사는 "자연과 그 안에 있는 인간의 위치"에 관해서 이야기하는 반면(1992: 1375), 인류세 역사는 인간성을 새롭게 정식화하면서, 인간이 더 이상 자연 **안**에 위치하는 존재가 아니라 이제는 집합적으로 지구에 지배적인 힘을 미치는 존재가 되었다고 본다. 다시 말해서, 우리는 지구의 주민(자연 **안**의 인간)인 동시에 행성적 힘(자연**으로서**의 인간)인 것이다. 차크라바르티는 우리의 상황이 "인간적이면서도 동시에 지질학적"이라고 요약한다(2018: 22). 차크라바르티가 지적하다시피, 역사에서 나타나는 "인간 사이의 정의와 부정의, 불평등, 억압 관계 등을 둘러싼 분쟁"이 계속되기는 하겠지만, 우리가 처한 새로운 상황을 이해하기 위해서는 "필연적으로 인간의 관점을 벗어나게 해 주는 '깊은 시간deep time'의 관점을 도입함으로써 우리가 불가피하게 지닌 인간 중심주의를 (교체한다기보다는) 보완해야 할 필요"가 있다(Chakrabarty 2017: 42). 지구 시스템을 형성하는 지질학적이고 물리적인 힘은 정치나 도덕과 무관해 보이지만, 인류세 역사는 인간 시스템이 그런 지질학적이고 물리적인 힘의 일종이 되었음을 인정하면서도, 동시에 인간 존재에 관한 정치적·윤리적 이야기를 다루는 데 깊은 관심을 둔다. 이 고질적인 이원론에 대한 인식에 있어서 차크라바르티는 베넷이나 라투르와 같은 신유물론자와는 구분된다. 신유물론자들은 생물과 무생물 모두를 정치적이고 윤리적인 영역 안으로 포섭함으로써 그 딜레마를 해소하려 하기 때문이다.

요약하면 네 가지 측면에서 인류세 역사는 다른 종류의 역사와 구분된다. 첫째는 전례 없이 새로운 곤경을 핵심적으로 다룬다는 점이고, 둘째는 거대한 규모의 시공간에 주의를 기울인다는 점이며, 셋째는 지구시스템과학과 연관된다는 점이다. 넷째는 (지금까지 우리가 우리 자신을 이해하던 개념과는 매우 다르게도) 행성적 힘으로서의 '인간'의 문제를 기꺼이 다루고, 도덕적이고 정치적인 이야기를 하려고 할 때 그런 문제를 다루는 행위가 과연 어떤 의미를 지니는지 고민한다는 점이다. 인류세는 하나의 주제라기보다는 새로운 종류의 질문을 제기하는 이론적인 렌즈인 셈이다.

맥닐은 그의 저서 『태양 아래 새로운 것』의 말미에서 우리 사회가 지속 불가능한 사회의 첫 번째 사례는 아니라는 점을 언급했다. 역사를 돌이켜 보자. 전 지구적으로 지속 불가능한 우리 사회가 행성적 경계까지, 심지어 어떤 경우 경계 너머로까지 밀어붙이기 훨씬 이전에도, 국지적 혹은 지역적 차원에서 지속 불가능한 인간 사회가 수천 년에 걸쳐 부침을 거듭했다. 맥닐이 지적하듯 초기의 몇몇 지속 불가능한 사회는 사라졌지만, 많은 사회가 "삶의 양식을 바꾸고 살아남았다. 그렇다고 그들이 지속 가능한 방향으로 바꾼 것은 아니었다. 그들은 새롭고 다른 종류의 지속 불가능한 방향으로 삶의 양식을 바꿨다. (…) 그렇지만 전 지구적 규모로 사회가 지속 불가능한 것은 완전히 다른 종류의 문제다." 초기 사회는 "드넓은 땅, 사용된 적 없는 물, 오염되지 않은 공간이라는 생태적 완충 지대"로부터 혜택을 받았지만, 우리에게는 더 이상 그런 완충 지대가 없다. 가까운 미래에 "가장 어려운 문제는 아마도 (달리 표현하자면, 결코 낮지 않은 확률로) 깨끗한 담수의 부족, 기후 온난화의 무수한 영향, 생물다양성의 감소"와 연관이 있을 것이다. 맥닐은 심지어 '붕괴'가 일어날 가능성도 있다고 경고한다(2000: 358~359). 2000년 이후로 쓰인 인류세 역사에서 맥닐의 견해에 대해 근본적인 이견을 제기한 경우는 거의 없다.

결론

이번 장에서 논의했던 여러 학문 분과의 렌즈를 통해서 볼 때, '인간'은 단지 지구 시스템을 압도하는 거대한 힘 이상의 존재로 떠오르고 있다. 인간, 즉 '안트로포스'는 회색늑대를 길들이고 매머드를 죽였으며, 인지적 유동성을 발달시켜서 언어와 동굴 벽화에서부터 매장 의례에 이르기까지 정교한 상징 체계를 조작할 수 있게 되었다. 또한 안트로포스는 국지적 환경을 변형시키고 수확을 위해 의도적으로 파종을 할 수 있다는 사실을 배웠으며, 스스로를 거대한 정착 사회로 조직화했다. 인간은 때때로 신적 존재와 대화를 나누었으며, 때로는 빙하와 대화를 나누기도 했다. 또 다른 인간 사회는 반복적으로 환경적 한계를 초과했다. 집합적인 차원에서 기하급수적으로 증가하는 안트로포스 개체수는 이제 사회를 전 지구적 규모로 만들었으며, 따라서 인간 공동체를 안전하고 지속 가능하게 해 주는 행성적 경계는 압박받고 있다. 그러나 인류는 단지 부분들의 합에 그치지 않는다. 각 문화와 사회의 특수성, 그리고 복합적인 개인의 독특성 때문에 인간을 단일한 방식으로 표현하려는 시도는 완강한 저항에 부딪힌다. 우리 인간이 지구와의 관계에서 맺고 있는 여러 가지 상충되는 역할을 고려해 보면, 어떤 단일한 인간 주체나 통합된 이야기를 도출해 내기는 어렵다. 인류세의 과학을 안트로포스에 관한 사회과학과 결합하면 '인간'을 이해하는 다양한 방식이 창출된다. 그렇게 되면 우리는 '문제'에 대한 보편적인 '답'을 찾는 것에 급급해하지 않을 수 있다. 그 대신 곤경을 헤쳐갈 수 있는 작지만 전 지구적인 도구를 다양하게 구비할 수 있게 될 것이다.

이번 장에서 밝힌 바와 같이, 인문과학의 안트로포스와 지질학적 인류세의 안트로포스는 그리스어 어원을 공유하고 있기는 하지만 완전히 동일하지는 않다. 인문과학의 안트로포스 개념에서는 국지적이고 전 지구적인 상호 작용의 집합, 다양한 문화가 보유하고 있는 공약 불가능한 사회관 및 자연관, 개인과 공동체의 굴절된 욕망이 중요하다. 고인류학, 고고학, 인류학, 역사학은 인류의 다양성을 강조하는 경향이 있는 반면, 지구시스템과학은 행성을 바꾸는 인간 활동들이 서로 수렴하는 지점에 주목한다. 전자는 극도로 다양한 사회 형태 및 행동에 초점을 맞추는데, 여기에는 인류세라는 결과를 초래하지 않았을 수도 있는 사회 형태나 행동도 포함된다. 반면 후자는 지구를 지배하게 된 활동을 통해서 인류세의 현실을 설명한다. 안트로포스에 대한 이 두 가지 이해

방식 사이에 해소하기 힘든 마찰이 존재한다는 점을 인정하면서, 동시에
양자를 임시변통으로라도 연계시킬 수 있는 방법을 찾는 것이 바로
다학문적 접근의 목표다.

7

행성적 한계의
경제학과 정치학

The
Economics
and Politics of
Planetary Limits

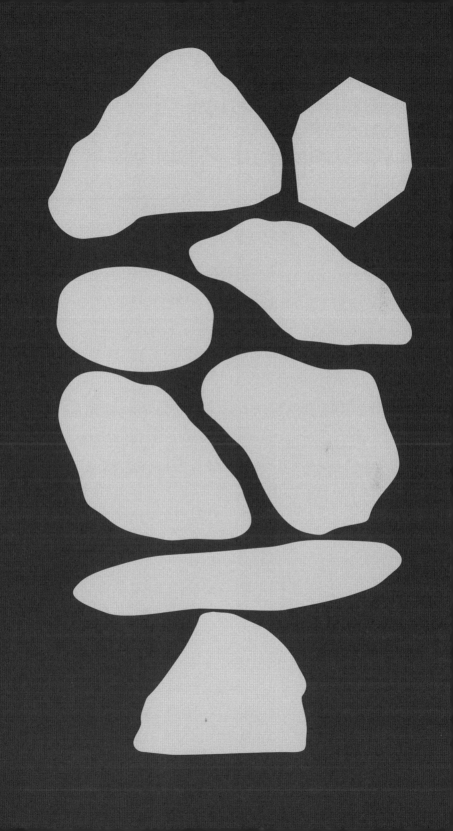

7

행성적 한계의
경제학과 정치학

1944년 7월, 미국 재무부 장관 헨리 모건도는 전후 국제 경제를 부흥시킬
새로운 교리를 선포하면서 브레튼 우즈 체제의 시작을 알렸다. 모건도에
따르면, "번영에 정해진 한계가 없다는 기본적 경제 원리"에 기반하여
"무궁무진한 천연자원으로 축복받은 지구에서 물질적 진보의 결실"을
누구나 누릴 수 있다(Rasmussen 2013: 242에서 재인용). 반세기가 지난
1992년, 세계은행의 수석 경제학자이자 훗날 미국 재무부 장관을 역임한
래리 서머스도 이 근대성의 핵심 교리를 반복했다. 서머스는 "적어도
우리가 내다볼 수 있는 미래 시점까지 지구의 수용력에는 한계가 없을
것"이라고 언급했다. 더 나아가 서머스는 한계를 상정하는 것 자체에
대해 일침을 가했다. "지구 온난화나 여타 다른 어떤 일 때문에 종말이 올
위험성은 없다. 자연적 한계가 존재하니 성장에도 한계를 두어야 한다는
생각은 심각한 오류이며, 만약 그런 오류가 영향력을 발휘하기 시작한다면
막대한 사회적 손실 비용을 치러야 할 것이다"(Bell and Cheng 2009:
393에서 재인용). 무한한 성장에 대한 믿음은 헤게모니가 되었다. 이
믿음은 전후 자본주의와 공산주의 국가 모두의 경제 및 정치 제도에서,
그리고 비동맹 국가나 국제 조직에서도 근간을 형성했다. 종전 후 미국의
번영에서 일본의 '경제 기적'에 이르기까지, 소련의 생산력 향상에서

마오쩌둥의 '대약진 운동'에 이르기까지, 모든 근대 국가는 끝없는 성장과 지속적인 풍요를 내세웠다. 이렇게 경제 성장을 추구하는 움직임이 근대 세계를 통합했다. 이런 추세가 대가속을 촉진했던 것은 우연이 아니다.

어떤 국가는 성장을 위한 최고의 기제로 시장을 내세웠다. 로널드 레이건 재임기의 미국, 마거릿 대처 재임기의 영국이 그런 시각을 열광적으로 수용했다. 일본과 같은 다른 국가들은 정부의 지도를 받는 민간 기업을 통해서 성장을 추구했다. 1980년대 일본이 미국을 제외한 서구 국가들을 제치고 경제 규모에서 세계 2위에 올랐을 때, 일본 통상산업성(1949~2001)은 경탄(어떤 사람들에게는 상당한 경악)을 불러일으켰다. 거대 산업계와 노동계 모두 성장을 좋아했다. 자본주의 국가에서는 시장의 모든 재화와 용역을 측정하는 국내총생산GDP: Gross Domestic Product이 경제직 성공 및 정치적 성공의 수된 척도가 되었다. 공산주의 국가도 성장을 원했다. 소련은 생산성 향상의 기제로 중앙 정부의 계획 경제, 생산수단의 국유화, 그리고 집단화를 택했다. 1928년부터 시작한 일련의 '5개년 계획'을 통해서, 소련은 빈곤한 후진 농업 국가에서 강력한 공업 국가로 변신하였다. 그래서 소련은 제2차 세계 대전에서 나치의 침략을 격파하고 1950년대와 1960년대에 더 빠르게 성장할 수 있었다. 소련은 GDP가 아닌 NMP(Net Material Product의 약자로 GDP에서 용역 부문을 제외한 수치)를 이용해서 성장을 측정했다. 식민 지배를 떨쳐 내고 새로이 자유를 얻은 아프리카와 아시아의 여러 국가에서는 지식인과 지도층이 소련이 이룩한 성취에 주목하고 중앙 계획을 통해 성장을 이뤄 내고자 했다. 요약하자면, 정치적 입장과 상관없이 경제 성장에 대한 믿음을 수용한 것이다. 그렇지만 반대 의견을 내는 사람들도 간간이 있었다. 인도의 독립운동 지도자 마하트마 간디(1869~1948) 프랑스 사회철학계의 이단아 앙드레 고르츠(1923~2007)가 그랬다. '성장주의growthism'는 근대의 정치, 사회, 문화 제도에 뿌리박혀 있다. 성장주의만큼 인류세를 강력히 촉발하고 추동시킨 사상은 여태까지 없었다.

경제를 조직하고 정치적 합의를 도출하는 수단으로서 경제 성장은 매우 성공적이었다. GDP로 측정되는 전 세계 재화 및 용역 산출량은 1960년 1조 달러 남짓에서 2018년 80조 달러를 훌쩍 넘는 수준으로 늘었다(Statista 2018; World Bank 2018). 인플레이션 비율을 반영해 보았을 때, 미국의 GDP는 1950년 3천억 달러에서 2018년 21조 4,290억 달러로 증가했다(웹진 『더 밸런스The Balance』 자료). 전쟁으로 얼룩졌던 중국은 1950년 당시 쇠락한 농업 경제에 불과했지만, 이후 비상하기 시작하여 오늘날은 GDP 14조 달러로 경제 규모 세계 2위다. 일본은 1950년에 멕시코나 그리스보다 1인당 GDP가 낮았지만, 현재는 GDP가 약 5조 달러로, 경제 규모 세계 3위다. 이 세 국가의 경제 규모를 합치면 전 세계의 절반에 근접한다. 그 와중에 세계 인구는 1950년 약 25억에서 현재 78억 이상으로 증가했는데, 이는 주로 위생, 식량, 보건의 질 향상 때문이다. 더 많은 아기가 건강하게 자라며, 사람들의 수명도 늘어났다. 생산, 소비, 인구가 이렇게 빨리 고도로 증가한 현상은 세계사에서 선례를 찾기가 어렵다.

그러나 이 좋은 소식은 나쁜 소식이기도 하다. 글로벌 GDP의 성장은 부유층의 과소비와 빈부 격차를 심화했다. 미국, 중국, 일본, 영국을 포함한 부유한 나라들은 지구의 자원을 점점 더 많이 요구하면서 '오버슈트overshoot' 상태에 들어섰다. 오버슈트는 글로벌 생태발자국 네트워크가 정의한 개념으로, "자연에 대한 인류의 수요가 생물권의 공급이나 재생 능력을 넘어서는" 상태를 지칭한다(Kenner 2015: 2에서 재인용). 전력 생산에 필요한 희토류나 콘크리트 재료인 모래 등 물리적 자원에서부터 비료로 쓰이는 인과 같은 화학적 자원에 이르기까지, 여러 자원에 대한 현재의 수요는 엄청나게 높다. 현재 세대는 다음 세대의 자양분을 문자 그대로 빨아들이고 있다. 우리는 매년 지구 1.7개 분량에 해당하는 천연자원을 소비하면서 점점 더 생태학적 빚더미 속으로 가라앉고 있다.

이렇게 과소비를 하는 부유층은 대체 어떤 사람들일까? 크레디트 스위스의 2018년 『글로벌 자산 보고서Global Wealth Report』에 따르면, 연간 소득이 32,400달러(25,400파운드, 28,360유로, 3,518,769엔,

2,400,000루피, 24,969위안, 42,120,000원에 해당) 이상이면 전 세계 상위 1퍼센트 부유층이다. 자산 규모로 상위 1퍼센트에 들어가려면 조금 더 필요해서, 가계 자산을 합쳐 777,000달러 정도를 보유하고 있어야 한다. 토마 피케티를 비롯한 여러 연구자(예컨대 Ortiz and Cummins 2011; Byanyima 2015)가 보여 주었다시피, 소득보다는 자산이 더 빠르게 소수에게 집중되고 있다. 고소득 국가에서는 1970년부터 2010년 사이에 소득 불평등이 특히 급격하게 증가했다(Piketty 2014: 24). 나머지 전 세계 대부분 지역에 돌아갈 소득이나 자산은 별로 없다. 2018년『글로벌 자산 보고서』서문에서 크레디트 스위스의 이사장 우르스 로너는 "전 세계 성인 인구의 64퍼센트에 달하는 32억 명이 1만 달러 이하 정도의 자산으로 살아가고 있으며, 그들이 소유한 부는 전 세계 부의 약 1.9퍼센트 정도"라고 언급했다(Shorrocks et al. 2018: 2; Kurt 2019 참고). 전 세계의 다수에 해당하는 이 사람들은 개인 수준에서 볼 때 지구 자원을 과소비하지도 않고 성장에 비례하는 혜택도 얻지 못했지만 물 부족, 식량 부족, 생태계 파괴, 기후변화, 그리고 이런 문제들 때문에 발생하는 폭력에 더 취약한 상황에 놓여 있다. 이번 장에서는 인류세를 부정하는 주류경제학에 대하여 살펴볼 것이다. 또한 주류경제학에 대한 두 개의 대안인 '환경경제학'과 '생태경제학'도 살펴볼 것이다. 두 대안적 접근 모두 환경이 경제의 일부라고 주장한다. 그리고 시장을 계량화할 때 자연을 배제하는 신고전주의적 관점을 각기 다른 방식으로 반박한다.

주류경제학: 성장은 좋은 것

경제 성장이 의도치 않게 환경과 사회를 파괴해 왔다는 사실이 이제는 명확하지만, 애초에 경제 성장이 매력적으로 보였다는 점은 인정해야 한다. 탐욕스러운 사람 몇몇만이 경제 성장을 받아들인 것은 아니다. 무한한 성장에 대한 믿음이 그렇게도 많은 사람을 매혹했던 (그리고 여전히 매혹하는) 이유는 경제 성장이 처참했던 빈곤 문제를 완화하겠다는 약속과 함께 사회 내부의 평등 및 여러 사회 사이의 평등을 약속했기 때문이다. 성장 이데올로기는 18세기 말 이후부터, 특히 제2차 세계 대전 이후부터, 모두에게 더 낫고 공평한 세상을 예고했다. 서구의 브레튼 우즈 체제는 국내 및 국제 평등이라는 목표를 달성하기 위해 고안되었으며, 동구의 공산주의적 이상 역시 동일한 목표를 위해 봉사했다. 성장은 더 많은 재화와 서비스를 생산할 것으로 기대됐다. 한편 시장, 정부 정책, 그리고 공정함에 관한 집합적 감각, 혹은 그 세 요소의 조합은, 성장의 물질적 혜택을 정의롭고 사회적으로 유익한 방식으로 분배할 것으로 기대됐다. 전후 서구 세계에서는 적어도 1970년대 초반 브레튼 우즈 체제가 무너지기 전까지 성장과 사회적 후생 사이의 비례 관계가 자명해 보였다(예컨대 Varoufakis 2016). 실제로 1950년대와 1960년대 미국과 영국에서 빈부 격차는 상당히 줄어들었다. 하지만 1980년대 들어서면서부터 성장과 사회적 후생이 분리된 것처럼 보이기 시작했고, 어떤 경우에는 상반되는 가치로 취급받기도 했다. 로널드 레이건과 마거릿 대처의 정책은 평등, 사회 복지, 교육보다 경제 성장을 우선시했다. GDP가 사회와 환경에 미치는 영향과 상관없이, 대부분의 국가는 GDP 증대를 정치적 목표와 경제적 목표로 삼았다. 이런 경향은 전 세계의 현대 경제, 정치, 사회 구조에 아로새겨졌다.

무한한 성장 가능성에 대한 믿음은 오늘날에도 주류경제학에서 절대적인 위치를 차지하고 있다. 중국과 같은 공산주의 국가나 러시아와 같이 한때 공산주의였던 국가마저 통제경제를 포기한 상황에서, 이제 '시장'은 어떤 형태로든 어디에나 존재하면서 지배력을 행사하고 있다. 국제통화기금과 같은 기관들은 전 세계에서 '시장 근본주의market fundamentalism'를 고취하고 있다. 시장 근본주의는 수요와 공급에서 나타나는 소위 '보이지 않는 손'이라는 기제를 통해 '규제되지 않는' 시장이 거의 모든 경제적·사회적 문제를 해결할 것이라는 믿음이다. 많은 경제학자가 과두제적 통제, 부패, 가부장제, 불투명성, 빈부 격차 등 시장 기능에 장애를 일으키는 요인들을 감지하기는 하지만, 그럼에도 불구하고 정부 규제가 시장을 저해하는 가장 큰 걱정거리라고 여기는 것

같다. 대부분의 문제에 대한 주류경제학자들의 처방은 규제 완화와 더 큰 성장이다. 주류경제학자들은 경제 성장이 양질의 교육 및 직업 환경을 창출하여 중산층을 강화할 것이라고 주장한다. 그렇게 형성된 중산층이 과두제나 부패에 맞서고 자기 운명을 결정하며, 환경 오염을 억제하고 출산율을 낮추며, 모든 사람을 위해 삶의 질을 향상한다는 것이다. 이런 낙관적 시나리오는 행성적 한계를 무시하는 데 기반을 둔다. 경제 전문 기자인 데이비드 필링은 이 시나리오를 '성장 망상growth delusion'이라고 부른다(Pilling 2018). 이렇게 위험하고 잘못된 시각 때문에 우리 지구 시스템은 더욱 불안정해지고 있다.

물론 경제학자들도 특정 천연자원이 고갈되거나 가격이 매우 비싸질 수 있다는 점을 이해하고 있다. 하지만 대다수 경제학자는 시장의 가격 조정이나 기술적 혁신을 통해서 언제나 내체재를 찾을 수 있다고 믿는다. 이런 주장에 따르면, 대체재가 항상 존재하기 마련이므로 천연자원은 절대 고갈되지 않으며, 따라서 경제학적 계산에 천연자원을 수치로 넣을 필요도 없다. 경제학자 로버트 솔로는 1974년 『미국경제학회지American Economic Review』에 게재한 논문의 한 문장으로 인해 이런 시각의 나팔수로 여겨진다. "결과적으로 세상은 천연자원 없이도 돌아갈 수 있다"는 솔로의 문장은 전체 맥락 안에서 보면 덜 이상해 보인다. 앞뒤 문장까지 포함하면 아래와 같다.

> 예상할 수 있듯이 지속가능성 정도도 역시 중요한 요소다. 만약 천연자원을 다른 요소로 쉽게 대체할 수 있다면 원칙적으로 어떤 '문제'도 없다. 결과적으로 세상은 천연자원 없이도 돌아갈 수 있다. 따라서 자원 고갈은 하나의 사건이지 파국은 아니다. (…) 그런데 반대로 만약 단위 자원당 실질 산출량에 한계가 있다고 가정해 보자. 즉, 우리가 이미 가까이에 다다른 생산성 상한선을 넘어설 수 없다면 파국은 피할 수 없다. (1974: 11)

누구도 맞닥뜨리고 싶지 않은 문제, 즉 한정적 자원이라는 끔찍한 문제를 언급한 다음 솔로는 곧바로 어조를 바꿔서 안심이 되는 이야기로 마무리한다. "운 좋게도, 우리가 가진 몇몇 증거에 의하면 고갈되는 자원과 재생 혹은 재활용 자원 사이에는 상당히 큰 대체탄력성이 있는 것으로 보인다. 물론 이는 지금까지 다루어진 것보다 더 많은 연구가 필요한 경험적인 문제다"(1974: 11; Bartkowski 2014 참고). 그렇지만 지난 반세기 동안 이루어진 행성적 경계에 대한 경험적 연구로 인해 솔로가 지녔던 전반적인 낙관주의적 시각의 입지는 크게 약화됐다.

지구 시스템의 복잡한 교환 및 되먹임 고리에 대한 우리의 이해는 (절대 충분하다고는 할 수 없지만) 점점 더 깊어지고 있다. 이 이해에 따르면, 어떤 부문들은 이미 한계에 근접하고 있으며, 심지어 어쩌면 문턱을 넘기도 했다. 실제로 '단위당 실질 산출량' 비율은 많은 분야에서 감소했다. 이는 동일한 양을 생산하기 위해 더 많은 에너지와 원료를 투입해야 함을 의미한다. 예컨대 미국 석유 산업에서 에너지투자수익률은 1919년 1,000:1에서 2010년대에 5:1로 곤두박질쳤다(Ketcham 2017). 자원을 찾고 추출하는 일이 더 어려워질수록, 자원 확보에 더 많은 에너지가 투입되고 생산비가 급격하게 증가하는 것이다. 또 다른 예로 빠르게 고갈되고 있는 희토류를 들 수 있다. 희토류는 하이브리드 자동차, 풍력 발전용 터빈, 태양광 발전용 패널 등 탄소 배출을 줄이는 기술에 필수적인 요소다(휴대폰, 태블릿, 노트북, 텔레비전에도 희토류가 필요하다). 그러나 희토류는 다른 광물로 대체하기도 어렵고, 채굴이 쉬울 정도로 충분한 양이 발견되지도 않는다. 이렇게 귀한 광석을 캐기 위해 사람들은 큰 비용을 들여 가며 심해 열수분출공이나 해저산을 탐사하고 있다. 그렇지만 이런 발굴은 해저 환경에 상당한 손상을 입히고 있다.

다른 한편, 생산품의 에너지투자수익률이 증가해서 자원 사용 효율성이 제고된 사례도 많다. 기자인 롭 디에츠와 경제학자인 댄 오닐에 따르면, 1980년과 2007년 사이 "세계 경제의 물질적 의존도(전 세계 GDP 중 1달러를 창출하기 위해 필요한 생물량, 광물, 화석 연료의 총합)는 33퍼센트 줄어들었다"(Dietz and O'Neill 2013: 37). 그렇지만 디에츠와 오닐은 "그런 개선이 이루어지기는 했어도, 전 세계 GDP가 141퍼센트 증가했기 때문에 결국 전체 자원 사용은 61퍼센트 증가했다"는 지적을 덧붙인다(2013: 37). 효율성이 높아지고 기술적 발전이 이루어지면 생산 단위당 자원을 덜 투입하면서도 더 저렴하게 만들 수 있지만, 다시금 소비의 증가로 이어지기도 한다. 이런 측면을 파악하고 정식화했던 영국의 경제학자 윌리엄 스탠리 제번스의 이름을 따서 이 현상을 '제번스 역설Jevons Paradox'이라고 부른다. 효율성 개선은 자본이 향후 투자와 성장을 계속할 수 있는 길을 열어 주기 때문에 대가속을 더 빠르게 일으킨다.

특정 경제에 매몰되지 않고 더 거시적인 행성적 차원에서 바라본다면, 지구의 풍요에 한계가 있다는 사실이 더욱 명백해진다. 2015년 『사이언스Science』에 게재된 논문에 따르면, '인간이 안전하게 활동할 수 있는 공간 범위'를 규정하는 9개의 행성적 경계 중 이미 4개가 무너졌다. 생지화학적 순환(주로 질소와 인), 생물권 온전성, 토지 시스템 사용, 그리고 기후 영역에서 안전 경계를 이미 넘어선 것이다(Steffen et al. 2015b). 이런 발견들에 따르면 지구는 지속 가능한 수준을 넘어 떠밀리고 있다. 하버드대학교의 경제학자인 스티븐 마글린은 우리가 "위험지대danger zone에 살고 있다"고 경고한다(2013: 150).

주류경제학과 정치: 시장과 사회를 자연으로부터 분리하기

인류세에 관한 한, 경제학은 '우울한 과학dismal science'(Carlyle 1849)이라는 별명이 잘 어울린다. 경제학의 토대에 있는 무한한 성장이라는 신념이 현실 세계의 조건을 외면하게 만들기 때문이다. 경제학은 대체로 지구 시스템과 물질적 한계에 대한 데이터를 무시한다. 현재의 우리는 이런 데이터를 염두에 두고 사고할 수 있지만, 로버트 솔로와 같은 경제학자는 이를 누락하고 말았다. 주류경제학자들은 자신들이 품고 있는 자연, 시간, 증거에 대한 가정 때문에 여전히 인류세를 제대로 인식하지 못하고 있다. 각 요소에 대한 이런 오해를 자세히 검토해 볼 필요가 있다.

첫째, 주류경제학에서 자연은 '외부효과externality'로 취급되는데, 이는 경제 활동을 계산할 때 자연이 고려되지 않음을 의미한다. 외부효과에는 신선한 물, 호흡에 사용할 수 있는 공기, 오존층과 같이 천연자원으로 '투입'되는 요소와, 이산화탄소, 질소, 인, 독성 물질, 플라스틱 등 쓰레기로 '산출'되는 요소가 포함된다. 그중 플라스틱은 매년 약 3억 톤 정도 생산되며, 그 양은 계속 증가하고 있다(Plastic Oceans International 2019). 쓰레기에는 처리되지 않은 채 강으로 유입되는 인간의 배설물과 가축의 배설물도 포함된다. 전 세계적으로 약 90퍼센트의 하수는 제대로 처리되지 않은 채 방류된다. 주류경제학자들에게는 천연자원과 쓰레기가 모두 시장 외부에 존재하며, 따라서 시장의 작동과는 무관한 것처럼 취급된다. 이런 관점에서 바라보는 지구는 고갈되지 않는 풍요의 뿔이자 깊이를 알 수 없는 쓰레기 배출장이라서 우리들의 욕망을 얼마든지 수용할 수 있다. 정치경제학의 창시자 중 한 명인 장바티스트 세는 이미 오래전에 "천연자원은 고갈되지 않는다. 만약 천연자원이 고갈된다면, 지금처럼 천연자원을 무료로 얻는 것 자체가 성립하지 않았을 것이기 때문이다"라고 말했다(Bonaiuti 2014: xviii에서 재인용). 자연에 대한 이러한 접근은 지금까지도 여전히 주류를 차지하고 있다.

둘째, 주류경제학자들은 시간이 단절되거나 중단되는 일 없이 미래로 매끄럽게 흐른다고 가정한다. 만약 시장의 힘을 자유롭게 풀어놓는다면, 매끄러운 시간의 흐름이 더 큰 부를 창출해 내고, 결국 미래에는 모든 것의 가격이 상대적으로 저렴해지리라고 보는 것이다. 이렇게 미래 가격이 하락하는 것을 '할인discounting' 현상이라고 부른다. 할인 현상을 주장하는 사람들은 모든 것이 미래에 더 저렴해지리라고 보기에, 지금 당장 환경적 위협을 완화하고 자원을 보호하며 오염을 멈추어야 한다는 움직임에 반대한다. 그런 일들은 나중에 더 싸게 할 수 있다는 것이다. 바로 현재의 성장이 차후의 문제를 해결하리라는 입장이다. 시간이 지남에 따라 매끄러운 성장을 계속할 것이라는 관념은 신고전주의 경제학에 너무나 뿌리 깊이 박혀 있다. 영국의 경제학자

윌프레드 베커만은 기원전 5세기 그리스의 "페리클레스 시대부터 성장에 대한 관념이 시작됐다"고 주장했다. 로마 제국의 몰락이나 흑사병의 확산과 같은 침체기가 있기는 했지만, 결국은 유럽이 이런 시기를 극복했기 때문에 더욱더 그런 주장을 하는 것 같다. 실크로드나 말리Mali처럼 한때 융성했지만 쇠락한 후 다시는 경제적 활력을 찾지 못한 사례는 신고전주의 경제학의 시야에서 벗어나 있다. 최근의 성공 사례만 선별적으로 들면서, 베커만은 "앞으로 2,500년 동안 경제 성장이 지속되지 않으리라고 생각할 이유가 없다"고 주장했다(Higgs 2014: 18에서 재인용).

어쨌든 홀로세의 지구 시스템에서 적절한 관리가 이루어졌다면 무한한 성장이 가능했을까라는 질문은 이제 고려할 가치가 없어졌다. 우리가 살고 있는 지구가 예측이 가능한 상태로부터 빠르게 이탈하고 있기 때문이다. 시간의 흐름은 인류세라는 현실 앞에서 교란되었다. 클라이브 해밀턴이 2016년 명명했던 지구 시스템의 '붕괴'로 인해 상황이 힘들어졌고, 미래의 비용이 자동적으로 하락하리라는 생각, 즉 할인 현상에 의존하는 것은 불가능해졌다.

마지막으로, 주류경제학은 성공적인 경제, 사람, 사회를 평가할 때 정량적으로 측정할 수 있는 증거에만 의존하는 경향이 있다. 계량 가능한 데이터는 경제학의 근본적인 기준이다. 그러나 모든 사람을 위한 정책이나 프로그램을 수립하는 근거로 인본주의적 판단보다 계량적 측정치를 우선시하면, 자연적 과정과 인간적 가치를 제대로 이해할 수 없다(예컨대 O'Neil 2016; Muller 2018). 계량화된 사고방식의 대표적인 예는 진보를 가늠하는 주요한 지표로 GDP를 사용하는 것이다. 사실 GDP는 시장에서 거래되는 재화와 용역만을 측정한다. 건강, 행복, 공동체적 유대와 같은 여러 복리 후생의 형태는 계량화하기 어렵기 때문에 고려하지 않는다. 그래도 최근에는 이런 요소들을 고려하려는 노력이 이루어지고 있으며, 이에 대해서는 뒤에서 더 다루도록 하겠다. 이웃의 정원 손질 돕기, 요리하기, 은퇴식에서 부를 짤막한 노래 만들기, 사랑하는 사람 돌보기, 아름다운 풍경 즐기기는 구매나 판매의 대상이 아니기 때문에 경제적으로 계량화되지 않는다. 그래서 GDP 계산에도 들어가지 않는다. 장바티스트 세가 천연자원에 대해서 언급했던 것처럼, 공동체의 결속을 강화하거나 개인의 건강을 돌보는 일은 비용으로 환산되지 않으며 제대로 가치를 부여받지 못한다.

때로는 보험이나 법적인 문제 때문에, 경제학자가 아닌 사람들이 볼 때 계량화가 불가능할 것 같은 대상에게도 가격이 매겨지는 경우가 있다. 예컨대 11살짜리 어린이의 생명에 2달러의 값을 책정하는 일이 신고전주의 경제학자에게는 합리적으로 비칠 수도 있다. 아이가 사라지는 경우의 손실을 평가할 때 신고전주의 경제학자는 그 '가치'를 순전히 화폐를 기준으로 정의하기 때문이다. 만약 화폐 가치로 환산할 수 없다면 그 근거는 대체로 무시된다. 케인스의 전기를 쓴 경제사학자 로버트 스키델스키는 이런 사례들을 검토한 다음, 주류경제학자들이 그들의 사고를 현실 세계와 연계시키지 못하는 근본 원인은 역사가 아닌 수학에 의존하기 때문이라고 주장하기도 했다(Skidelsky 2009).

요약하자면, 주류경제학자들은 '경제'를 환경으로부터 분리할 수 있는 것으로 여기고, 성장의 전반적인 궤적에서 나타나는 균열을 인정하지 않으며, 정량적 측정치를 과도하게 신뢰하는 탓에 계량화되지 않는 비화폐적 가치를 이해하는 데 한계를 보인다. 자연, 시간, 통계에 대한 이런 가정들을 볼 때, 주류경제학 및 주류경제학이 지탱하는 정치 체제가 새로운 행성적 시스템의 현실을 제대로 다루지 못한다는 점은 별로 놀랍지 않다. 인류세는 정통 경제학의 패러다임을 근본적으로 무너뜨린다. 인류세는 경제 시스템과 지구 시스템을 통합하고, 지구 시스템의 균열(혹은 대단히 빠른 전이)을 드러내며, 정량화된 측정치로 환산되지 않는 가치에 관한 질문을 던진다. 물론 신고전주의 모델이 유용하게 적용되는 상황들도 존재한다. 그러나 페테르 쇠데르바움이 주장하듯, 신고전주의적 분석 도구는 적용 범위가 협소해서 우리가 현재 거주하고 있는 이 행성, 즉 점점 더 요동치고 불안정해지는 지구를 이해하는 데는 적절한 지침을 제공하지 못한다(Söderbaum 2000: xii).

만약 신고전주의 경제학의 가정이 몇몇 학자 사이에서 이론적 사변으로만 머무르고, 정부 정책의 근본적 가정에 영향을 미치지 않는다면 별다른 문제가 되지 않을 것이다. 그러나 옥스퍼드대학교의 경제학자 케이트 레이워스에 따르면 "경제학은 공공 정책의 모국어이자 공적 삶의 언어이며, 사회를 형성하는 인식틀이다"(2017: 5). 경제학이라는 언어는 너무나 오랫동안 탄탄한 입지를 점유해 왔기 때문에, 때로는 경제학이 사물이 작동하는 자연적 방식에 대한 중립적 묘사라기보다는, 제도적 혹은 계급적 이해와의 결합 속에서만 나타나는 것처럼 여겨지기도 한다. 스티븐 마글린의 주장에 따르면 "주류경제학은 근대 문화의 시녀이며, 주류경제학의 가정, 즉 우리가 한계 없는 세상에 살고 있다는 핵심 교리는 근대성의 전제 조건이다"(Marglin 2017). 정통 경제학은 우리가 인간 사회에 대한 잠재적 위협을 평가하고 그에 대응하기 위해 상상력을 동원하는 방식인 거버넌스에도 큰 영향을 끼친다. 세계를 사고하는 방식으로서 경제학이 가진 힘에도 불구하고, 혹은 바로 그 이유 때문에, 인류세를 다루기 위한 최선책이라고 할 수 있는 다원주의, 자기 성찰, 다학문성에 대해서 경제학은 별다른 관심이 없다. 경제학자들은 저술할 때 대체로 자기들끼리만 배타적으로 인용하며, 다른 학문은 무시하는 편이다(Fourcade et al. 2015). 지적 경계를 강고하게 지키려고 하기에, 주류경제학은 무한하고 지속 가능한 성장이라는 자신들의 근본 가정을 거의 검토하지 않는다. 그러나 곤혹스러운 환경 문제가 증가하고 여러 영역에서 성장의 한계가 드러나면서, 정통 교리에 대한 도전이 나타나고 있다.

무한한 성장이라는 믿음에 도전하기

세계 대전 이후, 무한한 성장이라는 교리에 최초로 강렬하게 도전했던 사람 중 하나는, 미래 전망을 걱정하던 자동차 회사 피아트Fiat의 경영자였다. 1967년 아우렐리오 페체이는 아델라 투자회사에서 전 세계의 환경 및 사회경제적 상황이 악화일로를 걷고 있다는 내용의 연설을 했다. 스코틀랜드의 환경과학자이자 공무원이었던 알렉산더 킹은 페체이의 연설을 접하고 깊은 인상을 받아, 페체이와 함께

1968년 로마 클럽 설립에 참여했다. 로마 클럽은 원래 세계의 문제를 논의하는 과학자, 경제학자, 기업가들의 비공식적인 모임이었다. 그런데 그들은 곧바로 전 지구적 추세에 대한 기본 정보가 부족하다는 사실을 깨달았다. 로마 클럽 회원들은 한정적 지구에서 무한한 성장이 불가능하리라는 점을 본능적으로 알고는 있었지만, 그것을 입증할 데이터가 필요했던 것이다. 로마 클럽은 폭스바겐의 재정 지원을 바탕으로 데니스 메도스라는 29세의 매사추세츠공과대학교MIT 시스템동역학 교수와 그의 시스템 분석팀에게 앞으로 환경, 사회, 경제가 어떤 경로로 나아갈지 예측해 달라고 의뢰했다. 더 이른 시기였더라면 그런 작업은 수정 구슬을 들여다보는 점쟁이의 예언과 크게 다를 바가 없었겠지만, 당시 해당 연구팀은 MIT의 거대한 중앙 컴퓨터에서 구동하는 프로그램 월드3World3를 막 개발한 상태였다. 메도스의 연구팀은 2년 동안 컴퓨터에 데이터를 입력하는 작업을 했다. 연구팀은 우선 1900년부터 1970년 사이의 전 세계 발전 추세를 소급하여 수집했다. 그리고 이 데이터를 이용하여 2100년까지의 전 세계 발전에 관한 12개의 미래 시나리오를 모델화했다. 연구팀은 각 시나리오에서 산업, 농업, 인구, 천연자원, 쓰레기 처리 능력 등을 연결하는 복잡한 되먹임 고리에 집중했다. 모든 현실적 시나리오는 21세기 내에 행성적 한계에 다다르고 성장이 멈추는 것으로 나타났다. 연구팀은 별다른 조처 없이 성장 추세가 지속될 경우 "인구와 산업 역량 모두 다소 급작스럽고 통제되지 않는 방식으로 감소할 가능성이 크다"고 예측했다(Meadows et al. 1972: 23). 이 연구는 1972년 『성장의 한계The Limits to Growth』라는 제목으로 출판되어 여러 나라에서 베스트셀러에 올랐고 약 30개 언어로 번역되었다.

　　당시 '성장의 한계' 팀은 문제를 심각하게 여기기는 했지만, 인류가 50년 정도 노력하면 자신들의 연구가 밝혀낸 위험에 잘 대응하리라는 긍정적인 전망도 가지고 있었다. 예컨대 "가장 비관적인 성장의 한계 시나리오에서도 물질적 생활 수준은 2015년까지 계속 상승할 것"으로 보았다(Meadows et al. 2004: xi). 연구팀은 인류가 경제와 사회를 재조정할 수 있을 만큼 충분히 번영을 이룩하고 정보를 얻는다면, 가차 없는 성장 추세를 멈추고 생태학적·경제적 안정을 수립하리라고 믿었다. 1972년에는 "지구상 모든 사람이 기본적인 물질적 필요를 충족하고 개개인의 잠재력을 실현할 기회가 동등하게 주어지도록 글로벌 평형 상태를 달성"하는 일이 가능해 보였다(Meadows et al. 1972: 24). 하지만 이런 행복한 전망은 꺾이고 말았다. 『성장의 한계』를 향한 공격, 정책 결정자들 사이에 만연한 신고전주의 경제학의 헤게모니, 인구 증가, 그리고 대가속의 모든 추세 속에서 우리는 경제와 사회를 재조정하지 못했다.

전 지구적 생태 평형은 무한한 성장이라는 공리의 신봉자들이 배척하는 관념이었다. 각종 정책연구소, 정부, 대학에 자리 잡은 성장 옹호자들은 저서, 신문, 그리고 『이코노미스트The Economist』, 『포브스Forbes』, 『포린 어페어스Foreign Affairs』와 같은 정기 간행물의 지면을 통해 생태 평형 개념을 공격하는 글을 쏟아 냈다. 케네디 행정부에서 자문위원을 역임하고 MIT, 프린스턴 고등연구소, 하버드대학교에서 요직을 맡으며 빛나는 경력을 쌓았던 경제학자 칼 케이슨은 지구에 가용한 '에너지와 물질'이 3조 5천억 인구를 미국식 생활 수준으로 부양할 수 있다고 주장했다(Higgs 2014: 59에서 재인용). 약간은 더 신중한 입장이었던 경제학자 허먼 칸은 "현재와 가까운 미래의 기술로 우리는 세계 인구 150억 명을 1인당 약 2만 달러 소득 수준으로 천 년 동안 부양할 수 있으며, 이는 매우 보수적으로 계산한 값"이라고 말했다(Meadows et al. 2004). 베커만은 『성장의 한계』를 "뻔뻔하고 무례한 허튼소리"라고 평가했다(Ketcham 2017에서 재인용).

『성장의 한계』가 제시한 결과의 타당성에 의혹이 제기되자 대중은 혼란스러워했고, 결국 많은 사람이 책에서 예측한 바를 무시하게 되었다. 그러나 『성장의 한계』가 계산했던 것들은 이후 유효한 것으로 판명되었다. 2014년 호주 멜버른지속가능사회연구소의 그레이엄 터너는 1972년 『성장의 한계』에서 제시된 시나리오 중 하나, 즉 별다른 대책을 마련하지 않은 채 기존처럼 생활했을 때의 시나리오가 당시까지의 경로와 유사하다는 점을 발견했다. 영국 서리대학교에서 지속 가능한 개발을 연구하던 팀 잭슨 교수의 2016년 연구도 같은 결론을 내렸다. 역사학자 케린 힉스에 따르면, 성장에 한계가 있음을 확인해 주는 이러한 연구들은 신고전주의 경제학자와 그들의 조언을 따르는 정책 입안자들에게 "매우 불편한 진실"로 다가왔다(2014: 282).

그럼에도『성장의 한계』및 그와 연관된 연구의 평판은 나아지지 않았으며, 1970년대 이래 과학은 추가로 두 개의 방향에서 공격을 받았다. 하나는 산업계나 정치계의 이익 집단이 주로 사용하는 방법으로, 사실상 그렇지 않음에도 불구하고 특정 사안에 대해 광범위한 과학적 논란이 존재한다고 주장하는 것이다. 이런 식의 전략은 금연 캠페인, 기후변화에 관한 과학, 그리고 이제는 인류세에 관한 점증하는 합의에 반대하면서 유용된 바 있다. 인류세실무단의 일원이자 과학사학자인 나오미 오레스케스는 이런 전략 뒤에 숨은 연계 집단을 폭로하는 데 중심적인 역할을 했다. 각종 사안에 대해서 과학계 안에서는 이미 오래전에 일반적 합의가 이루어졌음에도 불구하고, 대중들은 여전히 찬반양론이 뜨겁게 대립하고 있다는 인상을 받는다(Oreskes 2004: 1688; Oreskes and Conway 2010, Oreskes 2019 참고).

과학을 공격하는 두 번째 입장은 대학과 학계 내부로부터 나왔다. 비판자들은 과학이 실재를 충실히 재현할 뿐이라고 주장하는 순진한 태도를 문제시했다. 1980년대에 과학기술학으로 알려진 접근이 등장했는데, 이 접근은 과학적 행위가 사회적 실천이라는 점을 강조한다. 과학기술학 연구자들은 과학적 증거와 개념이 세계의 실재를 투명하게 드러내는 것이라기보다는 사회적 구성물이라고 주장한다. 이렇게 사회적으로 구성된 지식은 제도적·언어적·사회적·문화적 연결망 밖에서는 존재할 수 없다. 많은 사람은 과학적 발견이 실재에 대한 다른 형태의 주장보다 더 우월하지는 않다는 것을 과학기술학이 입증한 것으로 이해했다. 어떤 사람들은 과학자가 진리와 접촉하는 신적인 존재가 아니라 자신이 소속된 학파에 좌우되는 조작자라고 강조했다. 영향력 있는 저서『젊은 과학의 전선Science in Action』(1987)을 통해 그런 움직임의 선봉에 있었지만 최근에는 공공연하게 과학의 옹호자가 된 브뤼노 라투르는 2017년에 약간의 억울함과 함께 당시를 회고했다. "나는 결코 반과학주의자가 아니었으나 과학자들의 지위를 약간 깎아내리는 작업이 즐거웠음을 부정할 수는 없다. 어쩌면 내가 조금은 유치한 열정을 품고 있었는지도 모르겠다"(de Vrieze 2017에서 재인용). 이런 공격들은 과학의 지적 권위에 손상을 입혔다. 의도하지는 않았겠지만, 산업계와 정계의 이해관계 및 사회구성주의와 신고전주의 경제학의 관점이 수렴한 결과, 로마 클럽 등이 환경 악화의 증거를 심각하게 인식하고 그를 토대로 제안했던 실천 행동은 늦춰지고 방해를 받았다.

유한한 행성에서 경제학과 정치를 새롭게 디자인하기

『성장의 한계』의 저자들은 1997년과 2004년 개정판에서 비관적 전망을 토로했다. 그래도 그들의 노력 덕분에, 그리고 전 지구적으로 현실이 변했기 때문에 자연을 경제학으로 다시 되돌려 놓을 수는 있었다. 이제 '생태 시스템'과 '경제 시스템'을 재결합하는 두 가지 주요 방식이 존재한다. 바로 환경경제학과 생태경제학이다. 두 접근은 명칭이 비슷하며, 생태경제학에서 처음 반복적으로 사용한 '생태계 서비스ecosystem services'와 같은 몇몇 중요 개념을 공유하기도 한다(Costanza et al. 1997). 그러나 이 두 접근법은 인류세에 관하여 근본적으로 다른 전망을 제시한다. 간단히 요약하자면 환경경제학은 자연을 경제 시스템의 일부로 간주하면서, 더 큰 환경적 손실을 예방하기 위해 '시장' 기제에 의존한다. 반대로 생태경제학은 경제를 자연의 일부로 간주하면서, 점차 고갈되는 자원을 적절하게 사용하기 위해서 정보에 기반한 정치적 선택과 공동체의 의견에 의존한다. 양자의 차이는 분명하다.

　　환경경제학은 근본적으로 신고전주의 경제학의 한 분파로, 기본 전제 대부분을 공유한다. 하지만 환경경제학은 생물종과 생태계에 가격을 설정하고 화폐 가치를 부여함으로써 자연을 시장의 작동 안에 위치시킨다. 환경에 가치가 책정되면 시장이 최적의 방식으로 '생태계 서비스'를 분배해 줄 것이라고 상정하는 것이다. 환경경제학이 상정하는 바에 따르면,

정확한 가격 신호가 주어진다는 조건하에서 기업은 참치와 넙치가 멸종 위기종으로 분류되면 포획을 멈출 것이며, 용수 공급에 차질이 생기면 수압파쇄법을 이용한 셰일가스 시추를 멈출 것이다. 자원이 고갈되거나 오염되어 자원 채굴 비용이 상승하거나 세금이 증가하면, 기술 혁신이 나타나서 그렇게 희소해진 자원을 더 이상 고갈시키거나 오염시키지 않는 해결책을 제공하리라는 것이 환경경제학자들의 주장이다. 이런 방식으로 시장이 '녹색 성장'과 '지속 가능한 발전'을 촉진한다는 것이다. 경제학자 제프리 삭스는 "지속 가능한 발전이 우리 시대의 가장 중요한 개념"이라고 말한다(Sachs 2015). 지속 가능한 발전이 전 지구적 빈곤을 해결하면서도 경제를 계속 확장시키고, 환경 파괴 없이도 세대 사이의 공정성을 보장해 준다는 것이다. 개념으로서의 환경경제학은 큰 성공을 거뒀다. 과학기술학자 샤론 베더에 따르면, "확장된 비용 편익 분석, 조건부 가치 평가, 환경세 부과, 배출권 거래 등을 포함한 여러 방법을 통해 이제는 세계 여러 국가의 정부 정책에 환경경제학이 반영되어 있다"(Beder 2011: 146).

한편 생태경제학은 극히 최근까지만 해도 정통파와는 멀리 떨어진 변방에 머물러 있었기 때문에 주류경제학이나 정책 입안자 사이에서는 강력한 옹호자가 별로 없었다. 생태경제학은 처음에는 경제학과 생태학을 결합하려는 시도로 시작했지만, 나중에는 행동심리학, 인류학, 사회학 등 몇몇 다른 분야와도 깊은 연관을 맺게 되었다. 환경경제학과 구별되는 생태경제학의 가장 중요한 특징은 로버트 코스탄자와 같은 선도적인 생태경제학자처럼 "지구가 물질적으로 유한하며, 더 성장하지는 않는다"고 가정하면서, 경제를 "유한한 전 지구적 시스템의 일부"라고 이해한다는 점이다(Beder 2011: 146에서 재인용). 다른 말로 하면, 생태경제학자들은 행성적 경계가 진정으로 존재한다고 생각하며, 만약 그 경계를 넘으면 잘 파악할 수도 없고 예측하기도 어려운 상황이, 인간 사회에는 우호적이지 않은 상황이 펼쳐질 것이라고 본다. 이런 시각에서 볼 때 '지속 가능한 발전'이나 '녹색 성장'과 같은 말은 장기적 차원에서 모순에 불과하다. GDP로 사물의 가치를 매기는 행태에서 벗어나, 생태경제학자들은 '정체상태경제steady-state economy'의 관점, 심지어 탈성장degrowth의

관점에서 사고할 필요가 있다고 주장한다. '생태계 시스템'과 같은 용어가
생태경제학에서 환경경제학으로 유입되었기 때문에 생태경제학과
환경경제학이 혼동되는 경우도 종종 있지만, 둘의 차이는 뚜렷하다.

환경경제학: 정치 변화 없이 자연을 경제 안으로 밀어 넣기

2000년 유엔 사무총장 코피 아난은 '밀레니엄 생태계 평가MA'의
출범을 선언했다. 2,400만 달러의 예산이 책정된 이 조사 프로젝트는 전
세계 생태계가 지금까지 입었던 손상을 산정하고, 생태계 보호 방안을
제안하려는 데 목적이 있었다. 2001년부터 2005년까지 95개국 출신
1,360명의 전문가가 토지 사용, 산호초, 물, 질소, 이산화탄소, 육지
생물군계, 인구 증가를 비롯한 여러 측면에서 나타난 변화를 분주하게
조사하고 평가하였다. 결론은 심각했다. "20세기 중반 이후 약 50년
동안의 전 세계 생태계 변화 속도는 인류 전체 역사를 통틀어 가장
빨랐다"(Millennium Ecosystem Assessment 2005: 2). "대체 이 문제가
누구에게 심각한가?"라는 질문이 나올 수도 있다. MA 팀의 대답은 전
인류에게 그렇다는 것이다. 보고서에서 생물종과 생태계의 내재적 가치를
언급하기는 했지만, 인간을 위한 가치가 MA 팀의 가치 계산에서 가장
중심에 있었다. 5권짜리 전체 연구 결과 보고서를 요약한 155쪽짜리 종합
보고서에서, MA 팀은 '생태계 서비스'란 "사람들이 생태계로부터 얻는
혜택으로, 여기에는 식량, 물, 목재, 섬유와 같은 공급 서비스provisioning
services, 기후, 홍수, 질병, 쓰레기, 수질과 같은 요인에 영향을 미치는
조절 서비스regulating services, 여가적·심미적·영적 혜택을 제공하는
문화 서비스cultural services, 토양 형성, 광합성, 영양소 순환과 같은 지원
서비스support service가 포함된다"고 정의했다(Millennium Ecosystems
Assessment 2005a: v). 이런 생태계 서비스의 가치를 계산하고 난 다음,
MA 팀은 "인간의 활동이 지구의 자연적 자본을 고갈시키면서 환경에

너무나 큰 압력을 주고 있으므로, 이제는 더 이상 우리 행성이 미래 세대를 부양할 능력을 보유하고 있다고 당연시할 수 없게 되었다"는 결론을 내렸다(Millennium Ecosystems Assessment 2005b). 다시 돌이켜 보면 2000년은 중추적 사건들이 일어난 해였다. 파울 크뤼천은 '인류세'라는 용어를 즉흥적으로 제안했고, 존 맥닐은 '태양 아래 새로운 것'으로 끝나는 지구 역사에 대해서 말했다. 그리고 유엔은 글로벌 생태계 전환에 관한 이 새로운 연구, 즉 밀레니엄 생태계 평가 프로젝트를 시작했다.

밀레니엄 생태계 평가는 그 범위가 전 지구적이었다는 점에서 혁신적이기는 했지만, 생태계 서비스 개념을 가지고 접근한 최초의 연구는 아니었으며, 마지막 연구도 아니었다. 사실 이 분야의 역사는 자원경제학이라는 경제학의 하위 분과로 거슬러 올라간다. 제2차 세계 대전 이후 미국의 대학들이 자원을 고갈시키지 않으면서도 지속적으로 이용하려는 목적 아래 어업, 임업, 농업에 관한 모델을 수립하면서 자원경제학이 대두했다. 1960년대에는 파괴적인 오염 위기가 발생하면서, 산업이 야기하는 환경 손실을 막으려는 열망이 커졌다. 처음에는 정부가 선도적인 역할을 했다. 예컨대 일본 정부는 소위 4대 오염 사례에 대한 대응책을 내놓았다. 악명 높았던 미나마타 메틸수은 중독 사태에 대한 대응으로 1970년 제정된 수질오염방지법이 그중 하나다. 같은 해 미국에서는 리처드 닉슨 대통령의 시행령에 의거해 미국 환경보호청이 설립되었다.

1980년대 이래 시장 근본주의의 물결이 일자, 많은 국가에서 환경 오염을 방지하려는 노력이 약화되었다. 동료 경제학자들에게 천연자원과 쓰레기 처리장의 중요성을 상기시키기 위해 코스탄자와 허먼 데일리 등은 1990년대에 '생태계 서비스' 개념을 주창했다(Costanza and Daly 1992; Jansson et al. 1994; Costanza et al. 1997; Prugh et al. 1999). 생태경제학자 리처드 노가드가 "괄목할 만한 비유"라고 평가했던 생태계 서비스 개념은 주류경제학을 비판하는 과정에서 유래했다. 생태계 서비스 개념은 일찍이 슈마허가 '자연자본natural capital'이라고 명명했던 개념에 토대를 두었으며, 시장에서 무시되고 있는 자연적 한계에 관심을 돌리려는 데 목적이 있었다. 그러나 '생태계 서비스' 개념은 자연을 보호하는 데 있어 시장이 정부 정책이나 법적 규제 보호책 못지않은, 심지어 더 나은 효과를 가져올 수 있다는 명제로 둔갑했다. 환경경제학의 옹호자들은 '자연자본'이 고갈될 수도 있다는 기본적인 통찰을 무시했다(Norgaard 2010). 환경경제학자들이 재정의한 '생태계 서비스' 개념은 무한한 성장에 대한 믿음 및 그런 성장이 사회적 선을 가져온다는 믿음을 포기하지 않으면서도 가격 기제를 통해 환경을 보호할 수 있다는 측면을 피력했다. 그래서 정부 개입을 통한 자원 재분배나 보호 조처가 이루어지지 않은 채 정치적 현상 유지가 계속되었고 산업 활동 역시 기존처럼 계속되었다.

환경경제학은 자기 틀에 맞춰 '생태계 서비스' 개념을 수용하였고, 그 개념을 활용하여 모두에게 이익이 되는 상황이 나타나는 것처럼 각본을 짰다. 이처럼 모두가 승리하는 상황이 어떻게 가능할까? 제프리 삭스와 같은 환경경제학자의 가장 강력한 옹호자들은 '탈동조화decoupling'를 입에 올린다. 즉, 혁신적인 신기술과 시장의 힘이 조화롭게 결합하면 "주요 자원(물, 공기, 땅, 비인간 생물종의 서식지)에 대한 압력이나 오염이 증가하기보다는 오히려 유의미하게 감소하면서도 성장이 지속될 수 있다"는 주장을 편다(2015: 217). 기술적 혁신이 경제를 '탈물질화'하면, 생태계 붕괴나 미래 세대의 빈곤화라는 위협 없이도 늘어나는 인구를 충분히 부양할 수 있다는 것이다.

삭스를 비롯한 환경경제학자들이 가장 좋아하는 사례는 화석 연료를 풍력이나 태양 에너지로 대체하는 것이다. 그들은 이런 사업을 통해서 기후변화 문제도 해결할 수 있다고 주장한다. 다시 말해, 기술과 시장 체계를 낙관적으로 보는 사람들은 우리가 처한 다중적인 곤경을 기후변화의 문제로 환원시킨다. 지구 시스템에 영향을 미치는 다른 요소들은 차치하더라도, 심지어 여타의 온실가스도 고려하지 않으면서, 그들은 화석 연료에서 발생하는 이산화탄소의 증가율에만 협소하게 초점을 맞추기도 한다. 사실 기후변화는 인류세가 우리에게 던지는 복잡한 난제의 한 가지 측면에 불과하다. 다양한 시공간 규모에서 나타나는 생태적 영향을 평가하는 작업은 신기술 옹호자들이 즉각적으로 인정하는 것보다 훨씬 더 복잡한 일이다. 지구 시스템의 복잡성과 인류세적 조건의 예측 불가능성을 놓고 생각해 볼 때, 기술 및 시장에 기반한 해결책이 말하는 실제 '가격'은 산정하기가 매우 어렵다.

　한 가지 사례를 들어 보자. 해안에 설치하는 풍력 터빈에 필요한 희토류는 대부분 중국산이다. 중국은 세계 희토류 수요의 약 90퍼센트를 충당하며, 일부 원소는 독점하고 있다. 희토류의 주요 산지인 중국 동남부 장시성의 광산은 빠르게 고갈되고 있는데, 이런 채굴업은 커다란 환경적·사회적 비용을 발생시킨다. 탐사 기자인 류 훙치아오는 다음과 같이 보도했다. "관련 연구에 따르면 1톤의 희토류 광석(산화 희토류 형태)을 채굴할 때마다 약 200세제곱미터의 산성 폐수가 배출된다. (가장 급진적인 풍력 발전 확장 시나리오에 맞춰) 2050년까지 중국의 풍력 터빈 수요를 감당하려면 약 8천만 세제곱미터의 폐수가 배출될 것이다. 이는 항저우에 있는 서호西湖를 8번이나 채우고도 남는 양이다. 그리고 그때가 되면 중국인들에게 깨끗한 물은 매우 중요한 문제가 될 것이다"(Liu 2016). 그런데 이것이 전부가 아니다. 터빈을 제조하고 설치하는 데 필요한 제련, 분해, 가공, 운송에서 배기가스가 나오고, 그 배기가스는 멀리 떨어진 영국에서 발견되기도 한다. 또한 일단 설치된 터빈은 지속적인 유지 관리가 필요하다. 예컨대 북해에서는 해상 터빈을 관리하기 위해 기술자 팀이 화석 연료로 가동하는 배와 비행기를 이용하면서 한 달씩 교대로 일한다. 이 모든 과정에서 서식지가 교란되거나 파괴되는 등 생물학적 비용이 발생하며, 저임금 노동, 산업 재해, 지역적 오염, 부패, 불법 채굴, 사회적 유대 관계 단절 등 인간적인 비용도 발생한다.

　탄소를 사용하지 않고 '탈물질화된' 에너지를 생산하는 풍력 발전이 일종의 구원자처럼 보일 수도 있겠지만, 이는 현재 가동하고 있는 터빈의 직접적인 배출량만을 고려한 단편적인 진실이다. 풍력 터빈의 생산, 유지, 그리고 궁극적인 노후화에 대한 고려는 계산에서 빠져 있다. 단 한 가지 척도로만 평가했을 때 풍력은 경제학자 폴 크루그먼이 말하는 "배출 없는 에너지원"에 해당한다(Krugman 2013). 경제적·환경적·사회적 모든 비용에 대한 체계적 평가 없이는 천연자원과 경제 사이의 '탈동조화'가 일어났는지, 심지어 이산화탄소 배출이 감소하기는 했는지 확실히 알 수가 없다. 우리의 곤경을 기후변화의 문제로 환원하고, 기후변화를 이산화탄소 배출로 환원하며, 최종적으로 에너지 생산 단계에서의 배출량 측정으로 환원하는 것은 우리가 처한 딜레마를 부적절하게 단순화하는 일이다. 이런 환원론은 세 가지 가정에 근거하고 있다. 첫째는 지구의 작동에 관한 우리의 지식이 충분하다는 가정이고, 둘째는 천연자원과 인적 자본이 교체 가능하다는 가정이며, 셋째는 천연자원을 공산품으로 대체할 수 있다는 가정이다. 아직까지는 이 세 가정이 모두 유의미하게 타당할 정도로 '탈동조화'가 일어났다는 증거를 거의 찾을 수 없다. 물론 풍력과 태양 에너지로의 전환을 촉진할 만한 타당한 근거가 있기는 하지만, 이런 기술에도 부작용이 따른다는 점을 무시해서는 곤란하다. 이런 기술을 다양한 공동체에 도입할 때 비용과 편익을 저울질하는 일은 기술관료적인 문제라기보다는 정치적인 문제다.

생태계 서비스에 시장 가치를 부여하는 작업의 어려움

과연 우리는 화폐 가치를 매길 수 있을 정도로 생태계 서비스에 관해서 충분히 알고 있을까? 아마도 대답은 '아니오'일 것이다. 그런 계산을 위해 필요한 가장 기초적인 정보도 우리는 가지고 있지 않다. 간단한 질문처럼 보이는 지구상의 생물종 수를 예로 들어 보자. 현재 확인되고 이름이 부여된 생물종은 약 140만 종이다. 그렇지만 "실제 생물종 수는 2백만에서 1억 사이이며, 추정폭이 매우 크다"(Goulson 2013: 44). 2011년 발표된 한 연구는 "전 세계에 약 870만(표준 오차 130만) 종의 진핵생물이 존재할 것으로 예상"했으며, "지구상 생물종의 86퍼센트, 바다에 서식하는 생물종의 91퍼센트가 아직 식별되지 않은 상태"라고 추정했다(Mora et al. 2011). 이렇게 기본적인 지식도 없는 상황인데, 홀로세 조건 아래서 특정한 종이 제공하는 서비스의 가격을 매기는 일은 부드럽게 표현해 봐도 도전적인 과제일 것이다. 인류세의 새로운 생지화학적 순환 압박으로 인해 현재의 생물다양성은 위협받고 있으며, 생태계도 빠르게 변화하고 있다. 따라서 특정 생물종이나 생물군계가 제공하는 전체 서비스의 가치 역시 유동적이므로, 고정값의 파악은 불가능하다.

게다가 생물다양성 보존이 중요한 문제이기는 하지만 우리가 당면한 유일한 문제는 아니다. 생물학자들은 종의 다양성뿐 아니라 종간 차이성species disparity의 문제도 제기한다. 차이성은 자연적으로 나타나는 생물 몸체body plan의 범위를 나타내는 척도다. 예컨대 모든 곤충은 전반적으로 유사한 몸체를 공유하지만, 곤충종 자체는 매우 다양하다(동일한 주제에 대한 변주라고 볼 수도 있겠다). 한편 유조동물은 곤충과는 상이한 몸체를 가지고 있다. 백만 종이 넘는 곤충과 비교했을 때 유조동물은 단지 200종 정도에 그친다. 200종의 곤충을 잃는 것도 큰 손실이 분명하겠지만, 진화적 관점에서 봤을 때 200종의 유조동물을 잃는 것은 엄청난 재앙이다. 하나의 동물문 전체가 영원히 사라지는 것이기 때문이다(5장 참고). 이런 손실은 말 그대로 '시장'도, 경제학자도, 과학자도 계산할 수 없다. 인류세의 변형된 지구 시스템이 예측 불가능한 급전환점과 뜻밖의 상호 작용을 초래하기 때문에, 우리는 대부분의 생태계 시스템에 납득할 정도의 정확한 가격을 부여할 수 없다.

밀레니엄 생태계 평가는 한편으로 환경경제학의 언어를 수용하고 그 기초 개념 및 연구 성과에 기반해서 논지를 펼쳤지만, 다른 한편으로 '지식 격차gaps in knowledge'와 '비선형 과정non-linear processes'을 반복적으로 언급하면서 조심스러운 경고를 내놓기도 했다. 여기서 '비선형 과정'은 (2020년의 코로나19 사태와 같은) 질병의 갑작스러운 등장, 수질의 급격한 저하, 해안 지역 '데드존'의 형성, 어업의 붕괴, 지역적 기후변화 등을 말한다. 밀레니엄 생태계 평가가 지적하는 또 하나의 논점은, 예측하기 어려운 우리 행성에서 사회의 번영도를 측정할 때 GDP 성장이 유일한 필수 척도가 아닐 수도 있다는 점이다. 밀레니엄 생태계 평가는 건조한 어조로 다음과 같이 서술한다. "인간의 복지는 생태계 서비스뿐 아니라 사회적 자본, 기술, 제도의 공급 상태와 질에도 의존한다. 이런 요소들은 생태계 시스템과 인간의 복지를 매개하는데, 그 매개 방식은 여전히 논의의 대상이며, 완벽하게 이해되지는 못하고 있다"(Millennium Ecosystem Assessment 2005a: 49). 이런 서술이 함의하는 바는 오만한 태도가 위험하다는 것이다. 새롭게 등장하고 있는 행성 시스템에 대해서 우리가 모르는 것, 그리고 아직은 알 수 없는 사실들이 존재하기 때문에, 시장 가격을 통해 문제를 해결할 수 있다는 신념은 오만에 불과하다.

환경경제학의 두 번째 특징은 자연의 '산물'을 인간이 제조한 생산물과 교체 가능하다고 본다는 점이다. 환경경제학은 자연이 제공하는 '서비스'와 인공적 산업이 제공하는 '서비스'를 모두 자본의 한 형태로 간주하며, 따라서 시장에서 교환 가능한 대상이라고 상정한다. 그래서 전체 자본이 성장하는 한 모든 것이 바람직하다고 간주하고 만다. 이런 논리를 따른다면 1973년 한 수학자가 다음과 같이 주장한 것도 이해가 간다. "남아 있는 대왕고래를 최대한 빨리 다 죽이고 그 이익을 산업 분야 성장에 재투자하는 것이 개체수가 회복되기를 기다려 연간 포획량을 일정하게 확보하는 것보다 낫다"(Beder 2011: 142). 1970년대 초반에는 당시에 알려진 사실에 기반하여 고래잡이에서 창출되는 부의 증가 총량을 계산하는 작업이 그럴듯하게 보였을 수도 있다. 그러나 최근 지구시스템과학이 밝혀낸 바에 따르면, 고래의 가치는 단지 고래기름에만 있는 것이 아니다. 고래는 탄소 포집에서 세 가지 역할을 한다. 우선 고래의 배설물은 식물성 플랑크톤에 영양분을 제공해서 탄소를 흡수하고 산소를 배출할 수 있게 만든다. 둘째, 고래의 움직임은 바닷속의 영양분을 섞어서 해수면 아래에 서식하는 유기체가 영양분을 섭취할 수 있도록 돕는다. 셋째, 고래의 거대한 몸체는 그 자체로 탄소를 저장한다. 고래 한 마리가 죽으면 평균 무게 40톤의 사체에서 약 2톤이 해저로 가라앉는다(Subramanian 2017). 달리 말하자면, 고래가 지닌 자연자본은 1970년대에 생각했던 것보다 현재 더욱 가치가 있다고 여겨진다. 만약 우리가 1970년대에 환경경제학의 지침을 따랐더라면 아주 가치 있는 자산을 낭비했을 것이고, 시장 관점에서 봤을 때도 더 손해를 봤을 것이다. 결국 GDP 성장률을 가장 중요한 가치로 받아들인다고 하더라도, 자연의 산물과 인간의 생산물 혹은 서비스를 동등한 형태의 자본으로 취급해도 되는지를 판단하기에는 우리의 지식이 아직 충분치 않다.

　　마지막으로 핵심적인 내용이 있다. 대체재가 존재하지 않아서 교환 가치가 없는 재화 및 서비스에 대해서는 시장이 가치를 산정할 수 없다는 점이다. 숨을 쉴 수 있게 해 주는 산소를 무언가로 대체한 다음 생존이 가능하리라고 기대할 수는 없다. 은행 잔고에 얼마나 많은 돈이 있느냐와 상관없이, 깨끗한 물 없이는 살 수 없다. 이런 목록에는 "해양 식물성 플랑크톤의 기후 조절 작용, 열대 우림의 하천 유역 보호 능력, 습지의 오염 정화 및 영양소 저장 능력" 등 많은 것이 포함된다(Beder 2011: 143). 환경 자산은 대체재가 없고 따라서 교환 가치도 존재하지 않기 때문에, 시장도 존재할 수 없다. 자연이 주는 편익을 거래하는 시장이 없으므로 환경경제학의 근본 전제도 흔들릴 수밖에 없다. 신고전주의 경제학을 약간 비틀어서 자연을 시장 계산에 포함한다고 하더라도 인류세가 제기하는 도전에 적절히 대처할 수는 없다. 밀레니엄 생태계 평가 보고서도 우리의 현 체제가 인류세적 도전에 대응할 충분한 준비를 하지 못했다고 인정한다. "몇몇 시나리오에서는 점증하는 서비스 수요를 만족시키면서도 생태계 악화의 흐름을 돌이키는 일이 부분적으로 가능한 것으로 예측된다. 그러나 이는 정책, 제도, 실천 영역에서 중대한 변화가 있어야만 가능하며, 현 체제 아래에서는 그런 중대한 변화가 아직 일어나지 않고 있다"(2005b). 결국 부분적 성공이라도 이루려면, 현 상황을 탈피하는 매우 급진적인 변화가 필요하다.

　　천연자원이 무한해서 별다른 가치가 없고 따라서 경제학의 시야 밖에 놓인다는 견해, 즉 장바티스트 세나 로버트 솔로 등 신고전주의 경제학에 비해 환경경제학이 진전을 이루었다는 점에는 의심의 여지가 없다. 천연자원이나 쓰레기 처리장에 시장 가치를 부여하는 일은 단순히 추정에 불과하더라도 경제학자들에게 그 대상을 가시화하는 효과가 있다. 이 계열에서 연구하는 경제학자들은 인류세의 양상들에 대해 유용한 제안을 내놓기도 했다. 그중 하나는 만약 통합적이고 완전한 평가 기준이 마련된다면 조세 중립적인 탄소세와 배출권거래제도, 혹은 이 둘의 조합을 통해 이산화탄소 배출을 결국 줄일 수 있다는 제안이다. 이런 노선을 따라 연구했던 환경경제학자 윌리엄 노드하우스는 2018년 노벨 경제학상을 수상하기도 했다. 2018년 7월, 중국이 탄소배출가격제를 전국 단위로 확대 시행하자, 전 세계 탄소 배출량의 4분의 1 남짓은 일정한 수준에서 가격이 매겨지게 되었다. 현재는 약 40개 국가에서 유사한 정책을 펴고 있다. 그렇지만 우리가 알고 있듯이 기후변화는 지구 시스템 전환의 한 가지 양상에 불과하다. 환경경제학자들은 다른 양상들이라고 할 수 있는 토지 사용 변화, 생물군계 붕괴, 인구 증가, 물 부족, 질소 과잉 등에는 기후변화만큼 관심을 보이지 않는 경향이 있다. 아마도 그 이유는 방금 열거한 문제들이 시장이나 신기술을 통해 '해결 가능한' 것으로 쉽게 틀 지어지지 않기 때문일 것이다. 가장 결정적으로, 환경경제학자들은 성장에 행성 차원의 한계가 있다는 점을 인정하지 않으려 한다. 인간이 환경에 미치는 영향을 해소하기 위해서 시장의 힘을 이용하자는 환경경제학자들의 제안은 기존 시스템을 약간 비틀 뿐이지 변화시키지는 않는다. 물론 환경경제학의 제안을 우리가 진짜로 체제 변화에 뛰어들기 전 과도기에 적용하는 예비적 수단으로 활용해 볼 수는 있다. 그렇지만 이 '과도기'는 해마다 점점 더 짧아지고 있다. 밀레니엄 생태계 평가가 2000년에 천명했던 "정책, 제도, 실천 영역에서 중대한 변화"는 여전히 일어나지 않고 있다.

생태경제학: 시장을 자연과 정치 안으로 종속시키기

우리가 분류한 경제학적 접근법 중 세 번째는 생태경제학이다. 생태경제학자들은 시장을 생태적 한계 안에 종속시키며, 자원의 사용 및 분배에 관한 결정이 궁극적으로 기술적이기보다는 정치적 사안이라고 본다. 수십 년 동안 생태경제학자들은 정치와 경제가 환경적 제약을 반영하도록 체계적인 전환이 필요하다고 주장해 왔으며, 현재는 인류세의 문제와도 직접적으로 씨름하고 있다. 최근에 이루어진 생태경제학적 연구로는 캐나다 학자인 피터 브라운과 피터 티머만이 편집한 『인류세를 위한 생태경제학Ecological Economics for the Anthropocene』(2015), 페루의 경제학자 아돌포 피게로아가 저술한 『인류세 시대의 경제학Economics in the Anthropocene Age』(2017) 등이 있다. 생태경제학자들은 환경경제학자들이 인류세의 복잡성을 다루는 데 있어 너무 소극적이었다고 지적한다. 노가드는 생태경제학자들의 관점을 다음과 같이 요약한다. "우리는 세계적인 생태적·경제적 위기를 겪고 있다. 우리 자신의 경제적 선택이 불러온 기후변화, 생태계 파괴, 생물종 소실이 이제는 인류의 복지를 위협하고 있다. 미미한 정도로 경제를 조정하는 것으로는 충분치 않다"(2010: 1223). 즉, 새로운 정치 및 경제 시스템이 필수적인 상황이다.

이렇게 필수적인 새로운 시스템을 상상해 보기란 어려운 일이다. 성장 집약적인 경제 및 정치 시스템은 환경뿐만 아니라 우리의 사고방식마저 바꿔 놓았다. 스티븐 마글린에 따르면, "시장은 시장에서의 성공에 맞춰 우리의 가치, 신념, 이해 방식을 형성한다"(2013: 153). 코스탄자 등은 "우리의 가치, 지식, 사회 조직이 화석 탄화수소와 함께 진화했다"고 지적한다(Costanza et al. 2007). 그들에 따르면, 이 에너지 시스템은 "산업주의자를 위해 물질적 가치에 따라 선택되었으며, 체계적인 이해를 희생시키고 환원주의적인 이해를 선호했다. 또한 이 시스템은 관료주의적이고 중앙 집중화된 형태의 통제를 선호했는데, 이는 생태계 관리를 위한 다양하고 놀라운 역학 관계와는 거리가 있었으며, 오히려 정체 상태의 산업 관리에 적합한 것이었다." 연구자들의 이런 지적은 앞 장에서 살펴본 논의의 연장선에 있다.

이런 상황 속에서 기존 틀을 깨고 '상자 밖에서' 사고하려면 열정이 필요하다. 인류세의 어두운 전망은 문제의 원인으로 여러 근대적 가치, 사고방식, 사회 조직을 지적한다. 한때 진보의 도구로 여겨졌던 그런 힘들이 이제는 공동체의 회복력과 환경을 파괴하고 있다. 마글린이나 코스탄자와 같은 생태경제학자들은 현 상태를 전복하는 것이야말로 새로운 희망을 향한 첫걸음이라고 생각한다. 그들은 경제가 지구의 생지화학적 시스템을 조종하거나 그로부터 독립되어 존재한다고 간주하지 않으며, 오히려 지구의 생지화학적 시스템에 경제가 종속된다는 명제에서 시작한다. 따라서 지구 시스템이 전면적으로 새로운 인류세 상태로 이행 중인 이 시기에는 경제 활동이 지구의 물리적 한계와 잠재적인 급전환점을 기민하게 의식하면서 이루어져야 한다. 전 지구적인 수준에서 국지적인 수준까지, 모든 수준에서 어려운 정치적 선택이 필요한 때다.

다학문적 기획으로서의 생태경제학

생태경제학이라는 분야는 스웨덴과 미국 플로리다주 사이에서 일어났던 뜻밖의 교류에서 출발했다. 1970년, 생태학자이자 발트해 해조류 생태계의 에너지 흐름 전문가였던 안마리 얀손과 그녀의 남편인 해양생물학자 벵드오베 얀손은 미국의 시스템 생태학자인 하워드 오덤을 스톡홀름대학교에 초청했다. 오덤은 그에 대한 답례로 이듬해 얀손 부부를 플로리다주립대에 초청했다. 이들의 협업은 코스탄자를 비롯한 일군의 대학원생들이 학문적으로 성장하는 계기로 이어졌다. 이렇게 형성된 연구 집단은 인간 시스템, 특히 경제 부문이 포함된 인간 시스템을 생태계 안에 포함시키는 작업을 선도적으로 기획했다. 1982년, 얀손 부부와 협력자들은 스웨덴 살트셰바덴Saltsjöbaden에서 발렌베리 심포지엄을 주최했고, 경제학자 허먼 데일리를 초청했다. 학문적 배경이나 접근법이 달랐기에 심포지엄의 대주제였던 '생태학과 경제학의 통합'이 두 분야의 학자 모두에게 당혹감만 주고 끝날 수도 있었지만, 그들 사이의 우정은 공통 기반을 창출하는 데 긍정적으로 작용했다. 1987년, 경제학자 조안 마르티네스알리에르는 스페인 바르셀로나에서 비슷한 성격의 심포지엄을 개최했다. 이후 국제생태경제학회가 발족하면서 생태경제학은 공식적인 분야로 자리 잡았고, 국제생태경제학회의 학술지 『생태경제학Ecological Economics』도 1989년 2월 발간되기 시작했다. 1990년대에는 유럽, 아메리카, 그리고 지구 반대편에도 전적으로 생태경제학을 다루는 조직들이 생겨났다.

생태경제학의 제안들

그래서 생태경제학자들이 제안하는 바는 무엇일까? 생태경제학은 자연과학과 사회과학 모두에 기반하는 다원적이고 다학문적인 분야이기 때문에, 모든 생태경제학자가 동일한 언어를 사용하지는 않는다. 신고전주의 경제학자나 환경경제학자들은 누가 자기 분야에 속하고 어느 대학 학과가 우수하며, 어떤 분석법이 신뢰도가 높고 어떤 정책 수단을 써야 목적을 달성할 수 있는지에 대해 명확한 판단을 하는 경향이 있다. 반면 생태경제학자들은 다양한 학과와 공직에 봉사하고 있어서, 상대적으로 느슨하게 연결된 집단을 이룬다. 주목할 만한 점 하나는 신고전주의 경제학이나 환경경제학에 비해 생태경제학 분야는 여성 연구자 비율이 상당히 높다는 것이다.

생태경제학이 지닌 제도적 유연성과 젠더 다양성은 더 다양한 생각을 낳는 기반이 되었다. 생태경제학의 1세대에서 나온 주요한 제안으로는 데일리의 '정체상태경제학'(Daly 1973, 1977), 슈마허의 '작은 것이 아름답다' 접근법(Schumacher 1973), 고르츠의 '정치로서의 생태학'(Gorz 1980) 등이 있다. 그 외에도 반다나 시바가 내세운 '석유가 아니라 흙'(Shiva 2008), 화석 연료에서 탈피한 농업으로의 전환을 위해 후쿠오카 마사노부가 제시한 '짚 한 오라기의 혁명'(Fukuoka 1978), "시간적으로 풍요롭고 생태적으로 가벼우며 규모가 작지만 만족도가 큰" 경제를 주장하면서 줄리엣 쇼어가 내세운 '진정한 부'(Shor 2010), 팀 잭슨이 제안한 '성장 없는 번영'(Jackson 2009), 마르티네스알리에르와 세르주 라투슈의 탈성장 패러다임(Martinez-Alier 2002, Latouche 2012), 오닐의 '이 정도면 충분하다'(Dietz and O'Neil 2013), 야마무라 코조의 '물질 과잉'(Yamamura 2018), 안전하고 지속 가능한 사회를 위해 행성적 경계 안에 사회 복지의 하한선이 위치하도록 설정하는 케이트 레이워스의 '그린 도넛' 모델(Raworth 2017) 등이 모두 생태경제학의 제안이다.

생태경제학자들은 종종 시장 기제와 계량화된 측정을 문제점으로 지적한다. 마글린의 주장에 따르면, 인간의 건강과 생태계의 건강을 모두 보호하며 번영하던 공동체들이 현재 시장 관계로 인해 잠식당하고 있다(Marglin 2010). 마글린은 빈곤한 국가가 더 나은 생활을 할 수 있도록 부유한 국가가 생활 수준을 낮출 필요가 있다는 제안도 한다. 마찬가지로, 줄리엣 쇼어는 생태계가 기능성을 유지하기 위해서는 번영을 누리면서도 평등한 인간 공동체가 핵심적이라는 것을 강조한다. 협소하게 시장 교환에 초점을 맞추는 GDP에 대항하여, 쇼어는 '충족plenitude'이라는 개념을 제시한다(Schor 2010; Schor 1998 참고). 번영을 측정하는 표준적 척도로서 GDP를 대체하는 여러 가지 새로운 방식이 제안되었다. 지속 가능한 경제후생지수, 참진보 지수, 인간개발지수, 지구행복도지수 등이 그런 예에 해당한다. 바람직한 새 경제에는 '정의로운 지속가능성'(Agyeman 2013) 외에도 "녹색 경제, 생태적 경제, 지속 가능한 경제, 정적 상태, 동적 평형, 에코경제, 생물리적 경제"(Dietz and O'Neill 2013: 45) 등 다양한 이름이 붙었다.

내부적 다양성에도 불구하고, 생태경제학자들은 세 가지 공통분모를 가지고 있다. 첫째, 자연 체계에 한계가 있다고 상정한다. 질소, 이산화탄소, 돼지 배설물, 플라스틱 레고 조각 등 그 무엇이든 과잉되면 지역적 생태계나 전체 지구 시스템의 왜곡으로 이어지고, 결국 시스템이 기존과 다른 상태로 밀려난다는 것이다. 이런 신조 때문에 생태경제학자들은 지구시스템과학의 연구 성과를 수용할 수 있게 되었다. 둘째, 생태경제학은 근대성의 오랜 목표였던 성장을 복지로 대체한다. 자원과 쓰레기 배출에 대한 인간의 수요가 무한히 증가해 이를 지구가 지탱할 수 없으므로, 그리고 여러 연구가 보여 주었다시피 특정한 하한선을 넘어가면 성장이 지속되어도 반드시 행복으로 이어지지는 않으므로, GDP의 시장 교환으로 측정되는 '생산성' 대신 건강하고 지속 가능한 공동체를 목표로 삼는 게 더 합리적인 선택이라는 것이다. 셋째, 더 평등한 사회에서 복지가 증가하고 자연 환경도 덜 파괴된다는 점에 착안하여, 대부분의 생태경제학자는 국내적·국제적 평등과 공유를 가장 중요한 경제적·정치적 목표로 설정한다(예컨대 Wilkinson and Pickett 2009). 경제 성장과 시장 기제가 빈곤층을 구원하기를 바라는 대신,

생태경제학자들은 경제 및 정치 체계를 적극적으로 재구조화함으로써 각 개인이 공평하게 지구의 지분을 나눠 가져야 한다고 주장한다.

'공정한 지구 지분fair Earth share'이라는 개념은 생태경제학이 글로벌 노스Global North와 글로벌 사우스Global South에 대해 서로 다른 제안을 하도록 만들었다. 부유한 글로벌 노스는 번영하는 공동체를 건설하되 일부 남아 있는 내부적 빈곤을 제거하며, 이미 충분한 수준에 다다른 소비를 제한하려고 노력해야 한다. 한편 훨씬 더 많은 인구를 부양하고 있는 글로벌 사우스는 적절한 식량, 주거, 생활을 제공하면서도 글로벌 노스가 밟았던 환경 파괴적 경로를 따르지 않는 새로운 형태의 발전이 필요하다. 거칠게 요약하자면, 생태적 한계, 복지라는 목표, 평등의 확대라는 세 가지 믿음이 새로운 경제 및 사회 체계를 설립하려는 생태경제학의 접근을 정의한다고 할 수 있다.

평등과 환경 보호

사회 안정성, 상대적 평등, 생태적 지속가능성이 서로 연결되어 있다는 증거는 지난 40여 년 동안 지속적으로 쌓여 왔다. 1980년, 전 독일 총리인 빌리 브란트의 이름을 딴 '브란트 보고서Brandt Report'가 발간되었는데, 이런 이름이 붙은 이유는 브란트가 보고서 작성을 위한 국제 위원회를 이끌었기 때문이었다. 이 보고서는 격동의 1970년대에 부상한 세 가지 문제에 대한 대응으로 나왔다. 첫째는 1971년 미국이 금본위제를 포기하면서 무너진 브레튼 우즈 체제 이후의 경제 불안정, 둘째는 국제 원조 프로그램에도 불구하고 여전히 심각한 국제 불평등, 셋째는 1960년대와 1970년대 오염 사건 발생,『성장의 한계』출판, 지구의 날 제정 등으로 주목받기 시작한 환경 문제였다. 브란트 보고서의 정식 명칭은『노스와 사우스: 생존을 위한 프로그램North-South: A Programme for Survival』이었다. 여기서 '노스'는 미국, 캐나다, 유럽, 일본, 그리고 여타 아시아의 선진국과 호주 및 뉴질랜드가 포함된 부유한 국가들을 통칭하는 표현이었다. 당시 주요 7개국G7은 모두 글로벌 노스에 속했고, 유엔 안전보장이사회의 상임이사국 5개 중 4개도 역시 노스에 속했다(상임이사국 중 유일하게 중국은 당시 기준으로 글로벌 노스로 분류되지 않았다). 한편 '사우스'는 나머지 모든 국가를 가리키는 표현이었다. 글로벌 사우스는 세계 인구의 75퍼센트가 거주하는 지역이자 빈곤한 지역이었다. 브란트 보고서가 중요한 이유는 정치 안정과 경제 안정, 사회적 평등, 생태적 지속가능성을 서로 뗄 수 없는 관계로 상정했기 때문이었다.

안정, 평등, 지속가능성 중 어느 하나라도 다른 것 없이는 성취할 수 없기에, 전 세계는 이 세 가지 부문 모두에서 난항을 겪었다. 브란트 보고서는 절망적인 상황의 원인으로 글로벌 노스가 "국제 경제 시스템, 그 시스템이 작동하는 규칙 및 규정, 그리고 무역, 화폐, 재정에 대한 국제적 제도"를 독점하는 현실을 지적했다. 불평등을 초래하는 문제에 있어서도, 노스는 사우스에 피해를 주는 데 그치지 않고 스스로에게도 피해를 입혔다. 나아가 이 불평등한 시스템은 모든 곳의 천연자원을 훼손시켰다. 환경 피해는 주로 "산업 경제의 성장"에 원인이 있었지만, 주로 사우스에서 일어난 인구 팽창도 원인 중 하나였다. 불가역적인 생태 파괴를 피하는 유일한 방법은 "대기를 비롯한 여타의 글로벌 공공재commons를 국제적으로 관리"하는 것이었다(Share the World's Resources 2006에서 재인용). 결국 브란트 보고서는 안정, 평등, 환경을 위해 세계 경제를 재구성하는 정치적 개입을 제안했다. 아쉽게도 1980년의 이 결단이 큰 성과로 이어지지는 않았지만, 이 세 주제를 결합해야 한다는 메시지는 이후에 나온 정부 및 비정부 조직의 보고서에 계속 등장했다.

이후 40년 동안, 불안정, 불평등, 환경 악화가 서로 연계되어 있다는 증거가 더 많이 발견되었다. 『평등이 답이다: 왜 평등한 사회는 늘 바람직한가The Spirit Level: Why Greater Equality Makes Societies Stronger』(2009)에서 의료 연구자 리처드 윌킨슨과 케이트 피킷은 사회가 불평등할수록 부유층과 빈곤층 모두에게서 건강 수준 하락, 폭력 증가, 유아 사망률 증가, 불법 마약 사용 증가, 교육 성취도 하락, 천연자원 및 쓰레기 처리장에 대한 수요 증가가 나타남을 보여 주었다. 윌킨슨과 피킷의 주장에 따르면, 사회가 불평등할수록 사회적 지위로 인한 압박이 크기 때문에 사람들이 소비를 더 많이 하게 된다. 인간은 사회적 존재이기 때문에 이웃이 가진 것을 원하는 경향이 있다. 소비자의 부채율은 사회적 불평등과 맞물려 있다. 소비에 대한 압력 때문에, 불평등이 심해지면 노동 시간도 늘어난다(2009: 223). 소비, 부채, 노동, 오염이 모두 증가하면서 대가속을 부채질하는 것이다. 불평등이 더 큰 환경 파괴를 초래하는 또 다른 이유로 정치 권력의 비대칭성을 들 수 있다. 정치 권력이 어느 한쪽으로 편향되어 있으면 독성 폐기물이나 환경 파괴적 산업을 규제하기보다는 오히려 가난한 지역에 집중시키고, 결국 모두의 이익보다는 일부의 이익을 추구하게 된다. '눈에서 멀어지면 마음에서도 멀어진다'는 식의 전략은 냄새나고 혐오스러운 산업 부산물로부터 최소한 일시적으로나마 부유층을 보호해 준다. 그러나 오염 물질은 결국 대기와 물의 순환 속으로 유입된다. 이런 현상은 풍요롭지만 불평등한 사회에 사는 부자들이 풍요로우면서도 평등한 사회에 사는 부자들보다 건강 상태가 더 나쁜 원인 중 하나일 수 있다(Cushing et al. 2015).

지리학자 대니 돌링이 제시하는 통계 자료도 평등이 사회와 환경 모두에 도움이 된다는 점을 시사한다. 더 평등하면서도 풍요로운 국가들, 예컨대 한국, 일본, 프랑스, 이탈리아, 노르웨이, 독일 등은 이산화탄소와 쓰레기를 덜 배출하고 육류를 덜 소비하며, 운전을 덜 하고 물도 적게 쓰는 경향이 있다(Dorling 2017a; 2017b 참고). 돌링의 주장은 평등과 환경 사이의 상관관계가 완벽하지는 않더라도 충분히 놀랄 만한 정도라는 것이다. 풍요로우면서도 평등한 사회의 부유층은 미국, 캐나다, 영국처럼 더 불평등한 사회의 부유층보다는 환경을 덜 오염시킨다. 불평등은 여가 시간, 건강, 행복, 매립지 공간, 청정한 공기와 물, 여타 생물종을 감소시키는 데 일조하는 것으로 보인다. 돌링의 작업은 숫자를 통해 보여 주는 교훈이라고 할 수 있다.

위와 같은 연구의 결과, 세계자연기금(예전 명칭은 세계야생동물기금World Wildlife Fund이었다)과 같이 비인간 동물을 보호하는 데 주력하는 기관들조차 인간 사회의 불평등에 주목한다. 세계자연기금에서 2000년에 발행한 『지구생명보고서Living Planet

Report』는 '생태발자국'을 측정하면서 여러 사회의 인간들로 인해 비인간 존재들이 치르는 냉혹한 대가에 초점을 맞췄다. 이 보고서의 요약 부문에는 다음과 같은 지적이 나온다. "만약 현존하는 모든 인간이 미국인, 독일인, 프랑스인 평균만큼 천연자원을 소비하고 이산화탄소를 배출한다면, 적어도 두 개의 지구가 더 필요할 것이다"(WWF 2000). 2000년 이후, 세계의 불평등은 더 심각해졌다. 인간 사회가 주변 생태계에 가하는 시스템적 압력을 포착하기 위해서, 세계자연기금의 2016년『지구생명보고서』는 인류세 개념과 지구시스템과학의 성과를 핵심적인 틀로 수용했다. 그러면서 이 보고서는 천연자원에 대한 수요를 경감하기 위해 소비를 줄이려면 지구 자원의 공정한 재분배가 필요하다고 주장했다(WWF 2016).

불평등과 생물권의 실적 저하를 연관시키는 경로는 석어도 여섯 가지인데, 각각의 경로는 상이한 규모를 넘나드는 상호 작용과 되먹임 고리가 관련되어 있다(Hamann et al. 2018). 윌킨슨과 피킷은 다음과 같이 주장한다. "불평등이 사회에 미치는 영향을 고려해 보면, 특히 불평등이 경쟁적 소비를 얼마나 부추기는지를 고려해 보면, 양자는 상호 보완적인 관계에 있다. 나아가, 각 정부가 불평등을 경감하지 않는다면 탄소 배출을 충분히 줄이지 못할 수도 있다"(2009: 215). 결국 자원 사용과 관련한 문제를 해결하기 위해서는, 간섭 없는 시장의 장단에 맞춰 행진하는 것보나 평등한 공동체의 박자에 맞춰 춤추는 것이 훨씬 덜 파괴적이다.

인류세를 위한 조정: 글로벌 노스를 위한 제안

글로벌 노스, 그리고 최근에 경제 발전을 이룩한 중국이나 브라질과 같은 국가들이 자원과 쓰레기 처리장을 점점 더 많이 요구하는 중독적인 상황을 벗어나게 하려는 제안이 여럿 있다. 그중 하나는 단순히 노동 시간을 줄이는 것이다. 노동 시간을 줄이는 목적은 소비 시간을 늘리는 데 있는 것이 아니라, 공동체를 강화하고 생태 복지를 증진할 활동 시간을 확보하는 데 있다. 경제 성장의 속도를 늦추는 그런 활동에는 정원 가꾸기, 저장식품 만들기, 퇴비 만들기, 공작하기, 수리하기, 예술 활동에 참여하기, 다른 사람 돌보기, 야외에서 놀기, 재화와 서비스를 공유하기 등이 있다. 불평등하면서 부유한 사회에서는 더 많은 소비를 향유하기 위해 노동 시간을 더 길게 하려는 특징적 지향성이 있는데, 노동 시간에 의무적인 제한을 두면 이런 지향성을 완화할 수 있다. 또 다른 제안으로는 최소한의 보조금을 통해 빈곤층의 소득을 올리고 최고 소득층의 수입(종종 같은 회사나 사회의 최하 소득층이 받는 임금의 몇 배에 해당한다)에 상한선을 두어 보편적인 기본소득을 보장하는 것이다. 이런 제안의 목적은 더 큰 평등을 도모하고 성장에 제동을 걸어 천연자원에 대한 압력을 줄이는 데 있다.

　　사설 은행이 대출 업무로 재화를 창출하는 현재의 금융 구조를 종식하는 것이 부채, 인플레이션, 끝없는 화폐 공급 과잉을 멈추는 방법으로 제안되기도 했다. 만약 지급준비금 혹은 현금 보유율 100퍼센트를 대출업 가능 조건으로 만든다면, 상업 은행은 이용자들의 예치금 총량 내에서만 대출해 주게 될 것이다. 이와 연관해, 화폐 공급에 대한 각국 정부의 중앙 통제를 강화해야 한다는 제안도 있다. 또한 세계무역기구와 세계은행의 권한을 축소해야 한다는 주장도 있다. 왜냐하면 그런 조직들의 둔탁한 금융 도구들은 지속 가능한 지역적 주도권보다는 환경 파괴적인 성장을 장려하기 때문이다. 많은 사람이 '기초 차원을 위한 상한경매거래제cap-auction-trade system'가 필요하다고 주장한다. 이 명칭은 일종의 줄임말로, 천연자원 사용에 제한을 두고 경매 입찰을 통해 개인 또는 기업에게 사용권을 준 다음, 자원을 가장 필요로 하는 쪽과 사용권을 거래할 수 있도록 하는 제도를 일컫는다. 이 제도는 재생 가능한 천연자원을 보호하면서 재생 불가능한 자원의 사용을 크게 제한하되, 어느 정도의 유연성을 갖추자는 아이디어에서 나왔다. 지금까지 소개한 것들을 비롯한 여러 제안은 에너지와 자원 사용의 방향을 더 평등한 공동체, 즉 지구 자원을 덜 요구하는 공동체를 건설하는 활동으로 돌리려는 데 목적이 있다.

　　탄소세의 본래 목적은 온실가스 배출 감축이지만, 동시에 사회 안정, 공정, 그리고 환경의 질들을 적절히 매개하는 역할도 할 수 있다. 정책으로서의 탄소세는 대체로 운송 및 발전소 운영에 사용되는 화석 연료에 부과된 세금을 의미한다. 숲이나 이탄 지대의 화재, 콘크리트 생산, 메탄을 방출하는 툰드라 융해, 농업 및 건축 목적의 토양 교란 등 여타의 온실가스 배출 행위에 대한 과세는 탄소세에서 크게 고려되지 않고 있다. 1997년 채택된 교토의정서 이후, 여러 국가가 화석 연료의 사용을 제한하기 위해서 높은 세금을 부과하는 정책을 시행해 왔다. 대부분 지역에서 탄소세가 효과를 거두기는 했지만, 비용을 감당하기 어려운 취약 계층에게 큰 부담을 준다는 점에서 사회적 영향력은 퇴행적이었다. 세금으로 연료비가 수천 달러 오른다고 해서 전용 제트기를 소유한 사람의 생활 수준이 크게 달라지지는 않을 것이다. 그러나 최저임금을 받으면서 연비가 낮은 중고차로 직장에 출퇴근하는 사람에게는 세금 때문에 추가된 수백 달러가 치명적일 수도 있다. 탄소세에 내재한 이런 불평등은 정치적인 저항을 낳을 수도 있다. 2018년 겨울 프랑스의 에마뉘엘 마크롱 대통령은 기업이나 부유층에게 감세 혜택을 주면서 동시에 보편적 탄소세를 부과하는 정책을 시행했다. 이 정책은 전국 단위의 시위로 이어졌고, 일부 시위는 폭력적인 양상을 띠기도 했다.

그러나 모든 탄소세 제도가 취약 계층에게 더 무거운 짐을 지우도록 설계된 것은 아니다. 조세중립적 탄소세는 부담을 더 공평하게 공유하면서도 화석 연료에 대한 수요를 감축시키는 수단이 된다. 캐나다 브리티시컬럼비아주는 2008년 매우 효과적인 조세중립적 탄소세를 제정했다. 이 제도는 탄소세로 확보한 세수 전부를 개인 및 기업에 대한 감세 재원으로 사용함으로써 혜택을 주민들에게 돌려주었다. 2015년에 실시한 연구에 따르면, 이 제도는 주 경제에 악영향을 끼치지 않으면서도 탄소 배출을 15퍼센트 정도까지 감축시키는 효과를 거두었다. 오히려 "2007년과 2014년 사이 브리티시컬럼비아주의 실질 GDP는 캐나다 평균보다 12.4퍼센트 이상 증가했으며" 청정에너지 관련 일자리도 유사한 수준으로 대폭 증가했다(UN, Climate Change 2019). 같은 시기 미국에서는 기후변화 시민 로비단CCL이 브리티시컬럼비아주에서 시행된 것과 유사한 탄소세 정책 입안을 위해 미국 의회 내에서 양당이 협력할 것을 요구했다. CCL의 목표는 탄소세를 걷고 각 가계에 매월 배당금을 직접 지급하는 탄소요금신탁자금Carbon Fees Trust Fund의 설립이었다. CCL은 "약 3분의 2의 미국인에게는 물가 인상으로 인해 증가한 지출 액수보다 배당금으로 받는 액수가 더 클 것"이라고 예측했다(CCL 2019). 유엔과 세계은행도 조세중립적 정책이 좋은 모델이라고 지지해 왔다. 새로운 탄소세가 분명히 도움이 되는 측면은 있다. 그러나 탄소세 제도는 인류세의 여러 양상 중 한 가지 측면만을 다룰 뿐이다. 생물다양성 붕괴 현상, 숲을 옥수수나 기름야자나무로 대체하면서 생기는 토지 사용 변화 등의 문제는 탄소세 제도가 다루지 못하는 영역이다.

　　　가차 없는 성장이 유발하는 문제들이 드러나면서, 최근 특히 프랑스를 중심으로 탈성장이라는 개념, 프랑스어로는 감소la décroissance라는 개념이 대두하였다. 이 개념은 글로벌 노스가 경제적 생산 및 소비의 규모를 감축할 필요가 있다는 점을 강조한다. 탈성장 개념의 목표는 물질 및 에너지에 대한 선진국들의 수요를 줄이면서 인류 전체의 복지와 평등을 증진하자는 것이다(D'Alisa et al. 2014). 댄 오닐은 정체상태경제학자와 탈성장 옹호자를 구분한다. 전자는 자원 사용을 조절하기 위해 시장 기제를 이용하는 데 익숙한 반면, 후자는 자본주의적 제도에 회의적이며 사회적 결과의 측면을 강조하는 경향을 보인다. 그럼에도 불구하고 오닐은 양 진영의 개념이 호환 가능하다는 결론을 내린다. "자원 사용과 쓰레기 배출이 생태적 한계를 넘어서는" 글로벌 노스에서는 "정체 상태의 경제를 수립하기 전에 먼저 탈성장 과정이 필요할 수도 있다"(O'Neill 2015: 1214).

인류세를 위한 조정: 글로벌 사우스를 위한 제안

'글로벌 사우스'가 직면한 상황은 글로벌 노스와는 완전히 다르다. 이 광대한 지역에 거주하는 사람 대부분은 개인적으로는 기껏해야 소박한 수준의 생활 수준을 유지한다. 『극심한 탄소 불평등Extreme Carbon Inequality』이라는 제목의 2015년 옥스팜 보고서에서 기자인 커린 에이브럼스가 요약했듯이, "소득 기준으로 인도의 상위 10퍼센트가 연간 배출하는 탄소의 양은 미국의 하위 50퍼센트가 배출하는 양의 4분의 1 수준"이다(Abrams 2015). 인도 상류층이 미국 하류층보다 탄소를 배출하는 재화나 서비스를 덜 소비하고 더 작은 주택에 거주하며, 육류를 덜 섭취하고 자가용을 소유하지 않을 확률이 높다. 인도의 하위 50퍼센트에 해당하는 약 6억 명이 남기는 탄소발자국은 일본의 상위 10퍼센트에 해당하는 약 1,200만 명이 남기는 탄소발자국과 거의 비슷하다. 인도가 미국과 중국에 이어 세계 3위의 탄소 배출국인 이유는 개인의 과소비 때문이 아니라 비효율적인 자원 사용과 뒤처진 기술력, 경제적 빈부 격차와 엄청난 인구 때문이다. 이런 통계를 보면, 개인적 선택보다는 시스템 차원의 문제가 더 중요함을 알 수 있다.

1980년 브란트 보고서가 지적하였고 최근 연구 결과가 증명하듯이, 현재의 글로벌 정치 및 경제 시스템은 글로벌 사우스를 희생하면서 글로벌 노스에 혜택을 주고 있다(Hickel 2018). 어떤 사람들은 이 불평등의 기원을 제국주의로 거슬러 올라가 찾는다. 적어도 19세기 초반부터 글로벌 사우스 대부분 지역은 글로벌 노스로부터 직접적인 식민 통치 혹은 강력한 압력을 받아 왔기 때문이다. 글로벌 노스는 제국주의 지배를 통해 자원을 추출하고 식민 지역의 사회 및 생태 복지 구조를 파괴했다(Austin 2017). 예를 들어, 인도의 기근 문제는 영국의 지배 이후에 실로 치명적인 현상이 되었다(Davis 2001). 가나를 비롯한 아프리카 여러 지역에서는 코코아 농장을 운영하려고 유럽에서 도입한 집약적 농법보다 원주민의 조방적 농법이 지역 환경에 훨씬 더 잘 맞았다(Austin 1996). 동남아시아의 고무도 마찬가지다. 지역 농부들은 해당 지역의 독특한 생물학적·물리적 조건을 잘 이해하고 있어서, 20세기 초에 도입된 방식처럼 고무나무를 단일 경작지에 반듯하게 줄지어 심는 방식보다는 복잡한 생태계 안에서 자연스럽게 기르는 방식이 잎마름병에 더 강하다는 것을 알고 있었다(Ross 2017). 물론 그렇다고 해서 이 지역들이 서구의 영향이 있기 전에 생태적 유토피아 상태를 누리고 있었다는 뜻은 아니다. 그렇지만 각 사회는 자신을 둘러싼 독특한 지역적 생태계에 적합한 방식으로 가치, 경제적 관행, 사회적 시스템을 발전시켜 왔다. 역사적으로 봤을 때, 상대적으로 평등한 공동체와 생태적 보전 사이에는 꽤 뚜렷한 상관관계가 있다. 이 관계를 끊어 낸 것이 바로 서구 세력의 도래였다.

공식적으로는 식민주의가 끝났음에도 불구하고, 글로벌 노스는 여전히 글로벌 사우스의 삶을 좌우하고 있다. 제2차 세계 대전 이후, 의학 발전으로 수명이 늘고 영아 사망률이 낮아졌으며, 기술 발전으로 위생, 교통, 통신이 개선되었다. 미국 정부, 포드 재단, 록펠러 재단의 지원으로 1950년대와 1960년대에 걸쳐 멕시코에서, 이후 다른 지역에서 이른바 녹색혁명Green Revolution이 일어났다. 반다나 시바의 설명에 따르면, 녹색혁명 프로그램으로 인해 남아시아에서는 납세자 보조금에 기반한 거대한 양의 화학 비료(질소, 인, 칼륨[포타슘]의 약자를 딴 NPK 비료) 사용, 다수확 품종 보급, 현대적인 급수 집약적 관개 시스템 구축, 기계화된 경작법 채택 등이 나타났다. 초기에 곡물 수확이 급증하자 녹색혁명은 많은 사람을 구원해 줄 것이라는 기대를 받았다. 그래서 농부들은 기존 농법을 버리고, 화석 연료에 기반해 인공적으로 생산된 비료, 관개용 펌프, 여타 값비싼 장비를 구입하기 위해 부채를 지기 시작했다. 하지만 그런 화학 비료는 토양의 미세 영양분과 균류 구조를 악화시키고, 물 공급원을 오염시키며, 인간의 건강까지 위협하는 부메랑 효과를 가져왔다. 1991년 세계은행이 인도에 구조조정 프로그램 시행을 요구하고 여기에 1995년 세계무역기구의 규제 적용이 맞물리면서 상황은 더 심각해졌다. 구조조정 프로그램은 "식량 주권과 식량 안보를 유지하는 공공적 틀을 해체했고, 인도의 식량 및 농업 체계를 부자 나라들이 주도하는 체계 밑으로 통합하도록 강요했다"(Shiva 2008: 95). 그 결과는 농업 위기, 물가 폭등, 농부들의 절망이었다.

녹색혁명의 난제는 물리적 한계에 직면한 성장의 난제와 같다. 예를 들어 아시아에서는 1970년과 1995년 사이 곡물 생산량이 두 배로 증가했으나 투입 에너지 대비 곡물 생산량은 시간이 지남에 따라 계속 감소했으며, 그 사이 인구는 지속적으로 증가했다. 이런 결과는 녹색혁명을 주도했던 명석한 식물학자 노먼 볼로그도 이미 예견하고 있었다. 1970년 노벨 평화상 수상 연설에서 볼로그는 자신이 농업 분야에서 이룩한 과학적 업적은 인구 증가라는 문제를 일시적으로 완충하는 역할밖에는 못 할 것이라고 지적했다. 볼로그는 "식량 생산 증진을 위해 분투하는 기관들과 인구 조절을 위해 분투하는 기관들이 공동의 노력을 기울이기 전에는 기아와의 전쟁에 있어 어떠한 영구적인 진보도 이룩할 수 없을 것"이라고 말했다(Borlaug 1970).

인류세가 글로벌 사우스에 던진 도전 과제는 글로벌 노스처럼 파괴적인 성장 패턴을 답습하지 않으면서 복지로 가는 길을 창조하는 것이다. 이런 대안적인 길은 급격하게 변화하는 환경과 점증하는 인구 압력 모두에 대응할 수 있을 정도로 매우 유연해야 한다. 그런 대안 창출은 분명히 어려운 작업이다. 이론적으로는 글로벌 사우스가 오염을 유발하는 구식 기술 단계를 뛰어넘고, 고효율 신식 기술 단계로 곧바로 진입할 수도 있다. 이렇게 도약한다면 글로벌 사우스의 공동체들은 고탄소 패러다임에 갇히는 질곡을 피할 수 있다. 그러나 선진국에서 개발도상국으로 녹색 기술을 이전하고 채택하는 과정은 현실적 차원에서 지식재산권 관련 법률, 수용국의 기술적 노하우, 기존 시스템 및 제도와의 호환성, 무역 장벽, 수입되는 기술 자체의 높은 가격 때문에 방해를 받는다(Hasper 2009). 이런 장애물에 대처하기 위해서 글로벌 사우스의 현실에 맞게 개발된 상품들도 있다. 전기 공급이 일정하지 않은 지역을 위한 저렴한 태양전지 노트북, 구입 및 유지비가 저렴한 세라믹, '완속 모래 여과 정수기' 등이 그런 사례다. 물론 이런 대안적 상품들도 폐기될 때 인류세의 쓰레기를 증가시키기는 한다. 그러나 어떤 대안 기술은 재생 가능한 물질을 사용하고 현지의 제조 시설을 이용하기 때문에 적어도 운송으로 인한 배출은 피할 수 있다. 게다가 이런 대안적 상품은 수리나 재활용을 염두에 두고 설계된다. 사람들은 주로 하이테크 기술에 주목하기 마련이지만, 전체적인 영향력을 놓고 보면 로테크 기술이 종종 더 효과적이다. 때로 로테크 기술이 간과되는 이유는 그것이 통상적인 경제 분석의 범주 밖에 놓이기 때문이다. 식수를 생산하기 위해 담수화 공장을 건설하는 일은 통계에 뚜렷하게 나타나지만, 점토 재질 파이프를 약간 수리해서 물을 절약하는 일은 GDP 통계에 절대 잡히지 않는 것이 현실이다.

농업 분야에서 지역적이고 생태적으로 민감한 생산법이나 재활용 기법을 과학적 지식과 결합하면 매우 효율적인 성과를 낼 수 있다. 세계유기농업운동연맹의 집계상 유기농업인이 가장 많은 인도에서는 화석 연료에 기반한 비료나 각종 장비를 사용하지 않으면서도 세련된 농법을 통해 통상적인 농법에 뒤지지 않는 단위 면적당 수확량을 올리고 있다. 그러면서도 이 유기농법은 (최근 더 심각해지고 있는 중요한 문제인) 병충해를 예방하고 토양 구조, 깨끗한 물, 공기를 보호한다(Shiva 2008). 남아시아만큼 녹색혁명이 휩쓸고 지나가지는 않았던 아프리카에서도 환경 파괴를 방지하면서 농업 효율을 개선하려는 움직임이 나타나고 있다. 우간다는 현재 세계에서 유기농업인이 두 번째로 많은 국가이며, 이들이 생산하는 작물은 고가에 거래된다.

다른 분야와 마찬가지로, 이 분야에서도 성평등 문제가 중요하다. 국제노동기구의 정책 전문가 무스타파 카말 구에예에 따르면, 토지 소유권과 자본에 대한 접근성이 개선된다면 아프리카 "여성들은 자신이 소유한 농장에서 수확량을 20퍼센트에서 30퍼센트가량 증대시킬 수 있다. 그러면 개발도상국의 농업 투입량을 2.5퍼센트에서 4퍼센트가량 높일 수 있으며, 이는 다시 전 세계에서 기아로 고통받는 사람들을 12퍼센트에서 17퍼센트가량 줄일 수 있다(Gueye 2016). 이렇게 새로운 형태로 부상한 유기농법은 전통적인 농업과 동일하지는 않다. 관습적 지식뿐만 아니라 과학적 연구 결과나 각종 연구소의 사회 기여 프로그램의 도움을 받기도 하기 때문이다. 또한 새로운 유기농법 시도는 지식 집약적이고 노동 집약적이기 때문에, 자본이나 화석 연료에 의존하는 기존 방식과는 대비된다. 현재 글로벌 노스가 대체로 기술권 안에 갇혀 있는 것과는 달리, 글로벌 사우스에 속한 사람 일부는 때때로 기술권 안팎을 오가는 것처럼 보인다. 예를 들어, 나이지리아의 대규모 석유 시추 사업 프로젝트에 몰두하거나 대도시의 쓰레기장에 매몰되어 있으면서도, 다른 한편으로는 그 경계 혹은 경계 너머에서 일상을 살아가기도 한다.

유기농업 종사자 수를 기준으로 하면 글로벌 사우스가 앞서지만, 글로벌 노스에서도 비슷한 시도를 하는 사람들이 있다. 일본의 미생물학자이자 식물학자인 후쿠오카 마사노부는 논갈이나 제초제 없이 벼를 재배하는 방법의 전도사였다. 1975년 일본에서 출판된 마사노부의 책『짚 한 오라기의 혁명The One-Straw Revolution』은 (1978년 출판된 영문판을 포함하여) 25개 언어로 번역되었다. 마사노부의 책은 그가 어떻게 쌀 생산 증대뿐 아니라 토양 및 생물다양성 개선도 이룩했는지를 보여 준다. 유기농법을 지지하거나 실행하는 사람들은 복합적인 미생물을 함유한 건강한 토양이 영양가가 더 높은 곡물, 과일, 견과류, 채소를 생산해 낸다는 데 동의한다. 미국의 소설가이자 농부인 바버라 킹솔버는 미국 버지니아 남서부에서 4인 가족이 1년 동안 직접 텃밭에서 기르거나 이웃 유기농업인이 생산한 농산물만 먹으면서 생활했던 기록을『자연과 함께한 1년Animals, Vegetable, Miracle』(2007)이라는 책으로 펴냈다. 킹솔버는 산에 있는 자기 집 근처에서 구할 수 없어서 농장 외부로부터 사들인 유기농 동물 사료와 제빵용 밀가루 300파운드를 계산에 넣더라도, 자신의 "가족이 남긴 연간 식량발자국은 아마도 1에이커 정도"였을 것이라고 말한다. 이와 대조적으로 평균적인 미국 4인 가족은 4.8에이커가 필요하다. 그 면적 중 일부는 비만 및 그와 연계된 여러 건강 문제의 원인이 되는 가공식품을 만들 때 들어가는 옥수수 시럽을 생산하기 위해 사용된다. 2050년이면 "미국인이 1인당 사용할 수 있는 평균 농지 면적이 0.6에이커에 불과할 것"(2007: 343)이라는 킹솔버의 예측에 비추어 볼 때, 킹솔버 가족이 남긴 작은 식량발자국은 상당한 의미가 있다.

현재의 정부 정책은 일시적으로 값싸고 영양가 낮은 식량을 생산하고 영세 농민과 그 공동체에게 피해를 주는, 즉 지속 가능하지 않은 산업적 농업 기술을 지지한다. 정부 정책이 지속 가능한 농업과 건실한 공동체를 지지하도록 진화할 수 있을까? 케이트 레이워스는 지구가 직면한 수많은 도전과 그 해결책으로 제시된 제안들을 개괄하면서, 녹색 성장이나 정체상태경제, 혹은 탈성장 등에 집착하기보다는 목표를 "우리를 번영하게 해 주는 경제"이자 진정으로 지속 가능한 경제를 창출하는 것으로 잡아야 한다고 말한다(2017: 209). 그렇지만 불행하게도 생태경제학자들의 작업은 실제 권력이 작동하는 영역에서 크게 주목받지 못했다. 실제로 몇몇 연구 결과에 따르면 생태경제학도 환경경제학이 채택하는 시장 주도 성장 모델이나 생태계 서비스 가격 책정 시도 쪽으로 움직이고 있다(Beder 2011).

결론

근대성과 그 핵심에 있는 정치적·경제적 이념은 인간과 자연의 분리라는 전제에 기반하고 있다. 정치사상가와 경제사상가들은 인간의 운명을 지구의 물질 및 에너지 연계 흐름으로부터 동떨어진 것처럼 제시하곤 했다. 즉, 지구 시스템은 엔트로피 법칙을 따라야 하지만 인간은 그에 구애받지 않고 영원히 성장할 수 있는 것처럼 상정했다. 이렇게 인간의 운명과 지구 행성의 운명을 분리하는 믿음은 이제 설득력이 없다. 인간의 궤적과 지구 행성의 궤적이 서로 무관하다는 착각이 가져온 의도하지 않은 결과가 바로 인류세다. 이제 우리는 우리가 지구 시스템의 일부이며, 언제나 그럴 것이라는 사실을 안다.

인류세의 경제 및 정치 전략은 필연적으로 다양할 것이다. 지역에 따라 양상도 다를 것이며, 이웃 수준에서 나타나는 실천에서부터 국제적인 노력에 이르기까지 그 규모도 다양할 것이다. 급격하게 변하는 기후와 생물군계, 가속되거나 둔화되는 인구 성장률, 새로운 질병의 위협, 유해 물질의 범람, 난민의 이동, 사회적 통합에 가해지는 압력 등에 충분히 탄력적으로 대응하고 인간 공동체를 번영하게 해 주는 단

하나의 '해법'이란 존재하지 않는다. 빠르게 인구가 증가하는 글로벌 사우스에서는 경제적 곤경을 벗어나기 위해 더 많은 식량, 에너지, 직장을 필요로 한다. 반면 인구가 감소하기 시작한 글로벌 노스에서는 정체 상태의 경제 혹은 탈성장의 경제를 창출하는 문제와 씨름하고 있다. 정치적 측면에서 볼 때 가장 어려운 도전은 모든 수준의 거버넌스에서 새로운 조처들을 적절하게 조율하는 일이다. 국제적 수준에서는 행성적 차원의 과잉을 억제하기 위해 합의를 이끌어 내고 국제적 규범, 관행, 제도를 변화시키는 데 필요한 지원을 해야 하는 과업이 있다. 국가 차원에서는 경제 및 사회 제도를 재조정하여 탄력성을 구축해야 하는 과업이 있으며, 지역 차원에서는 최전선에서 벌어지는 각종 도전에 대응하기 위해 지역 공동체의 역량을 강화해야 하는 과업이 있다.

우리의 희망은 다양한 접근을 취해 보는 가운데 찾을 수 있다. 그렇지만 이런 모든 접근법을 적용할 때 반드시 인식해야 할 사항들이 있다. 유한한 행성 안에서 무한한 성장은 불가능하다는 점, 사회 시스템과 자연 시스템은 연결되어 있다는 점, 자원과 에너지를 덜 사용하는 방법을 고안할 수는 있겠지만 인간의 삶 자체는 결코 탈물질화될 수 없다는 점, 평등은 사회를 더 강력하고 건강하며 정의롭게 만들 뿐 아니라 자연 자원 및 쓰레기 처리장에 대한 수요도 낮출 수 있다는 점이 그런 것들이다. 인간 사회를 재구성하는 다양한 선택지에 대해 논의를 하다 보면, 결국 가치의 문제가 전면으로 나오게 된다. 인류세가 우리에게 제기하는 궁극적인 질문은 어떤 기술, 정책, 제도를 채택할 것이냐가 아니라 우리가 어떤 종류의 사회에서 살아가고 싶은가다. 지구 시스템이 우리의 선택지에 한계를 설정해 주기는 한다. 그러나 최종 결정은 지구 시스템이 아닌 우리 자신의 몫이다.

인류세의
실존적 도전 과제

The
Existential
Challenges of the
Anthropocene

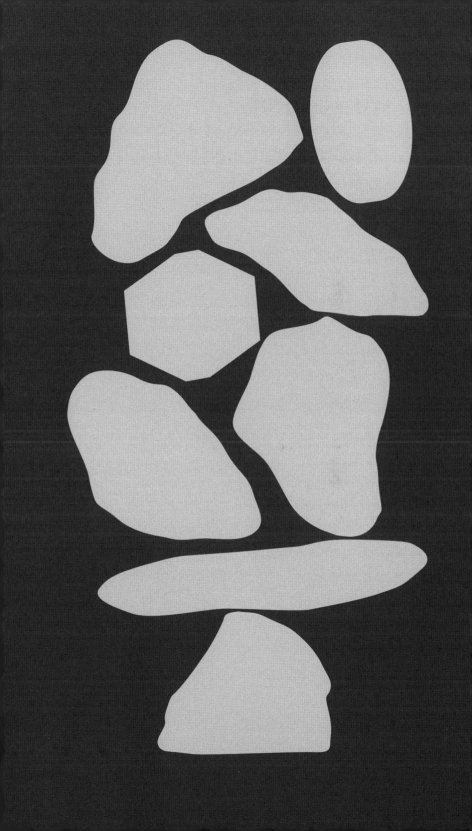

8

인류세의
실존적 도전 과제

16세기 프랑스 귀족 몽테뉴는 36세의 나이에 죽을 고비를 겪고 나서 공직을 떠나 "어떻게 살 것인가"라는 근본적인 질문에 몰두하기 시작했다(Bakewell 2011). 지금 이 질문은 그 어느 때보다 더 절실하게 제기되고 있다. 인류세가 물리적이며 철학적인 차원에서, 정치적이고 경제적이며 문화적인 차원에서, 그리고 개인적이고 집단적인 차원에서 새로운 실존적 도전 과제를 던지고 있기 때문이다. 몽테뉴는 세상 및 타자와 관계 맺는 '자아self'에 대한 깊은 인식과 성찰에서 답을 찾으려고 했다. 이런 노력으로 레너드 울프로부터 "최초로 완전히 근대적인 사람"이라는 칭호를 얻기도 했다. 오늘날 인류세는 바로 '자기-창조self-creation'라는 근대의 전략에 의문을 제기한다. 그 방법은 지구 시스템의 파열을 일으키는 행성적 힘의 소유자가 된 '인간적인 것the human'에 대한 새로운 이해를 통해서다. 이런 접근은 '인간적인 것'을 근대사상의 중심이 되었던 개인 대신에 '생물종' 또는 '인간 활동'이라는 큰 틀에서 바라본다. 인간에 대한 이런 이해는 몽테뉴의 폭넓은 상상력을 벗어난 것인데, 아직도 우리 종을 지구 시스템을 바꾸는 집단적 힘으로 파악한 사람은 거의 없다(Chakrabarty 2009). 몽테뉴가 직면한 죽음은 개인적이었으나 우리는 멸종의 가속화, 생태계 붕괴, 수십억 인간의 극심한 고통을 마주하고 있다. 예전부터 작은 규모에서 인간으로 겪어 온 실존적 도전과 즐거움은 여전히 일부 남아 있지만, 이제 그런 것은 전 지구적 곤경과 껄끄러운 관계를 만들고 있다. 이 마지막 장에서는 인류세의 여러 실존적 도전 과제를 다룰 것이다. 먼저 '물리적 복지physical wellbeing'의 문제부터 살펴보자.

2018년에 출판되어 '찜통 지구'라는 말을 유행시킨 한 논문은 아주 명확하고 우려스러운 메시지를 담은 그림을 통해 [행성의] 미래를 전망한다(Steffen et al. 2018). 이 논문의 저자는 인류세실무단의 위원인 윌 스테판과 그의 동료들인데, 이들은 여기서 인류세의 두 가지 경로를 증거와 함께 제시한다. 하나는 앞으로 수년 동안 우리가 '평소와 다름없이' 살아간다고 가정했을 때로, 지구 시스템이 "지금보다 훨씬 더운 찜통 지구를 향해 빠르게 나아가는 길에서 벗어나기 힘든 상황, 즉 행성적 한계를 넘어선" 경로를 말한다. "이 경로는 인간의 개입으로 바꾸기 어려운 강력하고 고유한 생물지구물리적biogeophysical 되먹임에 의해 추진되기 때문에, 돌이키거나 조정하거나 늦추는 것이 실질적으로 불가능한 경로다"(Steffen et al. 2018: 8252). 이렇게 거침없고 통제 불가능한 변화들은 안정된 상태의 도래를 지연시킨다. 하지만 긴 시간이 지나 그 상태에 도달하면 지구 평균 기온은 지난 120만 년간의 그 어떤 간빙기보다 훨씬 더 높게 상승해 있을 것이다. 이러한 상황은 수십 미터의 해수면 상승과 함께 인류에게 막대한 결과를 초래할 것이다(Xu et al. 2020). 행성적 한계를 일단 넘어서면, 인간의 [온실가스] 배출 감소 노력은 거의 아무 소용이 없게 된다. 이 경로에서 지구는 심지어 수백만 년 동안 이어진 제4기 말 빙기-간빙기의 순환에서도 이탈할 수 있다. 스톡홀름회복력센터의 후안 로차가 2018년 발표한 연구에 따르면, 급전환점 혹은 로차의 용어로 '체제전환regime shift'이 모든 잠재적 환경 붕괴의 45퍼센트 선에서 상호 강화되는 되먹임 효과와 도미노 효과에 의해 증폭될 것이다(Rocha et al. 2018). 토지 이용의 변화와 인간의 포식, 각종 독성 물질과 폐기물의 축적으로 생물권 파괴도 심해질 것이다(Williams et al. 2016). 이런 '거침없는 인류세unmitigated Anthropocene'는 호모 사피엔스를 비롯해 우리 종의 직계 조상들조차 경험해 보지 못했던 조건들로 특징지어질 것이다. 가장 암울한 문학적·예술적·종교적 상상력만이 이렇게 전혀 다르고 살기 힘든 환경에서 인간이 겪을 고통의 깊이를 그려 낼 수 있다.

이와는 달리, 인간 사회가 함께 행성을 관리하는 길을 선택하여, 가령 2도 이상 평균 기온이 상승하지 않도록 유지하면서 지구 시스템을 안정시킬 수도 있다. 이처럼 행성적 한계로의 접근을 피하고 되먹임 고리의 방향을 바꾸려면, "인간의 가치, 형평성, 행동, 제도, 경제, 기술을 근본적으로 재검토하는 심대한 전환이 필요하다"(Steffen et al. 2018: 8252). 그러나 인간 세계의 이런 혁명적인 변화들도 [모든 근심 걱정이 사라진] 열반 상태로 이끌지는 못할 것이다. 최선은 이른바 '안정화된 지구Stabilized Earth'의 경로로 진입하는 것인데, "지구 시스템의 구조와 기능에 상당한 변화가 요구된다"(Steffen et al. 2018: 8258). 여전히 기후 온난화는 제4기 말의 그 어떤 간빙기보다 심해질 것이며, 해수면 상승은 지속되고, 생물권은 더 축소되어, 기술적·사회적 회복력 복원 방안을 위한 정치적이고 행정적인 기술이 끊임없이 요구될 것이다. 안정화된 지구의 상황이 그다지 매력적이라고 할 수는 없겠지만, 그래도 전혀 알려지지 않은 위험으로 가득 찬 찜통 지구보다는 훨씬 낫다.

기후 과학자 마이클 만은 우리가 직면한 도전을 이렇게 요약해서 말한다. "게임에 늦었지만, 너무 늦지는 않았다." 우리로 인한 손상은 영구적이지만, 그래도 아직 제한적이다. 정말 끔찍한 혼란, 최악의 상황을 피할 기회는 있다(Mann and Toles 2016: xii). 힘들지만 살아갈 수 있는 인류세가 최선의 희망이다. 스테판과 그의 동료들에 따르면, '거침없는 인류세'와 '완화된 인류세mitigated Anthropocene', 찜통 지구와 안정화된 지구 중 선택은 우리 몫이다. 연대층서학과 지구시스템과학 모두 "지구는 인류세에 진입했으며, 20세기 중반을 가장 설득력 있는 시작점"으로 제시한다(Steffen et al. 2016: 337). 우리는 과거로 돌아갈 수 없다. 최악을 피하는 선택은 세상과의 관계 속에서 우리 자신에 대한 새로운 이해를 키우는 것이다.

인류에게 닥친 도전의 규모와 위험성은 다른 보고서들에서도 강조되고 있다. 2018년 10월, 유엔 IPCC는 지구 평균 기온이 위험 한계치인

1.5도 이상 상승하는 것을 피하기 위해서는 2030년까지 탄소 배출량을
45퍼센트 감소하고, 2050년까지는 [배출량이 흡수량을 넘지 않게 하는]
탄소중립을 이뤄야 한다고 경고했다(Davenport 2018; IPCC 2018).
보고서가 발간된 당시에는, 산호초가 실제로 사라지는 것부터 해수면 상승,
가뭄, 산불 등으로 인한 수천만 명의 이재민과 난민 발생까지, 예상할 수 있는
재앙을 예방하고 경로를 바꿀 수 있는 시간이 고작 12년 남았었다. 한 기사에
따르면 "산호초는 해양 바닥의 0.1퍼센트 정도를 차지하고 있지만, 전체
해양 생물종의 25퍼센트 정도를 지탱하고 있다." 산호초는 가장 아름다운
자연 경관을 선사할 뿐만 아니라, 폭풍으로부터 해안선을 보호하고, 5억
명의 생계를 지원하고, 약 250억 파운드[42.5조 원]의 소득 창출에 도움을
준다(McKie 2018). IPCC 보고서는 이만큼 짧은 기간 내에 이토록 커다란
제도적 변화가 요구된 사례는 "역사적으로 찾기 힘들 정도"라는 결론을
정확하고 우려스러운 관찰에 기반해 내린다(IPCC 2018: 17).

또 다른 유엔 산하 기구인 유엔생물다양성협약도 2018년 10월에
다른 종들의 급격한 몰락과 생물군계의 붕괴가 인간에게 위험이 될 수
있음을 지적했다. 크리스티아나 파슈카 파머가 의장으로 있는 이 기구에
따르면, '여섯 번째 대멸종 사건'이라는 문구가 시시하는 바는 인간이
생물권에 대한 접근 방식을 바꾸지 않으면 75퍼센트의 종 다양성이
상실될 수 있다는 것이다. 우리는 아직 그 상태까지 도달하지는 않았지만,
인간 활동으로 인해 멸종 비율이 현저히 증가한 것은 사실이다. 멸종은
문제의 한 부분일 뿐이다. 살아남은 종의 개체수 또한 서식지의 지속적인
파괴로 줄어들고 있다. 전 세계 59명의 과학자가 공동 집필한 2017년
세계자연기금의 보고서에 따르면, "인류는 1970년 이래 포유류, 조류, 어류
파충류의 60퍼센트를 멸종시켰다"(Carrington 2018b). 2017년의 또 다른
연구는 조사 대상 포유류 177종의 거의 절반이 1900년에서 2015년 사이에
80퍼센트 이상 [지역적] 분포를 잃었다고 밝혔다(Ceballos et al. 2017).

생물다양성을 잃으면 현재 주요 곡식뿐 아니라 미래의 잠재적
곡식을 위한 [꿀벌과 같은] 화분 매개 생물체가 사라져 식량 공급이
위협받는다. 과학 기자 데이미언 캐링턴은 "오늘날 전 세계 식량의

4분의 3은 불과 12개 작물과 5개 동물종에 의존하는데, 대규모의 단일 작물 경작 방식으로 생산되기 때문에 아일랜드 감자 대기근으로 백만 명이 굶어 죽었던 것과 같이 질병과 해충에 매우 취약한 상태"라고 지적한다(Carrington 2017). 전 세계 식물다양성을 보존하려는 종자 은행의 노력에도 불구하고 대안적인 식용종들은 이미 멸종했을 수도 있다. 게다가 인구 증가가 정점에 다가가는 상황에서 급격한 기후변화로 농작물 수확량은 감소할 것이다(Fowler 2017).

충분한 열량 공급원 확보는 문제의 한 부분일 뿐이다. 또 다른 걱정은 토양의 영양소 손실과 그로 인해 우리가 먹는 동식물의 영양분이 감소하는 문제다. 유엔식량농업기구에 따르면 전 세계에 공급되는 식량의 3분의 1이 비타민 결핍 상태인데, 이는 세심한 사육과 관리로 영양가 있는 식품을 생산하는 대신, 고갈된 토양에서 인공 비료로 값싼 식품을 생산하는 농업 시스템 때문이다(Carrington 2018a). 열량 공급을 위해 인공 비료나 여타 인위적 방식의 농법이 더 적극적으로 동원되는 사이, 건강에 필수적인 복합 영양소를 잃었다.

지난 10년간 이미 식량 부족 문제가 대두되어 왔다. 유엔 산하 5개 기관이 공동으로 진행한 연구에 따르면, 극빈층(하루 1.9달러 미만으로 살아가는 사람)의 비중은 감소했지만, 적절한 식량 없이 살아가는 사람들의 수는 증가했다. 2018년에는 기후변화와 분쟁의 급격한 증가로 8억 2,100만 명(인구 9명 중 1명)까지 늘어나 10년 만에 최고치를 기록했다. 이 보고서는 기후 가변성과 극한 현상으로 일부 지역의 식량 생산이 급감했으며 주민들이 이주해야만 하는 상황이 벌어졌다고 강조한다(UN News 2018). 1981년과 2013년 사이에 하루 7.4달러 미만으로 생활하는 인구가 32억 명에서 42억 명으로 증가했고, 이는 전 세계 인구의 58퍼센트에 해당한다(Hickel 2018). 증가하는 인구를 먹여 살리기 위해서는 식량을 50퍼센트 이상 증산해야 하며, 광범위한 기아 확산을 피하기 위해서는 생태계에 대한 요구를 줄여 나가야 한다(Pope 2019).

적은 영양과 불충분한 식량 공급으로 질병에 대한 인간의 저항력은 약해지고 항생제의 효능은 떨어질 가능성이 크다. 가축 사육장에서 항생제를 남용하고 환자에게 무분별하게 항생제를 처방하는 관행 때문에, 현대 의학을 무방비 상태로 만들 '슈퍼버그superbug'라 불리는 내성 박테리아의 출현이 가속화되고 있다. 항생제의 남용은 인간의 질병 저항력을 약화시키고, 가축의 성장을 촉진하기 위한 호르몬의 오용은 인간과 야생 동물 모두에게 암과 생식 기능 발달 장애를 일으킨다. 북극곰부터 달팽이에 이르기까지 다양한 종이 전 세계 환경에 퍼진 합성 에스트로겐으로 인해 번식 활동에 어려움을 겪고 있다(Langston 2010). 또 다른 질병의 원인으로 야생 동물의 개체수 감소도 들 수 있다. 2007년 기준으로 인류는 주로 도시에 거주하는 종이 되었지만, 일부 사람은 야생 동물 고기를 찾느라 산림 생태계에 더 많은 압력을 가했다. 이런 상황에서 에볼라, 인간면역결핍바이러스HIV, 중증급성호흡기증후군SARS, 코로나19와 같은 인수공통감염병이 발생하여 비인간에서 인간으로, 때론 전 세계적으로 확산해 치명적인 결과를 가져온다.

　　　　다른 유엔 연구들에 따르면, 식량 부족과 질병에 대한 취약성 증가와 함께 물 부족이 이미 인류 복지에 큰 위협이 되고 있고, 인구 증가 때문에 물 부족이 더 심해질 것으로 예상된다. 세계보건기구와 유엔아동기금의 2017년 보고서는 21억 명의 인구가 안전한 식수에 대한 접근성이 부족하고, 45억 명의 인구는 안전하게 관리되는 위생 서비스를 받지 못하고 있다고 밝혔다. 같은 해 유네스코는 폐수의 80퍼센트가 처리되거나 재사용되지 않고 생태계로 다시 흘러간다고 보고했다. 그러니 매년 다섯 살 미만의 어린이 34만 명이 설사성 질병으로 사망하는 것은 놀라운 일이 아니다. 유엔식량농업기구에 따르면 전 세계적으로 취수되는 물의 70퍼센트 정도가 농업에 사용된다. 유네스코가 2014년 보고서에서 보고한 바와 같이 산업용 물의 약 75퍼센트는 수압파쇄법을 포함한 에너지 생산에 사용된다. 다시 말해 현재 인구 10명 중 4명은 물 부족으로 고통받고 있다. 현재 국경을 가로지르는 전 세계 강 중 3분의 1만이 초국가적 협력 체계하에 관리되고 있기에 물에 대한 긴급한 수요는 정치적 갈등 심지어는 군사적인 분쟁의 원천이 되기 쉽다. 인구 증가로 인해 이런 통계들과 전망들이 더 좋아질 가능성은 크지 않다.

우리가 직면한 위기에는 쉬운 답이 없다. 앞으로 향후 수십 년 동안 증가하는 인구를 부양하는 동시에 이미 과하게 혹사당한 행성의 자원에 대한 수요를 획기적으로 줄여야 한다. 이 두 가지를 동시에 수행하는 것은 엄청난 도전 과제다. 세계 인구는 계속 빠르게 증가해 2050년에는 지금의 78억 명에서 98억 명으로 증가할 것이고, 전 세계적으로 출산율이 계속 감소하더라도 2100년에는 총 112억 명에 달할 것이다(UN, Department of Economic and Social Affairs 2017). 우리의 생태적 수요는 행성의 생태 자산 재생 능력을 이미 초과하고 있다. 생태공학자 마티스 바커나겔과 생태학자 윌리엄 리스가 1990년에 설립한 글로벌 생태발자국 네트워크에 따르면, "전 세계 인구의 80퍼센트 이상이 생태적으로 적자 상태에 있는 국가에 살고 있어, 그들 생태계가 재생할 수 있는 양보다 많은 자원을 사용하고 있다"(Global Footprint Network n.d.). 이 네트워크의 과학자들은 2018년 한 해 동안 전 세계 인구가 식물성 식품 및 섬유 제품, 축산물 및 수산물, 목재 및 기타 임산물, 도시 인프라를 위한 공간, 폐기물, 특히 탄소 배출을 흡수하고 재활용하는 데 필요한 자원 등을 모두 고려해 계산한 결과, 행성의 1.7배에 달하는 천연자원을 소비하고 있음을 밝혔다. 소비 수준은 매우 불균등해, 일부 국가는 다른 국가들보다 훨씬 많이 소비하고 있었다(예를 들어 Alexander et al. 2016). 전망하자면, "평소와 다름없이 사는 경로에서 지구 생태계에 대한 인간의 수요는 2020년까지 자연이 재생할 수 있는 양을 [매년] 약 75퍼센트 정도 초과할 것으로 예상된다"(Global Footprint Network n.d.). 에너지 수요 역시 전 세계의 일부 지역에서 증가할 것이다. 오늘날 전 세계 인구의 14퍼센트가 전기 없이 살아가고 있다. 이 문제를 해결하려면 인구가 증가하고 있는 지역, 특히 사하라 사막 이남 아프리카와 남아시아 지역의 에너지 생산량을 확대하는 동시에, 다른 지역에서는 수요를 줄이도록 노력해야 한다(International Energy Agency 2017).

지구 시스템에 미치는 충격을 줄이면서 어떤 형태의 생산은 늘리는 것은 두 가지 추가적인 이유에서 도전적인 과제다. 첫째, 환경은 이미 과거보다 예측하기 어려워졌다. 인류세가 진화함에 따라 예상치 못한 문제가 발생하기 때문에, 미리 계획을 세우는 일이 점점 더 어려워지고

있다. 유연성과 복원력이 인프라와 농업부터 정치와 경제, 그리고 법의
틀을 포함한 모든 사회적 상호 작용까지 전 시스템에 구축되어야 한다.
둘째, 불평등이 사회 안에서 그리고 전 세계적으로 매우 빠르게 확산하고
있다. 이 상황은 수용 가능한 선택지를 두고 토론과 숙고를 하는 데 필요한
민주주의의 에너지를 부유층이 탈취하고 있음을 의미한다. 부유층은
권력과 영향력을 단단히 쥐고 인류세의 새로운 위험으로부터 자신을 잘
보호할 수 있는 계층적 위치를 고수하고 있다. 반대로 빈곤층은 자급자족을
이루지도 못한 상태에서 긴축 요구를 받게 되는데, 그들의 입장에서 이런
환경 정책은 불공정하므로 저항하는 경우가 많다.

행성의 풍요로운 혜택을 더 평등하게 분배하고 위험을 더 공평하게
부담하는 것은 단순히 추상적인 윤리 문제가 아니라 불가피한 현실 문제일
수 있다. 윌킨슨과 피킷이 보여 주듯이, "정부가 불평등을 줄이지 않고서는
탄소 배출량을 충분할 정도로 대폭 감축하는 것은 불가능하다"(이에 대한
구체적인 논의는 7장을 참고; Wilkinson and Pickett 2009: 215). 또한
더 평등한 사회일수록 더 큰 신뢰와 투명성을 보여 자원을 더 현명하고
효과적으로 사용하는 경향이 있다는 연구 결과도 있다. 하지만 불평등에
대한 이념적 접근은 여전히 강하게 남아 있다. 완화된 인류세를 위한 행성적
목표들은 꽤 분명하다. (특히 글로벌 노스의 국가들에서) 더 작은 규모의
경제 활동을 의미하는 녹색 경제의 구축, 자원과 권력을 더 공평하게
분배하는 녹색 정치 추구, 변화하는 행성적 위험 경계 안에서 더 건강한 삶을
누릴 수 있도록 출산율을 낮추는 것 등을 들 수 있다. 문제는 우리가 향후 몇
년간 이 어렵고 좁은 길을 잘 뚫고 나가 경제와 정치, 인구 목표를 달성하면서
행성적 위험 경계를 넘지 않게 지구 시스템을 안정시킬 수 있는가다.

다른 세계, 다른 희망들

작가 로이 스크랜턴은 "우리가 직면한 가장 큰 문제는 철학적인
것이고, 그것은 이 문명이 **이미 죽었음**을 이해하는 것"이라고 꿰뚫어

보았다(Scranton 2013; 2015: 23). 스크랜턴이 말하는 '이 문명'이란 그가 2003년부터 2004년까지 미국 육군으로 복무하면서 이라크에서 목숨을 걸고 지키라고 배웠던 것을 가리킨다. 그의 눈에 '이 문명'은 가차 없이 권력을 추구하며 화석 연료에 기반한 신자유주의적 거대 괴물로서 '영원한 전쟁'에 열중하는 것처럼 보인다(Filkins 2008). 하지만 '이 문명'은 근대성의 밝은 빛, 희망을 말하기도 한다. 출산 과정과 유년기의 생존율을 높이고, 개선된 위생과 식생활을 즐기며, 더 나은 옷을 입고, 기근과 질병을 견딜 수 있게 해 준 지식의 발전을 가져온 바로 그 문명이다. 그뿐만이 아니다. '근대성'은 문맹 퇴치와 교육 확산, 여성의 사회적 이동과 기회 증가, 과학의 경이로운 발견, 예술에 대한 접근성 확대, 민주적 이상과 자결권의 고양, 그리고 누구나 이러한 것을 누릴 수 있다는 희망을 축약한 단어다. 만일 '이 문명'이 공포만을 의미한다면, 우리는 그것이 사라지길 바랄 것이다. 스크랜턴이 말한 것처럼, 근대성이 '망상'에 불과했다는 사실을 받아들이기 어려운 이유는 그것이 너무나 매력적이었고, 지금도 여전히 그렇기 때문이다. 인류세를 깨닫는 것은 꿈을 죽이는 것이다. 새로운 세계를 이해한다는 것은 예전 세계의 종말을 받아들이는 것이다. [인류세의] 도전 과제는 새로운 세계에서도 살려 낼 수 있는 예전 꿈의 요소들을 알아내는 것이다. 우리는 새로운 지구 시스템 속에서 복지와 자결권의 희망을 되살릴 수 있을까?

인류세 도덕성과 개인적 실천

권력의 끊임없는 증대와 경제 및 인구의 무한한 성장에 대한 [원론적인] 경고 담론을 넘어선 현실적인 방안들은 쉽지는 않지만 다행히 분별해 낼 수 있다. 이 책의 저자들을 포함해 우리 대부분은 진정한 변화를 가져오는 '무언가'를 하고 싶어 한다. 지구 자원을 부당하고 과도하게 취하지 않으면서도 품위를 지키며 서로 돕는 삶을 살기를 원한다. 그러나 선진국에서 발간되는 학교 과학 교과서와 정부 자료에는 잘못된 조언이 종종 있다. 예컨대 최근 한 연구에 따르면, [개인적] 실천 항목으로 유리병과

종이 재활용하기, 빨래 널어서 말리기, 전기 덜 쓰는 전구로 교체하기, 연비 좋은 자동차 운전하기, 친환경 에너지 구매하기 등이 권장된다(Wynes and Nicholas 2017). 하지만 이런 조치들이 탄소 배출량을 줄이는 데 미치는 영향은 낮거나 중간 정도일 뿐이다. 선진국에 사는 사람들의 행동 양식을 가장 효과적으로 바꾸는 것이 목표라면 이런 권장 사항은 실패한다. 실제로 재활용 쇼핑백 사용을 옹호하는 어떤 교과서가 주장하듯이 "변화를 일으키는 것은 어렵지 않다"고 확신에 차서 단언하면, 우리 문제가 약간의 노력만 기울이면 해결되는 사소한 문제라는 인상을 줄 수 있다(Wynes and Nicholas 2017: 074024).

한 연구 보고서는 개인이 탄소 배출량을 줄일 수 있는 가장 획기적인 방법으로 "아이 한 명 적게 낳기, 차 없이 살기, 항공 여행 피하기, 채식 위주 식단 짜기"의 네 가지 선택지를 제시했다. 이 꼼꼼한 연구의 저자인 세스 와인스와 킴벌리 니컬러스는 "이러한 실천은 연구의 매개 변수와 관계없이 큰 효과(연간 이산화탄소 배출량을 적어도 0.8톤 감소시키거나, 또는 현재 호주나 미국에서 매년 배출하는 양의 5퍼센트 정도를 감소시킨다)를 낸다"고 계산했다(Wynes and Nicholas 2017: 074024). 그중 가장 효과적인 실천 방법이 아이를 적게 낳는 것임에도 불구하고, 이 사실은 캐나다 고등학교의 어느 과학 교과서에서도 언급되지 않았다고 꼬집었다(Wynes and Nicholas 2017; Murtaugh and Schlax 2009 참고).

지구 시스템의 관점에서 볼 때, 와인스와 니컬러스가 권장하는 네 가지 실천 항목은 개별 온실가스 배출량 감소 이상으로 다른 물질과 생물체에 미치는 영향을 완화할 수 있다. 예를 들어 소규모 가족을 선택하면 다른 생물들을 위한 공간 확보에 유리하고, 생물다양성 손실을 줄이고 토지 사용 변화를 억제하는 데 도움을 줄 수 있다. 같은 맥락으로, 지구상에서 얼음으로 덮여 있지 않은 땅의 40퍼센트가 농장과 동물 방목을 위해 사용된다는 점을 고려할 때, 채식 위주 식단으로의 전환은 큰 의미가 있다. 특히 1인당 육류 소비량을 국가별로 비교하면 최빈국 24개 국가보다 최부국 15개 국가가 약 750퍼센트 더 많이 소비하기 때문에, 채식으로의 전환은 다른 종들을 위해 더 많은 땅을 남기고 사육장에서의 항생제 남용도 막는 효과를 가져올 수 있다(Tilman and Clark 2014). 많은 사람이 차 없이 사는 삶을 선택한다면, 배기가스 배출량을 줄일 뿐만 아니라 잠재적으로 무분별한 도시 팽창도 막을 것이다. 결과적으로 물의 여과, 토양 구조 유지, 이탄과 토양과 숲에 탄소 포집, 생명 유지에 필요한 다른 과정 등을 위한 토지 확보를 가능케 한다. 연구에 따르면, 차 없는 생활은 환경 문제에 더 관심을 가지게 하는 공동체, 더 긴밀하고 건강하며 평등주의적인 인간 공동체를 만들 수 있다.

마찬가지로 비행기 승객이 줄어들면 항공 연료뿐만 아니라 다른 자원의 사용과 처리에 대한 수요도 감소한다. 국제항공운송협회에 따르면 2017년 기내 쓰레기(대부분 플라스틱이다)의 무게는 520만 톤이었으며 2030년까지 1,000만 톤으로 늘어날 것으로 예상된다. 이처럼 효과가 큰 네 가지 개인적 실천은 기후 윤리일 뿐만 아니라 인류세 윤리의 도덕적 기초가 될 수 있다. 이러한 행동으로 오늘날 전 지구적 규모에서 일어나는 작동 메커니즘(앤서니 버노스키와 그의 동료들이 요약한 것처럼 "인구 증가와 이에 따른 자원 소비, 서식지 변형과 쪼개기, 에너지 생산과 소비, 기후변화")에 대응할 수 있다(Barnosky et al. 2012: 53). 하지만 개인의 선택이 아무리 중요하다고 해도 전 지구적인 작동을 완화할 수 있을 만큼 충분할까?

작동과 동력에 관한 질문과 함께, 이 책의 1장에서 제기했던 이슈들도 돌이켜 볼 필요가 있다. 물리 과학 분야와 인간 과학 분야 사이의 관계를 어떻게 다룰 것인가? 인류세에서 만나 함께 흐르게 된 지질학적 시간과 사회적 시간의 차이, 그 규모의 차이를 넘어 생각할 방법은 무엇인가? 이 책의 핵심 목표가 인류세에 대한 다학문적 접근을 구축하는 것인 만큼, 인간 활동의 [거시적] 총합의 결과로 나타나는 엄청난 지구물리적 작동과 개개인의 [미시적] 실천으로 만들어지는 매우 다양한 동력 사이의 관계에 대한 이해가 중요하다. 와인스와 니컬러스의 연구에서 알 수 있듯이, 이전에는 개인에 초점을 맞추어 이런 관계를 바라보았다. 근대성은 개별 행위자로서의 자아 정체성을 중시하도록 우리를 길들였기에, 우리[근대인]는 도덕적으로 변호할 수 있는 개인적 선택을 하고 그 총체적 결과로 행성의 행로가 바뀌길 바라는 경향이 있다.

이처럼 개인적인 것을 행성적인 것과 직접 연결하는 접근 방식은 소설가이자 비평가인 아미타브 고시가 근대의 문학적·역사적·정치적 사고의 핵심으로 지목한 '개인의 도덕적 모험'이다(Gosh 2016: 77). 하지만 가족, 음식, 교통수단의 선택과 같은 개인의 일상 수준의 현상과, 오랜 시간에 걸쳐 진화한 인간 활동으로 인해 한 개인의 일생에 불과한 짧은 시간 동안 갑자기 행성의 신진대사가 변하고 인류세가 등장하게 된 현상 사이에는 엄청난 간극이 존재한다. 모든 사람이 천으로 만든 쇼핑백을 사용한다고 해도 우리의 정치·경제 시스템을 행성적 제약 조건에 부합하게 만들 수는 없을 것이다. 개인의 선택이 중요하지 않다는 말이 아니다. 매우 중요하다. 하지만 개인 선택에 대한 과도한 의존은 스크랜턴이 죽었다고 한 바로 그 문명의 유산이다. 개인 중심적 사고 자체가 우리 삶의 생태적 토대를 훼손하는 원천이다. 따라서 개인의 선택만으로는 인류세에서 품격 있게 살 만한 사회를 만들 수 없을 것이다.

"지구를 구하라"는 구호의 등장과 함께 개인의 도덕적 책임이 강조된 것은 우연이 아니다. 1970년대 초, 글로벌 노스의 선진국에서 환경 의식이 고양되고 정부와 지역 사회가 이에 대응하기 시작하면서 기업과 정치적 이해관계자들은 의도적으로 '환경'을 정치적·사회적 문제가 아닌 개인의 도덕적 관심사로 재구성시켰다. 예를 들어 미국의 코카콜라, 펩시코, 양조협회와 같은 거대 기업들은 각자 자신의 병을 재활용해야 하는 과제를 안고 있었다. 고객들이 빈 병을 가져오면 5센트, 일부 지역에선 10센트를 돌려받을 수 있도록 재활용을 권장하는 법률이 통과되었다. 그러면 음료 생산업체가 빈 병을 수거해 음료를 채울 것이라는 생각이었다. 하지만 기업들은 반발했다. 이런 부담을 짊어지기 싫었던 기업들은 개인과 지역 정부가 재활용에 대한 책임을 지도록 하는 쓰레기 규제 캠페인을 추진하기 시작했다. 코카콜라는 더 이상 자사의 병을 세척하고 다시 음료를 채우는 작업을 하지 않아도 되었다. 그 대신 훨씬 비효율적이게도, 유리병은 지역 정부가 공공 예산으로 운영하는 재활용 센터로 옮겨져 색상별로 분류 및 분쇄된 후 녹아 새로운 용도로 사용되었다. 사실상 지방자치단체의 도로변 재활용 사업은 기업에게 보조금을 준 꼴이 되어 버렸다. 역사학자

테드 스타인버그는 이러한 '녹색 자유주의green liberalism'가 기업의 이익과 자본주의 시장을 보호하고 소비자와 납세자에게는 비효율적인 방식의 환경 보호 비용을 부담시킨다고 주장한다(Steinberg 2010). 녹색 자유주의는 지속 가능한 시스템의 핵심 요인으로 개인적 선택을 중요시하지만, 많은 소비자는 이런 움직임이 헛되다고 생각해서 냉소적이 되거나 절망에 빠진다. 무언가 더 필요하다.

와인스와 니컬러스는 개인 선택의 효과와 중요성을 강조하면서도, "지식과 의지를 겸비한 사람조차 문화적 규범이나 사회 구조적 장벽에 부딪히면 육류 섭취를 줄이고 다른 영향력 있는 행동을 실천하기는 어려울 것"이라고 지적한다(Wynes and Nicholas 2017: 6). 따라서 이들은 대중의 태도 변화와 공공 정책의 개선을 촉구한다. 사회 규범은 현실을 호도하는 교과서나 기업 및 정치적 권력관계에 의해 특정 방향으로 형성될 수 있기에, 진정으로 '친환경적'인 삶을 유지하려면 반사회적 경향을 보여야 할 듯한 [분위기의] 세상을 만들 수도 있다. 이런 점에서, 인류세가 많은 사람에게 실존적 위기감을 불러일으켰다는 사실은 놀랍지 않다. 선진국에서는 인류세의 도덕성에 기반한 삶 자체가 거의 불가능하다. 지구에서 가볍게 살아가기 위해 사회적 규범을 무시하고 법을 어기는 소수의 개인주의자는 주류 '친환경 소비자'와 대조되는 악당처럼 보인다. 소규모 공동체에서 전력망 없이 생활하고, 채집한 음식과 교통사고를 당해 죽은 동물로 연명하며, 폐품으로 집을 짓고, 집에서 직접 만든 옷이나 동물 가죽만 입는 것은 환경적 제약 조건들에 밀접하게 부합한다. 하지만 이런 선택들은 법 집행의 표적이 되거나 조롱거리로 전락한다. DIY 태양광 패널이 있는 개암나무 집에 살거나, 버려진 건물의 잔해로 예술 작품을 만들거나, 다른 용도로 사용하도록 지정된 부지에 정원을 가꾸는 일은 행성적으로는 적절하다. 하지만 마찬가지로 이런 행위들은 "끊임없는 관료주의적 간섭, 달갑지 않은 법률과 조롱"에 직면하게 된다(Hren 2011: 181).

목수이자 교사인 스티븐 렌은 미국에서 대안적 생활 방식으로 살아가는 다양한 공동체를 조사했다. 한 흑인 공동체가 [식량을 쉽게 구하기 어렵거나 음식 가격이 너무 비싼 지역을 뜻하는] '식량 사막food desert'에 세운 디트로이트의 디-타운D-Town부터 노스캐롤라이나 서부의 신원시주의Neoprimitivist 집단 야영지에 이르기까지 여러 공동체가 있었는데, 렌은 이런 노력에 동조하며 다음과 같은 어려움을 토로한다. "우리는 가능한 범위 안에서 유연하고 탐색적인 자세를 가질 필요가 있는데, 법과 관습에 비판 없이 순응해 온 불가항력의 관성으로 우리의 삶은 경직되고 방해받는다"(Hren 2011: 181). 심지어 채식주의와 같이 와인스와 니컬러스가 권장하는 덜 극단적인 삶의 방식조차도 곤란에 빠질 수 있다. 이런 선택을 하는 사람들은 괴팍하고 융통성 없는 이념 추종자처럼 비칠 위험을 감수해야 한다. 인류세에서 무엇을 해야 하고 어떻게 살아야 하는지에 대한 문제는 수수께끼가 되어, 예전엔 어렵지 않았던 결정도 당혹스러운 것으로 만든다. 스크랜턴이 에세이「불운한 세계에서 딸 키우기Raising a Daughter in a Doomed World」에서 "핵심적인 모든 면에서 너무 늦어 버린 망가진 세계"에 아이가 태어났을 때 기쁨과 슬픔이 동시에 교차한 심정을 묘사한 것처럼 말이다(Scranton 2018: 327).

인류세의 기술적 '해결들'

정보에 근거한 개인적 선택은 인류세의 행성적 작동을 바꾸기에는 턱없이 무기력한 대응이지만, 아마도 새로운 기술에는 기대해 볼 수 있을 것이다. 행성 전부를 지구공학적으로 설계하는 것부터 국가 전력망을 바꾸는 일, 가정과 지역 사회에 필요한 보다 소박한 '친환경' 기술에 이르기까지 다양한 규모와 차원에서 기술 개발 논의가 이뤄지고 있다. 이런 노력은 매력적이지만 대체로 인류세 자체보다는 기후변화에 초점을 맞추고 있어서 지구 시스템 전반에 대한 개입은 피하고 있다. 또한 시간 규모와 관련한 설명을 적절히 하지 못하는 경우가 많다. 탈탄소화 기술의 사례를 들면, 이 기술이 성공하더라도 해양 환경이 회복되려면 여전히 수천 년이 걸릴 수 있다는 점은 고려되지 않는 경우가 많다(Mathesius et al. 2015). 또 다른 문제로, 기술적 해결책이 갖는 정치적 의미를 간과하는 경향도 발견된다.

친환경 기술, 특히 지구공학에 대한 비판은 즉각적이고 종종 설득력도 있다. 하지만 환경 정책 전문가 사이먼 니컬슨과 같은 사람들은 '기술-해결techno-fix'이 되지 않더라도, 신기술들은 "세상을 생태적·사회적 측면에서 올바르고 적합한 상태로 이끌기 위한 노력의 일부분"이라고 옹호한다(Nicholson 2013: 331; Nicholson and Jinnah 2016 참고). 지구 시스템 전반의 관점에서 본 생태적 효능과 함께 각 기술의 정치적·경제적·사회적 파급 효과에 대한 장단점을 저울질하는 것이 중요하다. 하나의 '해결책'은 새로운 문제들을 일으킬 수 있기 때문이다.

지구공학은 가장 기상천외한 분야다. 이 용어는 때때로 "지구 온난화를 완화하기 위해 지구의 기후 시스템에 의도적이고 대규모로 개입하는 것"으로 정의되기도 한다(Royal Society 2009: ix). 2006년 파울 크뤼천은 온실가스 배출을 막으려는 여러 정치적 노력에 절망하면서, 이를 "완전한 실패"라고 불렀다(Lane et al. 2007에서 재인용). 크뤼천의 판단에 동조하는 이는 많았다. IPCC, 미국 국방성, 미국 항공우주국, 대학, 민간 부문의 기관 등에서 연구하는 과학자들과 공학자들은 크뤼천과 마찬가지로 지구공학적 개입의 잠재적 위험성에 대해 잘 알고 있음에도 불구하고, 기후변화로 인한 위험 상태가 너무 심각하고 긴급해서 지구공학적 해결책이 필요하다는 데 동의한다. 나오미 클라인은 『이것이 모든 것을 바꾼다This Changes Everything』라는 책에서 그와 같은 학계 분위기를 전하며, 2011년 3월 영국 왕립학회가 치첼리 홀에서 개최한 회의가 지구공학적 가능성을 찬양하는 자리가 되었다고 기술한다(Klein 2015: 277). 하지만 실제로 왕립학회 보고서에는 지구공학이 "많은 의심과 혼란에 휩싸여 있음"을 인정하는 내용도 포함되었다. "일부 계획들은 명백히 터무니없다. 더 신빙성 있는 계획도 있으며, 저명한 과학자들이 하는 연구도 있다. 어떤 것들은 지나치게 낙관적으로 추진되고 있기도 하다"(Royal Society 2009). 지구공학의 방법에는 기본적으로 이산화탄소 제거와 태양 복사 관리 두 가지 종류가 있다. 이산화탄소 제거 기술은 대기 중 이산화탄소를 빨아들이는 것을 목적으로 공기를 일련의 새로운 기계 장치에 통과시켜 기존의 생물학적·화학적 과정을 의도적으로 증폭하는 방법을 사용한다.

개발 중인 기계적 기술에는 굴뚝에서 방출되는 탄소를 포집하는 것이 있다. 다른 기술로는 공기 중에 과도하게 존재하는 탄소를 '청소'하듯 빨아들이는 것도 있다. 두 경우 모두 포집한 탄소를 저장해야 하는데, 어디에 어떤 방식으로 저장할 것인지는 여전히 문제로 남아 있다. 자연에 존재하는 탄소 순환 과정을 적극적으로 활용해 대기 중 이산화탄소를 제거하는 방법도 있다. 여기에는 대규모 나무 심기, 토양이 더 많은 탄소를 포집할 수 있는 경작법 활용하기, 이탄 육성하기, 바다에 철 가루를 뿌려 이산화탄소를 흡수하는 식물성 플랑크톤의 성장을 촉진하기 등이 있다(Hamilton 2013).

두 번째 지구공학 기술인 태양 복사 관리는 "태양 빛과 열의 일부를 다시 우주로 반사하는" 기술이다(Royal Society 2009: ix). 여기에는 물리학자 로저 에인절이 제안한 '수많은 우주비행선의 구름'이라는 프로젝트가 있는데(Angel 2006), 이것은 태양광을 반사하는 투명한 물질을 이동시키면서 지구에 그늘을 만드는 기술이다. 이외에 성층권에 황산염 에어로졸을 분사하자는 데이비드 키스의 방법(Keith 2019; Klein 2015 참고), 비슷하게 지구 표면에 닿는 햇빛의 양을 줄이기 위해 성층권에 황가루를 뿌리자는 크뤼천의 제안 등이 있다(Crutzen 2006). 대기권 하층을 대상으로는, 구름을 더 희게 하여 반사율을 높인다는 목표 아래 풍력으로 운항하는 해양 선박으로 소금물을 공기 중에 분사하는 방법을 연구하는 프로젝트가 있다. 지상에서는 지붕을 흰색으로 칠하는 방법, 유전자를 조작해 반짝이는 잎을 가진 식물을 만들어 반사율을 높이는 방법, 빛을 반사할 수 있는 바다 거품을 만드는 방법, 반사 물질로 극지방의 얼음과 사막을 보호하는 방법 등이 제안되고 있다.

니컬슨이 지적하듯이, 태양 복사 관리 옵션은 열을 낮출 수는 있으나 온실가스 축적에는 아무런 영향을 미치지 않으며, 중단할 경우 온도가 매우 빠르게 치솟을 위험이 있기에 일단 시작하면 무기한 지속해야 한다는 문제가 있다(Nicholson 2013: 332). 이러한 시도 대부분은 여전히 초기 실험 단계에 있는데, 아직 알려지지 않았지만 생물종에 미칠 수 있는 부작용, 강우 패턴 변화, 문제 발생 시 돌이킬 수 있을지의 여부, 국제법 적용 등과 관련된 우려가 이미 제기되고 있다. 회의론자들은 애초에 의도한 바는 아니더라도 지구 시스템을 바꾸게 된 [인간의] 지나친 오만함과 의도적으로 계속해서 지배하에 두려는 시도 사이의 유사성을 지적한다. 이에 대해 지구공학을 옹호하는 '지구 마스터earthmaster'(Hamilton 2013)들은 인류 복지를 위협하는 전 지구적 비상사태가 발생하고 있기에 우리는 이에 맞는 대응책을 마련해야 한다고 반박한다. 케임브리지대학교 공과대학 교수인 휴 헌트가 말한 것처럼, 많은 이가 지구공학에 관한 이야기를 '불쾌하게' 받아들이고 있다. 그에 따르면 "아무도 원하지는 않지만 (…) 지구공학은 우리가 할 수 있는 가장 덜 나쁜 선택지일 수도 있다"(Nicholson 2013: 324에서 재인용).

　　기술적 해결책의 옹호자 중에는, 인간의 극단적인 공학 개입으로 조성될 환경을 최후의 수단이 아니라, 지구 온난화 문제를 '해결'하여 평소와 같은 생활을 누리게 해 줄 방법으로 바라보는 사람이 있다. 일부는 심지어 이런 전망에 환호하기도 한다. 에코모더니스트ecomodernist 진영에 속하는 브레이크스루연구소는 "좋은, 심지어 위대한 인류세"의 가능성을 세상에 공표한다. 이들의 '에코모더니스트 선언'에 따르면, "도시화, 양식업, 집약적 농업, 원자력 발전, 담수화와 같은 방법들은 인간의 환경에 대한 수요를 줄이고, 비인간 생물종을 위한 공간을 더 많이 확보할 잠재성을 보인 과정"이다(Asafu-Adjaye et al. 2015). 에코모더니스트들은 '좋은 인류세'의 주요 장애물로 환경 운동 및 환경 운동의 기본 가정인 자원이 유한하다는 관점을 꼽는다. 브레이크스루연구소의 공동 설립자인 정책 분석가 마이클 셸런버거와 테드 노드하우스(경제학자 윌리엄 노드하우스의 조카)는 2004년 환경보조금협회 회의에서 발표한 논문에서 환경주의자들을 처음 공격했다. 그들의 논문은 2005년 '그리스트Grist' 홈페이지를 통해 재출판되었고 나중에 보충 자료가 덧붙여지기도 했다. 그들의 핵심 주장은 다음과 같다. "우리는 환경 운동의 기본 개념, 입법 제안 방식, 제도 자체가 시대에 뒤떨어진 것이라 믿는다. 오늘날 환경주의는 그저 또 다른 특수한 이해집단의 관심사에 불과하다"(Shellenberger and Nordhaus 2005). 그들의 관점에서 기술은 특별한 위치를 차지한다. 왜냐하면 기술이야말로 "환경이 아닌 탈환경postenvironment, 물질이 아닌 탈물질postmaterial"의 새로운 세계를 열어 줄 것이라고 믿기 때문이다(Nordhaus and Shellenberger 2007: 60). 브레이크스루연구소의 회원으로는 『전지구학Whole Earth Discipline』(2009)의 저자인 기업가 스튜어트 브랜드, 『합리적 낙관론자: 번영은 어떻게 진화하는가The Rational Optimist: How Prosperity Evolves』(2010) 등 여러 책을 저술한 기자 출신 매트 리들리, 『신의 종: 인간의 시대에 지구 구하기The God Species: Saving the Planet in the Age of Humans』(2011)의 저자이자 역시 기자인 마크 라이너스 등이 있으며, 이들은 모두 원자력 에너지를 옹호한다. 네덜란드의 기자인 마르코 피스허르 역시 우리가 모든 것을 가질 수 있다는 메시지를 전파하고 있다(Visscher 2015a, 2015b).

브레이크스루연구소의 신념을 추종하는 사람은 외부에서도 찾을 수 있는데(예컨대 Kahn 2010), 놀랄 것 없이 기술 중심 해결책은 일부 사업가 사이에서 꽤 인기가 있다. 예를 들어 버진 애틀랜틱Virgin Atlantic을 비롯한 여러 회사의 사장인 리처드 브랜슨은 기술 혁신으로 행성적 제약 조건들을 우회할 수 있다고 믿는다. 실제로 브랜슨은 대기에서 직접 탄소를 뽑아내는 연구에 2,500만 달러를 지원했다. 그는 "만약 이 문제에 대해 지구공학적 답을 찾을 수 있다면, 우리는 계속해서 비행기를 타고 자동차를 운전할 수 있을 것"이라고 말했다(Nicholson 2013: 324에서 재인용). 이 책의 7장에서 논의한 환경경제학자들과 마찬가지로, 사업가들과 정책 입안자들은 증가하는 자원 사용과 에너지 생산을 어떻게 끝낼 것인지에 대한 힘겨운 정치적 결정을 회피하는 방안으로 대규모의 이산화탄소 제거와 같은 거대 기술 프로젝트를 제안한다. 스크랜턴의 표현을 빌리자면, 평상시처럼 살아도 괜찮다고 믿는 사람들은 기존 문명이 이미 죽었다는 것을 이해하는 철학적 도전에 실패한 것이다.

거대 기술 프로젝트의 비전은 수용하되, 현실적 어려움을 지적하는 사람들도 있다. 이들은 성장 중심의 글로벌 경제 체제에서 벗어나, 생태적 제약하에서도 역동적이고 안정된 경제 체제로 가는 과정에서 거대 기술 프로젝트가 사회적 부담을 줄일 수 있다고 생각한다. 이것이 목표라면, 문제는 자금 조달에 있다. 경제가 둔화되어 성장하지 않는 상태로 머무르면 투자 수익이 거의 없거나 미미할 것으로 예상해, 민간 기업은 신기술 투자를 꺼릴 것이다. 실제로 어떤 경우에는 주주에 대한 책임 때문에 그런 투자를 법적으로 **못** 하기도 한다. 이런 측면을 포함한 여러 요인 때문에, 네덜란드의 경제학자 세르바스 스톰은 민간 기업이 세계 경제의 규모를 축소하는 주체가 되기는 힘들다고 주장한다. 스톰에 따르면, "우리가 반드시 이해해야 할 것"이 있다.

> 지구 온난화를 막는 데 필요한 급진적인 혁신은 막대한 비용이 들고, 개발을 완료하는 데는 최소한 20년에서 25년의 세월이 걸리며, 성공 또는 실패의 확률을 사전에 객관적으로 알 수 없다는 점에서 불확실할 뿐 아니라 비확률적인 과정이고, 잠재적 이득은 사회에 돌아가기 때문에 개발자가 전유할 수 없어 중소기업은 물론 심지어 대기업의 역량도 넘어선다. (Storm 2017: 1314)

비슷한 맥락에서 해밀턴은 "시장 및 이에 연결된 정치 시스템이 작동하는 짧은 시간 단위와, 인간 활동을 지구 시스템이 수용하는 데 필요한 훨씬 더 긴 시간 단위 사이에는 근본적인 불일치"가 존재한다고 주장한다. "다시 말해, 시장의 신진대사 속도는 지구 시스템의 변화 속도보다 훨씬 빠르지만, 인류세에서는 이 두 가지가 더 이상 독립적으로 작동하지 않는다"는 것이다(Hamilton 2015b: 35). 스톰과 해밀턴에 따르면 이런 일은 시장이 해낼 수 있는 성격의 일이 아니다. 인간의 고통을 최소화하면서 성장 없는 안정 상태 혹은 탈성장 경제의 출현을 촉진할 수 있는 대안적인 방법이 필요하다.

그런 대안 중 하나는 즉각적인 투자 수익이 덜 중요한 친환경 기술 분야의 대규모 공공사업이나 공공-민간 주도 사업이다. 전력 부문에서 태양열, 풍력, 화력, 원자력, 바이오 연료, 수소 등 모두가 매력적인 정부 지원 대체 에너지원으로 제안되었다. 사회적·환경적 요인을 고려하면 각각에서 비용 및 편익 계산은 복잡하다. '공짜 점심은 없다'는 원칙을 적용하면 복잡성이 잘 이해된다. 먼저 대규모의 대체 에너지원의 탄소 배출량 측정 문제를 보면 제조, 운송, 유지 보수, 폐기 등 전 주기의 과정을 계산에 포함해야 하는데, 이것은 말처럼 쉬운 일이 아니다. 또한 7장에서 논의한 것처럼, 대규모 친환경 에너지 발전이 생물권과 토지 사용에 미치는 영향 역시 고려되어야 한다. 사회경제적 비용은 또 다른 문제다. 각각 다른 형태의 에너지원을 기존의 전력망으로 활용할 수 있을까? 사회의 권력관계를 바꿀 수 있는 새로운 전달 방식을 구축해야 하는 것은 아닌가? 새로운 전력망 설치로 어느 마을이 가장 큰 피해를 볼 것인가?

눈앞의 이득은 장기적인 불이익과 함께 검토해야 한다. 특히 원전의 방사성 폐기물 처리와 사고 및 붕괴로 인한 방사선 누출 문제가 이를 잘 보여 준다. 일부 방사성 동위원소는 빠르게 붕괴하지만, 수십 년, 심지어는 수천 년 이상 남아 있는 것도 있다(예를 들이 플루토늄-239의 반감기는 24,000년이다). 일본은 2011년 3월에 발생한 지진, 쓰나미, 후쿠시마 원전 붕괴의 삼중 재난 이후{이 책을 쓰는 지금도 핵붕괴는 진행 중이다(Aldrich 2019)}, 원자력 에너지를 두고 여전히 격렬한 논쟁을 하고 있다. 새로운 친환경 에너지원이 기존의 화석 연료 기반 에너지에 추가로 활용되어, 결과적으로 전 세계 에너지의 순 사용량이 증가되어서는 안 된다. 그 대신, 자원이 부족한 지역 사회의 에너지 가용성 증진과 함께 다른 곳에서의 수요 감소를 전반적인 목표로 삼아야 한다(Chatterjee 2020). 인구 증가와 급격한 자원 감소로 인해 병목과 같은 좁은 길을 지나가면서 적합한 기술을 선택하는 일은 어려운 타협의 과정이며, 프로젝트의 규모가 방대하고 비용이 많이 들 때는 더욱더 그렇다.

소규모 기술들, 예컨대 설치형 태양광 주택 설계, 현대식 퇴비 화장실, 혁신적인 물-토양 보전 방법과 같은 기술들은 자원의 사용과 이에 수반되는 폐기물 처리를 최소화할 수 있다. 이런 기술들은 종종 지역에서 공동체의 문화나 특정 환경 문제에 대응하며 등장한다. 이들은 최신 과학 지식에 의존하기 때문에 근대적이지만, 신중한 자재 사용과 생산 방식, 폐기물 재활용으로 차별화되며, 이런 세부 사항을 설계에 반영함으로써 대규모 기술-해결에 수반되는 문제를 최소화한다. 예를 들어, '지구-보호

주택Earth-sheltered home' 건설은 수천 년 전 우리 조상들이 발전시켰던 원리를 활용한다. 이런 작은 규모의 혁신은 민주적 정치 통제를 가능하게 하고, 기술로 인해 예상치 못한 문제가 발생하거나 급전환점 통과로 지역 사회가 급작스럽게 변화를 겪으면 쉽게 되돌릴 수 있다는 장점이 있다. 또한 소규모 기술은 대규모 프로젝트에서 발생하는 막대한 '매몰 비용' 문제를 피할 수 있다. 하지만 지역이 주도하는 사업을 하나하나 모아 이어서 구현하고 조정하는 일은 전체 시스템의 종합적 전환 필요성을 고려했을 때 쉽지 않은 과제다. 다시 말하지만, 공짜 점심은 없다.

더 나은 개인적 선택처럼, 더 나은 기술 개발은 필수적이다. 그러나 시스템 변화는 기술 개발만으로 충분하지 않다. 스테판과 그의 동료들이 말하듯이, "새로운 거버넌스 체계와 사회적 가치 전환" 없이 자원 사용을 최소화하는 기술이나 소비자들의 신중한 선택만으로는 불충분하다(Steffen et al. 2016: 324). 정치학자 데이비드 오어 역시 "장기간의 비상사태가 닥치면 가장 우선으로 해결할 과제는 정치적인 문제"라고 말한다(Orr 2013: 291; Orr 2016 참고). 사회학자 줄리엣 쇼어는 다음과 같이 제시한다.

> 기술 변화만으로는 주어진 시간 내에 문제를 해결할 수 없다. 우리가 노동과 소비와 일상생활의 리듬을 바꾸고 시스템 전반의 구조를 변화시키지 않는다면 생태계 쇠락을 저지하거나 재정 건전성을 회복할 수 없다. 대안적인 에너지 시스템뿐만 아니라 대안적인 경제가 필요하다.
>
> (Schor 2010: 2)

사회, 문화, 경제, 정치 전반에 걸친 체제 전환에 대한 연구자들의 요구는 점점 더 시급해지고 있다. 이들은 개인의 선택이나 기술적 구원을 넘어서 우리 사회의 권력 구조와 가치를 재편성하는 일이 중요하다는 점을 강조한다.

새로운 인간[사회] 시스템 구축은 가능한가?

급변하는 행성의 생태적 한계 내에서 인간을 위한 복지 사회의 건설이 우리의 목표라면, 이는 온당한 것일까? 현재의 정치·경제·사회 시스템을 늦지 않게 바꿔 거침없는 인류세를 피할 수 있을까? 아니면 [지구 시스템의] 작동과 급전환점들이 미래를 결정할까? 기근과 폭력에 무너지지 않고 변화하는 환경 조건에 대응하는 역동적 균형 상태에서도 공동체의 번영이 가능할까?

　　오늘날 양극화, 정부에 대한 불신, 모든 수준에서 반목이 일어나는 현실 속에서, 많은 이는 이미 포기하고 체념해 파멸을 받아들이거나 인류의 마지막이자 지속불가능한 전 지구적 문명의 붕괴를 냉소적으로 지켜보고 있다. 폴 킹스노스와 같은 전직 활동가들은 환경 보호 노력의 최전선에서 등을 돌렸다. 소설 『로드The Road』를 쓴 코맥 매카시처럼 일부 저명 작가는 종말론적인 시나리오를 탐구한다. 영화와 카탈로그가 함께 제공되는 전시회에서 사진작가 에드워드 버틴스키와 영화 제작자 제니퍼 베이치월, 니컬러스 드팡시에는 인간에 의한 파괴가 지평선 끝까지 펼쳐진 악몽 같은 경관을 포착한다. 어떤 사람들은 자기 파괴를 피할 유일한 길은 근대적 자유를 포기하고 생태 권위주의에 자신을 맡기는 것이라고 주장한다. 1968년 출판된 유명한 논문 「공유지의 비극The Tragedy of the Commons」에서 생물학자 개릿 하딘은 환경의 완전한 파괴를 피하기 위해서는 "상호 합의에 의한 상호 강제"가 필요하다고 역설했다. 그는 "불평등이 완전한 파멸보다는 낫다"고 단도직입적으로 주장했다(Hardin 1968: 1247). 경제학자 로버트 하일브로너도 1974년 출판한 책에서 풍요로움에 익숙한 인구 집단은 정체 상태의 경제에서 절제와 긴축을 기꺼이 받아들이지는 않을 것이라고 주장했다. 하일브로너는 "내 예상으로는 위험이 임박한 우리 문명을 후손들에게 물려줄 수 있는 유일한 수단은 권력의 집중이 될 것이며, 또한 나 자신도 문제의 유일한 해결책으로 권력의 집중을 처방하겠다"고 말했다(Heilbroner 1974: 175). 많은 사람이 이 논리에 따라 국제 거버넌스와 연계된 훨씬 더 강력한 국민국가의 출현을 촉구했다(예컨대 Giddens 2009; Rothkopf 2012). 아마도 미래의 모습을 생각해 본 사람은 거의 모두 때때로 절망과 체념을 느끼거나 최후의 수단으로 환경 권위주의에 손을 내밀 것이다. 자포자기는 이해할 수 있지만, 너무 쉬운 방법이다.

그렇지만 다른 접근 방식도 가능하다. 의지가 투철한 낙관론자들은 [개인의] 자율성을 제한해 생태-경제적 평형을 유지하면서 살기 좋은 사회를 만드는 것이 가능하며, 그것이 그다지 급진적인 생각도 아니라고 주장한다. 역사학과 인류학에 대한 깊은 이해를 통해, 인간의 힘으로 만든 인류세라는 국면이 미리 정해진 운명이었다거나 불가피하게 제약 없이 계속될 것이라는 생각에서 벗어날 수 있다. 인간 사회의 지식은 놀랄 만큼 창의적이고 규칙과 목표 선택에 있어 기발하기에, 다양한 삶의 방식이 가능하고 좋은 삶에 대한 개념도 단 하나만 존재하지는 않는다. 물론 지금 상황은 암울해 보이지만, 낙관론자들도 나름의 근거가 있다. 첫째, 사회적·경제적·정치적 가치를 정의하는 '성장'의 개념은 역사적으로 최근에 등장했다. 둘째, 전 세계의 많은 집단과 부문에서 현재 정체 상태의 경제와 매우 비슷한 생활을 하고 있는데, 그런 삶의 방식은 지역적으로 지속 가능할 뿐 아니라 규모가 확장될 가능성도 있다. 셋째, 우리는 이미 곤경을 헤쳐 나갈 때 쓸 과학적·사회적 지식을 가지고 있다. 이 요소들은 희망적인 실천을 위한 역사학적·사회학적 토대를 제공한다. 먼저 인류의 집단적인 탐욕이 대규모로 나타난 것은 최근의 현상이라는 점, 우리 모두가 천연자원에 부담을 크게 주는 방식의 삶을 사는 것은 아니라는 점, 그리고 우리의 물리적 상황과 사회적 자원에 대해선 이미 많은 것이 알려져 있다는 점이다. 요컨대, 환경적 제약 속에서의 적절한 인간 복지가 허황된 꿈은 아니라는 점을 이 세 가지 근거가 보여 주고 있다. 거침없는 인류세보다는 완화된 인류세가 더 타당한 목표다.

현재 글로벌 시스템의 짧은 역사

첫 번째 희망적인 요소는 현대 문명이 인류의 오랜 역사에서 이례적 현상이라는 점이다. 현대 문명의 화려함, 불결함, 망상 없이도 살아갈 수 있음을 믿을 이유가 여기에 있다. 인류세를 연구하는 역사학자, 정치학자, 사회학자, 생태경제학자들이 지적하듯, 끝없는 성장은 최근에 등장한 개념으로 19세기 이후에 국가의 근대화 목표가 되었으며, 당시에도 종종 논쟁거리가 되곤 했다. 이 개념이 전 세계로 확산하는 데는 시간이 걸렸고 계속 저항이 있었다. 화석 연료가 급속한 글로벌 무역을 가능하게 하기 전에는 인간의 경제 활동에 대한 구속을 문제시하는 사람이 거의 없었다. 마찬가지로 정치 체제의 주요 목적이 경제 성장 보장에 있다는 관점 역시 아주 최근에 등장했다. 정치학자 티머시 미첼이 보여 준 것처럼, "특정 국가 또는 지역 내에서 재화와 서비스의 생산, 분배, 소비 관계의 총체"로서 '경제'라는 개념은 1930년대의 발명품이다(Mitchell 1998: 82). 그 이후에야 '경제' 개념이 정부를 판단하는 기준으로 사용되기 시작했다.

더욱이 1970년대와 1980년대에 이르러서야 금융·자본주의가 부상하면서, 경제가 지구의 생지화학적 한계를 초월하고 엔트로피 법칙도 영원히 피할 수 있다는 생각이 대두되었다. 이처럼 멈추지 않는 세계화 과정은 부유한 사람들로 하여금 행성적 한계를 망각하게 만들었다. 새로운 자원, 새로운 시장, 새롭지만 멀리 떨어져 있는 쓰레기 더미 폐기장은 언제나 사용 가능한 상태처럼 보이며, 새로운 금융 시스템의 서비스 속에서 자행되는 폭력은 빈곤과 박탈을 숨기는 효과를 지닌 각종 지표를 통해 비가시화된다. 반면 불우한 사람들에게는 성장의 비용과 제약이 명백하게 드러난다. 경제적·정치적 활동과 삶의 중심에 자리 잡은 풍요주의의 이념과 경험은 역사적·지리적 한계 속에서 나타난다. 이것은 홀로세에서 인류세로 넘어갈 때 분명히 드러났는데, 단지 소수의 사람에게만 자명한 사실이었다. 이는 인간의 본성이나 동기에 대해 어떤 것도 확실하게 보여 주지 못하는 이례적인 일이다. 15세기 유럽에서 유행했던 신발로 발가락 부분이 기형적으로 길어서 신은 사람을 넘어지게 했던 크라코처럼, 무한 성장에 대한 믿음은 다리를 걸어 우리를 넘어트렸다. 그리고 크라코처럼 현재 경제 체제의 일탈은 내재적으로 일시적인 현상이다.

인류 역사에서는 생산, 무역, 소비가 에너지와 물질의 이동 및 그 제약에 필연적으로 대응하면서 이루어지는 것이 더 보편적이었다.

인류학자, 역사학자, 사회학자 들은 수많은 사례 연구를 통해 사람들이
공동체의 물리적·문화적·영적 정체성을 특정 지역의 한계 속에서 이해하고
있다는 것을 보여 주었다. 예를 들어 독일 슈바르츠발트 산맥 지역의 근대
상업용 밧줄 제조업은 초기 발전 과정에서 늘 환경의 영향을 받았다.
유연성이 적당한 풀을 충분히 확보할 수 있는지, 간단한 수차에 동력을
공급하는 계곡의 물은 충분한지, 빗질 장치를 만드는 데 적합한 금속을
구할 수 있는지 등 그들의 수공업은 환경적 요소에 의존했다. 건조한 날씨가
연이어서 풀이 시들고 물의 흐름이 감소하거나, 갑작스럽게 질병이 창궐해서
노동자들이 쇠약해지고 쓰러지거나, 철광이 고갈되는 일 등은 한계에
도달했음을 곧바로 알려 주는 신호였다. 밧줄 공급에 차질이 일어나면,
물건을 나르고 말을 다루고 물통을 끌어 올리고 교회 종을 울리는 일과
같은 활동에 불편과 지장이 생겼다. 이처럼 지역적 차원에서 생산과 사회
복지는 필연적으로 환경의 제약에 반응해야 했다.

19세기에 들어 화석 연료에 기반한 성장이 도약하기 시작하고
축적과 재투자의 필요성이 확산하기 시작했을 때도, 사회는 필요 이상의
재화 생산을 위한 끊임없는 노동에 지칠 것이며 지쳐야만 한다고 주장하는
사람이 많았다. 충분한 재화를 획득하고 나면 누가 그것을 즐기는 대신
혹독한 노동을 선호하고, 쾌락보다 생산성 향상을 원하겠는가? 사회학자
막스 베버는 '프로테스탄티즘의 노동 윤리'와 급발전한 자본주의의 유산에
기원을 둔 이른바 '이성reason'이라는 '철창'과 그로 인한 모든 고독감을
한탄했다{Weber 1958(1905)}. 베버는 우리가 이 철창에서 탈출하기 어려울
것이라고 보았지만, 다른 사람들은 끝없는 경제 성장의 쳇바퀴에서 탈옥할
수 있다는 것에 더 낙관적이었다. 이들은 부의 축적보다는 친구 사귀기, 솜씨
개발, 야외 활동 향유 등에 시간을 더 보내고 전념해, 궁극적으로 안정된
삶을 누리는 것이 더 합리적이라고 주장했다. 정치경제학자 존 스튜어트
밀은 1848년에 이러한 미래를 다음과 같이 설명한 것으로 유명하다.

> 자본과 인구가 증감하지 않고 멈췄다고 해도 그것이
> 인간 계발이 멈춘 정체 상태를 의미하지는 않는다. 온갖

정신문화와 도덕적·사회적 진보를 위한 시야는 그 어느
때보다 열려 있을 것이며, 삶의 방식을 개선할 여지도 그 어느
때보다 많을 것이다. 사람들이 출세하는 법에만 몰두하지
않는다면 삶의 방식도 그 어느 때보다 개선될 가능성이 크다.
{Mill 1965(1848): 756}

20세기에 들어서도 풍요로운 여가 생활을 끊임없는 금전적 이득 추구로
대체하겠다는 생각은 사라지지 않았다. 거시경제학의 창시자 존 메이너드
케인스는 1930년에 쓴 「우리 자손들을 위한 경제적 가능성Economic
Possibilities for Our Grandchildren」이라는 에세이에서 2030년의 세상을
상상했다. 그때 가서는, 일보다는 여가가 국민 생활 양식을 특징지을 것으로
예측했고, 대부분이 더 많은 물질적 풍요보다는 더 많은 시간을 원할 것으로
생각했다(Keynes 1932). 정체 상태의 경제는 서구 밖에서도 옹호되었다.
가장 유명한 인물은 마하트마 간디로, 그는 인도가 근대성의 궤도에
굴복하지 말아야 한다고 촉구했다. 성장은 유통기한이 정해진 역사적·사회적
일탈에 불과하다는 인식은 크뤼천이 '인류세'라는 용어를 제안하기 훨씬
전부터 있었다. 오늘날 일부 경제학자는 환경 문제와 관계없이 정체된 경제가
곧 성공의 신호라고 주장하기도 한다(예컨대 Vollrath 2020).

현재의 정체 상태

천연자원에 대한 수요를 늘리지 않고도 복지가 가능하다고 생각하는 두
번째 이유는, 많은 지역과 사람이 근대의 성장 속도를 경험한 적이 없거나,
인구, 개인 소득, 물질과 에너지의 소비 및 이동에 큰 변화가 없는 상태로
회귀했기 때문이다. 글로벌 사우스의 국가들은 대부분 빠른 속도로 팽창한
경제 성장을 경험한 적이 없는데, 그 부분적 원인은 향상된 의료 서비스로
인구가 급속히 증가한 데 있었다. 글로벌 사우스에서는 많은 사람이 자신의
선조와 거의 같은 수준으로 살고 있다. 하지만 사회 안에서의 빈부 격차는 전

세계적으로 볼 수 있듯이 점점 더 벌어지고 있다. 거주 환경 또한 나빠져서, 도시의 생활 방식이 농촌의 생활 방식을 계속 대체하고 있다. 리베카 솔닛(Rebecca Solnit 2004, 2007, 2010)을 비롯한 여러 작가(예컨대 Lapierre 1985)는 이런 공동체를 조사했다. 솔닛은 신중하고 강인한 의지에 기반한 낙관주의로 상황을 직시해, 인간의 회복력에 경의를 표하고 물질적 풍요로만 정의되지 않는 삶을 통해 배울 수 있는 것들을 강조한다.

글로벌 노스의 많은 선진국에서는 전후 높은 경제 성장과 평등 확대의 '황금시대'가 1973년 경기 침체로 막을 내렸다. 경제협력개발기구 회원 36개국은 "1950년대 실제 연평균 GDP 성장률 4퍼센트 이상과 1960년대 거의 5퍼센트에 가까운 경제 성장을 누렸는데, 1970년대 3퍼센트로, 그리고 1980년대 들어서는 2퍼센트로 떨어졌다"(Marglin and Schor 1990: 1). 이후 성장률이 약간 상승하기도 했지만, 2008년 폭락 이후에 그 상승효과가 대부분 감쇄되었다. 현재는 성장이 거의 없거나 전혀 없는 곳이 꽤 있고, 어떤 지역과 계급 집단에서는 심지어 탈성장을 경험하고 있다. 국가 차원에서 '경제 침체'라는 용어는 경제학자들이 기대하는 수준과 비교해 장기간 느린 성장으로 정의되는 상대적 개념으로 여러 나라의 상황을 설명할 때 쓰인다. 예컨대 세계 3위의 경제 대국인 일본은 수십 년 전인 1989년 경제 거품이 꺼진 이후 계속해서 경제 침체를 겪고 있는 것으로 알려져 있다. 경제학자 댄 오닐은 16개의 생물리학적 지표와 사회적 지표를 사용하여 10년 동안 180개국을 조사한 결과, 안정적인 자원의 비축과 흐름을 갖추고 있는 국가들(예를 들어 일본, 폴란드, 루마니아, 미국)과 생물리학적 탈성장을 경험하고 있는 4개 국가(독일, 가이아나, 몰도바, 짐바브웨)를 밝혀냈다. 이 연구는 "생물 물리학적 안정성과 강력한 민주주의"가 동반할 수 있으며, "높은 수준의 사회적 성취를 위해 지속적인 성장이 꼭 필요하지는 않음"을 시사한다(O'Neill 2015: 1227~1228).

국가뿐만 아니라 특정 계급의 사람들도 이미 정체 상태를 경험하고 있다. 미국의 임금 노동자들이 여기에 포함된다. 국제통화기금에 따르면, "소득 불평등의 확대는 우리 시대의 결정적인 도전 과제이며, 선진국에서도 빈부 격차가 수십 년 만에 최고 수준"에 달했다. 부자가 아닌 사람들은 점점 더 높아지는 생활 수준을 따라가기 어려운 상황이다(Dabla-Norris et al. 2015). 퓨연구소는 미국의 경우 "(인플레이션을 고려한) 실질 평균 임금이 40년 전과 거의 같은 구매력 수준에 머물러 있음"을 밝혔다(DeSilver 2018). 탈성장은 글로벌 노스의 여러 다른 부문에서도 뚜렷하게 드러나고 있다. 대부분의 선진국에서 젊은 세대는 그들의 부모 세대보다 부유하지 않다. 2018년 영국 노동조합총회가 발표한 연구 결과에 따르면, 런던과 일부 다른 지역의 평균 임금 가치는 2008년 경제 위기 이전과 비교할 때 3분의 1 정도 하락했다.

역사학자 이리스 보로비와 마티아스 슈멜처는 경제 성장의 역사적 변화에 대한 흥미로운 시각화를 제시한다. 인류 역사 대부분 기간에 성장이 정체되었다가 [최근 들어] 가속화된 모습을 하키 스틱 형태나 J-커브 형태로 설명하는 대신, 그들은 현재의 경제가 "빠른 가속이 느려지다가 결국 멈추는 S-커브 형태로 발전 모습을 전환"할 것이라고 본다(Borowy and Schmelzer 2017: 9~10). 이들은 "전 세계적으로 미래의 성장률은 최근의 성장률에 근접하지 못할 것"이라면서, 이전의 성장률이 "예외적이고 재현 불가능한 상황"이었다고 주장한다(Borowy and Schmelzer 2017: 14). 중국과 같은 개발도상국은 높은 성장률을 보이고 있지만, 이마저 하락하는 추세다. 미국 정부의 보고서들은 금세기 말까지 국내 및 세계적으로 중대한 환경 문제가 완화되지 않을 경우, 미국은 수천억 달러의 손실과 최소 10퍼센트 정도의 GDP 감소에 대비해야 할 것으로 전망했다. 2018년 국가기후평가도 산불 증가, 해수면 상승, 독성 물질을 비롯한 기타 환경 요인으로 인해 수천 명이 조기 사망할 것으로 예측했다(US Global Change Research Program 2018).

이 책의 집필을 마무리하는 지금, 글로벌 시스템은 코로나19로 심대한 충격을 겪고 있다. 이 팬데믹의 기원과 엄청난 확산 속도는 인류세의 조건에 기인한 것으로 볼 수 있다. 공포, 인명 손실, 뒤죽박죽이 되어 버린 경제적 고통 속에서 새로운 통찰이 나타났다. 브뤼노 라투르는 이전에는 멈출 수 없다고 여겨졌던 '진보의 열차'가 사실 속도를 늦출 수 있을 뿐만 아니라 실제로는 끽 소리와 함께 정지할 수 있음을 보았다고 말했다. 라투르는 코로나의 여파로 꼭 필요한 것에 관한 판단을 중심에 두는 새로운 종류의 경제가 구축되거나, 아니면 이전과 크게 다르지는 않지만 권력 구조가 강화된 형태의 경제 체제가 등장할 것으로 예상했는데, 이는 선택이라기보다는 참여를 독려하는 초대였다(Latour 2020).

이러한 여러 가능성을 고려할 때, 납작해진 경제 또는 성장률이 거의 제로인 경제 상태와 생태적 흐름에 맞춰져 진실로 안정적인 상태를 유지하는 정체 상태를 구분하는 것이 중요하다. 앞서 살펴본 사례들처럼 정체 상태에 근접하고 있지만 아직 도달하지는 않은 경제에서는 대체로 지속 가능하지 않은 1인당 생태발자국을 보인다. 이런 경제는 자신의 '공정한 지구 지분'보다 더 많은 것을 요구한다. 현재 공정한 지구 지분은 1인당 연간 생산 가능한 토지 1.4헥타르와 담수 면적 0.5헥타르 정도다. 오늘에 따르면, 생태적 한계 안에서 안정적으로 자원을 사용하는 상태를 달성한 나라는 없지만, 콜롬비아와 쿠바와 같은 일부 국가는 복지, 안정성, 공평한 민주주의, **그리고** 지속가능성 사이의 균형을 거의 달성하고 있다(O'Neill 2015). 지속 가능하지 않은 수준에 있더라도, 정체 상태의 경제를 유지하는 것이 탈성장으로 나아가는 올바른 방향이라고 오닐은 주장한다. 기대수명, 교육 수준, 1인당 GDP를 결합한 2003년 유엔 인간개발지수에 따르면, 쿠바는 실제로 공정한 지구 지분 이상을 소비하지 않으면서 잘사는 사회를 만드는 데 성공했다(Wilkinson and Pickett 2009: 217). 기대수명, 자기 삶의 만족도, 생태발자국을 결합한 다른 지표 분석에서는 코스타리카가 1위를 기록하기도 했다(Agyeman 2013: 14). 이런 연구들이 시사하는 바는 자본주의 성장 그 자체만을 위한 목표를 버리고 사회적 복지와 형평성의 확대라는 목표를 택하면 생태적·사회적 지속가능성을 달성할 수 있다는 것이다. 이러한 선택은 성장을 위한 선택과 마찬가지로 의도적인 행위다. 지구시스템과학자들이 요구하는 사회적 가치 변화, 행동 양식 변화, 새로운 거버넌스 체제, 기술 혁신, 탈탄소 경제, 생물권 강화 등은 저절로 일어나는 것이 아니고(Steffen et al. 2018: 8252), 정치적 의지가 수반되어야 한다. 경제학자 스티븐 마글린은 다음과 같이 주장한다. "일단 '충분히' 가진 후에 사회의 기본 전제를 다시 생각할 수 있을 것이라는 케인스의 입장은 틀렸다. 오히려 근대성의 기본 전제를 재고할 때 충분히 가질 수 있을 것이다"(Marglin 2010: 222).

인구 증가율도 질병이나 기근, 전쟁이 아닌 호혜를 위한 공동의
노력으로 낮출 수 있다는 희망이 있다. 예를 들어 보츠와나는 주변 국가와
달리 가족계획 서비스, 교육, 피임을 제공하는 건강 관리 프로그램을
갖추고 있다. 정부 지원 보건소가 가장 작은 단위의 마을까지 설치되어
있어 여성이 출산에 대한 선택을 스스로 할 수 있도록 도와주고 있다.
불과 50년 전만 해도 보츠와나의 여성들은 평균 7명의 자녀를 낳았으나
"지금은 3명 미만으로 줄어들었다. 전 세계에서 가장 빠르게 출산율이
하락하고 있는 국가 중 하나다"(Davis 2018). 이러한 노력으로 임산부
건강이 개선되었고, 여성의 자유가 확대되었으며, 영아 사망률도 낮아졌다.
2023년 전 세계 인구가 80억 명에 도달할 것으로 예상되는 가운데,
보츠와나의 사례는 치밀하고 충분히 지원되며 강압적이지 않은 공공
정책이 어떤 성과를 거둘 수 있는지 보여 준다. 이런 정책은 여성과 아동의
삶을 개선한다. 반면 2016년 통계에 따르면 니제르에서는 여성 1인이 평균
7명 이상, 나이지리아에서는 평균 5명 이상의 아이를 낳는다(World Bank
2019). 이런 증거에서 볼 수 있듯이, 생태적 제약 속에서도 인간다운 삶을
살아가는 것은 가능하다. 자원의 사용이나 인구 조절의 측면에서, 탈성장은
단순히 **더 적게**가 아니라 **다르게**의 문제다. 탈성장은 더 느리고 물질적으로
덜 풍족한 삶을 의미할 수도 있고, 임신과 출산에 대한 여성의 권리 신장을
의미할 수도 있다(D'Alisa et al. 2014).

다학문적 지식과 다중차원의 제도

인간 사회가 앞으로 수십 년간 병목과 같은 좁은 길(더 많은 식량, 물,
거주지, 에너지 수요에 대처하면서도 행성적 차원에서 지구 자원에 대한
부담을 줄여야 하는 어려운 선택의 순간들로 이어진 길을 의미하겠지만)을
통과할 수 있을 것으로 판단하는 마지막 이유는, 지식과 재발명 능력에
있다. 우리가 처한 곤경의 상황을 고려할 때, 개인의 선택 변화나 새로운

기술 개발을 통해서 찾을 수 있는 '해결책'은 없다. 또한 권위주의 정부가 아무리 좋은 의도를 가졌다 하더라도, 예측 불가능하고 다중적인 차원의 문제에 대처할 유연성이나 지역적 현황을 파악하는 능력을 잘 갖추고 있을 확률은 높지 않다. 정치학자 데이비드 오어가 주장했듯이, 장기적이고 복잡한 비상사태에 대처하는 데 있어 강력한 권위주의 국가의 실적은 그다지 고무적이지 않다(Orr 2016). 대규모 관료 조직은 변화하는 상황의 대응에 필요한 민첩성이 부족하고, 적절한 대응 대신 대규모의 해결책을 모색하는 경향이 있다. 요컨대 손쉽게 얻을 수 있는 단일한 '해결책'은 없다.

그 대신 인식론적 전환이 있다. 행성 과학과 인간 과학 모두 더 유연해지고 다학문적으로 변하고 있다. 홀로세에서는 지구 시스템과 사회 시스템이 어느 정도 예측 가능하며 서로 분리되어 작동한다는 확률론적 세계관이 지배적이었는데, 이제 이런 관점은 자동차 백미러에 비치는 뒷모습처럼 점점 멀어지고 있다는 인식이 두 지식의 형태에서 나타나기 시작했다. 과거에는 "자연은 고정된 지점 또는 평균점을 중심으로 이해 가능한 방식으로 변화하며", 사회 발전은 인간 수명 연장과 물질적 풍요 증가를 향해 선형적으로 진행한다는 가정이 팽배했었는데, 이제는 그런 상황을 가능케 했던 행성 시대에서 빠르게 벗어나고 있다(Norgaard 2013: 2). 실제로 미국과 영국에서는 기대수명이 줄어들기 시작했다. 근대성의 망상과 꿈은 더 이상 유지할 수 없게 되었다.

자연과 사회를 확률적으로 기술할 수 있다는 생각을 버리는 것처럼, 우리는 현상을 연구하는 데 가장 좋은 방법이라고 믿어 왔던 (하나의 대상을 다른 대상과 분리해서 다루고, 경험적 세부 사실에서 추상적이고 포괄적인 개념으로 나아간다는) 생각 또한 포기하고 있다. 생태경제학자 리처드 노가드가 지적하듯이, 근대의 관료제는 "쓰레기통 형태의 위계 구조로 되어 있어서, 각 단계의 관리자들은 시스템의 복잡성에 대해 그들이 얻은 정보를 단순화하여" 다음 단계로 전달한다. 노가드는 이러한 피라미드 구조의 단순화 과정이 "자연을 분할할 수 있다는 선입견"에 기반한 것이라고 주장한다(Norgaard 2013: 3). 현재 우리가 지구 시스템을 복잡하게 연결된 네트워크 구조로 보듯이, 사회 시스템도 마찬가지로 복잡하게 연결된 것으로 이해해야 한다. 이러한 이해는 비위계적으로 연결된 송이버섯의 세계에 대한 애나 칭의 연구에서 이미 나타나고 있다(Tsing 2015; 6장 참고). 깔끔하게 중첩되었던 위계적 지식이 네트워크 구조로, 말하자면 항상 상응하거나 비례적이지 않은 다중차원적 관점으로 대체되면, 권력은 더 이상 피라미드 정중앙 꼭대기에 집중되지 않는다. 우리에게는 전 세계적 차원에서 읽히고 이해될 수 있는 지식, 예컨대 인류세실무단이나 유엔에서 만든 통계 및 이해 방식이 필요하다. 마찬가지로 필수적이지만 지역적 차원에서 생산된 지식은 국가와 국제기구에 의해 잘 [포착되지 않아] 읽히지 않는다. 지역적 지식은 세계적 총계와 상충하는 경우도 있다.

글로벌 지식과 지역적 지식(그리고 수많은 중간 형태의 지식)의 관계는 복잡하며, 모두 존중되어야 한다. 지역 공동체는 행성의 변화를 감지하는 최전선에 있다. 특정 생태계가 변화하면 지역 공동체가 가장 먼저 알아차리고 가장 빠르게 대응할 것이다. 히말라야의 빙하가 녹아 바닥이 드러나자 물을 구하기 위해 편도 5킬로미터를 걷는 여성들, 영국에서 기후변화로 인해 열대 식물도 관리하게 된 정원사들, 대기 오염으로 인한 건강 이슈로 실내에서 생활하는 한국의 어린이들, 전례 없는 암 발병률을 견디고 있는 루이지애나 석유화학 노동자들, 숲을 지키는 멕시코의 원주민 지도자들, 이들 모두는 특정 환경 문제에 대한 중요한 지식을 가지고 있다. 이들의 경험이 모든 곳에 적용될 수 있는 것은 아니지만, 인류세의 이해와 완화라는 전반적인 목표 달성에는 매우 중요하다.

지역 차원의 지식이 글로벌 차원의 지식과 완전히 다른 경우도 종종 있다. 부의 피라미드 정점에서 국제 평균을 주도하고 있는 사람들은 아직 인류세로 인한 죽음을 경험하지 못했거나 아주 드물게 보았을 뿐이다. 반면, 지역적 지식을 보유하고 지역의 변화를 접하고 있는 사람들은 환경 변화에 의해서만이 아니라 이를 주도하는 세력에 의해 이미 고통받고 있다. 자신들의 땅과 숲을 광산, 파이프라인, 불법 벌목, 댐 건설로부터 지켜 내려다가 살해당한 활동가들, 이를 보도하다가 살해된 언론인, 화학 물질과 쓰레기 투기, 야생 동물 개체군 파괴 등을 우리는 반드시 기억해야 한다. 21세기 들어 매년 백 명 이상의 환경 보호 운동가, 주로 원주민 출신 활동가들이 살해당했다(Holmes 2016; Watts 2018). 이들의 지식과 경험도 역시 인류세의 본질이다.

　　　다학문적이고 다중차원적인 지식을 지원하고 이를 행동으로 옮기려면 제도도 다중차원을 지향하고, 덜 위계적인 동시에 더 유연해질 필요가 있다. 노벨 경제학상을 수상한 단 두 명의 여성 중 첫 수상자였던 엘리너 오스트롬은 "제도적 다양성이 생물학적 다양성만큼이나 우리의 장기적인 생존을 위해 중요할 수 있다"고 주장했다(Ostrom 1999: 278). 생태적 한계 안에서 문제를 해결해 나간 네팔 농부와 같은 소규모 공동체를 관찰한 오스트롬은 그들이 신뢰 덕분에 성공할 수 있었다고 강조한다. 공평과 신뢰가 넘치는 공동체를 한 차원 높여 확장하는 일은 어려울 수 있겠지만, 불가능한 일은 아니라고 생각한다. 국제적 차원에서도 대표자들 사이에 신뢰가 형성되면 비강제적인 합의가 이뤄질 수 있다. 대표적인 예로 2016년 제21차 당사국총회에서 합의된 파리협정을 들 수 있다. 이는 막후에서 토니 드브룸을 비롯한 많은 이가 지구 평균 온도 상승을 산업화 이전 대비 1.5도 이내로 제한하기 위해 100여 개 국가를 지칠 줄 모르고 설득해 '높은 목표 연합'에 가입시킨 결과였다. 마셜 제도의 정치인으로서 드브룸은 어린 시절에 목격한 핵실험뿐만 아니라 해수면 상승을 초래해서 자신의 조국을 위험에 빠뜨린 국가들, 즉 온실가스 배출에 책임이 있는 국가들을 비난할 수도 있었다. 하지만 그는 인품과 설득의 힘으로 동맹국들의 마음을 사로잡았다. 2016년 발효된 파리기후협정은 이러한 신뢰 구축의 결과물이었다. 드브룸의 작업과 오스트롬의 연구가 보여 주듯이, 인류세의 윤리를 위해서는 과거의 상처를 가로지르는 새로운 동맹의 구축이 필요하다. 하지만 취약점도 반드시 인지할 필요가 있다. 파리협정 이후 몇 년 동안 모로코와 감비아를 제외하고 약속을 이행한 국가는 거의 없었으며, 미국은 탈퇴 절차를 밟기 시작했다(Erickson 2018)[2021년 미국은 정권 교체와 함께 파리협정에 재가입했다].

결론

인류세는 실재한다. 이 사실을 확증하는 과학은 더욱 명확해졌다.
사회과학과 인문학은 다양한 인간 집단이 어떻게 이런 집합적 곤경에
빠지게 되었는지 이해하기 위한 작업을 시작했다. 또한 우리는 거침없는
인류세와 대조적으로 완화된 인류세를 위해 무엇이 필요한지도 알게 되었다.
우리에게는 더 작은 규모의 녹색 경제, 권력과 부를 더 공평하게 분배하는
녹색 정치, 더 줄어든 인구, 그리고 더 높은 생물다양성을 지닌 생존 가능
행성이 필요하다. 궁극적으로 우리는 인류세의 철학적 도전 과제들도
이해하기 시작했다. 인류세는 '인간 존재'의 새로운 모습이자 지금까지
알려지지 않았던 모습, 즉 행성적 힘으로서의 모습을 제시하며 실존적
위기를 드러냈다. 인간의 의미를 묻는 존재론적 질문은 이제 행성에 미친
인간 영향의 총합으로서의 안트로포스를 무시하고는 답할 수 없게 되었다.
그러나 이 단수 형태의 인류는, 다중차원의 시간과 장소에서 활동하고,
인류세의 경로에 서로 다른 방식으로 영향을 미치며, 그 결과로 불평등하게
고통받는 복수 형태의 인간들을 지워 버려서는 안 된다. 새로운 실존적
도전은 전 지구적이지만, 이를 이해하고 대처하기 위한 시도는 대부분
지역적일 것이다. 이 도전은 정치적이기도 하다. 우리에게 필요한 것은
긴밀하게 연결되고, 비위계적이며, 회복력을 위해서 완충 장치와 중복성과
제도의 다양성을 갖추어야 한다는 점을 잘 인지하는 유형의 정치다. 이처럼
강제적이지 않은 방법으로 조정하려면 권력을 분산시키고 다양한 형태의
지식을 포용함으로써 신뢰를 구축해야만 한다. 종교학자 리사 사이더리스가
말했듯이, 인간의 시대에는 어떤 학문 분야도 단독으로 인간다움의 의미를
정의할 수 없다. 또한 지구의 위험한 변화를 주도하는 임계점, 급전환점, 강화
되먹임 고리를 고려할 때, 무엇이 효과적일지는 아무도 알 수 없다(Sideris
2016: 89). 미래는 더 이상 근대성이 약속했던 무한한 가능성을 제공하지
않는다. 우리에게는 매우 제한된 범위의 선택지들이 있을 뿐이다. 새로운
행성적 환경에 맞춰 근본적으로 다른 사회를 건설할 것인가, 아니면 위험을
무릅쓰고 현상을 유지할 것인가는 결국 우리에게 달려 있다.

감사의 말

아래 열거한 사람들은 이 책을 만들 때 다양한 방식으로 아낌없이 도움을 주었다. 개러스 오스틴, 이언 보컴, 도미닉 보이어, 케이트 브라운, 디페시 차크라바르티, 리즈 채터지, 로레인 대스턴, 페이비언 드릭슬러, 토마스 휠란 에릭센, 데브자니 강굴리, 마르타 가스파린, 아미타브 고시, 카일 하퍼, 개브리엘 헥트, 시미니 호우, 데브라 제이블린, 프레드릭 올브리턴 존슨, 브뤼노 라투르, 팀 렌턴, 토바이어스 메넬리, 앤소피 마일론, 존 파메시노, 박범순, 프라사난 파르타사라티, 켄 포머란츠, 위르겐 렌, 안소피 륀스코그, 크리스토프 로졸, 에이드리언 러쉬턴, 베른드 슈어러, 줄리엣 쇼어, 로이 스크랜턴, 에밀리 세키네, 리사 사이더리스, 존 시터, 댄 스마일, 롭 웰러, 앤디 양, 그리고 자크 그리네발드, 피터 해프, 마틴 헤드, 콜린 서머헤이즈, 콜린 워터스, 다보르 비다스를 비롯한 인류세실무단의 여러 동료에게도 감사한다. 원고를 세심하게 읽어 준 스티븐 자베스토스키, 꼼꼼하고 참을성 있게 편집 작업을 해 준 리 뮬러에게도 특별한 감사를 전한다. 책을 쓰는 데 직간접적으로 도움을 주었지만 위 목록에 이름이 없는 사람들에게는 건망증 심한 우리를 용서해 달라고 빌고 싶다. 우리가 감사하고 있다는 점은 꼭 알아주었으면 한다.

줄리아 토머스는 노터데임대학교의 류아시아연구소, 크록연구소, 인문학장학연구소의 지원에도 감사를 표한다.

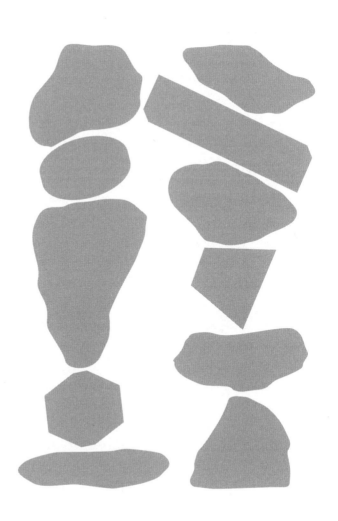

참고 문헌

· Abrams, C. (2015). India's rich have a smaller carbon footprint than rich countries' poor. [Blog] *India Real Time, The Wall Street Journal*: https://blogs.wsj.com/indiarealtime/2015/12/03/indias-rich-have-a-smallercarbon-footprint-than-rich-countries-poor.

· Agyeman, J. (2013). *Introducing just sustainabilities: Policy, planning, and practice*. London: Zed Books.

· Akpan, W. (2005). Putting oil first? Some ethnographic aspects of petroleum-related land use controversies in Nigeria. *African Sociological Review / Revue Africaine de Sociologie*, 9, pp. 134–52.

· Aldrich, D. P. (2019). *Black wave: How networks and governance shaped Japan's 3/11 disasters*. University of Chicago Press.

· Alexander, P., Brown, C., Arneth, A., Finnigan, J., and Rounsevell, M. D. (2016). Human appropriation of land for food: The role of diet. *Global Environmental Change*, 41, 88–98.

· Alizadeh, A., Kouchoukos, N., Wilkinson, T., Bauer, A., and Mashkour, M. (2004). Human–environment interactions on the Upper Khuzestan Plains, Southwest Iran: Recent investigations. *Paléorient*, 30, pp. 69–88.

· Angel, R. (2006). Feasibility of cooling the Earth with a cloud of small spacecraft near the inner Lagrange point (L1). *Proceedings of the National Academy of Sciences of the United States of America*, 103, pp. 17184–9.

· Asafu-Adjaye, J., Blomquist, L., Brand, S., et al. (2015). An ecomodernist manifesto: www.ecomodernism.org.

· Austin, G. (1996). Mode of production or mode of cultivation: Explaining the failure of European cocoa planters in competition with African farmers in colonial Ghana. In W. Clarence-Smith, ed., *Cocoa pioneer fronts: The role of smallholders, planters and merchants*. New York: St. Martin's Press, pp. 154–75.

· Austin, G., ed. (2017) *Economic development and environmental history in the Anthropocene: Perspectives on Asia and Africa*. London: Bloomsbury Academic.

· Autin, W. J. and Holbrook, J. M. (2012). Is the Anthropocene an issue of stratigraphy or pop culture? *GSA Today*, 22, pp. 60-1.

· Babcock, L. E., Peng, S., Zhu, M., Xiao, S., and Ahlberg, P. (2014). Proposed reassessment of the Cambrian GSSP. *Journal of African Earth Sciences*, 98, pp. 3-10.

· Bacon, K. L. and Swindles, G. T. (2016). Could a potential Anthropocene mass extinction define a new geological period? *The Anthropocene Review*, 3, pp. 208-17.

· Baichwal, J., de Pencier, N., and Burtynsky, E. (2019). *Anthropocene: The human epoch, the documentary*: https://theanthropocene. org/film.

· Bakewell, S. (2011). *How to live, or, A life of Montaigne in one question and twenty attempts at an answer*. New York: Other Press.

· The Balance. US GDP by year compared to recessions and events: www.thebalance.com/ us-gdp-by-year-3305543.

· Bar-On, Y. M., Phillips, R., and Milo, R. (2018). The biomass distribution on Earth. *Proceedings of the National Academy of Sciences of the United States of America*, 115, pp. 6506-11.

· Bardeen, C. G., Garcia, R. R., Toon, O. B., and Conley, A. J. (2017). On transient climate change at the Cretaceous–Paleogene boundary due to atmospheric soot injections. *Proceedings of the National Academy of Sciences of the United States of America*, 114, pp. E7415-24.

· Barnosky, A. D. (2008). Megafauna biomass tradeoff as a driver of Quaternary and future extinctions. *Proceedings of the National Academy of Sciences of the United States of America*, 105, pp. 11543-8.

· Barnosky, A. D. (2014). Palaeontological evidence for defining the Anthropocene. In C. N. Waters, J. Zalasiewicz, M. Williams,

et al., eds., *A stratigraphical basis for the Anthropocene*. Special Publications, 395. London: Geological Society, pp. 149-65.

· Barnosky, A. D. and Hadly, E. (2016). *Tipping point for planet Earth: How close are we to the edge?* London: Thomas Dunne Books.

· Barnosky, A. D., Matzke, N., Tomiya, S., et al. (2011). Has the Earth's sixth mass extinction already arrived? *Nature*, 471, pp. 51-7.

· Barnosky, A. D., Hadly, E. A., Bascompte, J., et al. (2012). Approaching a state shift in Earth's biosphere. *Nature*, 486, pp. 52-8.

· Bartkowski, B. (2014). The world can, in effect, get along without natural resources. [Blog] *The Skeptical Economist*: https:// zielonygrzyb.wordpress.com/2014/02/15/ the-world-can-in-effect-get-alongwithout- natural-resources.

· Baucom, I. (2020). *History 4° Celsius: Search for a method in the age of the Anthropocene*. Durham: Duke University Press.

· Bauer, A. (2013). Impacts of mid- to late-Holocene land use on residual hill geomorphology: A remote sensing and archaeological evaluation of human-related soil erosion in central Karnataka, South India. *The Holocene*, 24, pp. 3-14.

· Bauer, A. (2016). Questioning the Anthropocene and its silences: Socioenvironmental history and the climate crisis. *Resilience: A Journal of the Environmental Humanities*, 3, pp. 403-26.

· Bauer, A. and Ellis, E. (2018). The Anthropocene divide: Obscuring understanding of social-environmental change. *Current Anthropology*, 59, pp. 209-27.

· Bax, N., Williamson, A., Aguero, M., Gonzalez, E., and Geeves, W. (2003). Marine invasive alien species: A threat to global biodiversity. *Marine Policy*, 27, 313-23.

· Beder, S. (2011). Environmental economics and ecological economics: The contribution of interdisciplinarity to understanding, influence and effectiveness. *Environmental Conservation*, 38, pp. 140-50.

· Bell, D. and Cheung, Y. eds. (2009). *Introduction to sustainable development*, vol. Ⅰ. Oxford: EOLSS Publishers.

· Bennett, C. E., Thomas, R., Williams, M., et al. (2018). The broiler chicken as a signal of a human reconfigured biosphere. *Royal Society Open Science*, 5, p. 180325: http://dx.doi.org/10.1098/rsos.180325.

· Bennett, J. (2010). *Vibrant matter: A political ecology of things*. Durham: Duke University Press.

· Berry, E. W. (1925). The term Psychozoic. *Science*, 44, p. 16.

· Blanchon, P. and Shaw, J. 1995. Reef drowning during the last deglaciation: Evidence for catastrophic sea level rise and ice-sheet collapse. *Geology*, 23, pp. 4-8.

· Blaxter, M. and Sunnucks, P. (2011). Velvet worms. *Current Biology*, 27, pp. R238-40.

· Bonaiuti, M. (2014). *The great transition*. London: Routledge.

· Borlaug, N. (1970). Norman Borlaug acceptance speech, on the occasion of the award of the Nobel Peace Prize in Oslo, December 10, 1970. The Nobel Prize: www.nobelprize.org/prizes/peace/1970/borlaug/acceptance-speech.

· Borowy, I. and Schmelzer, M. (2017). Introduction: The end of economic growth in the long-term perspective. In I. Borowy and M. Schmelzer, eds., *History of the future of economic growth*. Abingdon, Oxon:

Routledge, pp. 1-26.

· Bostrom, N. (2002). Existential risks: Analyzing human extinction scenarios and related hazards. *Journal of Evolution and Technology*, 9: http://jetpress.org/volume9/risks.html.

· Brand, S. (2009). *Whole Earth discipline: An ecopragmatist manifesto*. New York: Viking Penguin Books.

· Breitburg, D., Levin, L. A., Oschlies, A., et al. (2018). Declining oxygen in the global ocean and coastal waters. *Science*, 359, p. 46.

· Brocks, J. J., Jarrett, A. J. M., Sirantoine, E., et al. (2017). The rise of algae in Cryogenian oceans and the emergence of animals. *Nature*, 548, pp. 578-81.

· Brown, K. (2019). *Manual for survival: A Chernobyl guide to the future*. New York: W. W. Norton & Company.

· Brown, P. and Timmerman, P., eds. (2015). *Ecological economics for the anthropocene*. New York: Columbia University Press.

· Buffon, G.-L. L. de (2018). *The epochs of nature*. Ed. and trans. J. Zalasiewicz, A.-S. Milon, and M. Zalasiewicz. University of Chicago Press.

· Burney, D. A., James, H. F., Grady, F. V., et al. (2001). Fossil evidence for a diverse biota from Kaua'i and its transformation since human arrival. *Ecological Monographs*, 7, pp. 615-41.

· Burtynsky, E., Baichwal, J., and de Pencier, N. (2018a). *Anthropocene*. Toronto: Art Gallery of Ontario and Goose Lane Editions.

· Burtynsky, E., De Pencier, N. and Baichwal, J. (2018b). The Anthropocene project: https://theanthropocene.org.

· Byanyima, W. (2015). Another world is

possible, without the 1%. [Blog] *Oxfam International, Inequality and Essential Services Blog Channel*: https://blogs.oxfam.org/en/blogs/15-03-23-another-world-possiblewithout-1/index.html.

· Cadena, M. (2015). *Earth beings: Ecologies of practice across Andean worlds*. Durham: Duke University Press.

· Canfield, D. E., Glazer, A. N., and Falkowski, P. G. (2010). The evolution and future of Earth's nitrogen cycle. *Science*, 330, pp. 192–6.

· Carey, J. (2016). Core concept: Are we in the "Anthropocene?" *Proceedings of the National Academy of Sciences of the United States of America*, 113, pp. 3908–9.

· Carlyle, T. (1849). Occasional discourse on the Negro question. *Fraser's Magazine for Town and Country*, 40, pp. 670–9.

· Carrington, D. (2017). Sixth mass extinction of wildlife also threatens global food supplies. *The Guardian*: www.theguardian.com/environment/2017/sep/26/sixth-mass-extinction-of-wildlife-also-threatens-global-foodsupplies.

· Carrington, D. (2018a). Global food system is broken, say world's science academies. *The Guardian*: www.theguardian.com/environment/2018/nov/28/global-food-system-is-broken-say-worlds-scienceacademies?CMP=Share_iOSApp_Other.

· Carrington, D. (2018b). Humanity has wiped out 60% of animal populations since 1970, report finds. *The Guardian*: www.theguardian.com/environment/2018/oct/30/humanity-wiped-out-animals-since-1970-major-report-finds.

· Casana, J. (2008). Mediterranean valleys revisited: Linking soil erosion, land use and climate variability in the Northern Levant. *Geomorphology*, 101, pp. 429–42.

· Ceballos, G., Ehrlich, P. R., Barnosky, A. D., et al. (2015). Accelerated modern human-induced species losses: Entering the sixth mass extinction. *Scientific Advances*, 1, p. e1400253.

· Ceballos, G., Ehrlich, P., and Dirzo, R. (2017). Biological annihilation via the ongoing sixth mass extinction signaled by vertebrate population losses and declines. *Proceedings of the National Academy of Sciences of the United States of America*, 114, pp. E6089–96.

· Certini, G. and Scalenghe, R. (2011). Anthropogenic soils are the golden spikes for the Anthropocene. *The Holocene*, 21, pp. 1269–74.

· Chakrabarty, D. (2009). The climate of history: Four theses. *Critical Inquiry*, 35, pp. 197–222.

· Chakrabarty, D. (2017). The future of the human sciences in the age of humans: A note. *European Journal of Social Theory*, 20, pp. 39–43.

· Chakrabarty, D. (2018). Planetary crises and the difficulty of being modern. *Millennium: Journal of International Studies*, 46, pp. 259–82.

· Chatterjee, E. (2020). The Asian Anthropocene: Electricity and fossil fuel developmentalism. *Journal of Asian Studies*, 79(1), pp. 3–24.

· Chen, Z.-Q. and Benton, M. J. (2012). The timing and pattern of biotic recovery following the end-Permian mass extinction. *Nature Geoscience*, 5, pp. 375–83.

· Cho, R. (2012). Rare earth metals: Will we have enough? [Blog] *State of the Planet, Earth Institute, Columbia University*: https://blogs.ei.columbia.edu/2012/09/19/rare-earth-metals-will-we-have-enough.

· Citizens' Climate Lobby (2019). The basics of carbon fee and dividend: https://citizensclimatelobby.org/basics-carbon-fee-dividend.

· Clark, P. U., Shakun, J. D., Marcott, S. A., et al. (2016). Consequences of twenty-first-century policy for multi-millennial climate and sea-level change. *Nature Climate Change*, 6, pp. 360–9.

· Coen, D. (2018). *Climate in motion: Science, empire, and the problem of scale*. University of Chicago Press.

· Cohen, A. S., Coe, A. L., and Kemp, D. B. (2007). The late Paleocene – early Eocene and Toarcian (early Jurassic) carbon isotope excursions: A comparison of their time scales, associated environmental changes, causes and consequences. *Journal of the Geological Society*, 164, pp. 1093–1108.

· Conolly, J., Manning, K., Colledge, S., Dobney, K., and Shennan, S. (2012). Species distribution modelling of ancient cattle from early Neolithic sites in SW Asia and Europe. *The Holocene*, 22, pp. 997–1010.

· Coole, D. and Frost, S. (2010). *New materialisms: Ontology, agency, and politics*. Durham: Duke University Press.

· Corlett, R. T. (2015). The Anthropocene concept in ecology and conservation. *Trends in Ecology and Evolution*, 30, pp. 36–41.

· Costanza, R. and Daly, H. (1992). Natural capital and sustainable development. *Conservation Biology*, 6, pp. 37–46.

· Costanza, R., d'Arge, R., de Groot, R., et al. (1997). The value of the world's ecosystem services and natural capital. *Nature*, 387, pp. 253–60.

· Costanza, R., Norgaard, R., Daly, H., Goodland, R., and Cumberland, J., eds. (2007). *The encyclopedia of Earth*, ch. 2: An introduction to ecological economics: http://editors.eol.org/eoearth/wiki/An_Introduction_to_Ecological_Economics:_Chapter_2.

· Creutzig, F., Baiocchi, G., Bierkandt, R., Pichler, P.-P., and Seto, K. C. (2014). Global typology of urban energy use and potentials for an urbanization mitigation wedge. *Proceedings of the National Academy of Sciences of the United States of America*, 112, pp. 6283–8.

· Cronon, W. (1992). A place for stories: Nature, history, and narrative. *The Journal of American History*, 78, pp. 1347–76.

· Crosby, A. (1972). *The Columbian exchange: Biological and cultural consequences of 1492*. Westport, Conn.: Greenwood Press.

· Crosby, A. (1986). *Ecological imperialism: The biological expansion of Europe, 900–1900*. Cambridge University Press.

· Crowe, A. A., Dossing, L., Beukes, N. J., et al. (2013). Atmospheric oxygenation three billion years ago. *Nature*, 501, pp. 535–8.

· Cruikshank, J. (2005). *Do glaciers listen? Local knowledge, colonial encounters & social imagination*. Vancouver: UBC Press.

· Crutzen, P. J. (2002). Geology of mankind. *Nature*, 415, p. 23.

· Crutzen, P. J. (2006). Albedo enhancement by stratospheric sulfur injections: A contribution to resolve a policy dilemma? *Climatic Change*, 77, pp. 211–20.

· Crutzen, P. J. and Stoermer, E. (2000). Anthropocene. *IGBP [International Geosphere–Biosphere Programme] Newsletter*, 41, pp. 17–18.

· Cushing, L., Morello-Frosch, R., Wander, M., and Pastor, M. (2015). The haves, the have-nots, and the health of everyone: The relationship between social inequality and environmental quality. *Annual Review of Public Health*, 36, pp. 193–209.

· Dabla-Norris, E., Kochhar, K., Suphaphiphat, N., Ricka, F., and Trounta, E. (2015). Causes and consequences of income inequality: A global perspective. *IMF Staff Discussion Notes* [online], SDN/15/13. Washington, DC: International Monetary Fund. Daily, J. (2018). Ancient humans weathered the Toba Supervolcano just fine. *Smithsonian. com*: www.smithsonianmag.com/smart-news/ancient-humans-weathered-toba-supervolcano-just-fine-180968479.

· D'Alisa, G., Demaria, F., and Kallis, G., eds. (2014). *Degrowth: A vocabulary for a new era*. New York: Routledge.

· Daly, H., ed. (1973). *Toward a steady-state economy*. San Francisco: W. H. Freeman.

· Daly, H. (1977). *Steady-state economics: The economics of biophysical equilibrium and moral growth*. San Francisco: W. H. Freeman.

· Davenport, C. (2018). Major climate report describes a strong risk of crisis as early as 2040. *The New York Times*: http://nytimes. com/2018/10/07/climate/ipcc-climate-report-2040.html.

· Davies, N. S. and Gibling, M. R. (2010). Cambrian to Devonian evolution of alluvial systems: The sedimentological impact of the earliest land plants. *Earth Science Reviews*, 98, pp. 171–200.

· Davies, N. S. and Gibling, M. R. (2013). The sedimentary record of Carboniferous rivers: Continuing influence of land plant evolution on alluvial processes and Palaeozoic ecosystems. *Earth Science Reviews*, 120, pp. 40–79.

· Davis, L. W. and Gertler, P. J. (2015). Contribution of air conditioning adoption

to future energy use under global warming. *Proceedings of the National Academy of Sciences of the United States of America*, 112, pp. 5962–7.

· Davis, M. (2001). *Late Victorian holocausts*. London: Verso.

· Davis, N. (2018). How to grapple with soaring world population? An answer from Botswana. *The Guardian*: www.theguardian. com/world/2018/oct/10/how-to-grapple-with-soaring-world-population-an-answerfrom-down-south.

· de Vrieze, J. (2017). Bruno Latour, a veteran of the "science wars," has a new mission. *Science*: www.sciencemag.org/news/2017/10/bruno-latour-veteran-science-wars-has-new-mission.

· Descola, P. (2013). *Beyond nature and culture*. University of Chicago Press.

· DeSilver, D. (2018). For most U.S. workers, real wages have barely budged in decades. [Blog] Fact Tank, Pew Research Center: www. pewresearch.org/fact-tank/2018/08/07/for-most-us-workers-real-wages-havebarely-budged-for-decades.

· Dietz, R. and O'Neill, D. (2013). *Enough is enough: Building a sustainable economy in a world of finite resources*. London: Routledge.

· Dorling, D. (2017a). Is inequality bad for the environment? *The Guardian*: www. theguardian.com/inequality/2017/jul/04/is-inequality-bad-forthe-environment.

· Dorling, D. (2017b). *The equality effect*. Oxford: New Internationalist.

· Dowsett, H., Robinson, M., Stoll, D., et al. (2013). The PRISM (Pliocene palaeoclimate) reconstruction: Time for a paradigm shift. *Philosophical Transactions of the Royal Society A: Mathematical, Physical and Engineering Sciences*, 371, p. 20120524.

· Dutton, A. and Lambeck, K. 2012. Ice volume and sea level during the last interglacial. *Science*, 337, pp. 216–19.

· Edgeworth, M. (2014). The relationship between archaeological stratigraphy and artificial ground and its significance to the Anthropocene. In C. N. Waters, J. Zalasiewicz, M. Williams, et al., eds., *A stratigraphical basis for the Anthropocene*. Special Publications, 395. London: Geological Society, pp. 91–108.

· Edwards, M. (2016). Sea life (pelagic) systems. In T. P. Letcher, ed., *Climate change: Observed impacts on planet Earth* (2nd edn.). Amsterdam and Oxford: Elsevier, pp. 167–82.

· Edwards, P. (2010). *A vast machine: Computer models, climate data, and the politics of global warming*. Cambridge, Mass.: MIT Press.

· Ellis, E. C. (2015). Ecology in an anthropogenic biosphere. *Ecological Monographs*, 85, pp. 287–331.

· Ellis, E. C. and Ramankutty, N. (2008). Putting people in the map: Anthropogenic biomes of the world. *Frontiers in Ecology and the Environment*, 6, pp. 439–47, DOI: 10.1890/070062.

· Elsig, J., Schmitt, J., Leuenberger, D., et al. (2009). Stable isotope constraints on Holocene carbon cycle changes from an Antarctic ice core. *Nature*, 461, pp. 507–10.

· EPICA Community Members (2006). One-to-one coupling of glacial climate variability in Greenland and Antarctica. *Nature*, 444, pp. 195–8.

· Erickson, A. (2018) Few countries are meeting the Paris climate goals. Here are the ones that are. *The Washington Post*: www.washingtonpost.com/world/2018/10/11/few-countries-are-meeting-paris-climate-goals-

hereare-ones-that-are.

· Eriksen, T. (2016). *Overheating: An anthropology of accelerated change*. London: Pluto Press.

· Eriksen, T. (2017). *What is anthropology?* (2nd edn.). London: Pluto Press.

· Fagan, B. (2001). *The Little Ice Age: How climate made history 1300-1850*. New York: Basic Books, pp. 272.

· Feldman, D. R., Collins, W. D., Gero, P. J., et al. (2015). Observational determination of surface radiative forcing by CO_2 from 2000 to 2010. *Nature*, 519, pp. 339–43.

· Figueroa, A. (2017). *Economics of the Anthropocene age*. New York: Palgrave Macmillan.

· Filippelli, G. M. (2002). The global phosphorus cycle: past, present, and future. *Elements*, 4, pp. 89–95.

· Filkins, D. (2008). *The forever war*. New York: Knopf.

· Finney, S. C. and Edwards, L. E. (2016). The "Anthropocene" epoch: Scientific decision or political statement? *GSA Today*, 26, pp. 4–10.

· Fourcade, M., Ollion, E., and Algan, Y. (2015). The superiority of economists. *Journal of Economic Perspectives*, 29, pp. 89–114.

· Fowler, C. (2017). *Seeds on ice: Svalbard and the Global Seed Vault*. Westport, Conn.: Prospecta.

· Frank, A. (2018). www.liebertpub.com/doi/10.1089/ast.2017.1671.

· Frank, A., Albert, M., and Kleidon, A. (2017). Earth as a hybrid planet: The Anthropocene in an evolutionary astrobiological context: https://arxiv.org/ftp/arxiv/papers/1708/1708.08121.pdf.

· Frank, A., Carroll-Nellenback, J., Alberti, M., and Kleidon, A. (2018). The Anthropocene generalized: Evolution of exo-civilizations and their planetary feedback. *Astrobiology*, 18, pp. 503-18.

· Fuentes, A. (2010). Naturalcultural encounters in Bali: Monkeys, temples, tourists, and ethnoprimatology. *Cultural Anthropology*, 25, pp. 600-24.

· Fukuoka, M. (1978). *The one-straw revolution: An introduction to natural farming*. Emmaus, Pa.: Rodale Press.

· Fuller, D., van Etten, J., Manning, K., et al. (2011). The contribution of rice agriculture and livestock pastoralism to prehistoric methane levels. *The Holocene*, 21, pp. 743-59.

· Galloway, J. N., Leach, A. M., Bleeker, and Erisman, J. W. (2013). A chronology of human understanding of the nitrogen cycle. *Philosophical Transactions of the Royal Society of London. Series B, Biological Sciences*, 368(1621), 20130120. DOI: 10.1098/rstb.2013.0120.

· Galuszka, A. and Wagreich, M. (2019). Metals. In J. Zalasiewicz, C. Waters, M. Williams, and C. Summerhayes, eds., *The Anthropocene as a geological time unit*. Cambridge University Press, pp. 178-86.

· Ganopolski, A., Winkelmann, R., and Schellnhuber, H. J. (2016). Critical insolation – CO_2 relation for diagnosing past and future glacial inception. *Nature*, 529, pp. 200-3.

· Gervais, P. (1867-9). *Zoologie et paleontology générales: nouvelles recherches sur les animaux vértebrés et fossiles*. Paris.

· Geyer, R., Jambeck, J. R., and Lavender Law, K. (2017). Production, use, and fate of all plastics ever made. *Science Advances*, 3, p. e1700782.

· Ghosh, A. (2016). *The great derangement: Climate change and the unthinkable*. University of Chicago Press.

· Gibbard, P. and Head, M. (2010). The newly-ratified definition of the Quaternary System/Period and redefinition of the Pleistocene Series/Epoch, and comparison of proposals advanced prior to formal ratification. *Épisodes*, 33, pp. 152-8.

· Gibbard, P. L. and Walker, M. J. C. (2014). The term "Anthropocene" in the context of formal geological classification. In C. N. Waters, J. A. Zalasiewicz, M. Williams, et al., eds., *A stratigraphical basis for the Anthropocene*. Special Publications, 395. London: Geological Society, pp. 29-37.

· Giddens, A. (2009). *The politics of climate change*. Cambridge: Polity.

· Glikson, A. (2013). Fire and human evolution: The deep-time blueprints of the Anthropocene. *Anthropocene*, 3, pp. 89-92.

· Global Footprint Network (n.d.). *Ecological Footprint*: Global Footprint Network. www.footprintnetwork.org/our-work/ecological-footprint.

· Gorz, A. (1980). *Ecology as politics*. Boston: South End Press.

· Goulson, D. (2013). *A sting in the tale: My adventures with bumblebees*. New York: Picador.

· Gowlett, J. (2016). The discovery of fire by humans: A long and convoluted process. *Philosophical Transactions of the Royal Society B: Biological Sciences*, 371, p. 20150164.

· Grinevald, J. (2007). *La Biosphère de l'Anthropocène: climat et pétrole, la double menace. Repères transdisciplinaires (1824-2007)*. Geneva, Switzerland: Georg / Éditions Médecine & Hygiène.

· Grinevald, J., McNeill, J., Oreskes, N., Steffen, W., Summerhayes, C., and Zalasiewicz, J. (2019). History of the Anthropocene concept. In J. Zalasiewicz, C. Waters, M. Williams, and C. Summerhayes, eds., *The Anthropocene as a geological time unit*. Cambridge University Press, pp. 4–11.

· Griscom, B. W., Adams, J., Ellis, P. W., et al. (2017). Natural climate solutions. *Proceedings of the National Academy of Sciences*, 114(44), pp. 11645–50.

· Gueye, M. (2016). Five facts you should know about green jobs in Africa. [Blog] Green Growth Knowledge Platform: www. greengrowthknowledge.org/blog/five-facts-you-should-know-about-green-jobs-africa.

· Guha, R. (2000 [1989]). *The unquiet woods: Ecological change and peasant resistance in the Himalaya*. Berkeley: University of California Press.

· Gutjahr, M., Ridgwell, A., Sexton, P. F., et al. (2017). Very large release of mostly volcanic carbon during the Paleocene–Eocene Thermal Maximum. *Nature*, 548, pp. 573–7.

· Haff, P. K. (2012). Technology and human purpose: The problem of solids transport on the Earth's surface. *Earth System Dynamics*, 3, pp. 149–56.

· Haff, P. K. (2014). Technology as a geological phenomenon: Implications for human wellbeing. In C. N. Waters, J. A. Zalasiewicz, M. Williams, et al., eds., *A stratigraphical basis for the Anthropocene*. Special Publications, 395. London: Geological Society, pp. 301–9.

· Haff, P. K. (2019). The technosphere and its relation to the Anthropocene. In J. Zalasiewicz, C. Waters, M. Williams, and C. Summerhayes, eds., *The Anthropocene as a geological time unit*. Cambridge University Press, pp. 138–43.

· Hamann, M., Berry, K., Chaigneau, T., et al. (2018). Inequality and the biosphere. *Annual Review of Environment and Resources*, 43, pp. 61–83.

· Hamilton, C. (2013). *Earthmasters: The dawn of the age of climate engineering*. New Haven: Yale University Press.

· Hamilton, C. (2015a). Getting the Anthropocene so wrong. *Anthropocene Review*, 2, pp. 102–7.

· Hamilton, C. (2015b). Human destiny in the Anthropocene. In C. Hamilton, C. Bonneuil, and F. Gemenne, eds., *The Anthropocene and the global environmental crisis: Rethinking modernity in a new epoch*. New York: Routledge.

· Hamilton, C. (2016). Anthropocene as rupture. *Anthropocene Review*, 3, pp. 93–106.

· Hamilton, C. and Grinevald, J. (2015). Was the Anthropocene anticipated? *Anthropocene Review*, 2, pp. 59–72.

· Hansen, P. H. (2013). *The summits of modern man: Mountaineering after the Enlightenment*. Cambridge, Mass.: Harvard University Press.

· Haraway, D. (2003). *The companion species manifesto: Dogs, people, and significant otherness*. Chicago: Prickly Paradigm Press.

· Hardin, G. (1968). The tragedy of the commons. *Science*, 162, pp. 1243–8.

· Haslam, M., Clarkson, C., Petraglia, M., et al. (2010). The 74 ka Toba super-eruption and southern Indian hominins: archaeology, lithic technology and environments at Jwalapuram Locality 3. *Journal of Archaeological Science*, 37, pp. 3370–84.

· Hasper, M. (2009). Green technology in developing countries: Creating accessibility through a global exchange forum. *Duke Law and Technology Review*, 7, pp. 1–14.

· Haug, G. H., Ganopolski, A., Sigman, D. M., et al. (2005). North Pacific seasonality and the glaciation of North America 2.7 million years ago. *Nature*, 433, pp. 821–5.

· Haughton, S. (1865) *Manual of Geology*. Dublin and London: Longman & Co.

· Hawking, S. and Mlodinow, L. (2013). The (elusive) theory of everything. *Scientific American*, 22, pp. 90–3.

· Hazen, R. M., Papineau, D., Bleeker, W., et al. (2008). Mineral evolution. *American Mineralogist*, 93, pp. 1639–1720.

· Hazen, R. M., Grew, E. S., Origlieri, M. J., and Downs, R. T. (2017). On the mineralogy of the "Anthropocene Epoch." *American Mineralogist*, 102, pp. 595–611.

· Hecht, G. (2018). Interscalar vehicles for an African Anthropocene: On waste, temporality, and violence. *Cultural Anthropology*, 33, pp. 109–41.

· Heilbroner, R. (1974). *An inquiry into the human prospect*. New York: W. W. Norton.

· Heise, U. (2016). *Imagining extinction: The cultural meanings of endangered species*. University of Chicago Press.

· Heron, S. F., Maynard, J. A., van Hooidonk, R., and Eakin, C. M. (2016). Warming stress and bleaching trends of the world's coral reefs 1985–2012. *Scientific Reports*, 6, p. 38402.

· Hickel, J. (2018). *The divide: Global inequality from conquest to free markets*. New York: W. W. Norton.

· Higgs, K. (2014). *Collision course: Endless growth on a finite planet*. Cambridge, Mass.: MIT Press.

· Himson, S., Kinsey, N. P., Aldridge, D. C., Williams, M., and Zalasiewicz, J. (2020). Invasive mollusk faunas of the River Thames exemplify potential biostratigraphic characterization of the Anthropocene. *Lethaia*, 53, pp. 267–79..

· Hodgkiss, M. S. W., Crockford, P. W., Peng, Y., Wing, B. A., and Horner, T. J. (2019). A productivity collapse to end Earth's Great Oxidation. *Proceedings of the National Academy of Sciences of the United States of America*, 116, pp. 17207–12.

· Hofreiter, M. and Stewart, J. (2009). Ecological change, range fluctuations and population dynamics during the Pleistocene. *Current Biology*, 19(14), pp. R584–94.

· Holmes, O. (2016). Environmental activist murders set record as 2015 became deadliest year. *The Guardian*: www.theguardian.com/environment/2016/jun/20/environmental-activist-murders-global-witness-report.

· Holtgrieve, G. W., Schindler, D. E., Hobbs, W. O., et al. (2011). A coherent signature of anthropogenic nitrogen deposition to remote watersheds of the northern hemisphere. *Science*, 334, pp. 1545–8.

· Homann, M., Sansjofre, P., Van Zuilen, M., et al. 2018. Microbial life and biogeochemical cycling on land 3,220 million years ago. *Nature Geoscience*, 11, pp. 665–71.

· Hren, S. (2011). *Tales from the sustainable Underground: A wild journey with people who care more about the planet than the law*. Gabriola Island, Canada: New Society Publishers, Limited.

· Hughes, T. P., Anderson, K. D., and Connolly, S. R. (2018). Spatial and temporal patterns of mass bleaching of corals in the Anthropocene. *Science*, 359, pp. 80–3.

· Hutton, J. (1899 [1795]). *Theory of the Earth with Proofs and Illustrations (in Four Parts)*, vols. I – II, Edinburgh, 1795; London: Geological Society, 1899.

· Ingold, T. (2018). *Anthropology: Why it matters*. Cambridge: Polity.

· International Energy Agency (2017). Energy Access Database: www.iea.org/energyaccess/database.

· IPCC (2013). Summary for policymakers. In [T. F. Stocker, D. Qin, G.-K. Plattner, et al., eds.] *Climate change 2013: The physical science basis*. Contribution of Working Group I to the Fifth Assessment Report of the Intergovernmental Panel on Climate Change. Cambridge and New York: Cambridge University Press.

· IPCC (2018). Summary for policymakers. In V. Masson-Delmotte, P. Zhai, H. Portner, et al., eds., *Global warming of 1.5 °C: An IPCC Special Report on the impacts of global warming of 1.5 °C above pre-industrial levels and related global greenhouse gas emission pathways, in the context of strengthening the global response to the threat of climate change, sustainable development, and efforts to eradicate poverty*. Geneva: World Meteorological Organization: www.ipcc.ch/site/assets/uploads/sites/2/2018/07/SR15_SPM_version_stand_alone_LR.pdf.

· Jackson, S. (2019). Humboldt for the Anthropocene. *Science*, 365, pp. 1074–6.

· Jackson, T. (2009). *Prosperity without growth? The transition to a sustainable economy*. London: Sustainable Development Commission: https://research-repository.st-andrews.ac.uk/bitstream/handle/10023/2163/sdc-2009-pwg.pdf?seq.

· Jagoutz, O., Macdonald, F. A., and Royden, L. (2016). Low-latitude arc-continent collision as a driver for global cooling. *Proceedings of the National Academy of Sciences of the United States of America*, 113, pp. 4935–40.

· Jansson, A., Hammer, M., Folke, C., and Costanza, R., eds. (1994). *Investing in natural capital: The ecological economics approach to sustainability*. Washington, DC: Island Press.

· Jenkyn, T. W. (1854a). Lessons in Geology XLVI. Chapter IV. On the effects of organic agents on the Earth's crust. *Popular Educator*, 4, pp. 139–41.

· Jenkyn, T. W. (1854b). Lessons in Geology XLIX. Chapter V. On the classification of rocks section IV. On the tertiaries. *Popular Educator*, 4, pp. 312–16.

· Jensenius, A. (2012). Disciplinarities: intra, cross, multi, inter, trans. [Blog] Alexander Refsum Jensenius: www.arj.no/2012/03/12/disciplinarities-2.

· Jordan, B. (2016). *Advancing ethnography in corporate environments: Challenges and emerging opportunities*. London: Routledge.

· Kahn, M. E. (2010) *Climatopolis: How our cities will thrive in the hotter future*. New York: Basic Books.

· Keith, D. (2019) Let's talk about geoengineering. Project Syndicate: www.project-syndicate.org/commentary/solar-geoengineering-globalclimate-debate-by-david-keith-2019-03.

· Kemp, D. B., Coe, A. L., Cohen, A. S., and Schwark, L. (2005). Astronomical pacing of methane release in the Early Jurassic Period. *Nature*, 437, pp. 396–9.

· Kennedy, C. M., Oakleaf, J. R., Theobald, D. M., Baruch-Mordo, S., and Kiesecker, J. (2019). Managing the middle: A shift in conservation priorities based on the global human modification gradient. *Global Change Biology*, 25, pp. 811–26.

· Kenner, D. (2015). *Inequality of overconsumption: The ecological footprint of the richest.* GSI Working Paper 2015/2. Cambridge: Global Sustainability Institute, Anglia Ruskin University.

· Ketcham, C. (2017). The fallacy of endless economic growth. *Pacific Standard*: https://psmag.com/magazine/fallacy-of-endless-growth.

· Keynes, J. M. (1932). Economic possibilities for our grandchildren. In *Essays in persuasion*. New York: Harcourt Brace, pp. 358–73.

· Kingsnorth, P. (2017). *Confessions of a recovering environmentalist*. London: Faber & Faber.

· Kingsolver, B. (2007). *Animal, vegetable, miracle: A year of food life*. New York: Harper Perennial.

· Kirksey, S., and Helmreich, S. (2010). The emergence of multispecies ethnography. *Cultural Anthropology*, 25, pp. 545–76.

· Klein, N. (2015). *This changes everything: Capitalism vs. the climate*. New York: Penguin.

· Knoll, A. H., Walter, M. R., Narbonne, G. M., and Christie-Blick, M. (2006). The Ediacaran Period: A new addition to the geological time scale. *Lethaia*, 39, pp. 13–30.

· Kohn, E. (2013). *How forests think: Toward an anthropology beyond the human*. Berkeley: University of California Press.

· Konrad, H., Shepherd, A., Gilbert, L., et al. (2018). Net retreat of Antarctic glacier grounding lines. *Nature Geoscience*, 11, pp. 258–62.

· Kopp, R., Kirschvink, J., Hilburn, I., and Nash, C. (2005). The Paleoproterozoic snowball Earth: A climate disaster triggered by the evolution of oxygenic photosynthesis. *Proceedings of the National Academy of*

Sciences of the United States of America, 102, pp. 11131–6.

· Kramnick, J. (2017). The interdisciplinary fallacy. *Representations*, 140, pp. 67–83.

· Krugman, P. (2013). Gambling with civilization [review of *The climate casino: Risk, uncertainty, and economics in a warming world* by W. D. Nordhaus]. *The New York Review of Books*: www.nybooks.com/articles/2013/11/07/climate-change-gambling-civilization.

· Kurt, D. (2019). Are you in the world's top 1 percent? [Blog] Investopedia: www.investopedia.com/articles/personal-finance/050615/are-you-topone-percent-world.asp.

· Lambeck, K., Rouby, H., Purcell, A., Sun, Y., and Sambridge, M. (2014). Sea level and global ice volumes from the Last Glacial Maximum to the Holocene. *Proceedings of the National Academy of Sciences of the United States of America*, 111, pp. 15296–303.

· Lane, L., Caldeira, K., Chatfield, R., and Langhoff, S. (2007). Workshop report on managing solar radiation. [online] NASA/CP-2007-214558: https://ntrs.nasa.gov/archive/nasa/casi.ntrs.nasa.gov/20070031204.pdf.

· Langston, N. (2010). *Toxic bodies: Hormone disruptors and the legacy of DES*. New Haven: Yale University Press.

· Lapierre, D. (1985). *City of joy*. Garden City: Doubleday.

· Latouche, S. (2012). *Farewell to growth*. Cambridge: Polity.

· Latour, B. (1987). *Science in action: How to follow scientists and engineers through society*. Cambridge, Mass.: Harvard University Press.

· Latour, B. (1993). *We have never been modern*. New York: Harvester Wheatsheaf.

· Latour, B. (2000). *Pandora's hope: Essays on the reality of science studies*. Cambridge, Mass.: Harvard University Press.

· Latour, B. (2017). Anthropology at the time of the Anthropocene: A personal view of what is to be studied. In M. Brightman and J. Lewis, eds., *The anthropology of sustainability: Beyond development and progress*. London: Palgrave Macmillan.

· Latour, B. (2020). Imaginer les gestes-barrières contre le retour à la production d'avant-crise, https://aoc.media/opinion/2020/03/29/imaginer-les-gestes-barrieres-contre-le-retour-a-la-production-davantcrise.

· Lenton, T. (2016). *Earth System science: A very short introduction*. Oxford University Press.

· Lepczyk, C. A., Aronson, M. F. J., Evans, K. L., Goddard, M. A., Lerman, S. B., and Macivor, J. S. (2017). Biodiversity in the city: Fundamental questions for understanding the ecology of urban spaces for biodiversity conservation. *BioScience*, 67, pp. 799–807.

· Letcher, T. M., ed. (2016). *Climate change: Observed impacts on planet Earth* (2nd edn.). Amsterdam and Oxford: Elsevier.

· Levit, G. (2002). The biosphere and the noosphere theories of V. I. Vernadsky and P. Teilhard de Chardin: A methodological essay. *Archives Internationales d'histoire des sciences*, 50/2000: https://web.archive.org/web/20050517081543/http://www2.uni-jena.de/biologie/ehh/personal/glevit/Teilhard.pdf.

· Lewis, S. L. and Maslin, M. A. (2015). Defining the Anthropocene. *Nature*, 519, pp. 171–80.

· Lightman, A. (2013). *The accidental universe: The world you thought you knew*. New York: Vintage Books.

· Lisiecki, L., and Raymo, M. E. (2005). A Pliocene–Pleistocene stack of 57 globally distributed benthic $\delta^{18}O$ records. *Paleoceanography*, 20, p. PA1003, DOI: 10.1029/2004PA001071.

· Liu, H. (2016). The dark side of renewable energy. Earth Journalism Network: https://earthjournalism.net/stories/the-dark-sideof-renewable-energy.

· Loss, S. R., Will, T., and Marra, P. P. (2013). The impact of free-ranging domestic cats on wildlife of the United States. *Nature Communications*, 4, p. 1396(2013).

· Lubick, N. (2010). Giant eruption cut down to size. *Science*: www.sciencemag.org/news/2010/11/giant-eruption-cut-down-size.

· Lynas, M. (2011) *The god species: Saving the planet in the age of humans*. New York: Fourth Estate.

· Macleod, N. (2014). Historical inquiry as a distributed, nomothetic, evolutionary discipline. *The American Historical Review*, 119, pp. 1608–20.

· Malm, A. (2016). *Fossil capital: The rise of steam power and the roots of global warming*. London: Verso Books.

· Malm, A. and Hornborg, A. (2014). The geology of mankind? A critique of the Anthropocene narrative. *Anthropocene Review*, 1, pp. 62–9.

· Mann, M. and Toles, T. (2016). *The madhouse effect: How climate change denial is threatening our planet*. New York: Columbia University Press.

· Mann, M. E., Miller, S. K., Rahmstorf, S., et al. (2017). Record temperature streak bears anthropogenic fingerprint.

Geophysical Research Letters, 44, DOI: 10.1002/2017GL074056.

· Marglin, S. (2010). The dismal science: How thinking like an economist undermines community. Cambridge, Mass.: Harvard University Press.

· Marglin, S. (2013). Premises for a new economy. Development, 56, pp. 149–54.

· Marglin, S. (2017) A post-modern economics? Unpublished paper for the workshop "Rethinking Economic History in the Anthropocene," Boston College, March 23–25, 2017.

· Marglin, S. and Schor, J. (1990). The golden age of capitalism: Reinterpreting in postwar experience. Oxford: Clarendon Press.

· Margulis, L. and Sagan, D. (1986). Microcosmos: Four billion years of microbial evolution. Berkeley: University of California Press.

· Marsh, G. P. (1864). Man and Nature; Or, Physical Geography as Modified by Human Action. New York: Charles Scribner (reprinted: ed. D. Lowenthal, Cambridge, Mass.: Belknap Press / Harvard University Press, 1965).

· Marsh, G. P. (1874). The Earth as Modified by Human Action: A New Edition of "Man and Nature." New York: Charles Scribner; Armstrong & Co.

· Martinez-Alier, J. (2002) The environmentalism of the poor: A study of ecological conflicts and valuation. Cheltenham and Northampton, Mass.: Edward Elgar Publishers.

· Mathesius, S., Hofmann, M., Caldeira, K., and Schellnhuber, H. (2015). Long-term response of oceans to carbon dioxide removal from the atmosphere. Nature Climate Change, 5, pp. 1107–13.

· McCarthy, C. (2006). The road. New York: Vintage International.

· McGlade, C. and Ekins, P. (2015). The geographical distribution of fossil fuels unused when limiting global warming to 2 °C. Nature, 517, pp. 187–90.

· McKibben, B. (2010). Eaarth: Making a life on a tough new planet. New York: Henry Holt & Company.

· McKie, R. (2018). Portrait of a planet on the verge of climate catastrophe. The Guardian: www.theguardian.com/environment/2018/dec/02/world-verge-climate-catastophe.

· McNeely, J. (2001). Invasive species: A costly catastrophe for native biodiversity. Land Use and Water Resources Research, 1, pp. 1–10.

· McNeill, J. R. (2000). Something new under the sun: An environmental history of the twentieth-century world. New York: W. W. Norton & Co.

· McNeill, J. R. and Engelke, P. (2016). The great acceleration: An environmental history of the Anthropocene since 1945. Cambridge, Mass.: Belknap / Harvard University Press.

· McNeill, J. R. and McNeill, W. (2003). The human web: A bird's-eye view of world history. New York: W. W. Norton & Co.

· Meadows, D., Meadows, D., Randers, J., and Behrens, W., III (1972). The limits to growth. Washington, DC: Potomac Associates.

· Meadows, D., Randers, J., and Meadows, D. (2004). Limits to growth: The 30-year update. White River Junction, Vermont: Chelsea Green Publishing.

· Meybeck, M. (2003). Global analysis of river systems: From Earth System controls to Anthropocene syndromes. Philosophical Transactions of the Royal Society, B358, pp.

1935-55.

· Mill, J. (1965 [1948]). Influence of the progress of society on production and distribution. In J. Robson, ed., *Collected works of John Stuart Mill*, vol. III: *The principles of political economy with some of their applications to social philosophy*. Toronto: Routledge & Kegan Paul, pp. 705-57.

· Millennium Ecosystem Assessment (2005a). *Ecosystems & human well-being: Synthesis*. Washington, DC: Island Press: www.millenniumassessment.org/documents/document.356.aspx.pdf.

· Millennium Ecosystem Assessment (2005b). Overview of the Milliennium [*sic*] Ecosystem Assessment: www.millenniumassessment.org/en/About.html.

· Miller, G. H., Gogel, M. L., Magee, J. W., Gagan, M. K., Clarke, S. J., and Johnson, B. J. (2005). Ecosystem collapse in Pleistocene Australia and a human role in megafaunal extinction. *Science*, 309, pp. 287-90.

· Minx, J. (2018). How can climate policy stay on top of a growing mountain of data? *The Guardian*: www.theguardian.com/science/political-science/2018/jun/12/how-can-climate-policy-stay-on-top-of-agrowing-mountain-of-data.

· Mitchell, T. (1998). Fixing the economy. *Cultural Studies*, 12, pp. 82-101.

· Mithen, S. (1996). *The prehistory of the mind: A search for the origins of art, religion, and science*. London: Thames and Hudson.

· Mithen, S. (2007). *The singing Neanderthals: The origins of music, language, mind and body*. Cambridge, Mass.: Harvard University Press.

· Miyazaki, H. (2014). *Turning point*. Viz Media.

· Mol, A. (2002). *The body multiple: Ontology in medical practice*. Durham: Duke University Press.

· Mooney, H., Duraiappah, A., and Larigauderie, A. (2013). Evolution of natural and social science interactions in global change research programs. *Proceedings of the National Academy of Sciences of the United States of America*, 110(Supplement 1), pp. 3665-72.

· Moore, J. (2015). *Capitalism in the web of life: Ecology and the accumulation of capital*. New York: Verso Books.

· Mora, C., Tittensor, D., Adl, S., Simpson, A., and Worm, B. (2011). How many species are there on Earth and in the ocean? *PLoS Biology*, 9, p. e1001127.

· Mora, C., Dousset, B., Caldwell, I. R., et al. (2017). Global risk of deadly heat. *Nature Climate Change*, 7, pp. 501-6.

· Morera-Brenes, B., Monge-Nájera, J., Carrera Mora, P. (2019). The conservation status of Costa Rican velvet worms (Onychophora): geographic pattern, risk assessment and comparison with New Zealand velvet worms. *UNED Research Journal*, 11, pp. 272-82.

· Morrison, K. (2009). *Daroji Valley: Landscape history, place, and the making of a dryland reservoir system*. New Delhi: American Institute of Indian Studies and Manohar.

· Morrison, K. (2013). *The human face of the land: Why the past matters for India's environmental future*. Occasional Papers, History and Society Series, 27. New Delhi: Nehru Memorial Museum and Library.

· Morrison, K. (2015). Provincializing the anthropocene. [Online] Nature and History: A Symposium on Human-Environment

Relations in the Long Term: www.india-seminar.com/2015/673/673_kathleen_morrison.htm.

· Morton, T. (2013). *Hyperobjects: Philosophy and ecology after the end of the world*. Minneapolis: University of Minnesota Press.

· Morton, T. (2018). The hurricane in my backyard. *The Atlantic*: www.theatlantic.com/technology/archive/2018/07/the-hurricane-in-my-backyard/564554.

· Muir, D. C. G. and Rose, N. L. (2007). Persistent organic pollutants in the sediments of Lochnagar. In N. L. Rose, ed., *Lochnagar: The natural history of a mountain lake*, Developments in Paleoenvironmental Research, 12. Dordrecht: Springer, pp. 375–402.

· Muller, J. (2018). *The tyranny of metrics*. Princeton University Press.

· Murtaugh, P. and Schlax, M. (2009). Reproduction and the carbon legacies of individuals. *Global Environmental Change*, 19, pp. 14–20.

· National Institutes of Health (2012). NIH Human Microbiome Project defines normal bacterial makeup of the body. June 13: www.nih.gov/news/health/jun2012/nhgri-13.htm.

· National Research Council (1986). *Earth System science: Overview: A program for global change*. Washington, DC: The National Academies Press, p. 19: https://doi.org/10.17226/19210.

· Nerem, R. S., Beckley, B. D., Fasullo, J. T., et al. (2018). Climate-change-driven accelerated sea level rise detected in the altimeter era. *Proceedings of the National Academy of Sciences of the United States of America*, 115, pp. 2022–5.

· Neukom, R., Steiger, N., Gómez-Navarro, J. J., Wang, J., and Werner, J. (2019). No evidence for globally warm and cold periods over the preindustrial Common Era. *Nature*, 571, pp. 550–4.

· Nicholson, S. (2013). The promises and perils of geoengineering. In Worldwatch Institute, ed., *Is sustainability still possible? State of the world 2013*. Washington, DC: Island Press, pp. 317–31.

· Nicholson, S. and Jinnah, S., eds. (2016). *New earth politics: Essays from the Anthropocene*. Cambridge, Mass.: The MIT Press.

· Nickel, E. H. and Grice, J. D. (1998). The IMA Commission on New Minerals and Mineral Names: Procedures and guidelines on mineral nomenclature. *Canadian Mineralogist*, 36, pp. 913–26.

· Nilon, C. H., Aronson, M. F. J., Cilliers, S. S., et al. (2017). Planning for the future of urban biodiversity: A global review of city-scale initiatives. *BioScience*, 67, pp. 332–42.

· NOAA (n.d.). Climate forcing. NOAA.gov: www.climate.gov/maps-data/primer/climate-forcing.

· Nordhaus, T. and Shellenberger, M. (2007). Break through: From the death of environmentalism to the politics of possibility. Boston: Houghton Mifflin.

· Norgaard, R. (2010). Ecosystem services: From eye-opening metaphor to complexity blinder. *Ecological Economics*, 69, pp. 1219–27.

· Norgaard, R. (2013). The Econocene and the delta. *San Francisco Estuary and Watershed Science*, 11. *North–South: A programme for survival* (a.k.a. The Brandt Report) (1980): www.sharing.org/information-centre/reports/brandt-report-summary.

· Northcott, M. (2014). *A political theology of climate change*. Grand Rapids: William B.

Eerdman Publishing Company.

· Och, L. M. and Shields-Zhou, G. A. (2012). The Neoproterozoic oxygenation event: environmental perturbations and biogeochemical cycling. *Earth-Science Reviews*, 110, pp. 26–57.

· Oliveira, I. de S., Read, V. M. St. J., and Mayer, G. (2012). A world checklist of Onychophora (velvet worms), with notes on nomenclature and status of names. *ZooKeys*, 211, pp. 1–70.

· O'Neil, C. (2016). *Weapons of math destruction: How big data increases inequality and threatens democracy*. New York: Crown Publishers.

· O'Neill, D. (2015). The proximity of nations to a socially sustainable steady-state economy. *Journal of Cleaner Production*, 108, pp. 1213–31.

· Oreskes, N. (2004). The scientific consensus on climate change. *Science*, 306, p. 1686.

· Oreskes, N. (2019) *Why trust science?* Princeton University Press.

· Oreskes, N. and Conway, E. (2010). *Merchants of doubt: How a handful of scientists obscured the truth on issues from tobacco smoke to global warming*. London: Bloomsbury Press.

· Oreskes, N. and Conway, E. (2014). *The collapse of Western civilization*. New York: Columbia University Press.

· Orr, D. (2013). Governance in the long emergency. In Worldwatch Institute, ed., *Is sustainability still possible? State of the world 2013*. Washington, DC: Island Press, pp. 279–91.

· Orr, D. (2016). *Dangerous years: Climate change, the long emergency, and the way forward*. New Haven: Yale University Press.

· Orr, J. C., Fabry, V. J., Aumont, O., et al. (2005). Anthropogenic ocean acidification over the twenty-first century and its impact on calcifying organisms. *Nature*, 437, pp. 681–6.

· Ortiz, I. and Cummins, M. (2011). *Global inequality: Beyond the bottom billion – a rapid review of income distribution in 141 countries*. UNICEF Social and Economic Policy Working Paper. New York: UNICEF: www.childimpact.unicef-irc.org/documents/view/id/120/lang/en.

· Ostrom, E. (1999). Revisiting the commons: Local lessons, global challenges. *Science*, 284, pp. 278–82.

· Ottoni, C., Van Neer, W., and Geigl, E.-M. (2017). The palaeogenetics of cat dispersal in the ancient world. *Nature Ecology & Evolution*, 1, p. 0139(2017).

· Parker, G. (2013). *Global crisis: War, Climate change, and catastrophe in the seventeenth century*. New Haven: Yale University Press.

· Pauly, D. (2010). *5 easy pieces: The impact of fisheries on marine systems*. Washington, DC: Island Press.

· Piketty, T. (2014). *Capital in the twenty-first century*. Cambridge, Mass.: Belknap / Harvard University Press.

· Pilling, D. (2018). *The growth delusion*. London: Bloomsbury.

· Plastic Oceans International. (2019). Who we are: https://plasticoceans.org/who-we-are.

· Pope, K. (2019). Feeding 10 billion people by 2050 in a warming world. *Yale Climate Connections*: www.yaleclimateconnections.org/2019/02/warmer-world-more-hungry-people-big-challenges.

· Povinelli, E. (2016). *Geontologies: A requiem to late liberalism*. Durham: Duke University Press.

· Powell, C. (2013). The possible parallel universe of dark matter. *Discover* (July/August): http://discovermagazine.com/2013/julyaug/21-the-possibleparallel-universe-of-dark-matter.

· Price, S. J., Ford, J. R., Cooper, A. H., and Neal, C. (2011). Humans as major geological and geomorphological agents in the Anthropocene: The significance of artificial ground in Great Britain. In M. Williams, J. A. Zalasiewicz, A. Haywood, and M. Ellis, eds., *The Anthropocene: A new epoch of geological time. Philosophical Transactions of the Royal Society (Series A)*, 369, pp. 1056–84.

· Prugh, T., Costanza, R., Cumberland, J., Daly, H., Goodland, R., and Noorgard, R. (1999). *Natural capital and human economic survival* (2nd edn.). Boca Raton, Fla.: Lewis Publishers.

· Rasmussen, L. (2013). *Earth-honoring faith: Religious ethics in a new key.* New York: Oxford University Press.

· Raworth, K. (2017). *Doughnut economics: Seven ways to think like a 21st century economist.* White River Junction, Vt.: Chelsea Green Publishing.

· Rees, M. (2003). *Our final hour: A scientist's warning. How terror, error, and environmental disaster threaten humankind's future in this century – on earth and beyond.* New York: Basic Books.

· Resplandy, I., Keeling, R. F., Eddebbar, Y., et al. (2018). Quantification of ocean heat uptake from changes in atmospheric O_2 and CO_2 composition. *Nature*, 563, pp. 105–8.

· Revkin, A. C. (1992). *Global warming: Understanding the forecast.* New York: Abbeville Press.

· Richter, D., Grün, R., Joannes-Boyau, R., et al. (2017). The age of the hominin fossils from Jbel Irhoud, Morocco, and the origins of the Middle Stone Age. *Nature*, 546, pp. 293–6.

· Ridley, M. (2010) *The rational optimist: How prosperity evolves.* New York: Harper Collins.

· Riginos, C., Karande, M. A., Rubenstein, D. I., and Palmer, T. M. (2015). Disruption of protective ant–plant mutualism by an invasive ant increases elephant damage to savannah trees. *Ecology*, 96, pp. 554–661: https://doi.org/10.1890/14-1348.1.

· Robert, F. and Chaussidon, M. (2006). A palaeotemperature curve for the Precambrian oceans based on silicon isotopes in cherts. *Nature*, 443, pp. 969–72.

· Robin, L. (2008). The eco-humanities as literature: A new genre? *Australian Literary Studies*, 23, pp. 290–304.

· Rocha, J. C, Peterson, G., Bodin, O. and Levin, S. (2018). Cascading regime shifts within and across scales. *Science*, 362, pp. 1379–83.

· Roebroeks, W. and Villa, P. (2011). On the earliest evidence for habitual use of fire in Europe. *Proceedings of the National Academy of Sciences of the United States of America*, 108, pp. 5209–14.

· Rose, N. L. (2015). Spheroidal carbonaceous fly-ash particles provide a globally synchronous stratigraphic marker for the Anthropocene. *Environmental Science & Technology*, 49, pp. 4155–62.

· Ross, C. (2017). Developing the rain forest: Rubber, environment and economy in Southeast Asia. In G. Austin, ed., *Economic development and environmental history in the Anthropocene: Perspectives on Asia and Africa.* London: Bloomsbury, pp. 199–218.

· Rothkopf, D. (2012). *Power, Inc.: The epic rivalry between big business and*

government. New York: Farrar, Straus, and
Giroux.

· Royal Society (2009). *Geoengineering
the climate: Science, governance and
uncertainty*. London: The Royal Society,
Science Policy: https://royalsociety.
org/topics-policy/publications/2009/
geoengineering-climate.

· Ruddiman, W. F. (2003). The anthropogenic
Greenhouse Era began thousands of years
ago. *Climatic Change*, 61, pp. 261–93.

· Ruddiman, W. F. (2013). Anthropocene.
*Annual Review of Earth and Planetary
Sciences*, 41, pp. 45–68.

· Ruddiman, W. F., Ellis, E. C., Kaplan, J. O.,
and Fuller, D. Q. (2015). Defining the epoch
we live in. *Science*, 348, pp. 38–9.

· Rudwick, M. J. S. (2016). *Earth's deep
history: How it was discovered and why it
matters*. University of Chicago Press.

· Rule, S., Brook, B., Haberle, S., Turney,
C., Kershaw, A., and Johnson, C. (2012).
The aftermath of megafaunal extinction:
Ecosystem transformation in Pleistocene
Australia. *Science*, 335, pp. 1483–6.

· Sachs, J. (2015). *The age of sustainable
development*. New York: Columbia
University Press.

· Samways, M. (1999). Translocating
fauna to foreign lands: Here comes
the Homogenocene. *Journal of Insect
Conservation*, 3, pp. 65–6.

· Schor, J. (1998). *The overspent American:
Upscaling, downshifting, and the new
consumer*. New York: Basic Books.

· Schor, J. (2010). *Plenitude: The new
economics of true wealth*. New York:
Penguin Press.

· Schumacher, E. (1973). *Small is beautiful:
Economics as if people mattered*. New York:
Harper & Row.

· Schwägerl, C. (2013). Neurogeology: The
Anthropocene's inspirational power. In H.
Trischler, ed., *Anthropocene: Exploring
the future of the age of humans. RCC
Perspectives: Transformations in
Environment and Society*, 3, pp. 29–37.

· Scranton, R. (2013). Learning how to die
in the Anthropocene. *The New York
Times*: https://opinionator.blogs.nytimes.
com/2013/11/10/learning-how-to-die-in-the-
anthropocene.

· Scranton, R. (2015). *Learning to die in the
anthropocene: Reflections on the end of
a civilization*. San Francisco: City Lights
Books.

· Scranton, R. (2018). *We're doomed. Now
what?* New York: Soho Press.

· Sen, I. S. and Peuckner-Ehrenbrink, B. (2012).
Anthropogenic disturbance of element
cycles at the Earth's surface. *Environmental
Science and Technology*, 46, pp. 8601–9.

· Share the World's Resources (2006). The
Brandt Report: A Summary. Share the
World's Resources: www.sharing.org/
information-centre/reports/brandt-report-
summary.

· Shellenberger, M. and Nordhaus, T. (2005).
The death of environmentalism: Global
warming politics in a post-environmental
world. *Grist*: https://grist.org/article/doe-
reprint.

· Sherlock, R. L. (1922). *Man as a geological
agent: An account of his action on
inanimate nature*. London: H. F. & G.
Witherby.

· Shiva, V. (2008). *Soil not oil: Environmental
justice in an age of climate crisis*. Brooklyn:

South End Press.

· Shorrocks, A., Davies, J., and Lluberas, R. (2018). *Global Wealth Report 2018*. Zurich: Credit Suisse Research Institute, Credit Suisse AG Group: www.credit-suisse.com/about-us-news/en/articles/news-and-expertise/global-wealth-report-2018-us-and-china-in-the-lead-201810.html.

· Sideris, L. (2016). Anthropocene convergences: A report from the field. In R. Emmett, ed., *Whose Anthropocene? Revisiting Dipesh Chakrabarty's "Four theses." RCC Perspectives: Transformations in Environment and Society*, 2, pp. 89–96.

· Skidelsky, R. (2009). *Keynes: The return of the master*. New York: Public Affairs.

· Skinner, L. C., Fallon, S., Waelbroeck, C., et al. (2010). Ventilation of the deep Southern Ocean and deglacial CO_2 rise. *Science*, 328, pp. 1147–51.

· Smail, D. L. (2008). *On deep history and the brain*. Berkeley: University of California Press.

· Smil, V. (2011). Harvesting the biosphere: The human impact. *Population and Development Review*, 37, pp. 613–36.

· Smit, M. A. and Mezger, K. (2017) Earth's early O_2 cycle suppressed by primitive continents. *Nature Geoscience*, 10, pp. 788–92.

· Smith, F., Elliott Smith, R., Lyons, S., and Payne, J. (2018). Body size downgrading of mammals over the late Quaternary. *Science*, 360, pp. 310–13.

· Snir, A., Nadel, D., Groman-Yaroslavski, I., et al. (2015). The origin of cultivation and proto-weeds, long before Neolithic farming. *PLoS ONE*, 10, p. e0131422: https://doi.org/10.1371/journal.pone.0131422.

· Söderbaum, P. (2000). *Ecological economics: A political economics approach to environment and development*. London: Earthscan.

· Solnit, R. (2004). *Hope in the dark: Untold histories, wild possibilities*. New York: Nation Books.

· Solnit, R. (2007). *Storming the gates of paradise: Landscapes for politics*. Berkeley: University of California Press.

· Solnit, R. (2010). *A paradise built in hell: The extraordinary communities that arise in disaster*. New York: Penguin Books.

· Solow, R. (1974). The economics of resources or the resources of economics. *The American Economic Review*, 64, pp. 1–14.

· Soo, R. M., Hemp, J., Parks, D. H., Fischer, W. W., and Hugenholtz, P. (2017). On the origins of oxygenic photosynthesis and aerobic respiration in cyanobacteria. *Science*, 355, pp. 1436–40.

· Sörlin, S. (2013). Reconfiguring environmental expertise. *Environmental Science & Policy*, 28, pp. 14–24.

· Sosa-Bartuano, Á., Monge-Nájera, J., and Morera-Brenes, B. (2018). A proposed solution to the species problem in velvet worm conservation (Onychophora). *UNED Research Journal*, 10, pp. 193–7.

· Stager, C. (2012). *Deep future: The next 10,000 years of life on Earth*. New York: Thomas Dunne Books.

· Statista (2018). www.statista.com/statistics/268750/global-gross-domesticproduct-gdp.

· Steffen, W., Sanderson, A., Tyson, P. D., et al. (2004). *Global change and the Earth System: A planet under pressure*. The IGBP Book Series. Berlin, Heidelberg, and New York: Springer-Verlag.

· Steffen, W., Crutzen, P. J., and McNeill, J. R. (2007). The Anthropocene: Are humans now overwhelming the great forces of Nature? *Ambio*, 36, pp. 614–21.

· Steffen, W., Broadgate, W., Deutsch, L., et al. (2015a). The trajectory of the Anthropocene: The Great Acceleration. *Anthropocene Review*, 2, pp. 81–98.

· Steffen, W., Richardson, K., Rockström, J., et al. (2015b). Planetary boundaries: Guiding human development on a changing planet, *Science*, 347, p. 6223.

· Steffen, W., Leinfelder, R., Zalasiewicz, J., et al. (2016). Stratigraphic and Earth System approaches in defining the Anthropocene. *Earth's Future*, 4, pp. 324–45.

· Steffen, W., Rockström, J., Richardson, K., et al. (2018). Trajectories of the Earth System in the Anthropocene. *Proceedings of the National Academy of Sciences of the United States of America*, 115, pp. 8252–9.

· Steffen, W., Richardson, K., Rockström, J., et al. (2020). The emergence and evolution of Earth System science. *Nature*, 1, pp. 54–63.

· Steinberg, T. (2010). Can capitalism save the planet? On the origins of Green Liberalism. *Radical History Review*, 2010, pp. 7–24.

· Stoppani, A. (1873). *Corso di geologia*, vol. Ⅱ: *Geologia stratigrafica*. Milan: G. Bernardoni e G. Brigola.

· Storm, S. (2017). How the invisible hand is supposed to adjust the natural thermostat: A guide for the perplexed. *Science and Engineering Ethics*, 23, pp. 1307–31.

· Strathern, M. (1991). *Partial connections* (updated edn.) Savage, Md.: Rowman and Littlefield.

· Subramanian, A. (2017). Whales and climate change: Our gentle giants are natural CO₂ regulators. [Blog] Heirs to Our Oceans: https://h2oo.org/blog-collection/2018/1/27/wzgb1wsr1k2uwpcjvdohk83zydc7pr.

· Suess, E. (1875). *Die Enstehung der Alpen*. Vienna: W. Braumüller.

· Suess, E. (1885-1909). *Das Antlitz der Erde*, vol. Ⅱ (Vienna: F. Tempsky, 1888).

· Summerhayes, C. P. (2020). *Palaeoclimatology: from Snowball Earth to the Anthropocene*. Chichester: Wiley.

· Swindles, G. T., Watson, E., Turner, T. E., et al. (2015). Spheroidal carbonaceous particles are a defining stratigraphic marker for the Anthropocene. *Scientific Reports*, 5, p. 10264, DOI: 10210.11038/srep10264.

· Syvitski, J. P. M., Kettner, A. J., Overeem, I., et al. (2009). Sinking deltas due to human activities. *Nature Geoscience*, 2, pp. 681–9.

· Terrington, R. L., Silva, É. C. N., Waters, C. N., Smith, H., and Thorpe, S. (2018). Quantifying anthropogenic modification of the shallow geosphere in central London, UK. *Geomorphology*, 319, pp. 15–34.

· Thomas, J. A. (2001) *Reconfiguring modernity: Concepts of nature in Japanese political ideology*. Berkeley and Los Angeles: University of California Press.

· Thomas, J. A. (2010). The exquisite corpses of nature and history: The case of the Korean DMZ. In C. Pearson, P. Coates and T. Cole, eds., *Militarized landscapes: From Gettysburg to Salisbury Plain*. London: Continuum, pp. 151–68.

· Thomas, J. A. (2014). History and biology in the Anthropocene: Problems of scale, problems of value. *American Historical Review*, 119, pp. 1587–1607.

· Thomas, J. A. (2015). Who is the "we" endangered by climate change? In F.

Vidal and N. Diaz, eds., *Endangerment, biodiversity and culture*. London: Routledge, pp. 241–60.

· Tilman, D. and Clark, M. (2014). Global diets link environmental sustainability and human health. *Nature*, 515, pp. 518–22.

· Trenberth, K. E., Cheng, L., Jacobs, P., et al. (2018). Hurricane Harvey links ocean heat content and climate change adaptation. *Earth's Future*, DOI: 10.1029/2018EF000825.

· Tsing, A. (2005). *Friction: An ethnography of global connection*. Princeton University Press.

· Tsing, A. (2012). On nonscalability: The living world is not amenable to precision-nested scales. *Common Knowledge*, 18, pp. 505–24.

· Tsing, A. (2015). *The mushroom at the end of the world*. Princeton University Press.

· Tsing, A., Swanson, H., Gan, E., and Bubandt, N. (2017). *Arts of living on a damaged planet: Ghosts and monsters of the Anthropocene*. Minneapolis: University of Minnesota Press.

· Tu, W. (1998). Beyond the Enlightenment mentality. In M. Tucker and J. Berthrong, eds., *Confucianism and ecology: The interrelation of heaven, earth, and humans*. Cambridge, Mass.: Harvard University Center for the Study of World Religions, pp. 3–22.

· United Nations, Department of Economic and Social Affairs, Population Division (2017). *World population prospects: The 2017 revision*. New York: United Nations: www.un.org/development/desa/publications/world-population-prospects-the-2017-revision.html.

· United Nations News (2018). Hunger reached "alarming" ten-year high in 2017, according to latest UN report. UN News: https://news.un.org/en/story/2018/09/1019002.

· United Nations, Climate Change (2019). Revenue-neutral carbon tax: Canada: https://unfccc.int/climate-action/momentum-for-change/financing-for-climate-friendly/revenue-neutral-carbon-tax.

· US Bureau of Economic Analysis: www.multpl.com/us-gdp-inflationadjusted/table.

· US Global Change Research Program (2018). *Impacts, risks, and adaptation in the United States: The Fourth National Climate Assessment*, vol. Ⅱ. [Ed. D. R. Reidmiller, C. W. Avery, D. R. Easterling, et al.]. Washington, DC: US Global Change Research Program.

· US National Oceanic and Atmospheric Administration (NOAA) (n.d.). Climate forcing. Climate.gov: www.climate.gov/maps-data/primer/climate-forcing.

· Vadrot, A., Akhtar-Schuster, M., and Watson, R. (2018). The social sciences and the humanities in the intergovernmental science-policy platform on biodiversity and ecosystem services (IPBES). *Innovation: The European Journal of Social Science Research*, 31(Supplement 1), pp. S1–S9.

· van der Kaars, S., Miller, G., Turney, C., et al. (2017). Humans rather than climate the primary cause of Pleistocene megafaunal extinction in Australia. *Nature Communications*, 8(1).

· Varoufakis, Y. (2016). *And the weak suffer what they must?* London: Vintage.

· Vernadsky, V. I. (1998 [1926]). *The biosphere*. Trans. from the Russian by D. R. Langmuir, revised and annotated by M. A. S. McMenamin. New York: Copernicus (Springer-Verlag).

· Vernadsky, V. I. (1945). The biosphere and the noösphere. *American Scientist*, 33, pp. 1–12.

· Vernadsky, V. I. (1997) *Scientific thought as a planetary phenomenon*. Trans. B. A. Starostin. Moscow: Nongovernmental Ecological V. I. Vernadsky Foundation: http://vernadsky.name/wp-content/uploads/2013/02/Scientific-thought-as-a-planetary-phenomenon-V.I2.pdf.

· Vidas, D. (2015). The Earth in the Anthropocene – and the world in the Holocene? *European Society of International Law (ESIL) Reflections*, 4(6), pp. 1–7.

· Vidas, D., Zalasiewicz, J., and Williams, M. (2015). What is the Anthropocene – and why is it relevant for international law? *Yearbook of International Environmental Law*, 25, pp. 3–23.

· Villmoare, B., Kimbel, W. H., Seyoum, C., et al. (2015). Early *Homo* at 2.8 ma from Ledi-Geraru, Afar, Ethiopia. *Science*, 347, pp. 1352–5.

· Visscher, M. (2015a). Green in the new green. *The Intelligent Optimist*, 13, pp. 64–8.

· Visscher, M. (2015b). We can have it all. *The Intelligent Optimist*, 13, pp. 69–73.

· Vogel, G. (2018). How ancient humans survived global "volcanic winter" from massive eruption. *Science*: www.sciencemag.org/news/2018/03/how-ancient-humans-survived-global-volcanic-winter-massive-eruption.

· Vollrath, D. (2020). *Fully grown: Why a stagnant economy is a sign of success*. University of Chicago Press.

· Voosen, P. (2017). 2.7-million-year-old ice opens window on the past. *Science*, 357, pp. 630–1.

· Wagreich, M. and Draganits, E. (2018). Early mining and smelting lead anomalies in geological archives as potential stratigraphic markers for the base of an early Anthropocene. *The Anthropocene Review*, 5, pp. 177–201.

· Walker, J. C. G., Hays, P. B., and Kasting, J. (1981). A negative feedback mechanism for the long-term stabilization of Earth's surface temperature. *Journal of Geophysical Research*, 86, pp. 9776–82.

· Walker, M. J. C., Johnsen, S., Rasmussen, S., et al. (2009). Formal definition and dating of the GSSP (Global Stratotype Section and Point) for the base of the Holocene using the Greenland NGRIP ice core, and selected auxiliary records. *Journal of Quaternary Science*, 24, pp. 3–17.

· Walker, M. J. C., Berkelhammer, M., Björck, S., et al. (2012). Formal subdivision of the Holocene Series/Epoch: A discussion paper by a working group of INTIMATE (Integration of ice-core, marine and terrestrial records) and the Subcommission on Quaternary Stratigraphy (International Commission on Stratigraphy). *Journal of Quaternary Science*, 27, pp. 649–59.

· Warde, P., Robin, L., and Sörlin, S. (2017). Stratigraphy for the Renaissance: Questions of expertise for "the environment" and "the Anthropocene." *Anthropocene Review*, 4, pp. 246–58.

· Waters, C. N. and Zalasiewicz, J. (2017). Concrete: The most abundant novel rock type of the Anthropocene. In D. DellaSala (ed.), *Encyclopedia of the Anthropocene*. Oxford: Elsevier.

· Waters, C. N., Syvitski, J. P. M., Gałuszka, A., et al. (2015). Can nuclear weapons fallout mark the beginning of the Anthropocene Epoch? *Bulletin of the Atomic Scientists*, 71, pp. 46–57.

· Waters, C. N., Zalasiewicz, J., Summerhayes C., et al. (2016). The Anthropocene is functionally and stratigraphically distinct from the Holocene. *Science*, 351, p. 137.

· Waters, C. N., Zalasiewicz, J., Summerhayes, C., et al. (2018a). Global Boundary Stratotype Section and Point (GSSP) for the Anthropocene Series: Where and how to look for potential candidates. *Earth-Science Reviews*, 178, pp. 379–429.

· Waters, C. N., Fairchild, I. J., McCarthy, F. M. G., Turney, C. S. M., Zalasiewicz, J., and Williams, M. (2018b). How to date natural archives of the Anthropocene. *Geology Today*, 34, pp. 182–7.

· Watts, J. (2018). Almost four environmental defenders a week killed in 2017. *The Guardian*: www.theguardian.com/environment/2018/feb/02/almost-four-environmental-defenders-a-week-killed-in-2017.

· Weber, M. (1958 [1905]). *The Protestant ethic and the spirit of capitalism*. New York: Scribner.

· Weller, R. (2006). *Discovering nature: Globalization and environmental culture in China and Taiwan*. Cambridge University Press.

· Wellman, C. H. and Gray, J. (2002). The microfossil record of early land plants. *Philosophical Transactions of the Royal Society B*, 355, pp. 717–32.

· Wilkinson, B. (2005). Humans as geologic agents: A deep-time perspective. *Geology*, 33, pp. 161–4.

· Wilkinson, R. and Pickett, K. (2009). *The spirit level: Why greater equality makes societies stronger*. New York: Bloomsbury Press.

· Wilkinson, T. (2003). *Archaeological landscapes of the Near East*. Tucson: University of Arizona Press.

· Wilkinson, T., French, C., Ur, J., and Semple, M. (2010). The geoarchaeology of route systems in northern Syria. *Geoarchaeology*, 25, pp. 745–71.

· Williams, M., Ambrose, S., van der Kaars, S., et al. (2009). Environmental impact of the 73ka Toba super-eruption in South Asia. *Palaeogeography, Palaeoclimatology, Palaeoecology, 284*, pp. 295–314.

· Williams, M., Zalasiewicz, J., Waters, C. N., and Landing, E. (2014). Is the fossil record of complex animal behaviour a stratigraphical analogue for the Anthropocene? In C. N. Waters, J. A. Zalasiewicz, M. Williams, et al., eds., *A stratigraphical basis for the Anthropocene*. Special Publications, 395. London: Geological Society, pp. 143–8.

· Williams, M., Zalasiewicz, J., Waters, C. N., et al. (2016). The Anthropocene: a conspicuous stratigraphical signal of anthropogenic changes in production and consumption across the biosphere. *Earth's Future*, 4, pp. 34–53.

· Williams, M., Zalasiewicz, J., Waters, C., et al. (2018). The palaeontological record of the Anthropocene. *Geology Today*, 34, pp. 188–93.

· Williams, M., Edgeworth, M., Zalasiewicz, J., et al. (2019). Underground metro systems: A durable geological proxy of rapid urban population growth and energy consumption during the Anthropocene. In C. Benjamin, E. Quaedackers, and D. Baker, eds., *The Routledge companion to big history*. London and New York: Routledge, pp. 434–55.

· Wilson, E. (1998). *Consilience: The unity of knowledge*. New York: Alfred A. Knopf.

· Witt, A. B. R., Kiambi, S., Beale, T., and Van Wilgen, B. W. (2017). A preliminary assessment of the extent and potential impacts of alien plant invasions in the Serengeti–Mara ecosystem, East Africa. *Koedoe*, 59, p. a1426: https://doi.org/10.4102/

koedoe. v59i1.1426.

· Wolfe, A. P., Hobbs, W. O., Birks, H. H., et al. (2013). Stratigraphic expressions of the Holocene–Anthropocene transition revealed in sediments from remote lakes. *Earth-Science Reviews*, 116, pp. 17–34.

· Wolff, E. W. (2014). Ice sheets and the Anthropocene. In C. N. Waters, J. A. Zalasiewicz, M. Williams, et al., eds., *A stratigraphical basis for the Anthropocene*. Special Publications, 395. London: Geological Society, pp. 255–63.

· Working Group on the "Anthropocene," Subcommission on Quaternary Stratigraphy (2019). Results of binding vote by AWG: http://quaternary.stratigraphy.org/working-groups/anthropocene.

· World Bank (2018). Gross Domestic Product for world [MKTGDP1WA646NWDB]. Retrieved from FRED, Federal Reserve Bank of St. Louis: https://fred.stlouisfed.org/series/MKTGDP1WA646NWDB.

· World Bank (2019). Fertility rate, total (births per woman) – Sub-Saharan Africa: https://data.worldbank.org/indicator/SP.DYN.TFRT.IN?locations=ZG.

· Wrangham, R. (2009). *Catching fire: How cooking made us human*. London: Profile Books.

· WWF (2000). *Living planet report 2000*. Gland, Switzerland: WWF – World Wide Fund for Nature (formerly World Wildlife Fund): https://wwf.panda.org/knowledge_hub/all_publications/living_planet_report_timeline/lpr_2000.

· WWF (2016). *Living planet report 2016: Risk and resilience in a new era*. Gland, Switzerland: WWF – World Wild Fund for Nature (formerly World Wildlife Fund): https://wwf.panda.org/wwf_news/?282370/Living-Planet-Report-2016.

· Wynes, S. and Nicholas, K. (2017). The climate mitigation gap: Education and government recommendations miss the most effective individual actions. *Environmental Research Letters*, 12, p. 074024.

· Xu, C., Kohler, T. A., Lenton, T. M., Svenning, J. C., and Scheffer, M. (2020). Future of the human climate niche. *Proceedings of the National Academy of Sciences of the United States of America*: www.pnas.org/cgi/doi/10.1073/pnas.1910114117.

· Yamamura, K. (2018). *Too much stuff: Capitalism in crisis*. Bristol: Policy Press.

· Yost, C., Jackson, L., Stone, J., and Cohen, A. (2018). Subdecadal phytolith and charcoal records from Lake Malawi, East Africa imply minimal effects on human evolution from the 74 ka Toba super-eruption. *Journal of Human Evolution*, 116, pp. 75–94.

· Zalasiewicz, J. (2018). The unbearable burden of the technosphere. *UNESCO Courier*, April–June, pp. 15–17.

· Zalasiewicz, J. and Williams, M. (2013). The Anthropocene: A comparison with the Ordovician–Silurian boundary. *Rendiconti Lincei – Scienze Fisiche e Naturali*, 25, pp. 5–12.

· Zalasiewicz, J., Williams, M., Smith, A., et al. (2008). Are we now living in the Anthropocene? *GSA Today*, 18, pp. 4–8.

· Zalasiewicz, J., Cita, M. B., Hilgen, F., et al. (2013). Chronostratigraphy and geochronology: A proposed realignment. *GSA Today*, 23, pp. 4–8.

· Zalasiewicz, J., Waters, C. N., and Williams, M. (2014a). Human bioturbation, and the subterranean landscape of the Anthropocene. *Anthropocene*, 6, pp. 3–9.

· Zalasiewicz, J., Williams, M., Waters, C. N., et al. (2014b). The technofossil record of humans. *Anthropocene Review*, 1, pp. 34–43.

· Zalasiewicz, J., Waters, C. N., Barnosky, A. D., et al. (2015a). Colonization of the Americas, "Little Ice Age" climate, and bomb-produced carbon: Their role in defining the Anthropocene. *Anthropocene Review*, 2, pp. 117–27.

· Zalasiewicz, J., Waters, C., Williams, M., et al. (2015b). When did the Anthropocene begin? A mid-twentieth century boundary level is stratigraphically optimal. *Quaternary International*, 383, pp. 196–203.

· Zalasiewicz, J., Waters, C. N., Ivar do Sul, J., et al. (2016a). The geological cycle of plastics and their use as a stratigraphic indicator of the Anthropocene. *Anthropocene*, 13, pp. 4–17.

· Zalasiewicz, J., Williams, M., Waters, C. N., et al. (2016b). Scale and diversity of the physical technosphere: A geological perspective. *Anthropocene Review*, 4, pp. 9–22.

· Zalasiewicz, J., Waters, C. N., Summerhayes, C. P., et al. (2017a). The Working Group on the Anthropocene: Summary of evidence and interim recommendations. *Anthropocene*, 19, pp. 55–60.

· Zalasiewicz, J., Waters, C. N., Wolfe, A. P., et al. (2017b). Making the case for a formal Anthropocene: An analysis of ongoing critiques. *Newsletters on Stratigraphy*, 50, pp. 205–26.

· Zalasiewicz, J., Steffen, W., Leinfelder, R., et al. (2017c). Petrifying Earth process: The stratigraphic imprint of key Earth System parameters in the Anthropocene. In N. Clark and K. Yusoff, eds., *Theory Culture & Society, Special Issue: Geosocial Formations and the Anthropocene*, 34, pp. 83–104.

· Zalasiewicz, J., Waters, C. N., Head, M. J., et al. (2019a). A formal Anthropocene is compatible with but distinct from its

diachronous anthropogenic counterparts: a response to W. F. Ruddiman's "Three flaws in defining a formal Anthropocene." *Progress in Physical Geography*, 43, pp. 319–33.

· Zalasiewicz, J., Waters, C., Williams, M., and Summerhayes, C., eds. (2019b). *The Anthropocene as a geological time unit*. Cambridge University Press.

· Zanna, L., Khatiwala, S., Gregory, J. M., et al. (2019). Global reconstruction of historical ocean heat storage and transport. *Proceedings of the National Academy of Sciences of the United States of America*, 116, pp. 1126–31.

· Zehner, O. (2012). *Green illusions: The dirty secrets of green energy and the future of environmentalism*. Lincoln: University of Nebraska Press.

· Zelizer, V. (2007). Pricing a child's life. [Blog] *Huffington Post*: www.huffpost.com/entry/pricing-a-childs-life_b_63381.

찾아보기

찾아보기

인류세 책: 행성적 위기의 다면적 시선

초판 1쇄   2024년 5월 31일

지은이   줄리아 애드니 토머스, 마크 윌리엄스, 얀 잘라시에비치
옮긴이   박범순, 김용진

펴낸이   주일우
편집   이임호
디자인   cement

펴낸곳   이음
출판등록   제2005-000137호 (2005년 6월 27일)
주소   서울시 마포구 월드컵북로1길 52 운복빌딩 3층 (04031)
전화   02-3141-6126
팩스   02-6455-4207
전자우편   editor@eumbooks.com
홈페이지   www.eumbooks.com
인스타그램 @eum_books

ISBN 979-11-90944-90-8 93400
값 25,000원